박영사

핵무기와 핵전략

강창우 · 손경호 · 기세찬 · 김영준
손한별 · 이수훈 · 정영진 · 김태현
노영구 · 설인효 · 배학영 · 박영준

Prologue

비핵국가의 핵전략

한반도의 안보 환경은 북한의 지속적인 핵 개발과 전략적 군사 도발로 인해 급변하고 있습니다. 이에 대응하기 위해 국방부는 2024년 10월 전략사령부를 창설하였으며, 국방부, 합참 및 각군 차원에서 핵전략을 전문적으로 연구하고 실질적인 군사 대응을 수행할 수 있는 인력을 양성하는 데 초점을 맞추고 있습니다. 이러한 시대적 필요성에 부응하여, 국방대학교 전략학부는 북한 핵 위협에 대한 체계적인 연구 및 교육을 제공하고자 하는 노력을 해 오고 있습니다.

그러나 현재까지 국내에서 핵전략을 전문적으로 다룰 수 있는 교육 프로그램과 교재는 매우 제한적이며, 특히 한국의 독특한 안보 환경을 반영한 학문적 접근은 부족한 실정입니다. 따라서 본 교재는 국방대학교에 입학하는 대학원생 및 안보과정 학생이 핵무기 체계와 전략을 종합적으로 이해할 수 있도록 구성된 개론서로서, 핵무기의 기술적 기초부터 전략적 운용, 그리고 한반도에서의 군사적 대응 전략까지를 포괄적으로 다루고 있습니다. 본 교재는 크게 세 가지 목적을 갖고 있습니다.

첫째, 핵 없는 국가의 핵억제 노력의 기록입니다. 핵무기 없이 북한의 핵 위협을 억제해 온 대한민국의 전략적 노력에 대한 기록을 담고 있습니다. 한국은 세계적으로 보기 드문 특수한 상황에 있으며, 자체 핵무기를 보유하지 않은 상태에서 강대국의 핵우산과 재래식 전력을 활용하여 북한의 핵 위협에 대응해 왔습니다. 특히, 2024년 창설된 전략사령부는 이러한 노력을 체계화하고 제도화하는 역할을 수행하고 있으며, 본 교재는 대한민국의 핵 대응 전략이 어떤 방향으로 발전하고 있는지를 종합적으로 정리하는 역할을 합니다. 한국군의 핵 대응 전략은 국제 사회에서도 중요한 연구 사례가 될 수 있으며, 이러한 기록을 통해 한국의 안보 정책과 군사 전략이 더욱 발전할 수 있도록 기여할 것입니다.

둘째, 연구 목적의 핵무기 체계와 전략의 개론서 역할을 합니다. 이 책은 핵무기 체계와 전략을 이해하기 위한 기본적인 개관을 제공합니다. 보다 체계적인 연구를 위해서 대학원 수업에서 핵무기의 공학적 원리를 이해하는 것에서부터, 핵전략의 역사적 변천 과정, 그리고 한반도에서 북한 핵무기가 만들어낸 안보적 역학관계까지를 종합적으로 다루고 있습니다. 연구자가 핵무기의 물리적 원리를 이해하는 것뿐만 아니라, 핵전략이 어떻게 발전해왔으며, 한반도의 안보 환경에서 어떤 역할을 해왔는지를 깊이 있게 탐구하는 기초자료가 될 것입니다.

셋째, 국방대 학생에게 핵무기 관련 기본 소양 제공합니다. 본 교재는 핵무기 관련 기본적인 이해와 실무적 소양을 제공합니다. 북핵 문제는 대한민국 안보에서 매우 중요한 요소이며, 국방부뿐 아니라 많은 관련 부처의 인력들이 직·간접적으로 북핵 대응 업무에 관여하고 있습니다. 그러나 핵무기에 대한 전문적인 교육을 받은 인력은 제한적이며, 핵전략과 전력 운용에 대한 기본 개념을 이해하는 데 어려움이 있는 것이 현실입니다. 본 교재는 이러한 인력들에게 핵전략의 핵심 개념을 전달하고, 실무에서 활용할 수 있도록 도울 것입니다.

이 책은 국방대학교 전략학부의 12명의 교수진이 참여하여 집필하였으며, 핵무기와 관련된 다양한 주제를 공학적, 역사적, 정책적, 전략적 관점에서 종합적으로 분석하였습니다. 1부에서는 핵무기의 기초 이론과 핵전략 개념을 다루며, 핵무기의 기술적 원리, 3축 체계, 지휘통제체계(C4I), 신흥 기술과 핵전략 등을 다룹니다. 2부는 핵개발과 비확산의 역사 및 전략 이론이며, 국가별 핵개발 역사, 핵 비확산 체제의 형성과 쟁점, 냉전과 탈냉전 시대의 핵전략, 현대 핵전략 이론을 다룹니다. 3부는 북한 핵개발과 위협으로 북한의 핵 개발 역사, 북한 비핵화 노력의 실패와 군사적 대응을 다루고 있습니다. 4부에서는 한국의 대응 전략으로 비핵국가의 핵 대응 역사와 교훈, 한미 확장억제 전략, 한국의 대북 핵억제 및 대응 전략을 종합적으로 다루고 있습니다. 본 교재는 핵전략을 전공하는 학생들뿐만 아니라, 국방 및 안보 분야에서 연구하는 전문가들, 정책 입안자, 군사전략가들에게도 유용한 참고 자료가 될 것입니다.

한반도의 안보 환경은 앞으로도 북한의 핵 개발과 전략적 운용 변화에 따라 급격히 변동할 가능성이 큽니다. 이에 따라, 한국군과 정부는 계속해서 새로운 전략을 연구하고 발전시켜야 하며, 이러한 변화 속에서 핵전략 전문가들의 역할이 더욱 중요해질 것입니다.

본 교재는 핵무기에 대한 기본 개념을 체계적으로 정리하고, 대한민국의 안보 정책과 전략을 학문적으로 접근할 수 있도록 하는 기초 자료로서, 앞으로의 연구와 실무적 적용에 있어 중요한 역할을 할 것으로 기대됩니다. 본 교재를 통해 군과 관련 기관의 연구자들이 핵전략을 보다 깊이 이해하고, 북한 핵 위협에 대한 대응 전략을 발전시키는 데 기여할 수 있기를 바랍니다.

국방대학교 전략학부 저자 일동

목차

I 핵무기의 기초 이론

01. 핵무기의 기술적 이해 ······ 3
02. 핵무기체계: 핵 3축, 지휘통제통신, 기반시설, 신흥 기술 ······ 33

II 핵개발 · 비확산의 역사와 핵전략 이론

03. 국가별 핵무기 개발의 역사 ······ 55
04. 냉전부터 탈냉전까지 핵전략의 역사 ······ 100
05. 핵 비확산 체제의 역사와 주요 쟁점 ······ 139
06. 제3차 핵시대의 핵전략 ······ 168
07. 핵무기와 재래식 무기의 통합 ······ 204

III 북한 핵개발과 위협

08. 북한 핵개발의 역사 ······ 239
09. 북한 비핵화를 위한 도전과 실패
(북한 비핵화를 위한 도전과 실패의 역사) ······ 268

IV 한국의 대응 전략

10. 21세기 재래식 전력에 의한 맞춤형 억제 전략 ······ 317
11. 한·미 맞춤형 억제 전략 ······ 334
12. 한국의 군사적 핵억제·대응 전략 ······ 377
13. 글로벌 핵질서 변화와 한국 핵정책의 새로운 모색 ······ 413

색인 ······ 445

핵무기의 기초 이론

1 핵무기의 기술적 이해(강창우)

2 핵무기체계: 핵 3축, 지휘통제통신, 기반시설, 신흥 기술(강창우)

01. 핵무기의 기술적 이해

- 강창우(국방대 전략학부 조교수)

목 차

1. 서론
2. 핵물리의 발전과 핵무기의 개발
3. 핵분열과 핵융합
4. 핵물질 생산
5. 핵탄두 기본 유형

1 서론

핵전략을 공부하기에 앞서 우선 핵무기에 대한 기술적 이해를 넓히고자 한다. 핵무기가 소위 '절대무기'로 불릴 수 있었던 배경에는 폭발 시 발생하는 엄청난 에너지, 즉 파괴력에 있다. 핵무기가 거대한 에너지를 발생시키는 과학 기술적 원리, 핵무기를 개발하고 생산하는 데 필요한 기술과 자원, 다양한 핵무기 유형과 특성을 알아보는 것은 이후에 펼쳐질 핵무기의 정치·군사적 활용을 이해하는 데 밑거름이 될 것이다. 그러한 연유로 소위 핵무기가 개발되던 초기부터 몇십 년 동안은 당시의 핵 과학자와 공학자들이 정책 수립에 깊이 관여를 하였다. 핵보유국은 지상, 해상, 공중을 중심으로 핵전력을 개발하고 끊임없이 기술을 발전시키며, 현대화해 나간다. 핵무기가 노후화되었기 때문이기도 하지만 과학기술이 발전하고 상대가 새로운 무기를 개발하면서 자신들이 보유한 핵무기의 효과가 저하되거나 억제력에 공백이 발생하지 않도록 하기 위함일 것이다.

현대의 핵무기는 탄두를 소형화하고, 다양한 투발 수단을 이용하며, 하나의 탑재체에 여러 탄두를 장착하기도 한다. 탄두는 상대의 방어망을 회피하며, 음속의 수 배에서 수십 배의 속도로 각기 개별 목표물을 향해 기동할 수도 있다. 핵무기에 대한 군비통제와 군축 활동이 중요함에도 불구하고, 핵보유국은 앞으로도 핵무기에 첨단 과학기술을 접목하고 우주, 사이버 등 다양한 영역까지 활용 가능성을 모색할 가능성이 있다.

비핵보유국이 이러한 핵무기를 종합적으로 이해한다는 것은 사실상 불가능에 가깝다. 핵보유국은 핵무기 개발과 운용에 필요한 시설, 물질, 장비, 기술 등에 엄격한 보안을 유지하고 있고, 국제 사회는 이에 대한 접근을 철저히 감시하고 통제하기 때문이다. 과거부터 지금까지 핵무기를 설계하고 운용하는 일련의 과정에 참여한 과학자와 군인은 특별한 보안절차를 거쳐 선발되었고, 자신들이 알고 있는 지식에 대해 공개적으로 표출하는 것도 엄격히 금지한 것으로 알려져 있다.[1] 이로 인해 초기 대중에 공개되는 핵무기 관련 연구 자체는 학문적 호기심을 지닌 민간 과학자나 역사학자들에 의해 상당 부분 발전되어 왔다. 핵무기의 과학적 세부사항은 '극비' 및 '제한된 데이터'로 분류되어 있지만, 핵무기의 기본적인 원리는 기밀 해제된 Robert Serber의 "The Los Alamos Primer"에서 많은 부분이 공개되어 있다. 국내외 많은 대학교에서도 핵무기와 관련된 기초이론과 비확산, 핵기술과 전략 등의 내용을 정규 학위 과정 또는 안보 세미나를 통해 교육 중에 있다. 핵물리의 기초이론부터 국가별 핵무기의 개발과 기술, 전략, 비확산과 비핵화, 검증 기술, 국제기구 조약과 활동까지 광범위한 내용을 이론부터 응용까지 다룬다. 이러한 핵에 대한 다양한 내용을 배우기 앞서 본 편에서는 핵무기를 이해하기 위한 기초이론(1장)과 핵무기의 구성에 대한 기본적 내용(2장)을 우선 살펴보고자 한다.

---

1 Peter A. Goetz, 『A Technical History of America's Nuclear Weapons: Volume Ⅰ』(Independently published (September 10, 2020).

2 핵물리의 발전과 핵무기의 개발

20세기 초·중반은 인류사를 바꿀 과학자들의 학문적 발견이 왕성하게 이루어지던 시절이다. 과학자들의 발견은 당시 시대적 위기 상황과 맞물려 군사적으로 사용할 수 있는 다양한 무기를 만드는 데 활용된다. 그중에서도 대표적인 무기가 바로 핵무기이다.

19세기 말부터 20세기 중반까지의 핵무기와 관련된 과학적 발견을 잠깐 살펴보면 다음과 같다. 먼저, 1895년 뢴트겐(Roentgen)이 X선을 발견한다. 이어서 1896년부터 1898년 사이 베크렐(Henri Becquerel)과 퀴리(Marie Curie)는 '방사능'이라는 것을 알아냈다. 방사능은 쉽게 방사선을 방출할 수 있는 능력으로 이해하면 된다. 대표적인 방사선에는 알파·베타·감마선이 있고, 방사선 종류에 따라 투과력이 상이하다. 통상, 알파선은 종이로도 막을 수 있고, 베타선은 얇은 알루미늄이나 금속판으로 차폐할 수 있다. 그러나 감마선의 경우에는 투과력이 좋아서 이를 차폐하기에 어려움이 있다. 에너지마다 차이가 있지만, 두꺼운 납이나 철판으로 차폐를 해야 한다. 참고로 뒤에서 언급되는 중성자는 통상 두꺼운 콘크리트를 이용하여 차폐한다.

1905년에는 젊은 과학자 아인슈타인(Albert Einstein)이 특수 상대성 이론을 통해 물질과 에너지가 서로 변환될 수 있다는 개념을 제시한다. 나중에 설명하겠지만 아인슈타인의 이론을 통해 핵분열이나 핵융합에서 엄청난 에너지가 발생하는 이유가 해석된다. 이후 1911년, 러더퍼드(Ernest Rutherford)는 원자 내부 중심에 작고 단단한 무언가가 있다는 것을 발견하였고, 이것이 바로 원자핵임을 알아낸다. 이어서 1932년에는 핵무기와 원자력 에너지 분야에 하나의 중대한 발견이 이루어진다. 그것은 바로 채드윅(James Chadwick)이 윌슨 클라우드 챔버에서 베릴륨-9와 알파 입자 반응에서 전기적 성질을 띠지 않는 중성자를 발견한 것이다. 이후, 중성자와 물질과의 반응에서 과학적으로 주요한 발견들이 연이어 일어난다. 그 중에서도 가장 중요한 발견은 실라르드(Leó Szilárd)에 의해서 이루어진다. 1933년, 나치 독일을 피해 영국 런던으로 망명한 헝가리 물리학자

실라르드는 핵이 중성자에 의해 쪼개지고 그 과정에서 두 개의 중성자를 방출하는 원소를 찾을 수 있다면 연쇄 반응이 시작될 수 있다는 것을 깨달았다. 화학자였던 실라르드는 화학적 연쇄 반응이라는 개념을 알고 있었기에 이 아이디어를 핵에 적용하여 핵 연쇄 반응이라고 칭한다. 그리고 마침내, 1935년 실라르드는 중성자와 상호작용을 통해 여러 개의 또 다른 중성자를 방출할 수 있는 원소로 우라늄과 브롬을 발견하였다. 그는 연쇄 반응의 군사적 중요성을 깨달았기에, 독일이 이러한 기술을 이용하여 무기화하고, 오용할 것을 우려했다고 한다.

한편, 1934년 페르미(Enrico Fermi)도 우라늄에 중성자를 조사하는 실험을 진행한다. 당시 페르미는 자신도 모르게 핵분열을 최초로 측정했는데 그는 자신이 사용하던 검출기에서 매우 밝은 섬광을 관찰했고 핵분열 과정에서 중성자와 함께 전하를 띤 입자가 방출된다고 생각했다. 1938년 독일의 한(Otto Hahn)과 슈트라스만(Fritz Strassmann)도 중성자를 쏘아 우라늄 원자를 분리하고 바륨과 크립톤 원소가 형성된다는 것을 알아냈다. 같은 해에 리자 마이트너(Lisa Meitner)도 무거운 원소가 중성자를 포획하고 그 과정에서 더 많은 중성자가 생성된다는 것을 확인하였다. 이러한 과학자들의 연이은 실험과 발견으로 핵 연쇄 반응이라는 아이디어가 실제로 현장에서 구현되고 가능해짐이 확인된다. 당시, 실라르드와 페르미는 처음으로 연쇄 반응을 일으킬 수 있는 우라늄-탄소 격자를 만드는 것에 대해 논의했으며, 이것이 훗날 원자로의 개념으로 발전하게 된다.

핵물리학을 연구하던 과학자들은 전쟁의 위험성과 무자비함을 누구보다 잘 알고 있었기에 머지않아 핵에서 방출되는 막대한 에너지가 군사적으로도 사용될 수 있음을 깨닫는다. 1939년 8월에 실라르드는 아인슈타인을 만나 루즈벨트(Franklin D. Roosevelt) 대통령에게 우라늄 연쇄반응을 이용한 무기화 작업을 신속히 촉구하는 편지를 쓰도록 권유한다. 그는 연쇄 반응을 지속할 수 있다면 매우 많은 양의 에너지가 방출될 수 있음을 아인슈타인에게 설명하였고, 아인슈타인도 독일 정부가 이를 연구 중에 있다는 것을 알고 있었기에 미국이 먼저 관련 연구를 진행해야 한다고 생각한다. 1939년 10월, 아인슈타인은 작스(Alexander Sachs)를 통해 루즈벨트 대통령에게 편지를 썼고, 루즈벨트 대통령도 나치 독일이 그러한 무기를 먼저 개발할 경우 미국이 위험을 감수할 수 있을지를 의문시

한다. 결국 미국은 핵무기를 연구하기로 했으며, 위원회를 구성한다. 이는 과학자들의 과학적 활동을 넘어 미국 정부 차원에서 핵무기를 개발하겠다는 것이며, 국가적 자원이 총동원된다는 의미이기도 했다. 훗날 맨해튼 프로젝트가 성공할 수 있었던 대표적인 이유 중 하나가 바로 정부의 전폭적인 지지였다. 당시, 핵분열에 대해 듣던 오펜하이머(J. Robert Oppenheimer)도 독일보다 먼저 관련 연구가 필요하다는 것을 느끼고 있었다. 그리고 오펜하이머는 머지않아 '맨해튼 프로젝트'를 이끄는 주도 과학자가 된다.

1941년 2월, 또 다른 과학자 글렌 시보그(Glenn T. Seaborg)는 우라늄-238을 중성자로 폭격하여 플루토늄(Pu)을 발견했다. 플루토늄은 인공적으로 생성된 최초의 핵분열 가능한 원소였다. 이로써 핵무기를 위한 두 가지 경로가 있음을 알게 된다. 하나는 우라늄-235의 경로이고, 다른 하나는 플루토늄-239를 이용한 경로이다.

1942년 5월, 그로브스(Leslie Richard Groves Jr.) 장군의 지휘 아래 맨해튼 공병지구(Manhattan Engineering District)라는 암호명으로 원자폭탄 개발 프로젝트가 시작된다.[2] 당시, 우라늄과 플루토늄을 통해서 핵분열을 일으키고 에너지를 발생시킬 수 있다는 것을 알고 있었지만, 과학자들은 몇 가지 어려움에 직면했다. 하나는 핵물질을 확보하는 것이었고, 또 다른 중대 문제는 핵탄두의 설계와 검증이었다.

먼저, 핵물질을 확보하는 가장 큰 어려움은 어떻게 우라늄-235를 대량으로 확보하냐의 문제였다. 이를 위해서는 우라늄-235를 농축해야만 했다. 당시 해롤드 우레이(Harold Urey)는 기체 확산과 원심분리기를 이용한 농축 연구를 수행하고 있었고, 로렌스(Ernest Lawrence)는 전자기분리를 이용한 농축을 연구 중이었다. 한편, 농축을 위해서는 상당한 양의 우라늄 광석이 필요했다. 또한, 우라늄 광석을 금속으로 변환하고, 원심분리 및 가스 확산 공정(농축방법) 실험을 위해 기체 상태의 육불화우라늄(UF6)으로 변환하는 공정도 필요했다. 우라늄을 확보하는 과정 대비 플루토늄은 비교적 쉽게 확보될 수 있었다. 1942년 12월, 시카고 대학교 경기장 아래에 설치된 흑연 원자로에서 엔리코 페르미 팀이 인류

2 리처드 로즈 저, 문신행 역, 『원자폭탄 만들기 1』 (서울: 사이언스북스, 2023) 발췌 및 요약.

최초의 인공 핵분열 연쇄 반응을 성공적으로 수행한다. 이로써 원자로에서의 플루토늄을 대량으로 얻는 기술이 확보된다.

핵무기를 제조하기 위한 과학자들의 또 다른 어려움은 핵탄두의 설계에 있었다. 특히, 플루토늄 기반 핵무기 제조를 위해 핵탄두를 빠르고 강하게 압축하는 과정이 필요했다. 이는 주로 플루토늄이 우라늄에 비해 자발 중성자를 훨씬 많이 방출하기 때문에 생기는 문제였다. 탄두가 조립되는 속도가 늦을 경우 조립이 완결되기 전에 핵분열이 발생하는 것이다. 핵탄두의 작동 원리는 뒤에 좀 더 자세히 다루도록 한다. 과학자들은 이러한 플루토늄 핵장치를 설계하고, 이를 검증하기 위해 1945년 7월 16일 뉴멕시코 주의 앨러모고도에서 트리니티(Trinity)라는 코드명으로 최초의 핵실험까지 수행한다. 실험은 성공적이었고, 이로써 핵무기의 성능을 확인한 미국은 약 3주 후 1945년 8월 6일, 우라늄 기반 리틀보이(Little Boy) 핵폭탄을 일본 히로시마에 투하하였고, 이어서 1945년 8월 9일에는 플루토늄 기반 팻맨(Fat Man)을 나가사키에 투하하였다.

3 핵분열과 핵융합

우리는 핵분열과 핵융합이 인간에 의해 만들어진 과정으로 인식한다. 그러나, 핵분열과 핵융합은 자연에서 발생되는 하나의 과정이라는 점을 이해할 필요가 있다. 핵분열은 17억 년 전 아프리카 가봉의 옥로(Oklo)라는 지역에서 자연적으로 발생했다는 기록이 있다.[3] 우라늄이 풍부한 광물 퇴적물이 지하수로 스며들었고, 지하수가 중성자의 속도를 줄여주는 역할(감속재)을 함으로써 우라늄과 중성자의 핵반응이 잘 이루어질 수 있도록 하였다. 이때, 핵분열 과정에서 발생하는 열로 인해 지하수가 끓어오르게 되는데 중성자의 속도를 줄여주는 물이 줄어듦에 따라 반응은 중단된다. 이러한 과정은 수십만 년 동안 반복되어 온 것으

3 Bruce T. Goodwin, "Nuclear Weapons Technology 101 For Policy Wonks, Center for Global Security Research Lawrence Livermore National Laboratory, August 2021, p. 7.

로 알려져 있다. 핵융합의 경우에도 우리가 매일 보는 태양에서 지속 발생하고 있다. 태양의 가장 많은 부분을 차지하는 수소의 원자핵들이 충돌해서 헬륨 원자핵으로 바뀌는 "핵융합 반응"은 태양에서 끊임없이 일어나고 있다. 핵융합 과정은 두 원자가 합쳐지는 과정에서 약간의 질량을 잃어버리는데 아인슈타인이 설명한 질량이 에너지로 바뀐다는 개념에서 설명되듯이 줄어든 원자들의 질량이 엄청난 에너지로 방출된다. 태양은 생성된 지 약 50억 년, 그리고 앞으로도 50억 년 이상 핵융합 반응을 지속할 것으로 예상된다.[4]

이러한 핵분열과 핵융합 과정은 큰 에너지를 방출한다. 방출되는 에너지를 이해하기 위해 우리는 먼저 eV(전자볼트)라는 단위에 익숙해질 필요가 있다. 1eV는 전자 하나가 1V(볼트) 전기장을 통과할 때 얻는 에너지이다. 우리가 살아가는 실온을 에너지 단위로 표현하면 약 0.025eV, 화학적으로 고성능 폭발 온도는 약 0.5~1.0eV이다. 반면, 핵분열 반응은 약 180MeV (M = 10^6), 핵융합 반응에서는 중수소와 삼중수소 원자가 융합되었을 때에는 17.6MeV가 생성된다. 이러한 핵분열과 핵융합 에너지가 얼마나 큰가를 이해하기 위해 다음과 같은 예를 살펴보자.[5] 1kg의 석탄을 태우면 약 10W(와트) 전구를 83시간 동안 밝힐 수 있는 에너지가 생성된다. 반면, 1kg의 우라늄이 핵분열하면 같은 전구를 약 25,000년 동안 밝힐 수 있는 에너지가 발생한다. 1g의 TNT는 약 2.6×10^{16}MeV를 생성하는 데 비해 하나의 우라늄 원자가 핵분열하면 약 180MeV가 발생한다. 이는 상대적으로 작아 보일 수 있으나, 1g의 우라늄에는 약 2.53×10^{21}개의 원자가 존재하기 때문에 우라늄이 1g이 모두 핵분열한다고 가정할 경우에는 약 20여 톤의 TNT에 해당하는 에너지가 발생한다. 즉, 핵무기에 사용된 우라늄-235는 동일한 질량의 TNT가 폭발하는 것과는 비교도 할 수 없을 정도의 훨씬 더 큰 에너지를 방출한다. 히로시마에 사용된 핵탄두에는 약 64kg의 우라늄-235가 들어 있었다. 만약 모든 우라늄-235 연료가 핵분열을 일으켰다면, 예상되는 폭발 위력은 500킬로톤(kt) 정도가 되었을 것이다. 그러나, 실제 출력은 이 값의 약 1%

4 한국핵융합에너지연구원 홈페이지 핵융합 연구 분야 소개 내용 발췌. Available: https://www.kfe.re.kr/menu.es;jsessionid=4533CA0F2DEE1B110266F25D27DB66BC?mid=a10201010000 (검색일: 2025.1.19.)

5 Bruce T. Goodwin (2021), pp. 14~15.

내외에 해당했는데, 이는 폭탄이 폭발하면서 대부분의 우라늄-235가 비산했고, 핵 연쇄 반응에 참여하지 못했기 때문이다.

가 기초 개념

핵무기와 관련된 과학 기술적 원리를 조금 더 알아보기 위해 먼저 몇 가지 기초적인 용어를 살펴보고, 이해할 필요가 있다. 여기에서는 원자, 동위원소, 핵분열, 연쇄 반응, 임계 질량, 핵융합을 다룬다.

1) 원자

원자는 양성자, 중성자, 그리고 전자로 구성된다. 양성자는 원자핵에 존재하며 양전하를 띠고 있다. 여기서 중성자는 원자핵 중심에 존재하며 전기적으로 중성인 입자이다. 전자는 원자핵 주위를 입자나 파동으로 공전하며 존재한다. 전자는 음전하를 가진 입자이다. 그리고 원자는 전기적으로 중성 상태를 유지하려고 하는데, 따라서 양성자의 수는 일반적으로 전자의 수와 같다. 여기서 화학 반응이 일어나면 전자의 재배치가 이루어지고, 핵반응은 원자핵 내부에서 양성자 또는 중성자를 추가하거나 제거하는 과정에서 이루어진다.

2) 동위원소

동위원소란 동일한 수의 양성자를 가지는 원자들을 말한다. 양성자 수와 동일한 전자 수를 가지므로 화학적 성질은 같다. 통상, 화학적 성질은 전자의 지배를 받는다. 동위원소들은 원자핵 내 중성자의 수가 다르기 때문에 원자량이 달라지고, 서로 다른 핵반응 특성을 갖는다. 이는 핵반응이 양성자와 중성자를 원자핵에 추가하거나 제거하는 과정에 의존하기 때문이다. 우라늄의 동위원소인 우라늄-234, 우라늄-235, 우라늄-238, 수소의 동위원소에는 수소, 중수소(deuterium), 삼중수소(tritium)가 있다. 이러한 동위원소들은 우리가 배우는 핵무기에 있어 중요한 물질이다. 특히, 우라늄-235는 우라늄 핵분열의 핵심적인 역할을 하는 동위원소이다. 우라늄-235는 원자핵에 92개의 양성자와 143개의 중성자를 가지고 있으며, 핵 주위를 92개의 전자가 공전하고 있다. 한편, 핵무기와 관련된 또 다른 핵분열성 원소는 플루토늄-239이다. 원자핵에 94개의 양성자와 145개의 중성자를 가지고 있으며, 핵 주위를 94개의 전자가 공전하고 있다.

3) 핵분열

핵분열 물질(예: 우라늄-235, 플루토늄-239)의 원자핵이 중성자를 흡수하면서 불안정해지고, 두 개의 더 작은 원자핵으로 쪼개지면서 평균적으로 2~3개의 중성자를 방출하는 과정이다. 예를 들어, 우라늄-235는 크립톤-91과 바륨-142 원자로 분열되며, 2~3개의 중성자를 방출한다. 방출되는 중성자의 평균적인 수량은 〈표 1〉에서 보는 것처럼 핵물질별로 다르고 입사되는 중성자의 에너지에 따라서도 다르다. 핵분열 간 방출되는 중성자의 평균 에너지는 2MeV 내외이고, 분열에서 방출되는 전체 에너지는 약 200MeV 정도가 된다. 예로 들었던 크립톤과 바륨 핵종은 핵분열 과정에서 생성될 수 있는 여러 가능한 원자 종류 중 한 쌍이다. 그 밖에도 생성될 수 있는 원자의 종류는 다양하다.

표 1 중성자 에너지별 주요 핵연료 핵종의 핵분열당 방출 중성자수[6]

물질	핵분열당 평균 방출 중성자수	
	열중성자(0.0253eV)	고속중성자(~1 MeV)
Th-232	-	2.33
U-233	2.492	2.61
U-235	2.418	2.53
U-238	-	2.455
Pu-239	2.871	2.99
Pu-240	-	3.3
Pu-241	2.927	3.18

6 원자력재료종합정보시스템 내용을 참고하여 저자가 재작성.
https://mdportal.kaeri.re.kr/posts/d20150011/ (검색일: 2025. 1. 19).

4) 연쇄 반응

연쇄 반응은 핵분열 반응에서 방출된 중성자들이 추가적으로 또 다른 핵분열 물질과 반응하여 자발적 반응이 연속적으로 발생되는 것을 말한다. 연쇄 반응의 각 단계는 약 1억 분의 1초(10^{-8}초) 정도의 시간이 소요되는데 핵무기 폭발 간에는 약 80세대의 연쇄 반응이 진행되며, 약 1마이크로초(10^{-6}초)가 소요된다.[7] 이 과정에서 핵분열은 약 10^{15}번 발생한다. 핵무기의 폭발 위력은 연쇄 반응의 마지막 10세대에서 99.9%의 에너지를 형성하는 것으로 알려져 있다.[8] 이는 세대가 지나가면서 엄청난 수의 핵분열이 기하급수적으로 증가하기 때문이다.

5) 임계 질량

임계 질량은 핵분열 연쇄 반응을 지속할 수 있을 정도의 질량을 말한다. 즉, 물질이 임계 상태에 있다는 것은 하나의 중성자가 핵분열이 일어나고 두 개의 중성자를 방출하는 데 이어서 두 개 중 하나는 또다시 분열을 일으킬 수 있는 것이다. 이렇듯 연쇄 반응이 계속 일어나는 상태가 임계 상태이다. 핵분열이 잘 일어나기 위해서는 중성자가 외부로 사라지거나 내부에서 핵분열에 참여하지 않고, 손실되는 확률을 줄여야 한다. 물질의 임계 질량은 이러한 상태와 조건에 따라 달라진다. 임계 질량에 영향을 주는 요인에 크게 네 가지를 들 수 있다.

먼저, 임계 질량은 사용되는 핵분열성 물질의 종류에 따라 달라진다. 예를 들어, 플루토늄-239는 우라늄-235보다 더 큰 중성자 핵분열 단면적(neutron cross section)을 가지고 있다. 중성자 단면적이 크다는 것은 핵분열이 발생할 가능성이 크다는 것을 의미한다. 따라서 플루토늄은 우라늄보다 더 적은 양으로도 임계 질량에 도달할 수 있다. 탄두를 작고 가볍게 만드는 데 플루토늄이 우라늄보다 유리하게 작용하는 이유이기도 하다.

---

7 Robert Serber, 『The Los Alamos Primer: The First Lectures on How To Build an Atomic Bomb』, University of California Press; First Edition (March 2, 1992).

8 LibreTexts CHEMISTRY, https://chem.libretexts.org/Ancillary_Materials/Exemplars_and_Case_Studies/Case_Studies/Nuclear_Energy_for_Today's_World/13%3A_Nuclear_Weapons (검색일: 2025. 1. 19).

다음은 물질의 폭파 방식에 따라서도 임계 질량이 달라진다. 물질이 고밀도로 압축되면 핵분열 물질의 원자들이 더욱 밀집하게 되고, 이로 인해 핵분열 중성자가 물질을 벗어나 도망치지 않고 추가적인 핵분열을 유발할 가능성이 증가한다. 따라서 중성자가 손실되기 전에 물질과 반응하게 함으로써 연쇄 반응이 더욱 잘 유지될 수 있다. 이러한 물질 압축을 위한 폭파 방식을 내폭이라고 한다. 이는 핵분열 반응의 효율성을 극대화한다. 기본적으로 핵탄두는 내폭 방식을 이용하여 핵무기를 설계하는 것으로 알려져 있다.[9]

표 2 주요 물질별 물리적 특성과 임계 질량[10]

동위원소	밀도 (g/cm³)	임계질량 (kg)	중성자 방출률 (n/kg/sec)	열 (W/kg)
U-233	18.64	16.1	0.82	0.3
U-235	18.84	48.1	0.3	0
Pu-239	19.5	10.5	22	1.9
Pu-241	19.66	12.8	49	13
U-234	18.72	153	5	0.2
U-238	19.04	0	0	0
Pu-238	19.41	10	2600000	553
Pu-240	19.58	37.3	1000000	6.9
Pu-242	19.74	86.2	1700000	0.11
Np-237	20.4	58.8	0.14	0.02

세 번째는 물질의 형상도 임계 질량에 중요한 요소이다. 예를 들어, 구형은 동일한 부피에서 표면적이 가장 작다. 따라서, 중성자의 탈출을 최소화할 수 있다. 핵탄두를 구형으로 제작한다면 중성자가 더 많은 핵분열이 일어나도록 하며, 더

9 Nuclear Weapons Frequently Asked Questions, https://nuclearweaponarchive.org/Nwfaq/Nfaq0.html (검색일: 2025. 1. 19).

10 Bruce T. Goodwin (2021), p. 16.

적은 질량으로도 원하는 폭발 위력을 달성할 수 있다.

마지막으로 반사재(Reflector)의 설치 여부가 임계 질량을 결정하는 하나의 요소가 된다. 반사재는 외부로 빠져나가는 중성자를 내부로 반사하여 연쇄 반응을 유지하거나 강화한다. 이를 통해, 원래는 초임계(supercritical) 상태에 도달하지 못하는 아임계(subcritical) 물질이 중성자 반사재의 추가로 인해 초임계 상태에 이를 수 있다. 따라서, 중성자 반사재는 핵무기 설계에서 효율을 높이고 필요한 핵분열 물질의 양을 줄이는 데 중요한 역할을 한다. 〈표 2〉는 핵무기와 연관된 주요 물질별 물리적 특성과 임계 질량을 보여준다.

6) 핵융합

핵폭발 장치의 작동을 가능하게 하는 또 다른 과정은 핵융합이다. 핵융합은 우리가 잘 알고 있는 수소폭탄의 작동 원리이기도 하다. 핵분열이 중성자를 사용해 원자를 분열시키는 반면, 핵융합은 극한의 열(이로 인해 "열핵"이라는 이름이 붙음)을 이용해 원자를 융합시키고 에너지를 방출한다. 예를 들어, 수소의 핵융합에서는 극도로 높은 온도에서 중수소와 삼중수소 원자가 매우 빠르게 충돌하고 하나의 헬륨 원자를 생성한다. 이때 높은 에너지를 가진 중성자를 방출하는데 한 번의 융합 반응에서 생성되는 에너지는 약 17.6 메가전자볼트(MeV)이다.

나 핵연료 주기[11]

핵연료주기는 원자력의 평화적 이용에 매우 중요하나, 주기 과정에서 핵무기 개발에 이용될 수 경로들이 있어 국제기구는 이를 엄격히 감시하고 있다. 따라서, 핵연료주기에 대한 학습은 핵보유국과 핵을 개발하려는 국가가 어떠한 경로에서 핵무기를 생산하였는지를 이해할 수 있기에 중요하다. 핵연료주기는 핵연료가 자연에서 채굴되는 단계부터 원자로에서 사용되고, 사용 후 폐기물로 처리되는 과정을 포함한 모든 단계를 포괄하는 일련의 절차를 의미한다. 이는 선행

11 U.S. NRC, Stages of the Nuclear Fuel Cycle, https://www.nrc.gov/materials/fuel-cycle-fac/stages-fuel-cycle.html (검색일: 2025. 1. 19).

핵연료주기(front-end)와 후행 핵연료주기(back-end)로 나눌 수 있다.

먼저, 선행 핵연료주기는 자연 상태의 광석을 원자로에서 사용할 수 있는 상태로 준비하고 원자로에서 가동하는 과정까지로 구성된다. 우라늄 광석을 탐사하고 채굴하는 방식에는 노천 채굴, 지하 채굴, 용액 채굴(In-situ leaching) 등이 있다.[12] 우라늄 광석은 낮은 농도의 우라늄-235를 포함하고 있으므로, 이를 원자로에서 사용하기 위해서는 추가적인 처리 단계가 필요하다. 우라늄 광석에서 우라늄만을 정제하고 정련하여 산화우라늄(U_3O_8)을 얻으며, 일련의 과정을 거쳐 육불화우라늄(UF_6) 형태로 만든 후 농축 단계로 이동한다. 이는 우라늄-235의 농축도를 자연 상태의 약 0.7%에서 원자로에서 사용 가능한 3~5%로 높이는 과정이다. 여기서 핵보유국 또는 불법 핵개발국은 우라늄-235의 농축도를 90% 이상으로 높여 무기급 우라늄을 만들 수도 있다. 우라늄-235를 농축하기 위한 방법에는 가스확산법, 원심분리법, 전자기분리법, 레이저법 등이 있는데, 원자로에서 사용하기 위한 농축과 핵무기에 사용하는 농축 방법이 차이가 있지는 않다. 다만, 농축도를 높이기 위해 더 많은 단계의 농축 과정을 진행할 뿐이다. 이와 관련해서는 뒤에서 자세히 다루도록 한다. 농축된 우라늄을 원자로 연료로 가공하는 과정을 거친 후 연료봉(Fuel Rod)으로 구성된 연료 집합체를 만들고, 원자로에 삽입하여 핵분열 반응을 일으킨다. 핵연료에 포함된 우라늄-235가 핵분열을 일으키면서 다량의 열에너지를 방출하여 물을 끓이고 증기를 생성하며, 이를 통해 터빈을 가동한 후 전기를 생산하는 일련의 과정이 원자로에서 일어난다. 원자로 핵연료는 약 18개월 단위로 위치가 변환되고, 연료는 약 3~5년 정도 사용된 후 폐기 과정을 겪는다.

후행 핵연료주기[13]는 사용후핵연료(SNF, Spent Nuclear Fuel)의 관리와 처리를 포함한다. 주요 단계는 다음과 같다. 사용후핵연료는 방사선과 열이 강하기 때

---

12 World Nuclear Association, Nuclear information, Nuclear fuel cycle, Uranium mining overview, https://world-nuclear.org/information-library/nuclear-fuel-cycle/mining-of-uranium/uranium-mining-overview (검색일: 2025. 1. 19).

13 IAEA, "Getting to the Core of The Nuclear Fuel Cycle", U.S. Energy Information Administration, Nuclear explained, The nuclear fuel cycle 내용 발췌 및 요약, https://www.eia.gov/energyexplained/nuclear/the-nuclear-fuel-cycle.php (검색일: 2025. 1. 19).

문에 안전한 임시 저장이 필요하다. 임시 저장은 습식과 건식 방식이 있으며, 습식 저장의 경우 사용후핵연료를 물이 채워진 저장조에 보관하여 방사선과 열을 차단한다. 반면, 건식 저장은 일정 시간이 지난 후, 사용후핵연료를 건조된 상태에서 콘크리트 및 금속 용기에 보관한다. 핵보유국은 사용후핵연료에서 핵무기를 생산하기 위한 핵물질(우라늄, 플루토늄)을 추출하기 위해 재처리를 진행하기도 한다. 대표적인 재처리 방법은 PUREX 공정(플루토늄-우라늄 회수 추출)이다. 재처리는 방사성 폐기물의 양을 줄이고 자원을 효율적으로 사용하는 방법이지만, 핵확산의 위험이 있기에 비핵보유국에게는 통상적으로 허용되지 않고 있다. 재처리 후 남은 고준위 폐기물은 지하 깊이 저장소(이를 심층 지하처분이라고 함, Deep Geological Repository)에 영구적으로 처분한다. 방사성 폐기물을 지구의 지질학적으로 안정한 층에 보관하여 장기적 안전성을 확보하는 것이다.

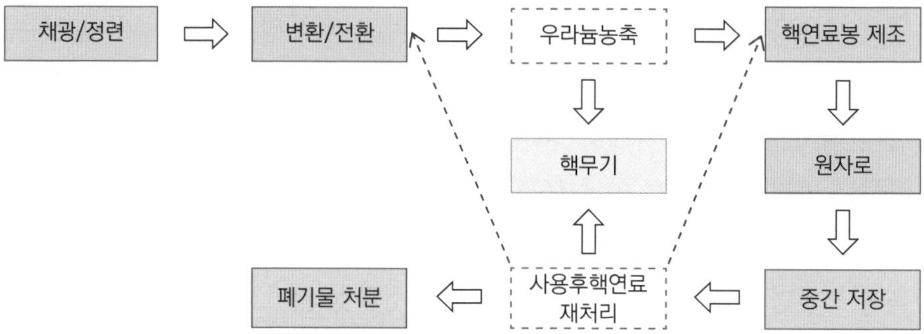

그림 1 핵연료주기 개념도

핵연료주기는 사용후핵연료의 재활용 여부에 따라 크게 개방형 주기(open cycle)와 폐쇄형 주기(closed cycle)로 나눌 수 있다. 개방형 주기는 일회성 통과 주기(once-through cycle)로도 불리며, 현재 한국·미국 등의 상업용 원전에서 채택하고 있다. 핵연료를 원자로에서 사용 후 인출하여 궁극적으로는 지층처분할 때까지 재사용은 없다. 이와는 반대로, 폐쇄형 주기(closed cycle)에서는 사용후핵연료 중 연료로 다시 사용할 수 있는 물질을 재처리 혹은 재활용(recycling)을 통해 추출한 후, 이를 활용해 다시 핵연료를 만들어 재사용할 수 있는 순환 흐름(loop)

이 존재한다. 그럼에도 핵분열생성물(fission products)과 마이너악티나이드 원소(minor actinide)를 포함한 폐기물은 심층처분을 활용해야 한다.[14]

4 핵물질 생산

가 사용후핵연료 재처리(핵개발국의 플루토늄 확보 경로)

플루토늄(화학기호 Pu)은 94개의 양성자를 가지고 있으며, 이는 우라늄보다 2개가 더 많다. 플루토늄은 자연에서는 미량만 존재하지만, 원자로에서 우라늄-238이 중성자를 포획하여 잠시 우라늄-239가 되고, 그 후 우라늄-239는 짧은 반감기를 거쳐 넵트늄-239(Np-239)로 변한다. 그리고 넵트늄이 베타 붕괴(전자를 방출하고)를 거쳐 플루토늄-239로 전환된다. 플루토늄-239는 24,000년의 반감기를 지니는데, 쉽게 말해서 양이 원래의 절반으로 되는 데 24,000년이 걸린다는 뜻이다. 이렇게 생성된 플루토늄은 핵무기의 효율성 측면에서 장점[15]이 있으나, 우라늄보다 핵탄두로 제조하기 더 어렵다는 단점도 지닌다. 플루토늄 기반 핵무기는 동위원소의 자발 중성자 방출로 인해 조기에 폭발할 위험이 있다. 따라서, 복잡한 압축 기술을 통해 짧은 시간 내에 물질을 순간적으로 고밀도화하여 중성자와 분열 반응을 일으켜야 한다.

플루토늄 동위원소는 원자로에서 생성되고 재처리 과정을 통해 분리된다.[16] 기술 수준이 낮은 국가가 원자로 연료봉에서 생성된 플루토늄을 우라늄 및 분열생성물로부터 분리하는 것은 어려운 과정이다. 실제 화학 공정 자체는 복잡하지 않으나, 분열 생성물의 높은 방사능이 문제가 된다. 앞서 살펴본 것처럼, 한 번

---

14 조주현, "세계원전시장 인사이트, 미 한림원이 바라본 첨단원자로(AR)와 관련 연료 주기·방폐물 특징." 『에너지경제연구원』 (2022.12), pp. 4-6.

15 플루토늄을 무기에 사용하는 데 10kg 미만이 필요하지만, 고농축 우라늄의 경우에는 그보다 몇 배 많은 양이 필요하다. 통상적으로 약 3배의 효율 차이가 발생한다고 알려져 있다.

16 Robert F. Mozley, 『The Politics and Technology of Nuclear Proliferation』, University of Washington Press (1998), pp. 43-76. 내용 발췌.

의 핵분열을 통해 두 가지 불안정한 방사성 원소를 생성하고, 각각 원자들이 안정적인 원자로 변화하기 전에 몇 번의 붕괴 과정을 겪는다. 이 과정에서 방사선이 방출되는 것이다. 원자로가 가동을 멈추어도 핵분열과 방사성 붕괴는 당분간 지속되며, 초기에는 원자로 출력 수준의 약 7~10%에 해당하는 열을 발생시킨다. 재처리를 수행하는 핵개발국은 연료봉을 제거하여 플루토늄을 생산하기 위해 화학적으로 처리할 때, 방사능이 감소하도록 약 100~150여 일을 기다린다. 처음에는 반감기가 짧은 동위원소로 인해 강한 방사능이 나타나지만, 이들이 붕괴하고 사라지면서 방사능은 감소하고 반감기가 긴 동위원소만이 주로 남는다. 사용후핵연료를 150일보다 오래 보관하면 연료봉에서 생성된 다른 무거운 원소가 붕괴하여 플루토늄-238이 점차 축적된다. 플루토늄-238은 자발적으로 분열하는 속도가 매우 높아 핵무기에 포함될 경우 무기의 조기 폭발을 일으킬 수 있다. 앞서 플루토늄 기반의 무기 설계를 복잡하게 하는 동위원소 중에 하나이다. 따라서, 무기 제작 관점에서 바람직하지 않은 물질이다. 이와 유사하게 핵연료가 원자로에 머무는 시간, 즉 오래 태워지면 플루토늄-239 외에 플루토늄-240, 241, 242 등의 여타 동위원소의 양이 증가한다. 플루토늄을 무기급으로 사용하기 위해서는 플루토늄-240 함량이 7% 미만이어야 하며, 이를 위해서는 원자로 가동 기간을 짧게 하고 자주 연료를 교체해야 하는 것으로 알려져 있다.[17] 그러나, 문헌에 따르면 플루토늄-240 함량이 높은 (예를 들어, 18% 이상의 원자로급 플루토늄) 경우에도 무기 제작은 기술적으로 가능하나 위험성이 증가하는 것으로 나타난다. 이처럼, 플루토늄의 짝수 동위원소는 자발적으로 중성자를 방출하는 성질이 다른 원자들보다 높기 때문에 우라늄에서 사용할 수 있는 폭발 방식처럼 하나의 덩어리로 완전히 조립하는 것이 어렵다. 덩어리가 형성되기 전에 자발 중성자에 의해 조기에 폭발이 이루어지기 때문이다. 결과적으로 맨해튼 프로젝트에서도 원자로에서 연료를 일찍 꺼내 핵분열 연쇄 반응을 중단하였고, 플루토늄-239가 많은 양을 차지하도록 했다.

---

17 How Much Pu-240 Has the U.S. Used in Nuclear Weapons: A History에서 발췌. https://npolicy.org/wp-content/uploads/2021/06/Reactor-Grade_Plutonium_and_Nuclear_Weapons-Appendix.pdf (검색일: 2025. 1. 19).

플루토늄은 꺼내진 핵연료에서 화학적 재처리 과정을 통해 추출할 수 있다.[18] 연료봉을 다루기 위해서는 원격 조작 장비와 차폐된 용기를 사용해야 하며, 이후 물탱크에 넣어 일정 기간 냉각시켜야 한다. 모든 화학적 처리 단계에서도 원격으로 조작되는 장비를 사용하여 방사능이 차폐된 상태로 작업한다. 화학적 분리 공정의 주요 단계는 다음과 같다. 먼저, 연료봉을 용해시키는 과정이 필요하다. 연료봉 조각은 질산으로 가득 찬 혼합 탱크에 떨어지며, 탱크 안에서 계속 저어져 연료봉이 용해된다. 연료봉의 외피를 포함한 모든 고체 잔여물은 혼합 탱크 바닥에 가라앉는다. 연료봉이 완전히 용해된 후, 용액에서 고체 잔여물을 걸러내고 배출시킨다. 질산 용액은 경량의 유기 용매(케로신에 용해된 트리부틸포스페이트, TBP)와 혼합하고, 우라늄 및 플루토늄(4가) 이온이 유기 용매로 이동되도록 한다. 기타 방사성 물질은 질산 용액 내에 남게 된다. 방사성 찌꺼기 용액은 하단에서 배출되고, 우라늄과 플루토늄이 포함된 유기 용매는 다시 별도로 옮겨진다. 이어서 유기 용매에 담긴 우라늄과 플루토늄은 다시 질산 용액으로 처리되며, 플루토늄(4가)을 3가(trivalent) 상태로 환원시키기 위해 화학 환원제가 추가된다. 플루토늄 3가는 플루토늄 4가와 달리 유기용매(케로신과 TBP 혼합)에 녹지 않는 성질을 지닌다. 따라서 플루토늄 이온은 유기 용매로부터 분리되고, 정제를 거쳐 불순물이 제거된다. 이러한 분리 작업은 여러 차례 반복되어야 충분히 순수한 플루토늄을 얻을 수 있게 된다. 플루토늄과 우라늄의 분리가 완료된 후에는 방사능 위험이 상당히 감소하지만, 플루토늄 자체는 여전히 강한 독성을 지닌다. 따라서, 미량(마이크로그램)만 흡입해도 치명적일 수 있기에 특별한 취급 절차가 요구된다. 또한, 분리 작업 중 발생하는 열과 방사능 가스도 안전하게 처리해야 하며, 분리 공정에서 방출되는 삼중수소, 이산화탄소, 요오드, 크립톤, 제논 등은 방사선학적으로 위험 요소가 된다. 이 중 짧은 반감기를 가진 방사성 물질은 빠르게 붕괴하지만, 삼중수소, 탄소-14, 요오드-129, 크립톤-85 등은 장기간 남아있게 된다. 불법 핵개발국이 재처리 시설을 은폐하려 해도, 이러한 방사능 가스의 방출과 방사성 폐기물은 시설의 위치를 감지할 수 있는 단서를 제공한다. 방사성 폐기물은 수십 년 동안 열을 방출하기 때문에 쉽게 처리할 수

18 Mozley (1998).

없다. 또한, 제대로 관리되지 않은 폐기물은 지하수로 누출될 가능성이 있으며, 이는 시설의 위치를 노출시킬 수 있다. 사용후핵연료의 개략적인 재처리 공정도는 〈그림 2〉에서 확인할 수 있다.

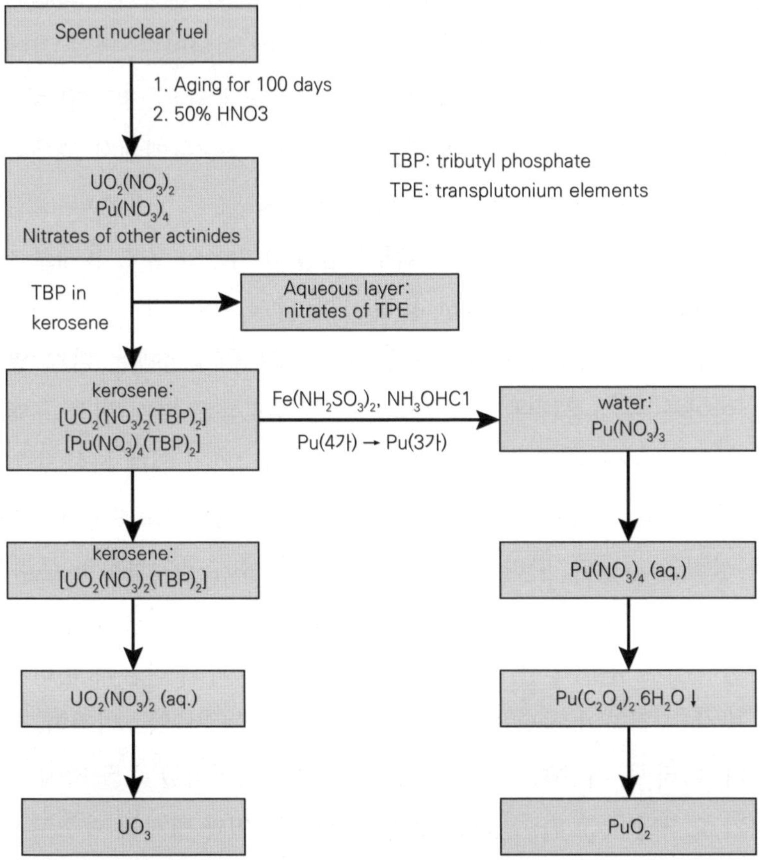

그림 2 **사용후핵연료 재처리 공정도 (출처: Wikimedia Commons)**

나 우라늄 농축

우라늄은 우라늄-234, 235, 238로 구성되어 있다. 그중에서 우라늄-235는 중성자가 143개이며, 자연적으로 발생하는 우라늄의 0.7%만을 차지한다(우라늄-234는 0.005%, 나머지가 전부 우라늄-238). 무기를 만드는 한 가지 방법은 앞서 살펴본 바와 같이 플루토늄을 사용하는 것이며, 또 다른 방법은 우라늄-235를 사용하는 것이다. 우라늄-235는 플루토늄-239만큼의 효과적인 핵분열 물질은 아니지만, 무기로 제작하기에는 더 쉽다. 우라늄-235 원자는 핵분열을 통해 평균 약 2.42개의 새로운 중성자를 생성한다. 이는 플루토늄에서 방출되는 중성자 수량보다 약간 적은 수량이다. 방출된 모든 중성자가 새로운 우라늄-235 원자에 흡수되면 기하급수적으로 증가하는 연쇄 반응이 시작되고, 이 경우에 원자의 수는 1에서 2.5개, 그 다음은 6.25로 증가한다. 10세대에 걸쳐 10,000개 이상의 원자가 분열되고, 20세대에 걸쳐 1억(100,000,000) 개 이상의 원자가 분열된다. 그러나, 일부 중성자는 외부로 빠져나가고, 일부는 우라늄-238 원자에 흡수되는 등 연쇄 반응에 참여하지 않는다. 평균적으로 각 핵분열이 두 개 이상의 추가 핵분열로 이어진다면, 연쇄 반응은 기하급수적으로 증가하고 막대한 양의 에너지를 방출한다.

맨해튼 프로젝트 당시 핵무기에 필요한 80%의 우라늄-235 농축을 위해 여러 가지 농축 기술이 병행해서 시도되었다. 가장 성공적인 것은 전자기분리법으로, 큰 자석에 진공 챔버를 사용한 것인데, 이 방법은 이온화된 천연 우라늄이 자기장에서 이동할 때 동위원소별로 다른 궤도로 이동하는 원리를 이용한 것이다. 시간이 오래 걸리고 다량의 전기가 필요하다는 단점으로 지금은 사용하지 않고 있다. 앞서 언급한 바와 같이, 우라늄-238은 일반적으로 원자로 연료로 사용되지 않지만 자연에서 발생하는 우라늄의 99.3%를 차지한다. 따라서 자연에서 발생하는 우라늄은 무기로 사용할 수 없으며, 우라늄-235의 농도를 높여야 한다. 오늘날 가장 널리 사용되는 원자력 발전소는 경수로(LWR) 타입이고, 경수로에서는 우라늄-235가 약 3~4% 농축된 우라늄(저농축 우라늄, LEU)을 필요로 한다. 핵무기용 연료는 우라늄-235가 더 많이 농축되어야 하며, 통상 90% 이상

농축된 고농축 우라늄(HEU)을 사용한다. 문제는 원자력 발전을 위한 저농축 우라늄을 만드는 데 사용되는 동일한 기술이 핵무기를 만들기 위한 고농축 우라늄을 얻는 데도 사용된다는 것이다. 평화적 목적과 군사적 목적을 위한 핵기술이 밀접하게 연관되어 있기에 그 목적을 구별하는 것이 어렵다. 예를 들어 이란의 경우에 자국의 핵발전 프로그램에 필요하다고 주장하며 농축 프로그램이 NPT 요구 사항을 위반하지 않는다고 주장할 수 있으나, 국제 사회는 이란의 농축 능력이 가까운 미래에 "잠재적 핵보유국"(핵무기를 개발할 기술과 자원을 보유하여 이를 단기간 내에 제조할 수 있는 국가)으로 만들 가능성이 있기에 이를 심대히 우려한다. 핵무기를 만들기 위해 가장 어려운 단계가 핵물질을 확보하는 것인데 농축 과정을 통해 HEU를 생산한다면 초창기 미국의 경우처럼 별도의 실험을 수행하지 않고서도 핵무기를 개발할 가능성도 있기 때문이다.[19] 중국의 경우에도 첫 번째 무기는 고농축 우라늄으로 제작되었으며, 파키스탄도 핵실험을 실시하지 않은 핵무기가 고농축 우라늄으로 제작된 것으로 알려져 있다.[20] 남아프리카공화국의 폐기된 무기와 이란의 광범위한 핵개발 프로그램도 우라늄에 중점을 두었다.

우라늄을 농축한다는 것은 우라늄 동위원소를 분리하는 다양한 방법을 사용한다는 것이다. 이러한 방법에는 전자기분리법, 기체확산법, 원심분리법, 레이저법 등이 있다.[21] 이러한 방법은 원자나 분자가 질량에 상관없이 동일한 에너지를 가진다는 사실을 이용한다. 이러한 관계는 입자가 기체 상태(확산을 통한 분리)로 존재하든 입자 빔 상태(전자기 방법을 통한 농축)로 존재하든 동일하게 적용된다. 혼합된 기체의 모든 분자는 질량과 관계없이 동일한 평균 에너지를 가지며, 운동량은 원자나 분자의 속도에 비례하고, 에너지는 속도의 제곱에 비례한다. 따라서 에너지가 동일할 때, 질량이 다른 기체 원자는 서로 다른 평균 속도와 운동량 값을 갖게 된다. 가벼운 기체 분자는 더 큰 속도를 가지며, 이러한 속도의 차이는 질량의 제곱근 차이에 비례하게 된다. 단일 전하를 가진 원자나 분자가

19 1945년 8월 6일 히로시마에 사용된 HEU 무기는 시험 없이 실제 투하되기도 하였다.

20 Robert F. Mozley, 『The Politics and Technology of Nuclear Proliferation』, University of Washington Press (1998), pp. 77-125. 주요 내용 발췌.

21 함형필, 2009.

동일한 전기장으로 가속되면 동일한 에너지를 가지게 되고, 이러한 입자가 서로 다른 질량을 가지면 운동량이 달라지며, 따라서 자기장을 통과할 때도 곡률 반경이 달라진다. 무거운 입자는 더 큰 운동량과 곡률 반경을 가지게 되는 것이다. 전자기 농축 방법이 바로 이러한 원리를 기반으로 한다.

추가적으로 원심분리법만을 간단히 살펴보도록 하겠다. 원심분리법이 대량 생산을 위해 효율적인 방법으로 알려져 있고 핵보유국이 주로 사용하는 방법이기 때문이다. 우라늄을 불소와의 화학결합을 통해 육불화우라늄을 형성하고, 이를 기체 상태로 만든다. 이 가스를 원심분리기에 넣고 고속으로 회전시키면 원심력으로 인해 가벼운 우라늄-235가 포함된 분자는 중앙 부근에, 무거운 우라늄-238이 포함된 분자는 바깥쪽으로 이동한다. 이와 같은 원리를 이용하여 두 동위원소를 분리한다. 그러나 한 기의 원심분리기로는 원하는 우라늄-235의 농축도를 얻기 어렵기에 수십~수백 기의 원심분리기를 배열하여 스테이지(stage)와 캐스케이드(cascade)를 형성하고 원하는 우라늄-235의 농축도를 얻기까지 연속적으로 가동한다. IAEA는 핵무기 1개를 제조하는 데 중요한 고농축 우라늄의 양으로 25kg을 설정하였는데, 이 정도의 양을 얻기 위해서는 파키스탄이 개발한 P-2 Type의 원심분리기를 약 750~1,000개 이용하여 1년 정도 가동해야 하는 것으로 알려져 있다.[22]

5 핵탄두 기본 유형

가 핵분열탄

앞서 살펴본 것처럼, 핵무기를 개발하는 데에는 크게 두 가지 경로가 있다. 하나는 원자로에서 플루토늄을 생산하여 핵무기를 제작하는 경로이고, 다른 하나는 우라늄-235를 농축하여 무기를 만드는 경로이다. 핵무기를 제조하기 위해서는 핵물질을 매우 빠르게 결합시키는 기술이 필수적이다. 즉, 플루토늄이나

22 국방부, 『대량살상무기의 이해와 실제』, 2018. p. 33.

우라늄은 폭발 직전까지는 아임계 상태를 유지하다가, 무기 폭발과 동시에 초임계 질량을 형성해야 한다. 이를 위해 두 물질을 극도로 빠른 속도로 결합시켜야 한다. 핵개발 초기에 이러한 결합 속도에 대한 추정치는 우라늄-235의 자발 핵분열 속도를 기준으로 산정되었으며, 이에 따르면 약 300m/s의 결합 속도가 요구되었다.[23]

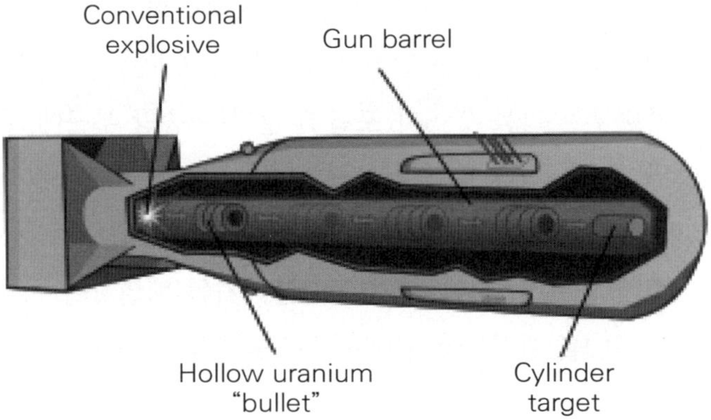

그림 3 Gun-type 분열 무기 개념도(리틀보이) (출처: Wikimedia Commons)

핵분열탄의 첫 번째 방식인 우라늄탄의 기본적인 작동 개념은 〈그림 3〉에서 확인할 수 있다. 여기서는 하나의 임계 질량을 발사체로, 또 다른 하나를 표적물로 설정하고, 발사체가 추진제의 폭발에 의해 표적물과 충돌하면서 초임계 질량을 형성하는 방식을 보여준다. 이때, 무겁고 밀도가 높은 물질로 구성된 '탬퍼(tamper)'는 폭발 에너지가 외부로 방출되는 것을 억제하고, 내부의 연쇄 반응이 최대한 지속되도록 한다. 탬퍼는 두 우라늄 조각이 결합하여 초임계 질량을 이루도록 도우며, 방출된 중성자를 다시 내부로 반사시켜 연쇄 핵분열 반응을 증

23 Server (1992), 자발 핵분열로 인한 '조기 점화' 위험을 피하기 위해 요구되는 조립 시간에 대해 논의하는 대목에서 우라늄-235의 자발 핵분열 빈도 추정치가 고려되어 수백m/s 이상의 조립 속도가 필요한 것으로 언급됨. 또한, John Coster-Mullen, Atom Bombs: The Top Secret Inside Story of Little Boy and Fat Man, 2nd Edition(2013)에서도 "리틀보이(Little Boy)"의 총포신 길이와 추진 장치, 발사체의 속도 등이 언급되는데, 발사체가 목표 속도(약 300m/s 전후)에 도달해 두 개의 아임계 물질 덩어리가 신속히 결합하도록 설계된 과정에 대해서 소개하고 있음.

폭시킨다. 한편, 중성자 방출기는 알루미늄 벽으로 분리된 폴로늄과 베릴륨으로 구성되어 있으며, 폭발과 동시에 벽이 붕괴되면서 이 둘이 결합되어 중성자를 방출하게 된다. 폴로늄은 강력한 알파선 방출체이고, 방출된 알파 입자가 베릴륨과 반응하여 중성자를 생성한다. 알파 입자는 공기 중 이동 거리가 매우 짧기 때문에, 두 물질은 매우 근접한 위치에 있어야 한다. 이 중성자 방출기는 최초 분리되어 있던 우라늄(또는 플루토늄)이 완전히 결합되는 순간에 맞춰 강력한 중성자 펄스를 방출함으로써, 최대 압축 시점에서 연쇄반응을 유도하여 핵물질의 연소 효율을 극대화한다.

또 다른 핵분열탄의 방식인 플루토늄탄의 작동 방식은 다음과 같다. 먼저, 플루토늄은 우라늄-235보다 자발 핵분열 속도가 훨씬 빠르다는 것을 다시금 상기할 필요가 있다. 맨해튼 프로젝트 당시에도 플루토늄을 사용한 핵무기의 경우 우라늄에 사용되었던 '총형(gun-type)' 설계보다도 10배 이상 빠른 속도로 핵물질을 결합시켜야 했다. 이는 기존 우라늄탄의 작동 방식은 사용할 수 없다는 것을 의미했으며, 다른 물질 결합 방식이 요구되었다. 당시 탄두 설계자들이 고안해 낸 방법은 물질을 내부로 빠르게 압축하여 밀도를 증가시키고 임계질량에 도달하는 것이었다. 이를 위해 플루토늄 탄두 설계에는 폭발물 전문가들의 역량이 중요하게 활용되었다. 당시 폭발물 전문가들은 광산에서 일반적으로 사용하던 폭약과 폭발 렌즈에 대한 전문지식을 갖고 있었으며, 이를 기반으로 폭발물이 폭발할 때 발생하는 충격파를 이용해서 물질을 빠르게 압축하는 방법을 고안해내고자 했다. 문제는 광산에서 사용하는 폭발물의 충격파는 통상 평면파 형태였으며, 탄두에는 구면 충격파를 만들어야 했다. 마침내 과학자들은 빠른(고속) 폭발물과 느린(저속) 폭발물을 조합하여 충격 전면이 구형이 되도록 하는 폭발 렌즈 개념을 도입하였다. 플루토늄 구체 또는 껍질을 축구공 형태의 렌즈 타일로 감싸고, 각 렌즈는 매우 정밀하게 동시 폭발하여 중심부의 핵물질을 강하게 압축하는 방식이었다.

〈그림 4〉에서 보듯이, 장치의 바깥층은 노란색과 연두색의 폭발 렌즈로 구성되어 있고, 정중앙의 보라색 영역에는 압축될 플루토늄 코어가 위치한다. 그림은 폭발 렌즈의 구성 요소인 느린 폭발물과 빠른 폭발물을 모두 보여준다. 느

린 폭발물은 렌즈의 원뿔형 중심을 형성하고, 빠른 폭발물은 바깥층을 형성한다. 폭발은 렌즈 상단의 바깥쪽과 중심에서 시작되며, 서로 다른 폭발 속도로 인해 렌즈의 외곽 부분이 중심보다 더 빨리 금속 표면에 도달함으로써 충격 전면을 구형으로 만든다. 이러한 렌즈의 성형과 주조는 1940년대 로스 알라모스 연구소에서 해결해야 할 주요 기술적 과제 중 하나였다. 폭발 렌즈는 탬퍼 및 푸셔(tamper/pusher)를 먼저 압축하는데, 이러한 탬퍼 및 푸셔의 역할은 폭발 시 물질의 비산을 억제하고 중성자를 반사시켜 연쇄 반응을 촉진하는 것이다. 또한, 이러한 재료는 저밀도 폭발물에서 고밀도 금속으로의 밀도 전이를 따라 운동량 전달을 보다 효과적으로 수행할 수 있도록 돕는다. 플루토늄 코어의 중심에는 중성자 방출기가 위치해 있으며, 코어가 충분히 압축된 시점에서 강력한 중성자 펄스를 방출하여 정확히 최대 압축 시점에 연쇄 반응이 시작되도록 한다.

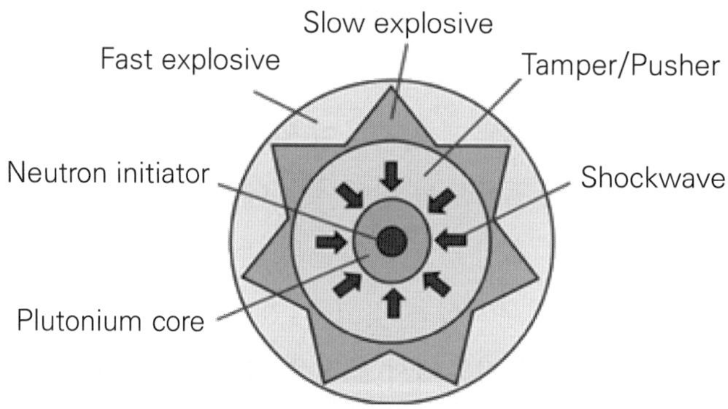

그림 4 내폭형 분열 무기 개념도 (저자 작성)

플루토늄에 대해 추가적으로 알아보자면, 플루토늄은 실온에서도 여러 결정상에서 안정적이다. 이러한 플루토늄의 다양한 상들은 동소체(allotropes)라 불리며, 실온에서 가장 일반적인 알파(α)상은 유리와 같은 성질을, 델타(β)상은 알루미늄과 유사한 기계적 특성을 가진다.[24] 일반적으로 무기 설계에서는 기계적 특

24 Hoffman, D. C., Lawrence, F. O., Morss, L. R., & Fuger, J. "Plutonium Handbook: A Guide to the Technology (2nd ed.)." American Nuclear Society (2006).

성이 우수한 델타상이 선호되며, 이는 플루토늄을 구형 또는 다양한 탄두 형태로 가공하기에 유리하기 때문이다. 플루토늄 가공 시 용이성과 안정성을 향상하기 위해 알루미늄, 세륨, 인듐, 스칸듐 등의 3가 원소를 소량 첨가한다. 그중 갈륨은 내식성이 뛰어나 미국에서는 1% 수준으로 갈륨을 첨가하여 플루토늄을 사용하는 것으로 알려져 있다.[25]

나 증폭핵분열탄

초기 핵무기는 물질의 분열 관점에서 비효율적이다. 즉, 핵분열성 물질의 상당 부분이 핵분열이 일어나기 전에 폭발과 함께 외부로 손실되기 때문이다. 히로시마에 사용된 핵무기는 포함된 물질의 1~2% 정도만이 사용된 것으로 알려져 있다. 무기 설계자들은 중수소나 삼중수소 가스와 같은 소량의 물질을 핵분열 장치 안에 넣으면 폭발 효율성과 위력을 증가시킬 수 있을 것으로 보았다. 초임계 질량에 의해 생성되는 즉각적인 화염은 수천만 도의 온도를 가지고 있기에 중수소와 삼중수소 원자핵이 서로 융합할 만큼 충분한 열과 압력을 생성하게 된다. 이러한 환경에서 소량의 융합 가스가 융합하면 고에너지 중성자가 생성된다. 고에너지 중성자는 핵분열 물질과 반응하여 추가적인 핵분열을 발생하도록 한다. 폭발 위력을 증가시키는 이러한 접근 방식을 "증폭"이라고 하며, 크기와 무게를 줄이는 가운데 폭발 위력을 키울 수 있기에 현대 핵무기 설계 방식에서 선호되고 있다.[26] 일반적으로, 증폭핵분열 설계는 내폭 방식의 핵탄두 설계보다 기술적으로 더 복잡하고 효율성도 더 높은 것으로 알려져 있다. 증폭 가스의 목적이 핵분열 연쇄 반응을 가속화하는 것이기 때문에 증폭핵폭탄은 핵융합 무기로 간주되지 않으며, 생성되는 폭발 에너지 중 핵융합에서 파생된 것도 매우 적다.[27]

25 Joseph C. Martz, Franz J. Freibert, & David L. Clark, "The Taming of Plutonium: Plutonium Metallurgy and the Manhattan Project." Nuclear Technology Vol. 207 S266-S285 2021.

26 U.S. DOD, "The Nuclear Matters Handbook 2020 [Revised]", Chapter 13. 내용 발췌 및 요약.

27 NTI nuclear module, https://tutorials.nti.org/nuclear-101/nuclear-weapons/ (검색일:

다 핵융합탄(열핵무기)[28]

열핵무기, 또는 수소폭탄("H-bombs")은 원자핵 분열과 핵융합을 이용해 폭발을 일으킨다. 이 두 과정을 결합하면 원자폭탄보다 수백에서 수천 배 더 강력한 에너지를 방출할 수 있게 된다. 맨해튼 프로젝트에서 원자핵 분열을 연구하던 물리학자 에드워드 텔러는 수소를 연료로 사용하여 핵폭발을 확장하는 데 관심을 가졌다. 1949년 8월, 소련이 핵무기를 시험하자, 트루먼 미국 대통령은 수소폭탄 개발을 명령했다. 수학자 스탠슬로프 울람은 텔러와 협력하여 첫 번째 수소폭탄을 설계했다. 마침내 1952년 태평양 마셜 제도의 에니웨톡 환초에서 텔러-울람이 설계한 수소폭탄 실험이 진행됐다. 폭발은 1,040만 톤의 TNT와 동등한 위력을 생성했으며, 이는 1945년 히로시마에 떨어진 폭탄보다 약 700배 더 강력했다.[29]

열핵무기의 작동 원리는 다음과 같다.[30] 열핵무기의 1단계는 핵분열이라는 기본 과정을 이용한다. 이 장치는 일반적으로 구형이며, 바깥층은 고성능 폭약으로 되어 있고, 고성능 폭약이 플루토늄 또는 우라늄을 내부로 압축시켜 초임계를 달성한다. 내부에는 비어 있는 플루토늄 피트(pit)가 있으며, 피트에는 중수소와 삼중수소가 가스 상태로 소량 채워진다. 바깥층의 고폭장약이 폭발하면, 에너지와 열이 폭발 렌즈 시스템을 통해 중심으로 집중되고, 플루토늄 피트가 압축된다. 피트가 압축되면 입자의 밀도가 급격히 증가하고, 연쇄 반응이 일어난다. 핵폭발로 인해 고온의 환경이 되면 중수소와 삼중수소의 융합 과정이 일어나고 이로 인해 추가적인 중성자가 발생하여 연쇄 반응을 촉진하게 된다.[31] 1단계 핵분열 폭발은 고에너지 감마선과 X선을 생성하며, 2단계 핵융합 장치를

2025. 1. 19).

28 Center for Arms Control and Non-proliferation, "The evolution of Nuclear Technology: Thermonuclear Weapons"

29 Edward Teller with Judith L. Shoolery, "Memoirs: A Twentieth-Century Journey in Science and Politics." Perseus Publishing, 2001.

30 Wisconsin Project on Nuclear Arms Control, https://www.wisconsinproject.org/nuclear-weapons/#thermo (검색일: 2025. 1. 19).

31 이춘근, 『북한의 핵패권』 (서울: 인문공간, 2023).

향해 반사된다. 이로 인해 2단계 핵융합 장치 외부에 있던 폴리스티렌 폼이 플라즈마로 녹아 들어가며, 원통형 케이스를 압축한다. 케이스 바깥쪽에는 우라늄 탬퍼가 있어 일부 X선을 흡수하여 핵반응이 조기에 일어나지 않도록 방지한다. 2단계 장치는 우라늄 등 핵분열이 가능한 물질과 핵융합 물질 등으로 구성되어 있다. 열핵무기에서 핵융합 연료로 사용되는 물질은 리튬과 중수소를 결합해 만든 고체 상태의 중수소화리튬으로 알려져 있다. 폭발로 인한 열과 압력은 "연료"(중수소화리튬)를 압축하고 삼중수소를 방출한다. 그 후, 삼중수소는 중수소와 결합하여 헬륨을 생성하고, 추가적인 중성자를 재방출한다. 방출된 중성자는 우라늄-238과 핵분열 반응을 일으키며, 중수소화리튬에 더 많은 압력을 가해 추가적으로 핵융합 반응을 촉진한다. 이렇게 핵분열과 핵융합 반응이 연속적으로 발생하여 대규모 폭발이 일어나게 된다.

참고문헌

국문

국방부, 『대량살상무기의 이해와 실제』, 2018.

리처드 로즈 저, 문신행 역, 『원자폭탄 만들기 1』 (서울: 사이언스북스, 2023).

원자력재료종합정보시스템, https://mdportal.kaeri.re.kr/posts/d20150011/ (검색일: 2025. 1. 19).

이춘근, 『북한의 핵패권』 (서울: 인문공간, 2023).

조주현, "세계원전시장 인사이트, 미 한림원이 바라본 첨단원자로(AR)와 관련 연료주기·방폐물 특징" 『에너지경제연구원』, 2022.12.

한국핵융합에너지연구원 홈페이지 핵융합 소개, Available: https://www.kfe.re.kr/menu.es;jsessionid=4533CA0F2DEE1B110266F25D27DB66BC?mid=a10201010000 (검색일: 2025.1.19).

함형필, 『김정일체제의 핵전력 딜레마』 (서울: KIDA Press, 2009).

영문

Bruce T. Goodwin, "Nuclear Weapons Technology 101 For Policy Wonks, Center for Global Security Research Lawrence Livermore National Laboratory, August 2021.

Center for Arms Control and Non-proliferation, "The evolution of Nuclear Technology: Thermonuclear Weapons", 2022.

Edward Teller with Judith L. Shoolery, "Memoirs: A Twentieth-Century Journey in Science and Politics." Perseus Publishing, 2001.

Gregory S. Jones, "How Much Pu-240 Has the U.S. Used in Nuclear Weapons: A History." Nonproliferation Policy Education Center, 2018. https://npolicy.

org/wp-content/uploads/2021/06/Reactor-Grade_Plutonium_and_Nuclear_Weapons-Appendix.pdf (검색일: 2025. 1. 19).

Hoffman, D. C., Lawrence, F. O., Morss, L. R., & Fuger, J. "Plutonium Handbook: A Guide to the Technology (2nd ed.)." American Nuclear Society, 2006.

IAEA, "Getting to the Core of The Nuclear Fuel Cycle", U.S. Energy Information Administration, Nuclear explained, The nuclear fuel cycle. https://www.eia.gov/energyexplained/nuclear/the-nuclear-fuel-cycle.php (검색일: 2025. 1. 19).

Joseph C. Martz, Franz J. Freibert, & David L. Clark, "The Taming of Plutonium: Plutonium Metallurgy and the Manhattan Project." Nuclear Technology Vol. 207, 2021.

LibreTexts CHEMISTRY, https://chem.libretexts.org/Ancillary_Materials/Exemplars_and_Case_Studies/Case_Studies/Nuclear_Energy_for_Today's_World/13%3A_Nuclear_Weapons (검색일: 2025. 1. 19).

NTI nuclear module, https://tutorials.nti.org/nuclear-101/nuclear-weapons/ (검색일: 2025. 1. 19).

Nuclear Weapons Frequently Asked Questions, https://nuclearweaponarchive.org/Nwfaq/Nfaq0.html (검색일: 2025. 1. 19).

Robert F. Mozley, 『The Politics and Technology of Nuclear Proliferation』, University of Washington Press (1998), pp. 43-76.

Robert Serber, 『The Los Alamos Primer: The First Lectures on How To Build an Atomic Bomb』, University of California Press; First Edition, March 2, 1992.

Peter A. Goetz, 『A Technical History of America's Nuclear Weapons: Volume Ⅰ』 (Independently published, September 10, 2020).

U.S. DOD, "The Nuclear Matters Handbook 2020 [Revised]", Chapter 13.

U.S. NRC, Stages of the Nuclear Fuel Cycle, https://www.nrc.gov/materials/fuel-cycle-fac/stages-fuel-cycle.html (검색일: 2025. 1. 19).

Wisconsin Project on Nuclear Arms Control, https://www.wisconsinproject.org/

nuclear-weapons/#thermo (검색일: 2025. 1. 19).

World Nuclear Association, Nuclear information, Nuclear fuel cycle, Uranium mining overview, https://world-nuclear.org/information-library/nuclear-fuel-cycle/mining-of-uranium/uranium-mining-overview (검색일: 2025. 1. 19).

02. 핵무기체계: 핵 3축, 지휘통제통신, 기반시설, 신흥 기술

- 강창우(국방대 전략학부 교수)

목 차

1. 핵 3축 체계와 현대화
2. 핵 지휘통제통신
3. 핵 기반시설
4. 첨단 기술 발전과 핵무기

이번 장에서는 핵무기와 관련하여 가장 많이 공개되어 있는 미국의 핵무기를 중심으로 핵무기 3축과 주요 플랫폼, 지휘통제통신 체계를 알아본다. 또한, 미국이 운영 중인 핵무기 기반시설의 역할과 기능을 살펴보고자 한다. 미국의 핵 3축, 지휘통제통신, 기반시설에 대한 이해는 향후 러시아, 중국, 영국, 프랑스, 그 외 핵을 개발한 국가들의 핵무기 체계를 살펴보는 데에도 도움이 될 것으로 기대한다.

1 핵 3축 체계와 현대화[1]

미국은 지상, 해상, 공중을 기반으로 핵무기 3축 체계를 보유하고 있으며, 핵 3축은 고유한 특성과 상호 보완적인 속성으로 억제력을 유지 및 향상한다. 먼

1 U.S. DoD, America's Nuclear Triad 소개 자료에서 내용 발췌, https://www.defense.gov/Multimedia/Experience/Americas-Nuclear-Triad/ (검색일: 2025. 1. 19).

저, ICBM은 반응성이 뛰어나다. ICBM은 수백 개의 핵 강화 사일로에 배치되어 몇 분 내로 목표물을 향해 발사될 수 있는데 이로 인해 적이 이를 공격하기도 방어하기도 어렵게 만든다. 한편, SSBN은 생존성이 우수하다. SSBN 함대의 일부는 항시 순찰 중임에도 은밀성이 뛰어나고 탐지가 어렵기에 미국의 SSBN을 상대가 추적한다는 것은 현존 기술력으로 불가능할 정도이다. 마지막으로 전략 폭격기는 유연하다는 장점이 있다. 폭격기는 위기 상황에서 미국의 의도와 결의를 명확하고 눈에 띄게 보여주는 신호이며 다양한 배치 및 타격 옵션을 제공한다. 특히 필요시 임무를 중단하고 회항도 가능하다.

가 지상 발사

1951년, 미국 공군은 "프로젝트 애틀라스"를 통해 핵탄두를 운반할 수 있는 대륙간 탄도 미사일(ICBM) 개발 연구를 시작하였고, ICBM은 그간 미국의 핵 억제력의 근간을 형성해 왔다. 강화된 사일로에서 발사되는 ICBM은 위력이 크고 정확성이 우수하며, 24시간 경계 태세를 유지하고 있어 즉각적인 대응이 가능하다. 미사일이 발사되면 30분 이내에 의도한 목표물을 타격할 수 있다. 또한, 몇 분 안에 발사할 수 있기 때문에 3축 전력 중에서 반응성이 가장 우수하다. 특히, 미국의 ICBM은 적의 선제공격에 대한 억제력을 제공하는데, 적이 미국의 모든 ICBM을 파괴할 수 있다는 것을 자신할 수 없기 때문이다. 미국의 ICBM은 애틀라스(1959년~1965년), 타이탄 I·II(1962년부터 1987년), Peacekeeper(1987년~2005년, 최대 10개의 핵탄두를 탑재), 미니트맨 IA, IB, II, III(최초의 고체 연료 ICBM, 1962년~현재)가 배치되어 왔다. 현재 운용 중인 미니트맨 III(MM III) ICBM은 1970년에 처음 배치되었으며, 2030년까지 시스템을 유지하기 위한 수명 연장 프로그램을 거쳤다. 미국 ICBM 전력은 W78 및 W87-0 탄두로 무장한 400여 개의 단일 탄두 MM III 미사일로 구성되어 있다(대통령의 승인 시 최대 2개의 추가 탄두 가능). MM III 미사일 기지는 와이오밍의 FE 워런 공군 기지, 몬태나의 말름스트롬 공군 기지, 노스다코타의 미노트 공군 기지에 있다. 2030년대에 MM III는 센티넬 ICBM으로 대체될 예정이며, 2070년대까지 운용될 예정이다. GBSD

프로그램은 MM III를 현대 ICBM, LGM-35A '센티넬'로 대체할 뿐만 아니라, 정확도와 생존성이 한층 강화된 W87-0, W87-1 핵탄두로 무장된 400개의 ICBM을 배치할 수 있는 450개의 ICBM 발사 시설 현대화 계획이 포함되어 있다. 또한, 미국은 핵 지휘통제 체계를 현대화하고, 관련 인프라도 보완할 계획으로 알려져 있다.[2]

나 해상 발사

핵 추진 오하이오급 잠수함 SSBN[3]은 W76-0/1/2, W88 탄두로 무장한 트라이던트 II D5 LE 미사일을 운반한다. SSBN은 은밀하게 이동이 가능하고, 원거리에서도 타격이 가능해 핵 3축 중 가장 확실하고 생존성이 우수하다. SSBN은 100만 제곱마일 이상의 표적 지역을 담당하는데[4] 미국 해군은 14개의 탄도 미사일 잠수함과 4개의 순항 미사일 잠수함(SSGN[5])으로 구성된 총 18척의 오하이오급 잠수함을 운용하고 있다. 오하이오급 잠수함은 1981년에서 1997년 사이에 건조되어 취역했으며, 현재 평균 연령은 30년이 넘었고 미국은 잠수함의 연령을 42년까지 연장할 계획에 있다. 잠수함은 평균적으로 수중에서 70일을 보내고, 25일은 오버홀을 위해 정박해 있는 것으로 알려져 있다.

잠수함 발사 탄도 미사일은 1965년 미국 해군 함대 탄도 미사일(FBM) 폴라리스(A1) 프로그램으로 시작하여 6세대에 걸쳐 전략적 억제력의 필수적인 부분이었다. 그 이후로 SLBM은 폴라리스(A2), 폴라리스(A3), 포세이돈(C3), 트라이던트 I(C4)를 거쳐 오늘날의 트라이던트 II(D5)로 진화했다. 2017년부터는 트라이던트 II 수명 연장(LE) 탄두를 배치하기 시작했다. 이 SLBM은 오하이오급과 컬럼비

---

2 Xiaodon Liang, "U.S. Nuclear Modernization Programs, Fact Sheets & Briefs." Arms Control Association 2024, https://www.armscontrol.org/factsheets/us-modernization-2024-update (검색일: 2025.1.19).

3 Ship, Submersible, Ballistic, Nuclear의 약자로 핵 추진 탄도 미사일 잠수함을 의미함.

4 Nuclear Matters Handbook 2020 (revised).

5 Ship, Submersible, Guided missile, Nuclear"의 약자로서, 핵 추진 순항 미사일 잠수함을 의미함. 주로 미국 해군에서 오하이오급 SSBN 일부를 개조해 순항 미사일(토마호크 등) 탑재 및 특수작전 지원 기능을 수행하도록 만든 플랫폼에 사용.

아급 SSBN에 배치된다. 각 오하이오급 SSBN은 트라이던트 II D5 LE 미사일 24개를 탑재하며, 미사일은 3단, 고체 추진제, 관성 유도 방식을 채택하고 있고 사거리가 4,000해리(약 7,400여 km)가 넘는 것으로 알려져 있다. 트라이던트 II D5 LE는 발사관 내부의 가스 압력을 확장하여 "콜드 런치" 상태로 발사한다. 트라이던트 II 미사일은 영국에도 제공되며, 영국은 미사일에 영국 핵탄두를 장착하고 해상 억제력(CAS-D)을 제공하는 4척의 핵무장 잠수함을 운용한다.

미국은 핵무기 현대화 계획에 따라 오하이오급 SSBN을 컬럼비아급 SSBN으로 대체할 계획이다. 첫 번째 컬럼비아급 잠수함은 2031년에 운용을 목표로 하고 있으며, 총 12척의 SSBN을 건조하여 2080년대까지 운용할 계획이다. 각 잠수함은 다수의 트라이던트 II D5 SLBM을 탑재할 예정이며, SLBM 자체도 수명연장(LE) 프로그램을 통해 2040년대 이후까지 운용 가능하도록 개량 중이다. 향후에는 새로운 탄두(W93)와 이에 맞춰 설계된 재진입체(MK7 에어로셸[6])도 도입할 예정이다.[7]

다 공중 발사

미국 폭격기 전력은 가시성이 우수하고 유연한 전략 자산이다. 전략 폭격기는 3축을 보완하여 신속하고 효과적인 보완 수단을 제공하고 지정학적 불확실성의 위험을 완화한다. 핵무기를 탑재한 전략 폭격기는 미국 동맹국에 대한 잠재적 공격에 대한 확장 억제에도 큰 역할을 차지한다. 중폭격기를 전방에 전개하고 배치할 수 있는 능력은 적과 동맹에게 미국의 결의와 헌신을 보여줄 수 있으며, 지역 안보를 강화하는 데에도 기여한다.

먼저, B-52H 전력은 루이지애나주의 박스데일(Barksdale) 공군기지와 노스다코타주의 미노트(Minot) 공군기지에 위치한다. B-52H는 다양한 임무를 수행할 수 있는 중장거리 폭격기이며, 50년 이상 미국의 전략적 중추 역할을 담당해 왔

---

6 '에어로셸(Aeroshell)'은 미사일이나 우주선 등이 대기권을 통과하거나 재진입할 때 고열·충격 등 극한 환경으로부터 내부 탑재물을 보호하기 위해 사용하는 외부 보호 구조물을 의미.

7 Xiaodon Liang (2024).

다. 최대 50,000피트의 고도에서 아음속 속도로 비행할 수 있고, W80-1 핵탄두로 무장한 공중 발사 순항 미사일(ALCM) 외에도 정밀유도 재래식 무기를 운반할 수 있다. B-52H는 기당 최대 20개의 미사일을 탑재할 수 있다. 공군은 B-52 폭격기를 현대화하여 수명이 긴 장거리 공격 플랫폼으로 유지하고자 한다. 이러한 현대화에는 엔진 교체, 최신 디지털 무기와의 통합, 다양한 항공 전자 시스템 교체가 포함된다. 특히, 2030년을 목표로 노후화된 ALCM을 W80-4 핵탄두로 무장된 장거리스탠드오프(LRSO) 순항 미사일로 대체할 계획이다. 이를 통해, 적의 방공망을 회피하여 원거리에서 핵무기를 발사할 능력을 보유하고자 한다.

스텔스 기능을 보유한 B-2 스피릿 폭격기는 1997년부터 배치되어 미국의 억제력을 강화했다. B-2 폭격기는 2030년 중반에 퇴역될 예정이다. B61-7/11 및 B83-1 핵폭탄을 포함하여 재래식 무기와 핵무기를 모두 운반할 수 있는 이중용도 폭격기이며, B61-12를 탑재할 예정이다. 현재, 미주리주 화이트먼 공군기지에 배치되어 있다.

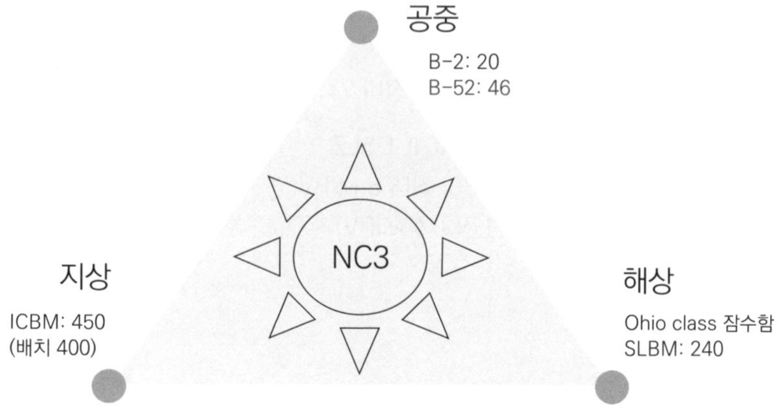

그림 1 미국의 핵 3축 체계와 핵 지휘통제통신 체계 개념도[8]

미국은 B-52H와 B-2A를 현대화하여 미래에도 전략 폭격기의 억제 효과를 유지할 계획이다. 또한, 차세대 폭격기인 B-21 Raider를 개발하고 배치하는 프

8 GAO presentation of DoD information (GAO-21-210)에서 참고, 저자 재수정.

로그램을 시작했으며, 이는 장거리 스텔스 전략 폭격기로, B61-12 폭탄과 앞서 언급한 LRSO의 W80-4 핵탄두를 포함하여 재래식 무기와 핵무기를 투하할 수 있는 능력을 갖출 예정이다. 핵 3축 외에도 미국은 F-15E, F-35 이중용도항공기(DCA)를 유지하고 있다. DCA는 북대서양 조약 기구(NATO)의 핵 작전에 중추적인 자산으로 활용되고 있으며, 재래식 무기나 B61-3/4/10 핵폭탄을 운반할 수 있고, B61-12 중력탄도 탑재할 계획이다.

표 1 미국 핵무기 전력 및 현대화 계획[9]

구분	유형	현재 전력	현대화 계획
지상무기	ICBM	Minuteman Ⅲ (배치 400, 예비 50)	Sentinel (배치 400, 예비 250)
	탄두	W78 (335kt) (배치 200, 예비 400)	W87-1 (센티넬과 미니트맨 Ⅲ 통합 설계)
		W87(300kt) (배치 200, 강화 표적 타격)	
해상무기	SSBN	Ohio급 (작전 12척, 정비 2척)	Columbia급 (작전 10척, 정비 2척)
	SLBM	Trident Ⅱ D5LE (배치 230, 최대 8 MIRV, 평균 3~4 MIRV)	Trident Ⅱ D5LE2

9 https://www.armscontrol.org/factsheets/us-modernization-2024-update (검색일: 2025.1.19).

<table>
<tr><td rowspan="3">해상무기</td><td rowspan="3">탄두</td><td>W76-1
(1511 가능, 최대 8 MIRV, 90kt)</td><td rowspan="2">W93
Trident Ⅱ D5LE와
Trident Ⅱ D5LE2 통합 설계</td></tr>
<tr><td>W88
(384 가능, 최대 8 MIRV, 455kt)</td></tr>
<tr><td>W76-2
(25 가능, 최대 2 MIRV, 8kt)</td><td>W76-2</td></tr>
<tr><td rowspan="8">공중무기</td><td rowspan="2">폭격기</td><td>B-52H
(34 배치, 12기 이상 핵 운용 가능)</td><td>B-52J
(2050년까지 보유)</td></tr>
<tr><td>B-2
11 배치, 9 예비</td><td>B-21
(계획 100기, 비핵 B-1B 대체)</td></tr>
<tr><td>순항 미사일</td><td>AGM-86B 미츠
(배치 200, 예비 300)</td><td>LRSO
(계획 1,000기)</td></tr>
<tr><td rowspan="5">폭탄 및 탄두</td><td rowspan="2">B61-3,4,7
(488개 이용 가능, 50~60kt, 유럽-100개)</td><td>B61-12
(계획 480, B61-4 기반 50kt)</td></tr>
<tr><td>B61-13
B61-7 기반 360kt</td></tr>
<tr><td>B61-11
(400kt, 지하관통탄)</td><td>B61-11
보유</td></tr>
<tr><td>B83-1
(1.2MT)</td><td>퇴역</td></tr>
<tr><td>W80-1(ALCM)
(150kt)</td><td>W80-4(LRSO)</td></tr>
</table>

2 핵 지휘통제통신(Nuclear Command, Control and Communication, NC3)

가 핵 지휘통제통신의 임무와 역할

핵 지휘통제통신(NC3)은 미국의 핵 억제력을 유지하고 강화하는 데 있어 핵심적인 역할을 수행하는 정교하고 통합된 시스템이다. NC3는 핵무기의 허가된 사용과 사용 중단을 보장하고, 우발적이거나 부주의 또는 허가되지 않은 접근을 방지하며, 핵무기의 통제권을 상실하거나 도난을 방지하기 위해 설계되었다.[10] 정보 수집 및 분석, 상황 평가, 의사 결정 지원, 명령 전달과 같은 주요 기능은 NC3를 통해 수행된다. 즉, 상황을 이해하고, 무엇을 할지 결정하며, 결정을 실행하는 것이다. 따라서, 핵 억제 전략의 성공은 신뢰할 수 있는 지휘 및 통제, 통신 체계에 의존한다고 볼 수 있다.[11] 이러한 NC3는 극한의 상황에서도 안정성과 신뢰성을 유지해야 하나, 미국의 경우에도 NC3 시스템 중 일부는 핵 환경에서 몇 분에서 몇 시간까지도 중단을 받을 수 있는 것으로 알려져 있다.

나 NC3의 구성 요소[12]

NC3를 이해하려면 구성 요소를 이해하는 것이 중요하다. NC3는 대통령과 장관이 지휘권을 행사할 수 있도록 지원하는 엄격한 절차와 과정으로 구성되는데, 여기에는 상황 인식에서부터 핵 의사결정, 전력 지시 및 관리, 핵 기획 분야 등이 관계된다.[13] 미국의 경우 펜타곤 내에 위치한 국가군사지휘센터(National Military Command Center)가 핵심시설이다. NMCC에서는 대통령, 국방부 장관, 합참의장이 핵전력과 재래식 군사 작전을 모니터링할 수 있다. 네브래스카주 오퍼트 공군 기지의 전략사령부 본부에도 또 다른 지휘 센터가 있다. 한편, 고정

---

10 U.S. DOD. Nuclear Matters Handbook (2020).

11 Jeffrey Larsen, "Nuclear Command, Control, and Communications: US Country Profile." Technology For Global Security Special Report, 2019.

12 James J. Wirtz & Jeffrey Larsen, 『Nuclear Command, Control, and Commnunications』, Georgetown University Press (2022).

13 U.S. DOD, Nuclear Matters Handbook (2020).

지휘 센터가 파괴되거나 무력화될 경우 공중 지휘소가 운영되는데 여기에는 E-4B NAOC[14]와 E-6B TACAMO[15]가 있다. 특히, E-6B는 전략사 글로벌작전센터(GOC)의 공중 백업 역할을 하며, 지상발사통제시설이 문제가 발생할 경우 공중에서 미니트맨 III ICBM을 발사할 수 있도록 명령 하달 체계를 갖추고 있다. 또한, 대통령의 핵무기에 대한 지휘 및 명령을 해군 핵 잠수함과 공군 핵미사일 통제센터, 폭격기에 전달할 수 있는 기능을 보유하고 있다.

NC3는 약 160개의 다양한 구성 요소로 이루어진 복잡하고 정교한 시스템이며, 공군 NC3 센터는 약 62개의 하위 시스템을 관리하고 있는 것으로 알려져 있다.[16] 이러한 시스템은 크게 경보와 통신 시스템으로 분류할 수 있다. 먼저, 경보 시스템은 잠재적 위협을 탐지하고 신속하게 조기 경보를 제공하는 데 중점을 둔다. 경보 시스템은 다시 우주 기반 시스템과 지상 기반 시스템으로 구성되는데 우주 기반 시스템으로는 국방지원프로그램(DSP[17]) 위성과 우주 기반 적외선 시스템(SBIRS[18])을 핵심 구성 요소로 포함한다. 이러한 시스템은 적의 미사일 발사를 실시간으로 감지할 수 있는 첨단 기술을 제공한다. 특히 미국이 보유한 시스템은 다중 스펙트럼 분석 능력을 활용해 위협 신호를 더욱 정확히 분별하며, 글로벌 데이터 네트워크와의 연동을 통해 실시간 상황 공유를 지원한다.[19] 지

---

14 E-4B NAOC(National Airborne Operations Center): 미 공군에서 운용하는 공중 지휘소 역할의 Boeing 747 개조 기종으로, 대통령과 국방장관 등 지휘부가 비상 상황 시 지상 지휘통제 시설이 파괴되더라도 계속 작전을 지휘할 수 있도록 설계된 항공기. "Nightwatch"라는 별칭으로도 불림.

15 E-6B TACAMO(Take Charge and Move Out): 미 해군에서 운용하는 Boeing 707 계열 개조 기종(E-6 Mercury)으로, 핵전력 지휘·통제를 위해 지상과 잠수함(SSBN) 간의 통신 연결 및 지휘소 기능을 담당. "TACAMO"는 "Take Charge and Move Out"의 줄임말로, 핵 억지력 유지에 핵심적인 공중 통신 플랫폼 역할을 수행.

16 Jeffrey Larsen (2019).

17 Defense Support Program: 미사일 발사 경보 및 전구 감시를 주 임무로 하는 미국의 군사 위성 프로그램. 주로 적외선 센서를 이용하여 탄도 미사일 발사 등을 조기에 감지.

18 Space-Based Infrared System: DSP 위성을 대체·보강하기 위해 개발된 미국의 우주 기반 조기 경보 위성 체계로, 적외선 센서를 활용하여 전 세계 탄도 미사일 발사를 실시간으로 탐지·추적.

19 Congressional Research Service, "Defense Primer: Nuclear Command, Control, and Communications(NC3)." Updated October 3, 2024.

상 기반 경고 네트워크는 미국 본토 및 동맹국을 보호하기 위해 전략적으로 배치된 다양한 고성능 레이더와 감시 시스템으로 구성된다. 알래스카, 그린란드, 영국에 설치된 탄도 미사일 조기경보 시스템(BMEWS[20])은 극지방을 포함한 광범위한 지역에서 미사일 발사를 탐지하고, 조기에 경보를 제공한다. 미국 본토에는 페이브 포즈(Pave Paws) 레이더가 동부와 서부 해안에 배치되어 있는데 이 시스템은 해안선을 따라 접근하는 위협을 정밀하게 추적할 수 있다. 알래스카의 코브라 데인(Cobra Dane) 레이더는 특히 러시아 극동 부근에서 발사된 미사일을 감시하는 데 특화되어 있다. 노스다코타에 위치한 PARCS[21] 레이더는 추가적인 감시와 데이터 보완 역할을 하고, 상호 연결된 네트워크 구조를 통해 중복성을 향상시킨다. 또한, NATO의 유럽 단계적 적응 접근(European Phased Adaptive Approach) 미사일 방어 시스템과 연계되어 글로벌 위협 환경에 대응하고 있는 것으로 알려져 있다. 이러한 지상 기반 시스템은 신속한 데이터 전송과 고정밀 분석을 통해 위협의 출처와 특성을 정확히 파악하며, 군사 및 정치 지도부가 적시에 필요한 결정을 내릴 수 있도록 지원한다.

통신 시스템은 NC3의 핵심 요소로, 정보의 신속한 전달과 명령 체계의 안정성을 유지하며 보안을 보장하는 역할을 한다. 미국은 극저주파(VLF)에서 초고주파(EHF)에 이르는 다양한 주파수 대역을 활용하여 신뢰할 수 있는 통신 채널을 제공한다. 이러한 다중 주파수 구조는 환경적 요인에 영향을 덜 받으며, 전자기 펄스(EMP)와 같은 극한 조건에서도 안정적으로 작동해야 한다. 예를 들어, VLF는 해양 깊은 곳의 잠수함과의 통신에 사용되며, EHF는 위성을 통한 고속 데이터 전송에 적합하다. 위성 기반 통신으로 AEHF(Advanced Extremely High Frequency) 위성군(Satellite constellation)은 군사 통신의 신뢰성을 보장하기 위해 설계된 고도의 안전성을 갖춘 시스템이다. EMP 및 사이버 위협에 대한 강한 내

---

20 Ballistic Missile Early Warning System의 약자로, 탄도 미사일 조기 경보 체계를 의미. 적 탄도 미사일의 발사를 조기에 탐지하고, 지휘 통제 계통에 신속히 경보를 전달하여 요격 등의 대응 조치를 취할 수 있도록 설계된 레이더 및 통신 체계 전반을 의미함.

21 Perimeter Acquisition Radar Attack Characterization System, 원래 미 육군의 Safeguard 탄도 미사일 방어 체계 일부로 개발되었으며, 현재는 미 우주군(USSF)과 미 우주사령부(USSPACECOM)의 임무 지원을 위해 운용 중.

성을 지녔고 핵심적인 글로벌 네트워크를 형성하며 실시간 데이터와 명령을 안전하게 전송한다. AEHF 시스템은 다중 경로 방식을 채택하여 데이터 전송의 중복성을 확보하고, 네트워크 방해나 장애 발생 시에도 안정성을 유지한다. 또한, 이 위성은 암호화 기술을 통해 정보의 기밀성을 보장하며, 다양한 군사적 운용 상황에서 적응성을 제공한다. 이러한 우수한 기술력은 국가 안보 및 전략적 억제 임무 수행에 있어 핵심적인 역할을 한다. 한편, 해저 광섬유 케이블, 보안 전화망, 고정 위성 안테나 등을 포함하여 다층적인 통신 네트워크를 보유하고 있다. 이러한 시스템은 EMP 및 사이버 공격으로부터의 내성을 높이기 위해 지속 업그레이드되며, 지휘소와 운용 부대 간의 데이터를 안전하고 신속하게 전송한다. 이러한 통합 네트워크는 공중 및 지상 통신의 복합적인 중복성을 제공하여 최악의 시나리오에서도 국가의 지휘 통제 기능이 유지될 수 있도록 설계되었다.[22]

다 NC3의 기술적 도전과 현대화

최첨단 기술을 보유한 미국의 NC3도 냉전 이후 기술 개발과 전력화에 소홀했다는 비판이 제기되고 있으며, 새로운 위협과 기술적 노후화 문제로 인해 현대화가 필요한 것으로 인식된다.[23] 문헌에 제기되고 있는 NC3가 직면한 도전과제는 다음과 같다. 먼저, 냉전 시기의 잔재와 통합 문제이다. 서로 다른 시기에 설계된 지휘통제·통신 자산이 병존함에 따라, 일부 하드웨어·소프트웨어가 노후화되고 상호 운용성에도 제약이 나타나고 있다. 특히 여러 군(육·해·공군 및 우주군)과 부처가 각각의 방식으로 운영해 오던 시스템을 단일 네트워크로 통합하는 과정에서 절차적, 기술적 충돌이 발생하는 경우가 있을 수 있다. 또한, 우주 기반 자산 의존도가 높아지면서, 적성국의 위성 요격(ASAT) 능력이나 극초음속 무기에 대한 방호책 마련이 시급한 현안이 되고 있다.[24] 둘째, EMP(전자기펄스)와 사이버 공격의 위험이 NC3 전반에 걸쳐 부각되고 있다. EMP는 핵폭발 시 발생

22 Jeffrey Larsen (2019).

23 U.S. DoD, Nuclear Posture Review 2022.

24 https://www.gao.gov/products/gao-21-210 (검색일: 2025.1.19).

하는 강력한 전자기 충격파로, 미사일 경보 레이더나 통신 장비 같은 전자 시스템을 단시간에 무력화할 수 있는 위협으로 인식된다. 사이버 공격 역시 NC3 네트워크를 교란하거나 오작동을 유발하여, 핵 지휘통제 절차의 신뢰성과 연속성을 저해할 수 있다. 일부 핵심 부품 및 장비는 이미 설계·배치된 지 수십 년 이상이 지나 교체 부품 확보가 어려우며, 최신 보안 표준 도입에도 한계가 존재한다.[25]

이러한 기술적 도전에 대응하기 위해 미국은 AEHF(Advanced Extremely High Frequency) 위성을 비롯한 차세대 우주 기반 통신체계와 센서 네트워크의 복원력을 높이는 작업을 진행하고 있다. AEHF 위성은 재밍(jamming) 환경이나 EMP 상황에서도 안정적인 통신을 유지하기 위해 극초단파(EHF) 대역 및 첨단 암호화 기술을 채택한다. 더불어 지상국과 위성 간 링크를 중첩·분산시키고, 필요시에는 우주군(USSF)에서 운영하는 다른 자산과도 연동해 통신 경로를 다변화하도록 설계되고 있다. 미국 국방부는 이러한 위성 기반 통신 인프라를 통해 적의 대위성무기에 대응할 뿐 아니라, 전 세계 어느 지역에서든 지휘통제 및 정보전 수행이 가능하도록 한다. NC3 현대화 계획은 공중 지휘통제 자산의 업그레이드와 사이버 보안 강화도 포함한다. E-4B NAOC는 대통령 및 국방부 지휘부가 비상시 지상 지휘소와 분리되어도 계속 작전을 지휘할 수 있는 항공기이며, EMP 방호능력과 첨단 통신·항공전자장비 도입이 추진되고 있다. 해군이 운영하는 E-6B TACAMO 역시 잠수함발사 탄도 미사일(SSBN)에 핵 발사 명령을 전송하는 핵심 플랫폼으로, 초저주파(VLF) 통신 체계와 위성 통신 업그레이드를 통해 더욱 높은 신뢰도와 생존성을 확보하고자 한다. 또한 사이버 공격 대응책으로 네트워크 분산화, 침입 탐지 시스템 고도화, 지휘통제 소프트웨어 표준화 작업이 병행되고 있다.[26]

미국 전략사령부(USSTRATCOM) 산하의 NC3 엔터프라이즈 센터(NC3 Enterprise Center)는 이 같은 현대화 노력을 총괄 조정하고 있으며, 2022년 핵태세검토보고서(NPR)에서도 NC3 분야의 기술 혁신과 복원력 강화가 최우선 과제로 제시된

25 https://sgp.fas.org/crs/nuke/IF11697.pdf (검색일: 2025.1.19).

26 Congressional Research Service, "Defense Primer: Nuclear Command, Control, and Communications(NC3)." Updated October 3, 2024.

바 있다. 전문가들은 우주 기반 위협, EMP, 사이버 위험 등 복합적 위험 요소에 대응하려면 장기적 투자와 다층 방어전략이 필요하다고 지적한다. 냉전 이후 상대적으로 소홀했다는 비판을 받았던 NC3가 본격적으로 재정비되면서, 향후 수십 년간 보다 안정적이고 탄력적인 핵 지휘통제체계로 발전할 것이라는 평가가 제기되고 있다.

3 핵 기반시설[27]

미국의 핵무기 기반시설은 국가 안보의 필수적인 요소이며, 핵무기 비축의 설계, 제조, 유지 및 해체를 위한 체계적인 지원을 제공한다. 다음의 기반시설은 국가 전역에 분산되어 있으며, 각 시설은 고유한 역할을 수행하며 상호 연결되어 있다. 대표적인 주요 시설과 기능은 다음과 같다.

① 로스앨러모스 국립연구소(LANL)

뉴멕시코에 위치한 로스앨러모스 국립연구소는 미국 핵무기 프로그램의 초기 개발을 담당한 핵심 시설로, 플루토늄 피트(pit) 제조와 관련된 연구와 설계가 이루어진다. 또한, 핵무기의 안전성과 신뢰성을 평가하기 위한 실험과 시뮬레이션이 진행된다.

② 로렌스 리버모어 국립연구소(LLNL)

캘리포니아에 위치한 리버모어 국립연구소는 신흥 기술과 첨단 설계 연구에 초점을 맞추고 있다. 이곳은 무기 성능 및 수명 연장 프로그램(Life Extension Program, LEP)에 중요한 기여를 하며, 핵실험의 대체 기술 개발을 위해 고에너지 물리학 연구를 수행한다.

27 Nuclear Matters Handbook (2020).

③ 네바다 국가안보시설(NNSS)

네바다주에 위치한 이 시설은 과거 대규모 핵실험을 수행했던 장소로, 현재는 비핵 실험과 핵 억제력 유지 관련 시험이 이루어진다. NNSS는 핵무기의 안전성과 신뢰성을 평가하는 데 중요한 역할을 한다.

④ 샌디아 국립연구소(Sandia National Laboratory)

캘리포니아 리버모어와 뉴멕시코 앨버커키에 위치한 샌디아 국립연구소는 무기 시스템의 비핵 부품 설계를 담당한다. 이 시설은 무기 통합과 전달 시스템 테스트의 중심지로, 무기의 신뢰성과 효율성을 검증하는 역할을 수행한다.

⑤ 팬텍스 공장(Pantex Plant)

텍사스 아마릴로에 위치한 팬텍스 공장은 핵무기의 조립과 해체를 담당한다. 이곳은 핵탄두 비축의 보존과 유지, 그리고 탄두의 수명 연장 프로그램의 핵심적 역할을 한다.

⑥ 사바나 리버 공장(Savannah River Plant)

사우스캐롤라이나에 위치한 사바나 리버 공장은 삼중수소(tritium) 생산을 담당한다. 삼중수소는 현대 핵무기의 중요한 구성 요소로, 무기의 폭발력을 증대시키는 역할을 한다.

⑦ Y-12 공장(Y-12 Plant)

테네시주 오크리지에 위치한 Y-12 공장은 우라늄 부품 제조와 가공을 담당한다. 이 시설은 고농축 우라늄과 관련된 다양한 기술을 지원하며, 미국의 전략적 자산 유지에 필수적이다.

지금까지 소개된 미국의 주요 핵 기반시설은 〈그림 2〉에서 확인할 수 있다.

그림 2 **미국의 주요 핵 기반시설 (출처: Wikimedia Commons)**

4 첨단 기술 발전과 핵무기[28]

21세기의 급격한 기술 발전은 핵 안정성 및 전략적 안정성에 중대한 영향을 미칠 수 있다. 특히, 다수의 학자들은 우주, 초음속, 인공지능, 사이버, 양자 기술 등이 전통적인 핵 억제 구조를 변화시키고 새로운 도전과제를 야기할 수 있음을 제기 중에 있다.[29] 최근 급격하게 발전하고 있는 과학기술은 핵무기의 운용 방식뿐만 아니라 위기 상황에서의 의사결정 및 억제력 발휘의 메커니즘에 다양한 변

28 Fetter, S., & Sankaran, J. "Emerging technologies and challenges to nuclear stability." Journal of Strategic Studies, pp. 1-45. 2024.의 내용을 참고하여 저자가 요약 정리함.

29 Andrew Futter, Ludovica Castelli, Cameron Hunter, Olamide Samuel, Francesca Silvestri, Benjamin Zala. 『The Global Third Nuclear Age: Clashing Visions for a New Era in International Politics』, Routledge (2025).

화를 야기할 수도 있다. 특정 기술은 핵 운반 수단(잠수함, 미사일, 폭격기 등)을 감시, 식별, 추적할 수 있는 능력을 제공하여 억제력을 약화시키거나 군비 경쟁을 촉진할 수 있다. 반면, 어떤 기술은 핵무기체계의 생존성을 향상시키거나 적을 기만하는 데 활용될 수 있으며, 강력한 통신 및 경보 체계, 항해 능력을 제공하는 새로운 방법을 제안하기도 한다. 여기서는 급격하게 발전하고 있는 기술 중에서 우주, 극초음속, 인공지능, 사이버, 양자 기술에 대한 개념적인 내용을 살펴보도록 한다.

가 우주 기술

우주 기술은 핵 안정성을 향상시키는 기술로 고려되지만, 한편으로는 중대한 도전과제를 제기하고 있다. 우주 기반 감시 시스템은 적국의 핵미사일 발사 징후를 탐지하고 경고 시간을 단축시키는 데 필수적이다. 그러나 우주 기술의 군사화는 상호 의심과 경쟁을 심화시킬 위험이 있다. 특히, 위성 요격 기술(ASAT)은 핵 억제의 중요한 요소인 조기 경보 시스템의 무력화를 가능하게 한다. 위성이 파괴되면 국가 간 의사소통과 상황 인식이 저하되며, 오판 가능성이 증가한다. 최근에는 위성 비용 감소와 상업적 투자로 대규모 저궤도 위성(LEO) 배치가 가능해지고 있다. 저궤도 위성은 대규모로 배치되어 실시간으로 적의 미사일 발사를 감지할 수 있는 단파 적외선(SWIR) 센서를 장착하며, 기존 지구정지궤도(GEO) 기반 경보 시스템의 한계를 보완하고, 더 높은 빈도로 데이터를 수집하여 신속한 경고를 제공할 수 있다. 이러한 저비용 소형 위성과 민간 우주 기술의 발전은 더 많은 국가와 비국가 행위자가 전략적 안정성을 위협할 수 있는 능력을 갖추게 하고 있다.

나 극초음속 기술

극초음속 기술도 기존의 핵 억제 체계에 영향을 미칠 가능성이 있다. 마하 5 이상의 속도로 비행하는 극초음속 활강체(HGV)와 초음속 순항미사일은 속도, 기동성, 탐지 및 추적의 어려움으로 전략적 안정을 강화하거나 약화시킬 수 있는 이중적 구조를 가지고 있다. 고속으로 선회하는 기동 능력을 통해 기존의 미사일 방어 시스템을 무력화할 수 있다. 일반적인 탄도 곡선의 비행을 하는 것이 아니라, 저고도로 회피 기동, 극도로 짧은 비행시간으로 상대로 하여금 전략적 대응 시간(window of response)을 줄인다. 극초음속 무기의 낮은 탐지 확률과 짧은 경보 시간으로 인해, 국가 지도부가 빠른 결정을 강요받는 상황에 직면할 수 있게 되는 것이다. 이로 인해 위기 상황에서 오히려 선제공격의 유혹이 커질 가능성도 배제할 수 없다. 특정 국가에게는 극초음속 무기가 적의 지휘통제시설 및 전략적 자산에 대해 신속한 타격을 가능하게 한다는 믿음으로 선제공격의 유혹을 증대시킬 수도 있다. 또한, 극초음속 무기는 비핵무기와 핵무기의 경계가 모호해지도록 하여 상대국은 극초음속 무기의 의도를 오판할 가능성도 있다. 이는 국가 간 긴장을 고조시키고 의도하지 않은 핵 교환으로 이어질 위험을 증가시킨다. 한 국가가 극초음속 무기를 개발하면, 경쟁 국가들이 이에 대응하기 위해 자신들의 군사 체계와 핵 억제력을 증대시키려는 군비 경쟁이 발생할 수도 있다.

다 인공지능

인공지능은 핵 의사결정의 자동화와 감시·경고 시스템에서 중요한 역할을 할 수 있다. 특히, 머신러닝 기반의 감시 시스템은 대규모 데이터에서 미사일 발사와 같은 징후를 식별하는 데 탁월한 역량을 발휘할 수 있지만, 기계적 오류의 특성으로 인해 오경고와 오판의 가능성이 상존한다. 특히, 머신러닝 알고리즘은 훈련 데이터에 따라 편향될 수 있다는 우려가 존재하며, 급박한 결심과 대응을 요구하는 위기 상황에서 머신러닝에의 지나친 의존은 잘못된 결정을 초래할 수 있다. 또한, 완전 자동화된 핵 의사결정 시스템의 도입은 인간의 판단을 배제하게 되며, 이는 비합리적이고 돌이킬 수 없는 결정을 초래할 위험도 있다. 아직까지는 인공지능이 인간을 대신하여 의사결정을 한다기 보다는 보완재로써 역할을 수행할 것으로 예상한다.

라 사이버 기술

사이버 기술은 핵 억제와 안정성에 있어 이중적인 영향을 미치고 있다. 사이버 기술의 긍정적 효과로 암호화와 네트워크 방어 강화를 통해 핵무기 시스템의 보안을 강화할 수 있고, 핵작전을 지원하는 데이터의 무결성을 유지할 수 있다. 또한, 신뢰성 높은 지휘통제통신 능력을 유지하고, 복원력을 강화하는 데 활용될 수 있다. 반면, 사이버 공격 기술의 발전은 핵무기체계, 지휘·통제·통신(NC3) 네트워크, 조기 경보 시스템의 마비, 와해, 무력화를 시도하는 데 활용될 수 있다. 특히, 사이버 침투로 인해 핵무기의 오작동이나 비인가 사용의 위험이 증가할 수 있다. 상대적으로 기술적 역량이 낮은 국가나 비국가 행위자가 사이버 공격을 통해 강대국의 전략적 시스템을 마비시킬 수 있는 능력을 머지않아 가질 수도 있다는 우려도 존재한다.

마 양자 기술

양자 기술은 새로운 물리적 원리를 활용하여 센싱, 통신, 컴퓨팅 등 다양한 분야에서 혁신적인 변화를 가져올 수 있는 잠재력을 지닌다. 특히 양자 기술이 군사 분야에 적용될 경우, 전략적 안정성에 중대한 영향을 미칠 가능성이 있다. 먼저, 양자 센싱은 양자 상태(중첩, 얽힘 등)의 민감성을 활용해 기존 기술로는 불가능했던 정밀한 측정을 가능하게 할 수 있다. 이 기술은 매우 미세한 전자기장, 중력, 또는 다른 물리적 신호를 감지할 수 있는 잠재력을 지녀, 핵미사일 감지 및 탐지에 활용될 수도 있다. 또한, 초전도 양자 간섭 장치(SQUID)는 핵잠수함이 생성하는 자기 신호를 수 킬로미터 밖에서도 감지할 수 있는 가능성을 제공한다. 미세한 중력 변화를 측정하여 핵잠수함이나 지하 핵시설 탐지에 적용할 수도 있다. 다만, 이러한 센서가 오작동하거나, 대규모 탐지 네트워크를 구축하기 어려운 해양 환경에서는 효과가 제한적이라는 우려도 있다. 둘째, 양자 통신은 얽힘 상태를 활용하여 기존의 암호화 방식보다 훨씬 높은 보안성을 제공한다. 양자 통신 기술은 도청을 완전히 탐지할 수 있어 완전한 보안을 제공하고, 핵 지휘통제통신(NC3) 시스템에서 양자 키 분배를 활용하면 사이버 공격과 데이터 변조를 방지할 수 있다. 셋째, 양자 컴퓨팅은 기존 컴퓨터로는 해결하기 어려운 복잡한 문제를 매우 빠르게 처리할 수 있는 잠재력을 지닌다. 특히, 양자 컴퓨터는 기존의 RSA와 같은 암호화 방식을 빠르게 해독할 수 있는 능력을 가질 가능성이 있다. 이는 적국의 지휘통제 네트워크를 침투하거나, 기밀 정보를 유출하는 데 활용될 수 있다. 양자 컴퓨터는 복잡한 물리 시뮬레이션을 빠르게 수행하여 무기 설계와 개발을 가속화할 수도 있다. 다만, 현재의 양자 기술은 매우 제한적 수준으로 당장 현실화는 어려운 것으로 알려져 있다.

신흥 기술은 핵 안정성과 전략적 안정성에 새로운 기회를 제공하는 동시에 심각한 도전을 제기하고 있다. 대표적으로 우주, 초음속, 인공지능, 사이버, 양자 기술은 기존의 핵 억제 구조에 중대한 영향을 줄 수 있고, 국가 간 상호작용의 역학을 재정의하려 할 것이다. 다만, 이러한 기술이 실제 전략적 안정성에 어떻게 작용할 것인지, 위협으로 작용할 것인지는 기술 발전과 적용 과정에 따라 달라질 수 있다. 따라서 아직은 기술의 전략적 영향에 대해 미리 예단하기는 많은 어려움이 따른다. 그럼에도 이러한 기술 발전 추세를 명확히 알고, 군사적 활용 가능성을 분석해 나가는 것은 국가안보를 위해 중요하다. 또한, 특정 분야에서는 신흥 기술의 책임 있는 사용과 국제적 협력을 통해 전략적 안정성을 유지해 나가는 것이 필요할 것이다.

참고문헌

영문

Andrew Futter, Ludovica Castelli, Cameron Hunter, Olamide Samuel, Francesca Silvestri, Benjamin Zala. 『The Global Third Nuclear Age: Clashing Visions for a New Era in International Politics』, Routledge (2025).

Congressional Research Service, "Defense Primer: Nuclear Command, Control, and Communications (NC3)." Updated October 3, 2024.

Fetter, S., & Sankaran, J. "Emerging technologies and challenges to nuclear stability." Journal of Strategic Studies, pp. 1-45. 2024.

U.S. Government Accountability Office, "Nuclear Triad: DOD and DOE Face Challeges Mitigating Risks to U.S. Deterrence Efforts." 2021. https://www.gao.gov/products/gao-21-210 (검색일: 2025. 1. 19).

James J. Wirtz & Jeffrey Larsen. 『Nuclear Command, Control, and Commnunications』, Georgetown University Press (2022).

Jeffrey Larsen, "Nuclear Command, Control, and Communications: US Country Profile." Technology For Global Security Special Report, 2019.

U.S. DOD, America's Nuclear Triad. https://www.defense.gov/Multimedia/Experience/Americas-Nuclear-Triad/ (검색일: 2025. 1. 19).

U.S. DOD, "Nuclear Posture Review." 2022.

U.S. DOD. 『Nuclear Matters Handbook 2020 (revised)』, 2024.

Xiaodon Liang, "U.S. Nuclear Modernization Programs, Fact Sheets & Briefs." Arms Control Association, 2024. https://www.armscontrol.org/factsheets/us-modernization-2024-update (검색일: 2025. 1. 19).

Ⅱ

핵개발·비확산의 역사와 핵전략 이론

3 국가별 핵무기 개발의 역사(손경호)

4 냉전부터 탈냉전까지 핵전략의 역사(기세찬)

5 핵 비확산 체제의 역사와 주요 쟁점(김영준)

6 제3차 핵시대의 핵전략(손한별)

7 핵무기와 재래식 무기의 통합(이수훈)

03. 국가별 핵무기 개발의 역사[1]

- 손경호(국방대 전략학부 교수)

목 차

1. 서론
2. 미국의 핵무기 개발
3. 소련의 핵무기 개발
4. 영국, 프랑스, 중국의 핵무기 개발
5. 이스라엘, 인도, 파키스탄의 핵무기 개발
6. 결론

1 서론

국가의 핵 대응 전략을 구상할 때 이미 핵무기를 보유한 국가들이 이를 개발한 역사를 이해하는 것은 중요하다. 실상 핵무기 개발의 역사는 핵 경쟁 시대에 들어 가장 적극적인 대응의 역사이기 때문이다. 핵무기를 스스로 만들어내는 것보다 적극적인 대응은 없다. 처음 핵무기를 개발하였던 미국은 제2차 세계대전에서 독일보다 먼저 핵무기를 만들어내기 위하여 개발을 시작하였으며 소련은 미국의 핵 독점 현상을 변경하기 위해, 나머지 P5에 드는 국가들은 독자적인 핵 능력을 보유하기 위해, 그리고 이스라엘, 인도와 파키스탄은 지역적 차원에서 경쟁 관계에 있는 국가들에 비해 최소한 불리한 상황에 놓이지 않기 위해 핵무기를 개발하였다.

1 이 장은 2024년도 국방대 안보문제연구소의 연구과제인 "국가 핵대응전략 토대 구축을 위한 기반연구"의 일부를 수정보완한 것임.

핵무기 개발 역사는 이러한 관점에서 정리될 필요가 있다. 핵 무장 국가들이 핵무기를 제조하도록 만든 계기, 개발 과정 가운에 발생한 난관을 넘어 이를 지속하게 한 동기, 그리고 경우에 따라서는 주변국 혹은 강대국의 방해를 넘어 끝까지 완성하게 했던 동기는 대단히 중요하다. 핵무기 개발의 처음과 끝을 관통하는 동기를 이해하는 것은 핵무기를 통해 해결하고자 하는 국가적 차원의 문제와 그 문제에 관한 해답으로 핵무기를 선택하였던 전략과 고민을 이해하는 것이다. 인류가 지금까지 만들어왔던 무기와는 다른 엄청난 파괴력을 지닌 핵무기는 개발과 보유를 위한 특별한 동기를 요구하는 무기이다.

아울러 핵무기 개발 과정은 국가마다 많은 어려움을 극복해 낸 성공의 서사를 포함하고 있다. 미국의 과학자들은 기술적 난관을 넘어서기 위해 많은 노력을 기울였다. 이들은 아무도 시도해 보지 않았던 일을 했어야 했기 때문이다. 그 뒤를 이은 국가들은 기술적인 어려움에 더하여 이미 핵무기를 보유한 국가들의 견제를 넘어서야 했으며 때에 따라서는 국가적인 모험을 감수했어야 했다. 결국, 핵무기 개발은 국가적 역량이 집결된 위험성이 높은 과제로 이해될 수 있다. 이 과제를 달성하기 위해서 뛰어난 리더십이 필요하였으며 국민적 동의가 있어야 했다. 국민적 동의는 물론 리더십이 감당했어야 할 몫이다. 핵무기를 개발한 국가마다, 특히 후기에 개발한 국가일수록 개발을 위한 성공적인 전략과 헌신적인 개발자의 노력, 그리고 난관을 돌파한 결정적인 행동으로 구성된 서사를 가지고 있다. 자연스럽게 이 서사는 핵무기 개발만이 아니라 핵전략에 관한 많은 시사점을 제공한다.

본 연구는 지금까지 핵무기의 수평적 확산을 설명한 이론 가운데 동기이론에 비중을 두고 처음 핵무기를 개발한 미국으로부터 시작하여 파키스탄의 사례까지 분석한다. 동기이론은 기술이론이 지닌 기계적인 한계를 극복하여 국가가 핵무기의 필요성을 느끼는 동기에 중점을 둔다. 다만 연구자들에 따라 핵무장의 동기에는 다양한 스펙트럼이 존재한다. 대부분 핵무기 개발의 동기에는 군사 안보적 요인이 중요한 비중을 차지하지만, 국내 정치적인 요소나 국제사회에서의 규범, 기타 정치적인 자율성의 획득 혹은 핵무장 국가의 지원 의도가 작용하기도 한다. 본 연구는 짧은 연구 지면으로 인하여 이러한 이론들을 치밀하게 적용

하지 않되 개별 국가의 사례별로 독특하게 드러난 요소들을 분석하여 서사를 구성한다.[2]

2 미국의 핵무기 개발

가 배경

미국이 인류 최초로 핵분열을 이용한 원자폭탄을 개발하고 이를 사용한 것은 과학기술을 전쟁에 활용한 대표적인 예이다. 미국은 핵무기를 사용함으로써 과학기술이 적용된 산업화된 전쟁의 진수를 보여주었다. 프랑스혁명(1789) 이후 전쟁이 국민의 전쟁으로 성격이 바뀐 이후 산업혁명은 전쟁을 산업화하였다. 보불전쟁(1870) 시기부터 인류는 국민 개병제의 원칙에 따라 형성된 대규모의 군대가 대량 생산된 무기로 상대에 대한 대규모 파괴를 추구하는 산업화전쟁을 수행해왔다. 산업화전쟁의 중요한 속성은 효율적 파괴를 위해 급속하게 발달하는 과학기술을 부단히 전장에 활용하는 것이었다. 어뢰, 항공기, 잠수함 등은 그 구체적인 예이다. 인류는 드디어 물질의 근원적 구성 원리를 활용한 무시무시한 위력을 지닌 핵무기를 만들어 내었다.

핵무기의 탄생은 미국의 산업 능력과도 연관이 있다. 미국은 원자폭탄을 개발하는 맨해튼(Manhattan) 프로젝트에 총 20억 달러(오늘날 876억 달러에 상당)를 투자하였다. 미국이 단순하게 자금만 투자해서 원자폭탄을 만들 수 있었던 것은 아니었다. 유능한 과학자들을 모으고, 조직하며 이론 연구부터 진행하여 폭탄 완성에 이를 때까지 다양한 실험을 진행하고, 이를 위해 수만 명이 거주하는 시

---

2 동기이론의 연구로는 Sagan, Scott, D. "Why Do States Build Nuclear Weapons? Three Models in Search of a Bomb." International Security. Vol.21. No.3 (1996); Goldstein, Avery. Deterrence and Security in the 21st Century: China, Britain, France, and the Enduring Legacy of the Nuclear Revolution. (Stanford: Stanford University Press, 2000); Kroenig, Matthew. "Exporting the Bomb: Why States Provide Sensitive Nuclear Assistance." The American political science review, Vol. 103, No. 1 (2009) 참조.

설을 별도로 만들고 과학자들이 요구하는 다양한 실험실을 운용하면서, 우라늄을 농축하기 위하여 각기 다른 방법으로 거대한 농축 시설들을 건설하고, 완성품인 폭탄을 위한 폭약과 구조물을 제작하고 궁극적으로 이 모든 것을 체계적으로 연결하였다. 일찍이 일본의 연구자들은 이 과정이 일본 전체 전기 생산량의 10분의 1을 사용하여야 한다는 것을 알고 단념하였다. 핵무기는 산업화전쟁의 진수라는 표현에 걸맞게 미국의 거대한 산업 능력을 모태로 삼아 출생하였다.

나 핵무기 개발의 필요성과 결정 과정

제2차 세계대전은 미국이 핵무기를 개발하도록 한 가장 직접적인 요인으로 작용하였다. 그러나, 더욱 직접적인 요인은 독일의 승리를 염려한 과학자들의 자각과 책임의식이었다. 독일의 원자폭탄 개발 계획을 알고 있던 일군의 과학자들이 루즈벨트(F. D. Roosevelt) 대통령에게 핵무기 개발의 필요성을 호소하여 국가적 사업의 계기를 만들었다. 루즈벨트는 정확하게 상황을 이해하였으며 과감하게 핵무기의 가치에 투자하였다. 하지만 그에게는 핵무기의 개발이 가능하다는 확신이 필요하였다. 이를 해결한 주체가 실제 실험을 통해 핵분열을 증명한 과학자들이었다. 놀랍게도 루즈벨트는 확실한 결심의 단서를 얻기 이전에도 가능성을 열어두고 과학자들이 조직적으로 활동할 수 있는 근거를 마련해 주었다. 한편 미국이 원자폭탄 개발을 위한 길을 느리게 걸어가고 있을 때 이 분야에서 앞서있던 영국이 실증적인 정보를 제공하여 미국의 행보를 재촉하였다.

유럽에서 제2차 세계대전을 향한 전운이 짙어가는 1939년 8월 2일 아인슈타인(Albert Einstein)은 루즈벨트에게 미국이 핵무기 개발을 위해 노력할 것을 권유하는 서신을 보냈다. 소위 아인슈타인-실라르드 편지라고 일컬어지는 서한 속에서 아인슈타인은 오스트리아 출신 유대인 학자 마이트너(Lise Meitner)와 화학자인 한(Otto Hahn)이 거둔 성과를 언급하면서 이것이 거대한 폭탄을 만들어 내는 길을 열었음을 전하였다. 아울러 미국에서도 신속하게 이 연구를 시작할 것을 권유하면서 적절한 과학자들을 조직하고 이어서 이 조직들에 충분한 연구 자금을 주어 연구 성과를 내도록 하여야 한다고 당부하였다. 그는 특히 우라늄

원광을 확보해야 함을 강조하며 캐나다, 체코슬로바키아, 그리고 벨기에령 콩고에 매장량이 풍부하다고 전하였다. 마지막에 그는 독일이 체코슬로바키아에 있는 우라늄 수출을 차단하였다고 하면서 미국에 대한 경계 때문이라고 설명하였다.[3]

이 편지가 담고 있는 핵무기 개발의 절박성에도 불구하고 사실 편지는 2개월이 지나서야 루즈벨트에게 전달되었다. 대통령의 비공식적 고문 역할을 하고 있던 월스트리트의 금융가 작스(Alexander Sachs)에 의해 전해진 것이다. 하지만 그는 단순한 배달 역할만 수행하였던 것이 아니라 그 자신이 추가적인 자료를 준비하여 필요성을 호소하였다. 루즈벨트의 첫 반응은 상당히 회의적이었다. 무엇보다 세계대전이 다가오는 가운데 국가 안보를 위한 여러 높은 우선순위가 부여된 과제가 산적해 있는 가운데 핵무기 개발을 위한 여력과 연구개발을 위한 예산이 가능한지 의심스럽게 생각하였다. 그러면서도 그는 1939년 10월 12일 국가표준국 국장, 육군 및 해군 대표로 구성된 우라늄 자문위원회를 구성하여 핵무기 개발의 잠재력을 확인하도록 지시하였다.[4]

1939년 여름 미국은 전 세계적인 차원에서 진행되는 추축국의 도전을 관찰하며 조심스러운 행보를 이어가고 있었다. 히틀러는 9월 1일부터 폴란드를 침공할 터였다. 히틀러는 라인란트를 군사화하고 1938년에는 오스트리아를 병합하였으며 체코슬로바키아의 수데텐란트를 병합하였다. 한편 이탈리아는 연합국의 저항 없이 에티오피아를 점령하였으며 독일과 함께 스페인 내전에서 파시스트를 지원하고 있었다. 그리고 일본은 1937년부터 중국을 침략하고 있었다. 이러한 상황에서 미 의회는 공공 기관이나 개인이 어느 한쪽에 펀드를 제공할 수 없도록 금하는 법안을 통과시켜 사실상 중립을 선택할 수 있는 길을 열어두

---

3 letter sent to U.S. President Franklin D. Roosevelt on August 2, 1939, Franklin D. Roosevelt Presidential Library & Museum 4079 Albany Post Road Hyde Park, NY 12538, recited from https://commons.wikimedia.org/wiki/File:Einstein-Roosevelt-letter.png (검색일: 2024. 5. 2).

4 Jones, Vincent C. Manhattan: The Army and the Atomic Bomb(Washington D.C.: US Army Center of Military History, 1985), pp. 14-15; 리처드 로즈 저, 문신행 역. 『원자폭탄 만들기 1』(서울: 사이언스북스, 2023), pp. 382-383.

었다. 미 육군과 해군은 다양한 전쟁 시나리오를 구상하고 계획을 준비하였으나 일반 국민은 외국의 전쟁에 말려드는 것을 그다지 달가워하지 않았다. 그러나 히틀러가 폴란드를 침공하자 루즈벨트는 9월 9일 국가 비상사태를 선포하였다.[5]

미국의 본격적인 핵무기 개발은 핵분열에 대한 탐색 연구를 통해 확정하기로 결정되었는데 그 과정이 순탄하지 않았다. 루즈벨트의 1939년 10월 12일 지시로 만들어진 우라늄 자문위원회는 국가표준국의 국장이던 브리그(Lyman J. Briggs)에 의해 지도되었다. 그는 해군과 육군의 지원을 받아 6,000달러를 조성하여 컬럼비아 대학의 페르미에게 흑연을 이용한 원자로를 구성하여 핵무기 제작의 가능성을 탐색해보도록 하였다. 기본적으로 브리그는 핵무기 개발을 회의적인 관점으로 보았다. 그는 1939년 11월 9일 대통령에게 핵분열을 원자력 잠수함의 동력으로 사용하는 것이 적절할 것으로 보고하였다.[6] 그 사이 미국과 유럽의 핵물리학자들은 우라늄 235 동위원소만이 분열을 일으키며 원심분리기법으로 10% 농축할 수 있음을 밝혀내었다. 아울러 실라르드나 작스 등은 유럽에서 나타난 성과를 바탕으로 핵무기 개발이 가능함을 지속적으로 강조하며 정부에 원자력과 관련한 논문 발표를 금지할 것을 요구하였다. 또 독일은 1940년 4월 초 노르웨이에 있는 중수 공장을 확보하여 중성자 감속에 활용할 수 있는 길을 열었다.[7]

1940년 유럽의 상황과 핵무기 연구의 진전이 급격한 상황의 변화를 가져왔다. 5월에 이르러 컬럼비아 대학의 과학자들이 핵분열을 증명할 수 있는 개념을 제안하였다. 미 육군과 해군은 긴급히 10만 달러를 지원하기로 하였다. 이 자금은 어떠한 실험도 할 수 있는 액수였다. 여기에 독일이 네덜란드와 벨기에를 점령하는 사태가 벌어졌다. 이는 독일이 벨기에의 우라늄을 차지하는 것을 의미하는 것이었다. 이에 대해 미국의 의사결정자들은 두 가지 행동을 취하였다. 우선

---

5 Millett, Allan R. & Peter Maslowski. For the Common Defense (New York: The Free Press, 1985), pp. 414 -415.

6 리처드 로즈 (2023), p. 386.

7 Jones (1985), pp. 23-24.

미국 정부는 우라늄을 확보하기 위하여 노력하였다. 작스와 컬럼비아 대학의 화학자 유리(Haruld C. Urey)는 마침 뉴욕에 체류하고 있던 벨기에령 콩고의 카탕가에 있는 우라늄 광산 지배자를 만나 우라늄 광석을 전부 미국에 수출하도록 추진하였으나 실패하였다. 그러자 이들은 대신 캐나다에 눈을 돌려 우라늄 일부를 확보할 수 있었다.[8]

이어서 미국의 의사결정자들은 새로운 연구 위원회를 조직하였다. 독일의 유럽에 대한 침략이 속도를 내자 카네기 연구소의 소장인 부시(Vannevar Bush)를 비롯한 많은 과학자들이 루즈벨트에게 국가 안보를 위해 과학적 발전을 위한 위원회를 구성하도록 강력하게 요청하였다. 부시는 육군 참모총장 마셜(George C. Marshall) 장군과 해군 참모총장 스타크(Harold R. Stark) 제독에게도 자신의 의지를 피력하였다. 결국, 1940년 6월 15일 대통령의 지시에 따라 부시를 의장으로 한 국방연구위원회(National Defense Research Committee, NDRC)가 조직되었다. 이 위원회에는 화학자로 하버드 대학의 총장이던 코난(James B. Conant)과 같은 국가과학위원회(National Academy of Sciences, NAS) 소속의 과학자와 전쟁(육군[9])부의 전쟁기획국장 스트롱(George V. Strong) 준장, 해군부의 연구개발부장 보웬(Harold G. Bowen) 준장이 참여하였다. 루즈벨트는 NDRC를 구성하면서 우라늄 자문위원회를 산하에 편입하도록 하고 원자력 연구를 지속하도록 지시하였다. 관심의 핵심은 연쇄반응의 성공과 무기화에 있었으며 최종적인 평가 권한은 NAS에 부여되었다. 이는 부시의 의도에 따른 것이었다.[10]

부시는 NDRC를 통해서 핵무기 개발을 정식 국가사업으로 관리하기 시작하였다. 핵무기의 가능성을 내다보고 이를 구현하기 위해 워싱턴을 움직인 것은 부시의 관심과 능력에 의한 것이었다.[11] 그는 1941년 봄부터 적극적으로 활동하기 시작하였다. 1941년 7월 컬럼비아 대학의 과학자들은 흑연 원자로의 성공

8 Ibid, p. 25.

9 당시 미군의 조직은 육군부와 해군부로 구성되었으며 육군부는 전쟁부라는 명칭을 사용하였다.

10 리처드 로즈 (2023), p. 444.

11 Goldberg, Stanley. "Inventing a Climate of Opinion: Vannevar Bush and the Decision to Build the Bomb." ISIS, Sept., 1992, Vol. 83, No. 3(Sep., 1992), p. 432.

을 증명하여 핵분열이 가능함을 실증하였다. 한편 버클리 대학의 물리학자인 로렌스(Ernest O. Lawrence)는 우라늄 238로부터 동위원소 93 네퓨니움(nepunium)과 94 플루토늄(plutonium)을 얻었다. 로렌스와 그의 동료들은 플루토늄이 우라늄 235와 동일한 핵분열 속성을 지니고 있음을 발견하였다.

한편 부시는 효율적인 연구개발을 위해 조직을 개편하였다. NDRC와 우라늄 자문위원회로 이루어진 구조가 제대로 속도를 내지 못하고 있었기 때문이다. 특별히 우라늄 자문위원회를 총괄하는 브리그의 기계적이고 소극적이며 비밀주의적인 행태가 문제가 되었다. 부시는 루즈벨트에게 과학적연구개발기구(Office of Scientific Research and Development, OSRD)를 창설하도록 건의하여 승인받았다. 이 조직은 1941년 6월 말부터 온전히 부시의 지도 아래에 기능하면서 무기체계의 개념 정립부터 개발 그리고 최종 단계까지 관할하게 되었으며 의회를 직접 상대할 수 있는 권한을 부여받았다. NDRC는 부시와 협력해 오던 젊은 하버드 대학의 총장 코난이 담당하게 되었고 우라늄 자문위원회가 그 아래에 속하게 되었다.[12]

이 시기 영국에서는 마이트너의 조카 프리슈(Otto Robert Frisch)가 버밍엄 대학교의 독일 과학자인 파이얼즈(Rudolf Peierls)와 함께 우라늄 235가 핵분열을 일으키는 현상을 분석하여 임계 질량을 추정해 내었다. 이들의 연구가 지도교수를 통해 영국의 국방과학위원회에 보고되었다. 보고를 받은 국방과학위원회는 군사적 우라늄 폭발응용위원회(Military Application of Uranium Detonation, MAUD)를 구성하여 실험 결과를 확인하였다. MAUD는 분석을 통해 우라늄 235를 활용하여 핵폭탄을 만들 수 있다는 것을 검증하였고 이에서 더 나아가 대규모 우라늄 농축 시설을 만들 수 있는 개념을 제시하였다. MAUD가 제시한 방법에는 열확산 분리법, 가스 확산 분리법, 전자기 분리법, 그리고 원심분리법이 있었다.[13] MAUD의 활동적인 구성원인 올리펀트(Mark Oliphant)는 1941년 여름 미국을 방문하여 자신들의 견해를 NAS의 주요 구성원에게 설파하였다.

1941년 가을은 원자폭탄 개발에 있어서 중요한 시점이었다. 이때까지 미국

12 Goldberg(1992), p. 433.

13 안준호(2018), pp. 62-63.

의 NAS는 핵 연쇄분열과 이를 이용한 핵무기의 개발에 크게 동의하지 않았다.[14] 그러나 이 시기 미국 정부는 원자폭탄 개발을 결정하였다. 부시가 이 과정에서 다시 중요한 역할을 수행하였다. 마침 10월 3일 MAUD가 자신들의 보고서를 미국에 정식으로 통보하였다.[15] 이 위원회의 보고서는 우라늄 235 11.34kg으로 TNT 1,800톤과 동등한 폭발력을 낼 수 있다고 설명하며 하루 1kg의 우라늄 235를 분리해 내는 공장을 건설하는 데 당시 화폐로 5백만 파운드가 소요되지만 그만한 가치가 있다고 주장하였다. 결론적으로 이 보고서는 첫 폭탄을 만들 수 있는 우라늄이 1943년까지는 준비될 수 있다고 보았다.[16]

부시는 전략적으로 행동하였다. 그는 MAUD의 보고서를 전달받은 날 NAS의 세 번째 회의를 주선하도록 하였으며 특별히 대통령이 참관하도록 요청하였다. 실은 부시는 회의에 앞서 10월 9일 대통령, 그리고 부통령 왈라스(Henry A. Wallace)를 만나 장시간에 걸쳐 핵물리학의 진전과 핵무기 개발의 높은 가능성을 설명하고 핵무기 개발을 위한 국가의 집중적인 노력이 필요함을 호소하여 동의를 얻었다.[17] 루즈벨트는 본격적으로 핵무기 개발을 위한 최고정책그룹(Top Policy Group)을 조직하도록 하였다. 이 조직에는 루즈벨트도 참여하나 실질적으로는 부통령 왈라스가 대표하기로 하였으며 전쟁부 장관 스팀슨(Henry L. Stimson), 육군 참모총장 마셜 장군, 부시, 그리고 코난이 포함되었다. 무엇보다 부시가 루즈벨트의 복심으로 원자폭탄 개발을 이끌어 갈 수 있는 구도가 형성되었다. NAS의 세 번째 회의는 10월 21일 열렸으며 부시의 주도 아래 이전과는 다른 대단히 적극적인 원자폭탄 개발을 결정한 보고서를 채택하여 11월 24일 부시에게 제출하였다.[18]

---

14 Goldberg(1992), pp. 440-443.
15 안준호(2018), p. 64.
16 리처드 로즈(2023), pp. 450-451.
17 Jones(1985), p. 31.
18 Goldberg(1992), pp. 445-446.

다 개발 과정과 성공

루즈벨트는 신무기 개발을 위해 영국과 긴밀히 소통할 것과 육군이 핵무기 개발을 위한 기본적인 책임을 지도록 결정하였다. NDRC 역시 대규모 토목 및 건설 공사 그리고 행정적 업무가 수반되는 핵무기 개발을 위해서 해군보다는 육군이 적합하다고 결정하였다. 아울러 의사결정자들은 핵폭탄이 최종적으로는 육군 항공 폭격기에 의해 투하되어야 하므로 육군이 더욱 적절한 것으로 보았다.[19]

미국 정부가 원자폭탄 개발을 결정하였을 때 일본이 진주만을 공습하였다. 자연스럽게 일본의 침공은 본격적인 핵무기 개발을 촉진하였다. 미 육군은 뉴욕의 맨허튼에 개발 본부를 설치하고 책임자로 그로브스(Leslie Groves) 대령을 임명하였다. 그는 1942년 9월 개발 책임자로 임명되어 지금까지 밝혀진 핵분열의 가능성을 실제적인 무기로 만들어내는 임무를 맡은 것이다. 그가 선택한 핵무기 개발 연구소의 책임자는 오펜하이머(Julius Robert Oppenheimer)였다.

그로브스는 플루토늄 생산 시설과 우라늄 농축 시설, 그리고 핵무기 개발 연구소를 건설하였다. 그는 1943년 플루토늄의 시험 생산을 위해 테네시주 오크리지에 흑연을 이용한 원자로 X-10과 전자기 분리법에 의한 농축 공장(Y-12)인 칼루트론(Calutron)을 건설하였다. 1943년 가을에는 가스확산법을 사용한 우라늄 농축 공장 K-25를 건설하였고, 이후에는 오펜하이머의 제안에 따라 1945년 3월 열확산법에 의한 농축 공장 S-50을 건설하였다. 우라늄 농축은 1944년부터는 궤도에 오르기 시작하여 1944년 2월에는 핵무기 개발 연구소인 로스앨러모스에 200g이 전달되었다. 오크리지에 지어진 시설들은 미국 전체 전기 소비량의 6분의 1을 차지하여 테네시강에 세워진 수력 발전소에서 생산된 전기를 직접 이용하도록 이 지역에 건설되었다.[20]

핵무기 개발 연구소는 오펜하이머의 주도 아래 세워졌으며 운영되었다. 이 지역을 잘 알고 있던 오펜하이머가 뉴멕시코주의 사막에 자리 잡은 높은 절벽 위에 있는 작은 마을을 선정하였다. 그의 리더십 아래 과학자들은 우라늄과 플

19 Jones(1985), p. 31.

20 안준호(2018), pp. 74-75.

루토늄을 이용하는 두 가지 방법을 사용하여 핵무기를 개발하였다. 이들에게 주어진 과제는 분명하였다. 무기를 만드는 데 필요한 고농축 우라늄과 플루토늄을 최대한 빨리 모으고 폭탄을 완성하는 것이었다. 오펜하이머는 이 과정을 원만하게 진행하기 위하여 연구자들을 격려하고 필요한 과학자들과 기술자들을 불러 모으고 현장의 문제들을 해결해 나갔다.

플루토늄의 대량생산을 위한 기지도 건설되었다. 그로브스는 워싱턴주 핸포드에 거대한 대량생산 시설을 설치하였다. 마침 NAS에서 핵무기 개발 가능성을 평가한 검토 위원이기도 한 노벨상 수상자인 콤프턴(Arthur Compton)이 시카고 대학에 설치했던 흑연 원자로 CP-1이 연쇄반응에 성공하고 플루토늄을 생산할 것이라는 소식이 날아들었다. 핸포드의 대규모 플루토늄 생산 공장의 건설과 운용은 듀퐁사에 위임되었다. 이곳의 원자로에 우라늄이 200t이 투입되었으며 콘크리트 블록 형태의 건물인 재처리 시설의 길이만 240m에 달했다. 인근 컬럼비아강에서 끌어오는 냉각수는 분당 300t이나 되었다. 이 시설은 전후에도 미국의 플루토늄 생산에 핵심적인 역할을 담당하였다.[21]

오펜하이머는 두 가지 중요한 문제를 해결하였다. 우선 플루토늄의 대량생산을 위한 아이디어를 내었다. 핸포드에 대규모 시설이 들어섰음에도 플루토늄의 생산이 더디게 진행되자 그는 액체 열확산공장을 지어 조금이라도 농축된 우라늄을 생산하여 이를 다시 전자기 확산 공장으로 전달하면 생산이 앞당겨질 것으로 제안하였다. 그로브스가 그의 아이디어를 수용하여 S-50 공장을 건설해 Y-12와 K-25에 공급하여 핵분열 물질의 생산을 앞당길 수 있었다. 덕분에 1945년 봄부터 11945년 7월까지는 폭탄 1개 정도에 해당하는 물질을 생산해 낼 수 있었다.[22]

좀 더 중요한 문제는 플루토늄 폭탄의 원리를 결정한 것이었다. 핵무기 개발이 진전되면서 로스앨러모스의 연구자들은 처음 임계 질량을 계산하였던 프리슈와 파이얼스의 생각과 달리 핵분열 속도가 너무나 빨라서 임계 질량을 극복하

21 안준호(2018), p. 78.

22 카이 버드·마틴 셔윈 저, 최형섭 역, 『아메리칸 프로메테우스』(서울: 사이언스북스, 2023), pp. 426-427.

며 더 많은 중성자를 방출하는 방법을 찾아야 함을 깨달았다. 오펜하이머와 동료들은 이를 해결하기 위해 한 조각의 우라늄을 총으로 쏘아서 다른 우라늄에 충돌시키는 방법을 고안하였다. 그러나 플루토늄은 이 방법을 사용할 수는 없었다. 플루토늄의 폭발력이 워낙 커서 두 조각이 충돌하기도 전에 폭발하기 때문이다. 결국, 오펜하이머는 연구자들과 논의한 끝에 내폭(implosion)을 통해 플루토늄을 순간적으로 압축하는 방식을 선택하였고 포기하지 않고 이 방식을 밀고 나갔다. 내폭 방식의 개발이 쉽지 않아 실패가 거듭되었지만 그는 하버드의 폭발물 전문가 키스티아코프스키(George Kistiakowsky)를 데려와서 개발에 성공하였다.[23]

오펜하이머는 원자폭탄 개발의 마지막 단계에서 그만이 할 수 있는 일을 통해 폭탄 개발을 성공시킬 수 있었다. 연합국이 독일과의 전쟁에서 승리를 거둘 것이 명확해지자 로스앨러모스의 과학자들 사이에 폭탄 개발의 필요성에 대한 의문이 퍼져갔다. 과학자들은 자신들이 개발하는 폭탄의 막대한 파괴력을 알고 있었기에 "용도가 사라진" 위험한 무기를 만드는 것에 더욱 조심스러웠다. 오펜하이머는 과학자들에게 정치와 과학의 영역을 구분할 것을 요구하였고 적어도 새로운 무기를 비밀로 남겨두는 것은 옳지 않다고 주장하였다. 그의 동료들은 오펜하이머에 대한 신뢰를 바탕으로 끝까지 폭탄을 개발하는 데 집중하였다.[24] 마침내 1945년 7월 16일 05:30 폭풍우가 지나간 앨라모고도(Alamogordo)에 거대한 폭발과 눈부신 섬광이 발생하며 트리니티 실험이 성공하였다.

미국은 냉전이 격화하면서 1950년 1월 31일 수소폭탄 개발을 공식적으로 시작하였다. 소련이 원자폭탄 실험에 성공했고 푹스가 소련에 핵융합에 관한 정보도 넘겼다고 자백하였기 때문에 소련이 먼저 수소폭탄을 개발하는 사태를 막아야 했다. 수소폭탄은 핵폭발을 활용해 수소 핵융합을 일으켜 막대한 폭발 에너지를 생성하는 폭탄이다. 로스앨러모스에 있던 에드워드 텔러(Edward Teller)와 스타니슬라우 울람(Stanislaw Ulam)의 주도로 X선 복사에 의한 압축으로 2단

23 버드·셔윈(2023), pp. 429-431.

24 버드·셔윈(2023), pp. 438-443.

의 핵융합 물질을 기폭시키는 방식으로 수소폭탄을 개발하였다.[25] 마침내 미국의 연구자들은 1952년 11월 1일 핵융합 물질로 액체 중수소를 활용한 10Mt 위력의 폭탄 실험에 성공하였다.

3 소련의 핵무기 개발

가 개요

소련의 핵무기 개발은 제2차 세계대전 중 시작되었으나 전쟁이 끝날 때까지 성과를 보지 못하였다. 기본적으로 소련 당국은 서방의 핵무기 개발에 대한 정보를 신뢰하지 못하였고 자국의 과학자들이 제시하는 논리와 자료를 의심스러운 태도로 받아들였다. 무엇보다 소련은 독일의 전면적인 침공을 받은 이래 국방 분야 연구개발의 우선순위를 레이더 개발에 두어 당면한 전쟁을 위한 무기를 확보하는 데 관심을 두었다. 또한, 기본적으로 소련은 독일이나 영국만큼 충분한 연구 인력이나 인프라를 갖추고 있지 못하였다. 소련 당국의 원자력 분야에 대한 무지를 깨우고 연구의 불씨를 이어간 것은 몇몇 과학자들이었다.

스탈린(Joseph Stalin)과 소련 정부는 미국이 히로시마에 "리틀-보이"를 투하하자 원자폭탄의 실체와 그 가치를 깨닫게 되었다. 괴멸적인 원자폭탄의 위력을 확인한 뒤 스탈린은 핵무기가 국제관계에서 가진 의미를 비로소 이해하게 되었다. 이후 그는 핵무기 개발을 적극적으로 후원하였다. 소련은 이미 원자폭탄을 개발했던 미국으로부터 훔쳐낸 기술, 포로로 잡은 독일 출신 과학자들로 구성된 풍부한 인력, 그리고 동유럽과 자국 내에서 채굴하기 시작한 대규모 우라늄, 그리고 전쟁 시기 조성한 산업적 인프라를 활용하여 원자폭탄을 완성하여 1949년 8월 29일 실험에 성공하였다.

---

25 이춘근, 『북한의 핵패권』 (서울: 인문공간, 2023), pp. 29-31.

나 핵무기 개발의 요구와 승인

소련의 핵무기 개발의 첫 단추는 핵물리학자인 플뤼로프(Georgy Flyorov)의 문제의식으로부터 찾아야 한다. 그는 일찍이 자연적인 핵분열 현상을 발견하였으나 전쟁이 시작되면서 소련 정부의 정책에 따라 레닌그라드의 공군 대학에서 Pe-2 급강하 폭격기의 성능 강화를 위해 기술자들을 훈련시키게 되었다. 자신의 연구와 무관하게 핵물리학에 대한 관심을 떨쳐버리지 못하고 있던 그는 공군 대학의 도서관에 비치된 핵물리학 학술지를 읽다가 미국 및 영국, 그리고 독일의 연구자들이 갑자기 관련한 논문을 게재하지 않는다는 것을 발견하고 이들 국가에서 비밀리에 핵무기 개발이 이루어지고 있다고 추정하게 되었다.[26] 소련의 과학자들은 그동안 학술지에 게재된 논문을 보며 연구를 추적해 왔었다. 특별히 1940년 *Physical Review*에 버클리(UC Berkley)에 있던 맥밀런(Edwin McMilan)과 아벨손(Philip Abelson)이 투고한 네프토늄과 원소 94의 존재는 많은 관심을 끌었다.

플뤼로프는 독일이 소련을 전격적으로 침공한 지 6개월이 되어가는 시점에 소련 핵물리학계의 거두인 이오프(Abrahm Ioffe)에게 호소하여 카잔에서 핵물리학자들을 소집하여 세미나를 열었다. 이 자리에서 플뤼로프는 소련 정부의 정책에 따라 전국에 흩어졌던 몇몇 과학자들을 대상으로 미국과 영국, 그리고 독일이 핵무기를 개발할 수 있음을 주장하여 소련이 우라늄 연구를 시급하게 재개하여야 한다는 공감대를 형성하는 데 성공하였다. 하지만 그는 이오프의 동의를 얻어낼 수는 없었다. 당시 소련은 모스크바의 목전에서 독일군과 전투를 치르고 있었고 당장 성과를 거둘 수 없는 과학적 연구에 시간과 자원을 투자할 겨를이 없었다. 소련 정부는 연구개발의 우선순위를 레이더에 두었고, 기뢰 피해 방지 체계, 그다음 순위로 핵무기를 지정하였다.[27]

플뤼로프는 다음 단계로 옮겨갔다. 그는 국방위원회의 과학 분야 전권위원인 카프타노프(Sergey Kaftanov)에게 편지를 보내어 독일이 핵무기를 획득할 수 있는 가능성에 대해 우려를 표명하며 소련이 핵무기를 개발하여야 할 필요성을 설명

26 Holloway, David. Stalin And the Bomb (New Heaven & London: Yale University Press, 1994), p. 76.

27 Holloway(1994), p. 76.

하였다. 아무런 답장이 없자 플뤄로프는 이듬해에 총신 타입의 우라늄 폭탄 모델을 디자인하여 보내었다. 결국, 플뤄로프는 1942년 4월 스탈린에게 동일한 내용의 편지를 보내었다. 플뤄로프는 스탈린에게 핵무기 개발의 필요성을 토의하기 위해 이오프, 젤도비치(Yakov Zel'dovich), 카피차(Pyotr Kapitsa), 그리고 쿠르차토프(Igor V. Kurchatov) 등 저명한 소련의 핵물리학자들이 참여하는 회의를 개최할 것을 요청하였다.[28]

플뤄로프의 노력은 외부적인 요인에 의해 열매를 맺게 되었다. 1942년 봄 아조프해 근처의 타간로그(Taganrog) 지역에서 독일군 장교의 노트가 노획되었다. 이 노트에는 우라늄의 연쇄반응에 대한 계산식이 담겨있었다. 이 노트는 당시 독일 핵무기 연구의 주축이던 하이젠베르크(Werner Heizenberg)의 조수가 소유했던 것으로 추정된다. 이 노트는 국방위원회의 카프타노프에게 전달되었다. 이로써 소련 지도부는 독일이 수행하던 핵무기 연구의 실체를 인지하게 되었고 자국의 연구자들이 제기하던 문제를 심각하게 받아들이기 시작하였다. 이후 국방위원회는 국가 과학위원회에 핵무기 개발의 타당성을 조사하도록 요구하였다.[29] 사실 스탈린과 그의 참모들은 베리야(Lavrentiy Beria)를 통해 영국의 MAUD가 작성한 보고서를 플뤄로프가 스탈린에게 편지를 보내기 전에 이미 접하였다.

마침내 소련 정부는 1943년 2월 15일 핵무기 개발을 위한 모든 영역을 총괄할 단일 조직을 모스크바 근교에 설치하고 쿠르차토프를 책임자로 임명하였다.[30] 소위 실험실-2로 불리는 이곳은 미국의 로스앨러모스와 같이 소련의 원자폭탄 개발을 위한 중추적 기능을 수행할 터였다. 처음에는 이오프가 이 조직을 지휘할 유력한 책임자로 지목되었으나 그는 노령을 이유로 그의 제자인 쿠르차토프를 추천하였다. 소련의 당국자들은 독일의 예봉이 꺾이고 국가적인 위기에서 벗어나 잠시 숨돌릴 만한 틈이 찾아오자 본격적으로 원자폭탄을 연구할 수 있는 태세를 마련하였다.

---

28 Holloway(1994), p. 78.

29 Sutyagin, Igor. "The Role Of Nuclear Weapons And Its Possible Future Missions." NATO Research Fellowships 1994-1996, (Moscow, 1996).

30 Sutyagin(1996).

다 핵무기 개발과 실험

사실 소련 정부는 원자폭탄 개발에 전적으로 자원을 투입하지 않았다. 대표적인 증거가 개발에 사용할 우라늄과 흑연을 충분히 공급해 주지 않은 것이다. 쿠르차토프가 개발을 시작하며 가장 먼저 봉착한 문제가 우라늄을 확보하는 일이었다. 그는 전체적으로 50-100톤에 달하는 우라늄이 필요할 것으로 예측하였고 1943년에만 1-2톤의 우라늄이 필요할 것으로 보았다. 당장 그가 손에 넣을 수 있는 우라늄 자체가 워낙 부족하였기 때문에 그는 언제쯤에나 50톤을 확보할 수 있을지 걱정하였다. 쿠르차토프가 여러 경로를 통하여 우라늄을 구하기 위해 노력하였으나 정부에서 취했던 조치는 비철금속위원회에 "최대한 빨리 순수 우라늄 100톤을 공급하라"는 지시를 내린 것 뿐이었다. 기한을 명시하지 않은 명령은 사실 거의 효력이 없는 것이었다.[31]

스탈린은 완전한 확신과 희망보다는 미래의 불확실성을 제거하기 위한 최소한의 방편으로 자국의 과학자들이 핵무기 연구를 하도록 결정하였다. 이를 반영하듯 쿠르차토프가 책임을 맡은 실험실-2의 규모는 인상적이지 않았다. 그는 과거 그와 함께 일하던 과학자들을 중심으로 연구원을 확보해 갔으며 필요할 경우 군에 소집된 연구자들을 데려오기도 하였다. 그는 실험과 연구에 소요되는 건물과 부지도 계속 확보하여 1944년 4월 25일 새로운 부지로 실험실-2를 이전하였다. 이 당시 근무원이 75명이었으며 그 가운데 과학자는 25명에 불과하였다.[32] 물론 플뤄로프도 연구진에 포함되었다.

쿠르차토프와 그의 동료들은 우선적으로 소련의 첩보 당국이 획득한 다양한 정보를 검토하며 확인하였다.[33] 이들은 영국의 핵무기 개발 정보를 소상하게 검토하면서 우라늄 농축 방식으로 가스확산법이 많은 에너지를 소비하는 바람에 그다지 효율적이지 않음을 알게 되었고 이를 실험을 통해 자체적으로 확인하였다. 한편 미국의 맨해튼 프로젝트에 관한 정보가 로스앨러모스의 연구원 가운데 한 명이던 푹스(Klaus Fuchs)에 의해 전달되면서 소련의 연구자들은 우라늄을 활

---

31 Holloway(1994), p. 100.
32 Holloway(1994), p. 90.
33 Holloway(1994), p. 99.

용한 폭탄과 플루토늄을 활용한 폭탄의 방식이 달라지는 이유를 이해하였으며 심지어 내폭 장치에 대한 세밀한 정보도 얻을 수 있었다. 푹스는 나치에 대한 반감으로 자신이 연구하던 가장 핵심적인 기밀을 소련에 자발적으로 제공하였다. 그와 함께 내폭에 필요한 측정과 시험을 담당하던 홀(Ted Hall) 역시 소련에 기밀을 제공하였다.[34]

소련 과학자들의 성과와 미국에서의 정보에도 불구하고 스탈린과 베리야는 원자폭탄의 개발 가능성을 크게 보지 않았다. 푹스가 로스앨러모스에서 트리니티 실험을 준비하고 있다고 알려왔을 때와 트루먼이 포츠담에서 스탈린에게 거대한 위력을 가진 폭탄이 개발되었다고 귀띔해 주었을 때도 스탈린과 베리야는 미국의 원자폭탄에 관한 정보를 신뢰하지 않았다. 더불어 이들은 원자폭탄 개발을 전적으로 지원하지 않았다. 동유럽으로 소련이 진출하기 시작했음에도 우라늄 공급이 원활해지지 않았고, 독일에서 포로로 잡은 과학자들의 투입도 더뎠다. 후일 KGB의 한 분석관에 의하면 이 시기 베리야는 미국의 원자폭탄 개발 정황은 소련을 기만하기 위한 역정보라고 생각하였다. 소련이 많은 자원을 낭비하기 위한 계획이라는 것이었다. 또한, 스탈린과 베리야는 과학기술에 문외한이었기에 실험실-2에 참여한 연구자들의 보고를 믿지 않았다. 결국, 조직적인 의심이 핵무기 개발 조직의 연구를 방해하였다.[35]

소련의 원자폭탄 개발은 미국이 히로시마에 첫 폭탄이 투하되고 나서 결정적인 전기를 맞이하였다. 히로시마 폭발 이후 두 주가 지난 시점인 8월 20일 소련 국방위원회는 자체 원자폭탄을 연구하고 생산하기 위한 최대한의 노력을 투자할 특별위원회를 조직하라는 지시 9887호를 하달하였다.[36] 그리고 1945년 12월 소련 정부는 원자력 산업 육성을 위한 법령을 반포하면서 다음해 2월에는 원자폭탄의 직접적인 제작을 위해 KB-11(실험물리학을 위한 전 러시아 과학 연구소)를 아르자마(Arzamas)-16이라고 암호명이 붙은 비밀 도시에 설치하였다.[37] 이 조직은

---

34 버드·셔윈(2023), pp. 436-438.

35 Holloway(1994), pp. 114-115.

36 Sutyagin(1996).

37 Sutyagin(1996).

철저하게 미국이 실제 사용했던 폭탄을 그대로 제작하는 것을 목표로 하였다.

제2차 세계대전 이후 도래한 냉전은 소련의 과학자들에게 큰 자극제가 되었다. 냉전에서 오는 절박감에 의해 1946년부터 1949년까지 소련의 핵무기 연구는 비약적으로 발달하였으며 이에는 소련의 국가적 특성이 작용하기도 하였다. 소련 당국은 플루토늄 생산을 위해 우랄산맥 동쪽에 첼라빈스크-40(Chelyabinsk-40), 마야크(Mayak)로 불리는, 미국의 핸포드와 같은 시설을 건설하였다.[38] 이곳은 전쟁 당시 전차를 집중적으로 생산하였던 장소와 인접한 곳이라 전기를 끌어오기가 쉬웠으며 인근에는 12개의 강제 노동 수용소가 자리하고 있어 노동력이 풍부하였다.[39] 1949년부터는 이곳에서 생산된 플루토늄이 아르자마-16에 있는 KB-11에 제공되기 시작하였다. 소련은 전체주의 국가의 권능을 최대한 발휘하여 이 시기 최대 600,000명에 가까운 인력을 핵무기와 관련된 채굴, 농축, 그리고 실험 시설 건설 등에 투입하였다.[40]

소련 정부는 독일의 물자와 인력을 활용하여 핵무기 개발을 촉진할 수 있었다. 소련의 원자폭탄 개발이 본격적으로 궤도에 올라갈 수 있었던 것은 독일이 보유하고 있었던 우라늄 때문이었다. 쿠르차토프는 1945년 5월에 보유 중인 우라늄이 7t에 불과하다고 보고하였다. 소련 당국은 독일의 우라늄 생산 이력을 추적하여 결국 300t의 우라늄을 확보하였다. 그 가운데 46t이 첫 연구용 원자로인 F-1에 사용되었으며 150t이 마야크에 있는 플루토늄 생산 원자로 A에 투입되었다. 독일의 우라늄이 소련의 원자폭탄 개발에 절대적으로 필요하였음을 알 수 있다.[41]

독일의 과학자들이 소련의 첫 핵무기 개발에 기여한 정도를 정확하게 평가하기는 어렵다. 소련은 노벨 물리학상 수상자인 헤르츠(Gustav Hertz)를 비롯하여 빌헬름 황제 연구소의 소장인 아르덴(Manfred von Ardenne) 등 많은 독일 과학자

---

38 안준호(2018), p. 124.

39 https://en.wikipedia.org/wiki/Soviet_atomic_bomb_project (검색일: 2024. 7. 2).

40 River, Charles. Ed. The Soviet Nuclear Weapons Program: The History and Legacy of the USSR's Efforts to Build the Atomic Bomb. (2019), pp. 48-52.

41 Oleynikov, Pavel V. "German Scientists in the Soviet Atomic Project," The Nonproliferation Review, (Summer 2000), pp. 8-10.

들을 소련으로 압송하였다. 히로시마에서의 거대한 성공 소식을 듣고, 소련 당국은 이들을 조직적으로 소련의 핵무기 개발에 투입하였다. 아르덴은 연구소 A, 헤르츠는 연구소 G를 각각 맡아 우라늄 동위원소 분리, 기타 특별한 부품이나 기술 개발 임무를 부여받았고, 볼머(Max Vollmer)의 경우 중수를 생산하는 NII-9에 배속되어 중수 생산 시설 개량을 위해 일하게 되었다. 지페(Gernor Zippe)는 소형 원심분리기 기술 향상을 맡았다. 아르덴이 지휘하던 연구소 A는 독일인 과학자를 300명 이상 운용하기도 하였다. 전반적으로 이들은 원자로 개선, 우라늄 동위원소 분리 및 농축 등에 기여한 것으로 평가된다.[42] 독일 과학자들의 공헌은 그들이 소련 핵무기 개발에 투입되었던 기간과 규모를 따져볼 때 중요성을 가늠해 볼 수 있다. 아울러 소련 당국은 다수의 독일 과학자들이 동독으로 귀환할 때 공적을 인정하여 스탈린 메달을 수여하였다. 특별히 지페는 소형 원심분리기의 성능을 비약적으로 개선하여 소련이 원심분리법에 의한 우라늄 농축 방식을 발전시키는 토대를 제공하였다.[43]

결과적으로 소련은 1949년 8월 29일 카자흐스탄의 세미팔라틴스크(Semipalatinsk) 실험장에서 미국의 팻-맨을 복제한 첫 원자폭탄 실험에 성공하였다. 이로써 소련은 미국의 핵 독점 시대를 끝내고 독자적인 핵 개발의 문을 열었고 세계는 핵 군비경쟁의 시대로 접어들었다. 소련은 제2차 세계대전을 지나는 동안 핵무기에 관한 기본적인 연구를 진행해 오다가 실제 폭탄이 성공하자 긴급하게 많은 자원을 동원하여 두 번째 핵 개발 국가의 지위를 차지하게 되었다. 소련은 제2차 세계대전의 부산물을 활용하여 냉전 가운데 냉전을 더욱 냉전답게 만든 핵무기를 손에 넣었다.

소련 당국은 원자폭탄의 성공 이후 수소폭탄의 개발을 독려하였다. 소련의 연구자들은 미국과 다른 방식을 채택하여 액체 중수소와 우라늄 235를 층을 구분하여 나누는 방식인 슬로이카(Sloika, Layer Cake)를 디자인하였다. 이 방식은 농축우라늄과 중수소화리튬 및 소량의 삼중수소를 우라늄 238로 감싼 다음 압축을 위해 폭약과 탬퍼를 사용하였고 미국의 2단수소탄과 달리 1단으로 된 둥근

42 Oleynikov(2000), pp. 10-24.

43 이춘근(2023), pp. 39-40.

모양이었다. 이 방식은 중수소화리튬을 사용하므로 미국의 방식과 달리 냉각 장치가 필요 없어 폭탄의 부피와 중량이 작았고 운용도 간편하였다. 다만 생성 에너지의 양은 작았다. 소련의 과학자들은 1953년 8월 12일 400kt의 위력을 지닌 슬로이카 방식의 수소폭탄, 미국의 학자들은 증폭형이라 평가한, 실험에 성공하였다. 이후 소련도 미국과 같은 방식의 수소폭탄 개발로 이전하여 1955년 11월 22일 실험에 성공하였다.[44]

4 영국, 프랑스, 중국의 핵무기 개발

가 개요

영국과 프랑스, 그리고 중국은 P5 가운데 후발주자로서 핵무기를 보유하게 되었다. 미국이 우선 핵무기를 보유하고 이를 실제 사용하고 나서 소련이 뒤를 이어 핵무기를 보유한 상태에서 나머지 국가들은 핵무기가 형성해 놓은 국제정치 질서 속에 유리한 자격으로 참여하기 위해 개발하였다. 이들 국가는 핵무기에 대한 국제적인 규범이 완성되지 않은 상황 가운데 비교적 어렵지 않게 핵무기를 손에 넣을 수 있었다.

그러면서도 세 나라는 각기 다른 여건 가운데 핵무기 개발을 추진하였다. 영국은 이미 제2차 세계대전 시기부터 시작해 왔던 그간의 성과를 최대한 살려 미국과의 협력과 단절을 거치며 결국, 오랜 노력의 성과를 보았다. 프랑스는 독자적인 군사력 운용을 위한 궁극적인 방식으로 핵무기를 이해하며 미국이 제공하는 핵우산의 한계를 깨닫고 핵보유국으로 전환하였다. 중국은 몇 차례에 걸친 안보 위협을 절감한 끝에 독자적인 핵 무장의 길을 걷기 시작하였고 끝내 완성하였다.

44 이춘근(2023), pp. 32-35.

나 영국의 핵무기 개발

초기 영국의 핵무기 개발은 인류의 첫 원자폭탄 개발 과정과 일치한다. 캠브리지 대학의 캐번디시(Cavendish) 연구소에서 채드윅(James Chadwick)이 1932년 중성자를 발견하는 등 영국은 핵물리학을 주도하였다. 1940년 파이얼스와 프리슈는 우라늄 235가 거대한 폭발을 일으킬 수 있는 임계치를 계산하였다. 이어 영국 정부는 MAUD를 통해 두 연구자가 제기한 원자 무기의 가능성을 실증한 뒤 이를 미국 정부에 알려주었다. 핵무기 개발의 기원을 살펴볼 때 영국의 연구 기관들이 주축이 되어 원자폭탄 개발의 기초가 형성되었고 핵무기 탄생의 기반이 마련된 것을 알 수 있다. 무엇보다 영국의 학자들은 미국 정부가 핵무기 개발에 참여하는 데 지대한 공헌을 하였다.

영국은 MAUD의 성과를 확인한 뒤 자체적인 원자폭탄 계획을 수립하였다. 이 계획은 **튜브 알로이(Tube Alloys)**로 이름이 지어졌다. 하지만 영국은 원자폭탄을 개발하는 데 현실적인 한계를 지니고 있었다. 우선 독일과 전쟁을 수행해 가는 와중에 많은 자원이 들어가고 성공이 불확실한 원자폭탄을 개발하는 것은 어려운 일이었다. 영국으로서는 더 높은 우선순위를 두어야 하는 분야가 많았다. 게다가 연구가 성공적으로 진행될 경우 독일이 공습을 가하거나 다른 방법으로 연구시설을 공격할 가능성이 존재하였다. 이 경우 모든 노력이 물거품이 될 수 있었다.[45]

1942년 7월 말, 영국의 과학자들은 튜브 알로이를 지속하는 대신 미국과의 공동 개발을 선택하였다. 연구를 위한 자원은 한정되었고 독일군의 공습이 늘 위협이 되었다. 미국에 그동안의 성과를 넘겨주고 개발에 동참하는 것만이 핵무기 분야에서 뒤처지지 않을 수 있는 유일한 방법이었다.[46] 또한, 미국과 공동 개발을 통해 핵무기 개발을 앞당길 수 있는 것도 장점이었다. 사실 이전까지 영국의 처칠(Winston Churchill) 수상은 미국과의 연구 협력에 소극적이었다. 그는 부

---

45 안준호(2018), pp. 136-137.

46 Bernstein, Barton J. "The Uneasy Alliance: Roosevelt, Churchill, and the Atomic Bomb, 1940-1945." The Western Political Quarterly, Vol. 29, No. 2(June, 1976), p. 209.

시와 코난이 요청했던 협력 제안을 그다지 달가워하지 않았었다. 하지만 이 시점에 처칠 역시 과학자들의 의견에 동의하여 미국과의 협력을 적극적으로 모색하기 시작하였다.

영국은 사실 핵무기 연구의 제한 사항을 극복하기 위해 캐나다와 공동 연구를 추진하고 있었다. 캐나다는 독일의 폭격으로부터 안전하였고 북아메리카의 제조업 중심과도 가까웠기 때문이다. 영국 정부는 캐나다와의 관계에서 우라늄 광석을 확보하는 데 중점을 두었다.[47] 1942년 영국은 캐나다 정부와 연구 협력으로 관심을 돌리게 되었고 캐나다 정부로부터 동의를 얻었다. 이에 영국는 프랑스에서 망명하여 영국에서 중수를 이용한 원자로를 연구하던 할반(Hans von Halban)을 위시한 연구팀을 몬트리올 대학에 파견하여 연구실을 설립하였다.[48] 하지만 할반의 연구팀은 여러 제약으로 인해 몬트리올에서 초크리버라는 곳으로 옮겨갔다. 그곳에서 할반 대신 영국의 과학자 존 콕크로프트(John Cockcroft)가 책임을 맡았다.[49]

캐나다와의 공동 연구에서 자체적으로 핵무기를 얻지 못했던 영국은 1943년 8월 19일 미국과 퀘벡(Quebec)에서 공동 개발에 합의하였다. 처칠과 루즈벨트는 영국과 미국이 서로를 향하여 핵무기를 사용하지 않으며 합의 없이 제3자를 향하여 쓰지 않겠다고 확약하였다. 또한, 핵무기에 대한 정보를 다른 국가에 누설하지 않을 것도 약속하였다.[50] 물론 이는 소련을 의식한 것이었다. 퀘벡협정에 의해 영국은 최소한 핵무기 개발에서 배제되지 않으면서 차후 독자적으로 핵무기를 개발할 수 있는 기술적인 역량을 구축하게 되었다.

영국과 미국의 연구 협력은 공고하였다. 영국의 연구자들은 자신들이 발견한 사항들을 미국 연구자들과 공유하였고, 이론적으로도 뛰어났던 이들은 미국의 과학자들과 함께 긴밀히 협력하면서 원자폭탄 개발에 크게 기여하였다. 채드윅이 전반적인 관리자의 입장에서 그로브스 장군과 소통체계를 형성하고 협력의

47 Gowing, Margaret. Britain And Atomic Energy, 1939-1945(London: Macmillan & Co Ltd, 1964), p. 181.

48 Gowing(1964), pp. 187-194.

49 안준호(2018), p. 137.

50 Bernstein(1976), p. 219.

세부사항을 설계하였다. 우선 영국 정부의 노력과 본인의 선택에 의해 '뉴턴에 버금간다'는 닐스 보어(Niels Bohr)가 덴마크의 코펜하겐에서 미국으로 옮겨왔다. 그는 로스앨러모스에 안착하였다. 이어서 올리펀트를 비롯하여 35명에 달하는 영국의 과학자들이 전자기 방법에 의한 우라늄 추출 연구를 위해 버클리의 연구 시설에 합류하였다. 또한, 파이얼스, 프리슈, 페니(William Penney), 에곤 브레쳐(Egon Brecshcer), 그리고 후에 스파이로 판명된 푹스가 실제 무기를 제조하는 로스앨러모스에 참여하였다.[51]

하지만, 미국의 원자폭탄 성공 이후 영국은 독자적인 핵무기 개발을 위한 여정에서 암초를 만나게 되었다. 미국이 그동안 유지하던 협조적인 태도에서 돌변하여 영국의 과학자들이 더이상 핵무기와 관련한 작업과 자료에 접근하지 못하도록 통제한 것이다. 1945년 가을부터 이듬해 여름에 걸쳐 미국이 핵무기를 사용할 때 영국과 논의하겠다는 합의가 무효화되었고, 영국의 과학자들에게 허용되었던 민감한 자료에 대한 접근 권한의 박탈되었으며, 최종적으로는 핵무기 비밀보호를 강조한 1946년 8월 1일의 맥마흔법(MacMahon Act)[52]이 제정되었다. 이에는 그동안 영국에서 합류했던 과학자들이 자행했던 스파이 활동이 폭로된 영향도 작용하였다.

영국의 독자적인 핵무기 개발을 위한 직접적이고도 본격적인 결정은 애틀리(Clement Attlee) 수상이 내각의 주요 구성원을 망라하여 결성한 Gen 75 위원회에서 이루어졌다. 이 위원회는 원자로와 플루토늄 추출을 위한 재처리 시설의 건설, 가스 확산 분리법에 의한 우라늄 농축 시설의 건설, 핵무기 개발을 총괄할 최고 책임자로 전시 영국 공군의 수장이었던 공군 원수 포탈(Charles Frederick Algernon Portal) 경을 임명하는 등 핵무기 개발을 위한 핵심적인 결정을 내렸다. 1945년 8월 10일 만들어진 이 위원회는 1947년 정식으로 내각 산하의 원자폭탄 위원회로 거듭났다. 한편 영국의 합동군사위원회는 영국이 1957년까지 200발의 핵무기를 보유해야 한다고 판단하였다.[53]

---

51 Gowing(1964), pp. 256-268.

52 Morand, Howard. "Born Secret," Cardozo Law Review, Vol. 26, No. 4 (March 2005), pp. 1402-1403.

53 Nuclear weapons of the United Kingdom." Wikipedia, https://en.wikipedia.org/

영국은 제2차 세계대전이 끝나고 난 뒤 냉전이 격화하는 과정 가운데 독자적인 핵무기 개발을 통해 국제사회에서 '강력한' 영국의 목소리를 유지하고 싶어 하였다. 새로운 에너지원의 개발이라는 측면에서 또한 이에 연관한 경제적인 필요에 따라 원자력 에너지를 확보하여야 하는 당위성이 존재하였지만, 무엇보다 큰 동기는 실제적으로 증명된 핵무기를 보유하여 국제사회에서 영향력을 잃지 않기 위함이었다. 또 한 가지 영국의 핵무기 개발을 자극하였던 계기는 미국의 맥마흔 법안 제정이었다. 영국의 지도자들은 미국이 영국을 좀 더 신중히 대하게 하도록 독자적인 핵무기를 보유할 필요가 있다고 생각하였다.[54]

애틀리 수상은 이러한 영국 지도자들의 열망을 효율적으로 조직하였다. 그 자신이 Gen 75 위원회와 그 하위 위원회인 단지 6명만이 참여하는 Gen 163 위원회의 구성원으로서 원자폭탄 개발의 중요한 결정에 참여하였다. 앞서 설명한 중요한 결정들은 대부분 그의 손을 거쳐 간 것이었다. 영국의 지도자들은 1947년 1월 8일 Gen 163 위원회에서 정식으로 핵무기 개발 사업 추진을 결정하였고 의회에서 1948년 5월 12일 공식적으로 알려졌다.

영국 정부는 원자폭탄 개발을 위한 수순을 체계적으로 밟아 갔다. 원자로와 플루토늄 추출을 위한 재처리 시설을 윈스케일(Windscale)에 설치하고 가스 확산 분리법에 의한 우라늄 농축 시설은 카펜허스트(Capenhurst)에 설치하였다. 핵폭탄 디자인과 제작은 로스앨러모스에 파견되었던 윌리엄 페니가 책임지게 되었다. 1949년 소련의 원자폭탄 실험은 영국을 당황하게 하였다. 그러한 가운데 미국이 다시금 개발 협력을 제안해 와서 미국이 생산해 놓은 플루토늄을 사용해서 원자폭탄 개발을 앞당기는 성과는 올릴 수 있었다.

핵무기 개발의 마지막 단계는 다시 정권을 잡은 처칠이 주도하게 되었다. 그는 1952년 2월 17일에 그해 말까지 핵폭탄 개발을 끝내겠다고 공언하였는데 같은 해 10월 3일 호주 서부의 몽벨로(Mont Bello) 섬 앞바다에 정박한 영국의 프리게이트함 플림(Plym)호에 설치한 원자폭탄을 성공적으로 폭파시킬 수 있었

wiki/Nuclear_weapons_of_the_United_Kingdom (검색일: 2024. 9. 1).

54 Balis, John and Kristan Stoddart. The British nuclear experience: the roles of beliefs, culture, and Identity (Oxford: Oxford University Press, 2015), p. 32.

다. 이로써 영국은 세 번째 핵보유국이 되었다. 이후 영국은 블루 다뉴브(Blue Danube)로 명명한 폭탄을 양산하였다. 이 폭탄은 1956년 10월 11일 호주 남부의 마라링가(Maralinga)에 성공적으로 투하되어 성능이 확인되었다.

다 프랑스의 핵무기 개발

프랑스는 제2차 세계대전에서 급속히 패하는 바람에 주요 국가의 핵무기 개발 흐름에서 벗어나 있다가 종전 이후 군사력에 대한 국민적 이해와 국가 안보적 필요에 의해 핵무기를 개발하였다. 본디 프랑스는 라브와지에(Antoine Lavoiser)로 대표되는 화학 연구의 선두에 서 있었으며 이는 물리학을 위주로 하는 독일의 학문과 대비되는 것이었다. 1930년대에 이미 이렌느 퀴리(Irène Joliot-Curie)와 그의 남편 졸리오-퀴리(Frédéric Jolio-Curie)가 인공 핵분열 연구를 수행하여 일찌감치 프랑스는 핵 과학의 영역을 앞서서 개척하였다.[55]

사실 프랑스는 핵분열의 군사적 가치를 일찍이 이해하고 이를 활용하고자 하였다. 전쟁 전 1939년 군비담당 장관인 도트리(Rauol Dautry)는 핵 과학이 가진 잠재성을 인정하여 졸리오-퀴리와의 논의 끝에 중수로 원자로를 건설하기로 결정하였다. 이를 위해 노르웨이에 있는 중수 공장으로부터 중수 185kg을 구매하였다. 후일, 이 중수는 영국으로 옮겨졌다가 전쟁이 끝난 뒤 프랑스로 돌아왔다. 다만 우라늄은 벨기에령 콩고에 있는 광산과 계약은 체결하였으나 미국의 조치로 인해 획득할 수 없었다.[56] 이러한 상황에서 프랑스는 독일에 패하는 바람에 핵분열 연구를 지속할 수 없었다.

전후 프랑스는 평화적 목적에 따른 원자력 에너지 개발에 집중하였다. 드골(Charles de Gaulle) 대통령 자신이 핵에너지를 군사적으로 이용할 의도를 가지고 있지 않았으며 군부 역시 핵무기에 대한 열망을 지니고 있지 않았다. 이에는 졸리오-퀴리의 영향도 작용하였다. 그는 1945년 10월 18일 만들어진 원자력 위원회(Commissariat à lÉnergie Atomique, CEA)의 위원장을 맡았다. 이 위원회는 4명

55 오경환, “약자에서 강자에게로: 냉전시기 프랑스 핵개발과 핵전략, 1945-1968.” 『사총』 No. 90 (2017.1), pp. 254-255.

56 오경환 (2017), p. 255.

의 과학자와 2명의 정부 관료로 구성되는데 압도적인 명성을 지닌 그가 핵에너지의 군사적 이용을 공개적으로 반대하였다.[57]

프랑스가 본격적으로 핵무기 개발에 관심을 가지게 된 계기는 제1차 인도차이나전쟁 기간 발생한 디엔비엔푸(Dien Bien Phu)전투에서의 경험이었다. 1954년 3월 13일부터 5월 7일까지 지속한 이 전투에서 프랑스군은 베트민군에게 괴멸적인 패배를 당하였다. 프랑스는 이 시기 미국에 핵무기 사용을 요청하였으나 거절당하였고, 영국마저 이러한 미국의 결정을 옹호하였다. 이 과정에서 프랑스의 지도자들은 미국이 주도하여 결성된 북대서양조약기구(NATO) 내에서 미국이 제공하는 핵전력이 항상 프랑스의 이익에 따라 사용되지 않을 것임을 이해하게 되었다. 아울러 독일의 재무장은 프랑스에게 심각한 위협으로 인식되었다.[58]

프랑스는 그동안 핵에너지 개발을 차근차근 진행하고 있었다. 미국의 맥마흔 법안에 의해 프랑스는 미국으로부터 전혀 기술적인 원조를 받을 수 없었으며 이로 인해 초기 개발은 순조롭지 않았다. 프랑스가 1948년 최초로 개발한 원자로 ZOE(Zéro-énergie Oxyde d'uranium Eau Louder)는 비록 성공하였지만 상업적인 에너지를 생산할 수 없는 수준이었다.[59] 하지만 1949년 샤클레(Saclay)에 중수로 원자로 3기가 건설되고 1952년 이를 중심으로 한 원자력 연구기지가 설치되면서 프랑스의 핵개발이 탄력을 받기 시작하였다. 아울러 공산주의자인 졸리오-퀴리 대신 페렝(Francis Perrin)이 CEA의 위원장에 취임하며 프랑스 핵개발의 방향이 군사용을 포함하도록 넓어졌다.[60]

1954년 프랑스 정부와 국민들은 핵무기 보유의 필요성을 절감하였다. 베트민과 정전협정을 체결한 프랑스는 곧이어 알제리와의 전쟁을 시작하였다. 아울러 극동의 한반도에서 벌어졌던 6·25전쟁이 정전에 이르렀으나 냉전은 오히려 격화하였다. 또한, 프랑스가 프랑스, 서독, 이탈리아, 벨기에, 룩셈부르크, 그리

57 Narang, Vipin. Seeking The Bomb (New Jersey: Princeton University Press, 2022), pp. 144-145.

58 Narang(2022), p. 147.

59 오경환(2017), p. 256.

60 오경환(2017), pp. 257-258.

고 네덜란드를 묶어 추진하였던 유럽방위공동체가 무산되었다. 프랑스는 독일 재무장을 허용하여 방위공동체 내에 포용하며 공동으로 핵무기를 개발하려 하였으나 결국 실패하였다. 프랑스는 초국가적인 나토의 군사적 성격을 받아들이기 어려웠고 미국의 핵우산을 신뢰하기 어려웠으며 또한, 소련이 심각한 위협으로 다가왔다. 진보적 지도자였던 망데-프랑스(Pierre Mendès-France) 대통령은 핵무기를 개발하기로 마음먹었고, 그의 입장 자체가 그의 초기 신념과 반대 방향으로 진화해 온 것이기에 그의 결정은 국민적 동의를 얻을 수 있었다.[61]

프랑스의 핵무기 개발은 급물살을 타기 시작하였다. 1954년 12월 26일 망데-프랑스 대통령은 내각회의에서 독자적인 핵무기 개발을 결정하였다.[62] 이틀 뒤 프랑스 정부는 이 개발을 전담할 '일반 연구국(Bureau d'Etudes Generales)'을 창설하였다. 1955년부터 군비담당부(Ministre des Armees)가 이 기구에 대규모의 자금을 공급하기 시작하였다.[63] 프랑스의 핵무기 개발은 1956년 발생한 수에즈 위기에서 그 정당성을 인정받았다. 프랑스는 미국의 태도를 보며 다시금 동맹의 신뢰성을 의심하게 되었고 독자적인 핵무기의 필요성을 절감하였다.

프랑스 핵무기는 드골이 통치 시기 전 세계에 그 면모를 드러내었다. 1958년 6월 17일 드골은 국방위원회 회의에서 이듬해 핵무기를 실험하도록 결정하였다. 실험장소로는 알제리 내 사하라사막의 레간 오아시스(Reganne oasis)가 선정되었다. 1960년 2월 13일 파란 사막쥐(Gerboise Bleue)로 명명된 70kt의 프랑스의 첫 핵무기가 폭발하였다. 프랑스는 이어 1968년 첫 수소폭탄의 실험에도 성공하였다.[64] 결국, 프랑스는 동맹국이 자국의 도시를 희생시켜가며 보호할 수 없는 상황에서 독자적인 핵무기를 개발하였다.

---

61 Narang(2022), p. 151.

62 "Origin of the Force de Frappe." https://www.nuclearweaponarchive.org/France/FranceOrigin.html (검색일: 2024. 8. 20).

63 "Origin of the Force de Frappe."

64 "Origin of the Force de Frappe."

라 중국의 핵무기 개발

중국의 핵무기 개발에는 몇 번의 누적된 계기가 작용하였다. 우선 중국은 6·25전쟁에서 미국과 대결하며 핵무기 사용 위협을 받았다. 미국의 트루먼(Harry S. Truman) 대통령은 중국이 1950년 10월 전쟁에 개입하여 2차 공세에서 국제연합군에게 심각한 타격을 가하자 핵무기 사용 가능성을 언급하였다. 미국 정부는 중국군에 의한 공세가 더 반복되자 1951년 4월에는 완성된 핵무기 9발과 함께 핵 투발 가능한 폭격기를 괌으로 전개시켰다.[65] 전쟁 도중 맥아더(Douglas MacArthur) 장군이 주장한 중국에 대한 핵 폭격론은 유명하다. 또한, 아이젠하워(Dwight Eisenhower) 행정부는 제한전쟁을 그만두고 핵무기를 사용한 공세를 진지하게 고민하였었다.[66]

6·25전쟁의 정전협정이 체결된 이후 중국은 다시금 핵무기의 위협에 직면하였다. 중국군은 1차 타이완해협 위기 당시 1955년 1월 8일 저장성 앞에 있는 타이완령 이장산다오(一江山島)와 다천다오(大陳島)를 포격하고 상륙하였다. 이에 대해 미국의 덜레스(John Foster Dulles) 국무장관은 3월에 핵무기 사용을 고려하고 있다고 선언하였다. 미국은 이 과정에서 항공모함을 비롯한 100여 척의 함정을 파견하여 무력을 현시하였다.[67] 결과적으로 미군은 타이완군의 철수를 엄호하였고 고조되었던 핵무기 사용 위협은 행동으로 이어지지 않았다. 일련의 사

---

65 Crane, Conrad C. "To Avert Impending Disaster: American Military Plans to Use Atomic Weapons during the Korean War." The Journal of Strategic Studies, Vol. 23, No. 2 (June 2000), pp. 74-79.

66 Jackson, Michael Gordon. "Beyond Brinkmansihp: Eisenhower, Nuclear War Fighting, and Korea, 1953 - 1968, Presidential Studies Quarterly Vol. 35, No. 1 (Mar., 2005); Foot, Rosemary. The Wrong War: American Policy And The Dimensions of the Korean Conflice, 1950-1953 (Ithaca: Cornell University Press, 1985) 등 참조, 물론 아이젠하워의 핵무기 사용 계획이 위협에 불과하였다는 주장도 많다. 이에는 아래 연구 참조. Dingman, Roger. "Atomic Diplomacy during the Korean War." International Security Vol. 13 (1988); Keefer, Edward C. "President Dwight D. Eisenhower and the End of the Korean War." Diplomatic History Vol. 10, Issue 3 (July 1986); Wicker, Tom. Dwight D. Eisenhower (New York: Times Books, 2002).

67 히라마쓰 시게오 저, 이용빈 편역, 『마오쩌둥과 덩샤오핑의 백년대계』 (서울: 한국해양전략연구소, 2014), p. 36.

태를 거치며 마오쩌둥(毛澤東)은 스스로 핵폭탄을 "미 반동주의자들이 겁주기 위해서 사용하는 종이호랑이에 불과하다"고 평가하였으나 결국 1955년 1월에는 핵무기 개발을 공식적으로 결정하였다.[68]

중국의 핵무기 개발은 공산당이 주도하였다. 1955년 7월 4일 중국 공산당은 녜룽전(聶榮臻) 등이 참여하는 3인회를 구성하여 핵무기 개발 과정에 있어서 필요한 정책 결정 권한을 부여하였다. 아울러 이날 국무원 산하에 제3국이 설치되어 신장과 후난 지역을 중심으로 한 우라늄 탐사를 총괄하였으며, 건설기술국의 권한을 보강하여 과학원과 함께 원자로 및 가속기에 대한 연구를 수행하도록 하였다.[69] 1955년 11월 16일 핵공업을 총체적으로 주관하는 제3기계공업부가 설치되었고 이후 제2기계공업부로 개칭되었다.[70]

중국 당국은 좀 더 효율적으로 체계를 정비해갔다. 1957년 5월 당 총서기였던 덩샤오핑(鄧小平)은 녜룽전에게 과학계획위원회와 방위산업에 대한 운영을 맡게 하였고 이후에는 1958년 설치된 국가과학기술위원회 내 국방과학기술위원회까지 책임지게 하였다. 이어서 중국 공산당은 1959년 국방산업위원회를 만들어 무기체계와 장비에 관한 연구를 관할하게 하고 1961년에는 국방산업실에 국방사업에 관한 관리 권한을 주어 연구와 생산 사이의 협력과 관리를 담당하게 하였다. 1963년에는 국방산업위원회가 최종적으로 국방산업실로 통합되었다.[71] 아울러 원자폭탄 개발이 궤도에 오르면서 사업을 효율적으로 관리하고 조정하기 위해 1962년 11월 7일 7명의 부총리와 7명의 유관 장관이 참여하는 15인전문위원회를 구성하여 저우언라이가 위원장을 맡았다.[72]

초기 중국의 핵개발은 소련의 원조에 의지할 수밖에 없었다. 취약한 과학기술 기반과 빈약한 경제력을 지닌 신생 국가인 중국으로서 이는 불가피한 선택이었다. 중국은 1955년 4월 「핵물리학과 핵에너지의 평화적 이용을 위한 연구지

68 손한별·웨즈롱, "중국 핵무기 개발의 네 가지 원동력" 『군사연구』, No. 136 (2013), p. 299.

69 손한별·웨즈롱(2013), pp. 314-315.

70 이춘근(2023), p. 60.

71 Ibid.

72 이춘근(2023), p. 65.

원협정」을 체결하였다. 이를 통해 소련은 중국에 우라늄 채굴, 핵 과학기술 연구기지의 건설, 그리고 핵 연료공장 및 연구기지 건설을 지원하기로 약속하였다. 이에 따라 지질탐사대가 조직되어 후난성 창사와 신장성 우루무치에서 활동을 시작하였다. 소련은 이와 함께 6,500-1만 KW의 출력을 지닌 실험용 원자로와 최대 2,500V의 능력을 지닌 사이클로트론을 베이징에 설치해 주었다. 아울러 소련의 원조로 란저우에 우라늄 농축 시설, 내몽골 자치구의 바이터우에 핵연료 재료 공장 및 칭하이성 칭하이오 근처의 서북 핵무기 연구실 등이 설치되었다.[73] 물론 중국은 12개 사회주의국가들이 공동으로 창립한 드부나연구소에 200여 명의 과학자를 보내어 체계적으로 핵무기에 관한 기초 이론과 지식을 습득하고 핵무기 개발 경로를 학습하였다.[74]

하지만 소련은 중국의 핵무기 개발을 끝까지 도와주지 않았다. 뿐만 아니라 1958년 제2차 타이완해협 위기가 발생하였을 때에는 미국의 위협으로부터 중국을 도와주지 않았다. 소련의 도움은 중국의 핵무기 개발을 위한 기초적 여건을 형성하는 데 이바지하였을 따름이다.[75] 소련은 중국과의 관계가 악화하자 1959년 6월 아예 중국의 핵무기 개발을 돕지 않겠노라고 선언하며 이듬해 8월 말에는 모든 기술자들을 철수시켰다. 중국은 이때 받은 모욕을 잊지 않기 위하여 핵개발 사업 코드를 '프로젝트 596'으로 명명하였다.[76] 중국은 독자적으로 핵무기를 완성해야 할 필요성을 더욱 절감하게 되었다.

중국은 핵무기 개발을 위한 공정을 서둘렀다. 우선 1958년 1월 핵무기 설계를 위해 리쥐애(李傕)를 책임자로 설치된 제9국의 산하에 제9연구원을 조직하여 핵무기 설계를 담당하게 하였다. 설계에 따라 핵무기 개발이 진전되면서 1962년에는 중성자 발생장치와 폭발체가 결합되었고 1963년 11월에는 고폭장치가 완성되었으며 1964년 5월 1일에는 핵물질을 제외한 폭발체가 완성되었다.[77] 1964년 1월 란저우의 가스확산 분리 시설에서 90% 농축 우라늄의 생산에 성

73 히라마쓰 시게오 저, 이용빈 편역(2014), pp. 50-51.
74 이춘근(2023), p. 61.
75 Narang(2022), p. 154.
76 Narang(2022), p. 166.
77 손한별·웨즈룽(2013), p. 319.

공하였으며 5월에는 첫 핵폭탄의 우라늄 코어의 장착이 완료되었다. 중국은 1964년 10월 16일 신장 웨이우얼 자치구 롭노르에서 농축 우라늄 폭탄 596호 실험에 성공하였다.[78] 이로써 중국은 마오쩌둥이 제창하였던 양탄일성[79]의 첫 핵무기 개발 단계를 완성하였다.

5 이스라엘, 인도, 파키스탄의 핵무기 개발

가 개요

마지막으로 핵무기를 획득한 국가들은 P5 국가들에 비하여 늦게 핵무기 개발을 시작하였고 국제적인 비확산 노력이 강화되는 시기에 핵무기를 획득하였다. 핵확산금지조약(Nuclear Non-Proliferation Treaty, NPT)은 이미 핵무기를 보유한 P5에 의해 제기되어 1968년 조인되었으며 1970년부터 효력을 발휘하기 시작하였다. P5 국가들은 1967년 1월 이전에 핵폭발 실험을 실시하였던 국가이며 나머지 회원국들은 핵무기의 제조나 반입을 할 수 없는 국가들이다. 아울러 P5를 제외한 회원국들은 국제원자력기구(International Atomic Energy Agency, IAEA)와 핵안전조치 협정을 체결하고 이에 따른 요구사항을 수용하는 것이 의무화되었다.

이스라엘, 인도, 파키스탄은 국제적인 비확산 노력이 작용함에도 핵무기를 보유한 사례들이 되었다. 이스라엘은 비교적 이른 시기에 핵 능력을 갖추었지만, 비확산을 위한 견제 아래에 놓여 있었다. 이들 국가들은 주변 국가들로부터 혹은 상대방 국가로부터 심각한 안보위협을 받았으며, 핵무기를 보유하는 것이 국내정치적으로 중요하기도 했다. 또한, 흥미롭게도 이들 국가들은 미국의 묵인 아래에서 핵무기 개발에 성공할 수 있었다. 세 국가의 핵무기 개발은 핵무기가 지니는 다양한 국제정치적 차원의 동학을 보여주었다.

---

78 시오자와 에이이치 저, 이용빈 역. 『중국인민해방군의 실력』 (서울: 한울, 2012), pp. 64-65.

79 원자폭탄, 수소폭탄, 인공위성을 의미한다.

나 이스라엘의 핵무기 개발

이스라엘은 처음부터 핵무기 개발에 적극적이었다. 초대 총리인 벤구리온(David Bengurion)은 이스라엘이 아랍국가들로 둘러싸여 있는 환경 가운데 압도적인 위력을 발휘할 수 있는 핵무기에 주목하였다. 벤구리온의 지도 아래 이스라엘은 1952년 이스라엘 원자력위원회(Israel Atomic Energy Commission, IAEC)를 설치하고 프랑스와 교류를 시도하였다. 이스라엘은 프랑스의 도움을 받지 못했더라면 핵무기 개발의 기초를 제대로 놓을 수 없었을 것이다.[80] 프랑스는 알제리에 대한 식민지배를 유지하기 위해 분쟁 가운데 있었고 이집트가 알제리 민족주의자들을 후원한다고 보았기에 이스라엘과 협력하는 것은 자연스러운 일이었다.

이스라엘이 핵무기 보유를 본격적으로 추구하게 만든 것은 체코슬로바키아와 이집트의 무기거래였다. 가말 압둘 나세르(Jamāl, Abd an-Nāsir)가 체코슬로바키아와의 협력을 통해 이집트의 군사력을 강화하자 이스라엘은 심각한 안보위협을 느꼈다. 제2차 세계대전 시기 독일의 나치에 의해 홀로코스트를 경험했던 이스라엘은 강박적으로 안보를 확보할 방법을 모색하게 되었다. 특별히 미국이 적절한 안보를 제공해 주기를 망설이는 상황에서 이스라엘은 자력에 의한 안보를 추구할 수밖에 없었다. 더군다나 1956년 발생한 수에즈 위기에서 이스라엘과 프랑스는 소련의 핵 위협을 받으며 다시금 핵무기 개발의 필요성과 공동 협력의 중요성을 확인하였다.[81]

이스라엘은 1958년 프랑스의 도움으로 네게브 사막의 디모나(Dimona)에 40 MW 규모의 마르쿨(Marcoule) 형의 원자로를 건설하기 시작하였다. 이 시기 프랑스는 명백히 이스라엘이 군사적인 목적을 지니고 핵에너지를 개발하고 있음을 인지하였다.[82] 이스라엘은 일관되게 핵무기 개발을 추진하였다. 벤구리온에 의해 IAEC의 위원장으로 임명된 에른스트 베르그만(Ernst David Bergmann)은 벤구리온의 절대적인 신임을 받으며 핵무기 개발을 위한 전략과 정책을 제안하고 실

80 Narang(2022), p. 178.

81 Schofield, Julian. Strategic Nuclear Sharing (London: Palgrave Macmillan, 2014), p. 70.

82 Narang(2022), p. 182.

행하였다.[83] 베르그만 자신이 뛰어난 화학자였으며 이미 국방부의 과학기술 담당 고문으로 일하고 있었다. 또한, 후에 총리가 된 시몬 페레스(Simon Peres)가 원자력국장으로 활동하며 핵무기 개발의 시점을 확정하는 등 구체적인 정책을 실행하였다. 벤구리온 자신이 총리를 마친 뒤에는 국방부장관으로, 그리고 다시 총리를 맡으며 1963년까지 일관성 있게 핵무기 개발의 기조를 유지하였다.

하지만 프랑스와의 협력에 변화가 발생하였다. 드골 대통령이 집권하면서 아랍 민족주의의 발현 등에 부담을 느껴 이스라엘의 핵 프로그램을 국가적인 차원에서 공개적으로 지원할 수 없었던 것이다. 드골은 공식적으로 이스라엘과의 원자력 협력은 평화적 목적에만 국한한다고 발표하였다. 그럼에도 불구하고 이스라엘은 프랑스의 사기업으로부터 실질적인 도움을 받을 수 있었으며 이를 통해 핵무기 개발을 끝마칠 수 있었다.[84]

이스라엘이 핵무기 개발을 계속할 수 있었던 것은 미국의 암묵적인 동의가 존재하였기 때문이다. 아이젠하워 행정부 시기 이미 미국의 정보기관은 이스라엘의 핵무기 프로그램을 눈치챘으나 침묵하였다. 케네디(John F. Kennedy)는 대통령에 당선된 이후 이스라엘의 행동이 전세계에 핵무기를 확산하게 하는 중요한 도전이 될 것임을 알았으나 특별한 제제를 가하지 않았다. 미국에 있어 이스라엘은 미국의 대중동 정책을 수행할 수 있는 지역의 핵심적인 파트너였다. 그는 디모나를 조사하기 위한 사찰단을 파견하였으나 이스라엘은 이를 평화적 목적을 위한 시설로 강변하였고 사찰단은 이에 동의하고 돌아갔다. 케네디 행정부의 정책은 존슨(Lyndon B. Johnson) 행정부에도 그대로 이어졌다.[85]

이스라엘의 핵무기는 닉슨(Richard Nixon) 행정부 시기 두 나라 사이의 갈등을 넘어서 존재할 수 있는 공간을 얻게 되었다. 닉슨 행정부는 비확산체제를 출범시키고자 하였는데 이스라엘이 이미 핵무기 보유의 문턱을 넘어선 것을 인지하게 되었다. 이스라엘은 6일전쟁 당시 2발의 핵폭탄을 조립할 능력을 가지고 있

---

83 Cohen, Avner. "Israel and the Bomb," The New York Times Web Archive. https://archive.nytimes.com/www.nytimes.com/books/first/c/cohen-israel.html (검색일: 2024. 9. 12).

84 Narang(2022), p. 183.

85 Narang(2022), pp. 186-187.

었던 것으로 평가되고 있다. 닉슨과 국무장관 키신저(Henry Kissinger)는 이스라엘의 핵무기를 되돌릴 수 없다는 것을 이해하게 되었고 이를 비확산체제와 양립시킬 수 있는 방안을 모색하였다. 미국은 결국 이스라엘 측이 주장해왔던 핵무기의 '도입(introduction)' 개념에 동의하였다. 미국은 애초 보유 자체를 도입으로 주장하였으나 이스라엘이 주장한 대로 폭발 실험을 하거나 보유 선언을 하지 않는 것으로 정리하였다.[86] 1969년 이후 이스라엘은 강대국의 간섭 없이 핵무기를 보유할 수 있게 되었다.

다 인도의 핵무기 개발

제2차 세계대전이 일본에 투하된 두 발의 원자폭탄에 의해서 종언을 고하였음에도 불구하고 신생 인도 정부는 핵무기 개발에 큰 관심이 없었다. 네루(Jawaharlal Nehru) 수상은 핵에너지 기술을 민간 분야에 활용하는 데 관심을 가졌다. 이를 계기로 인도는 미국으로부터 1953년부터 '평화적 원자력 이용 프로그램(Atoms for Peace)'의 수혜를 입어 민수용 핵 기술에 접근할 수 있었다. 인도는 간디(Mohandas Karamchand Gandhi)에 의한 비폭력주의로 세상에 알려져 있었고 간디와 네루가 추구한 평화주의 노선으로 인해 핵무기에 대한 강한 터부를 지니고 있었다.[87] 아울러 인도는 파키스탄에 대해 압도적인 군사력을 보유하고 있었고 중국으로부터 직접적인 위협을 받지도 않았다.

인도가 핵무기에 관심을 가지게 된 계기는 1962년 10월 20일부터 11월 21일까지 벌어진 중·인전쟁이었다. 인도는 처음 오랫동안 우호적인 관계를 유지해왔던 소련에 도움을 기대하였으나 쿠바 미사일위기로 미국과 대치하고 있던 소련은 중국의 입장을 지원하는 것으로 태도를 바꾸었다. 인도는 이번에는 미국에 도움을 요청하였다. 하지만 미 공군이 인도에 전개하기 전에 중국은 공격을 중지하고 이미 점령했던 지역에서 일부 철수하였다. 인도의 지도자들은 중국과 전쟁을 치르며 치욕을 경험하면서 핵무기를 개발하기로 결심하였다.[88]

---

86 Cohen, Avner and William Burr. "Israel Crosses the Threshold." Bulletin of the Atomic Scientists, (May/June 2006), pp. 27-28; Narang (2022), p. 180.

87 손한별, "인도 핵무기 개발의 네 가지 원동력" 『군사연구』 제42집 (2010), p. 183.

88 "India's Nuclear Weapons Program."

사실 인도의 원자력 개발은 이전부터 과학자들의 주도로 진행되고 있었다. 1944년 우주선(cosmic ray) 연구의 권위자인 호미 바바(Homi Jehangir Bhabha)는 타타 기금(Sir Dorab Tata Trust)에 핵 연구 센터를 건설하기 위한 지원을 요청하여 1945년 12월 19일 타타기초연구소(Tata Institute of Fundamental Research, TIFR)를 설립하였다. 인도가 영국으로부터 독립하기 이전에 독자적인 핵 연구소가 설치된 것이다. 이어서 네루는 바바의 제안에 따라 1948년 8월 15일 원자력 에너지법을 통과시키고 인도 원자력위원회(Indian Atomic Energy Commission, IAEC)를 설립하였다.[89]

1954년 인도는 점차 핵 프로그램에서 핵무기를 생산할 수 있는 길을 열어두기 시작하였다. 1월 3일 트롬베이에 대규모 원자력 연구 시설이 신설되었으며 8월 3일에는 원자력에너지부가 신설되어 바바가 장관으로 취임하였다. 바바는 인도 과학계 내에 존재하는 다양한 반대 세력의 영향을 제거하기 위해 스스로 신설부서의 장관이 된 것이다. 이후 바바는 원자력 개발에 관한 모든 사항을 수상에게 직접 보고하였고 1958년부터 원자력에너지부는 인도 정부의 과학 연구 예산의 1/3을 사용하였다.[90]

인도는 1955년 영국의 도움으로 첫 원자로인 압사라(Apsara)를 건설하였다. 압사라는 1957년 8월 임계치에 도달하여 아시아 최초의 원자로가 되었다. 인도는 곧이어 캐나다로부터 40MW급 캐나다-인디아 원자로(CIR)의 지원을 약속받았다. 압사라가 1MW급 이었음을 감안하면 충분히 큰 용량이었다. 당시 미국의 아이젠하워 행정부는 평화적 원자력 이용 프로그램에 따라 21톤의 중수를 제공하기로 했다. 결과적으로 원자로는 Cirus로 불리게 되었다.

인도가 1955년 캐나다의 원조로 Cirus를 건설하기로 한 것은 네루 수상이 인도가 핵무기 개발을 위한 궤도에 들어선 것을 용인한 결과이다. Cirsu는 용량이 충분히 큰 관계로 매년 1-2개의 폭탄을 만들어 낼 수 있는 플루토늄을 재처리하여 생산할 수 있었다. 결국, 인도가 1974년 평화적 핵 폭발(peaceful nuclear

https://nuclearweaponarchive.org/India/IndiaOrigin.html (검색일: 2024. 9. 13).

89 Chengappa. Raj. Weapons of Peace: the Secret Story of India's Quest to Be a Nuclear Power (New Delhi: Harper Collins Publishers, 2000), p. 70.

90 Chengappa(2000), p. 85.

explosion, PNE)을 수행하였을 당시 이곳에서 생산된 플루토늄을 사용하였다. Cirus를 운용하면서 인도는 캐나다에 플루토늄의 용처에 대해서는 간섭하지 말도록 요청하였고 부단한 노력을 기울여 우라늄 연료봉을 스스로 생산하여 조달하였다. 1958년 네루는 매년 20톤의 연료를 생산하는 프로젝트를 지시하였다.[91] 한편 바바는 프랑스에 과학자를 파견하는 등의 방법을 통하여 핵무기 제조 방법을 부단히 강구하였다.[92]

1962년 중·인전쟁에서의 패배를 통해 인도는 재래식 전력으로 중국을 따라잡으려면 수년이 걸려야 한다는 것을 깨닫게 되었고, 아울러 중국의 핵무기 완성이 임박하여 이에 대응할 조치를 취해야 함을 절감하였다. 1964년 중국의 핵실험은 인도에 뼈아픈 현실이었다. 그러나, 네루를 이어 수상이 된, 간디를 추종하는 샤스트리(Lal Bahadur Shastri) 수상은 중국의 핵무기에 대항하는 인도의 핵무기 개발을 반대하였다. 내부적으로 핵무기 개발에 반대하는 세력이 여전히 존재하였고 인도가 핵무기 개발로 인해 고립될 위험을 염려하였다. 물론 의회를 중심으로 핵무장을 주장하는 목소리가 높아졌다. 인도의 정국은 핵무기 개발을 둘러싸고 심각한 소용돌이에 휩싸였다. 결국, 샤스트리는 고육지책으로 1965년 4월 5일 공식적으로 평화적 목적의 핵폭발을 위한 연구를 지시하였다.[93]

PNE는 샤스트리의 뒤를 이은 간디(Indira Priyadarshini Gandhi) 수상의 통치기에 이루어졌다. 1974년 5월 18일 폭발은 성공적이었다. 소위 '스마일링 부다'로 표현되는 인도가 주장하는 평화적 목적의 폭발이 라자스탄의 사막에서 실현된 것이다. 이를 위해 간디는 1968년 NPT에서 탈퇴하였으며 1972년 10월 PNE를 실행하도록 최종적으로 결정하였다.[94] PNE는 인도의 기술력을 입증한 것이기는 하였으나 인도를 핵무기 보유국으로 자리매김하도록 하기에는 부족하였다. 폭발력의 강도가 낮았으며 폭발 장치도 지나치게 컸다. 또 이것이 파키스탄을 자극하는 계기가 되었다.

---

91 Chengappa(2000), pp. 84-85.

92 Chengappa(2000), pp. 85-87.

93 "India's Nuclear Weapons Program."

94 Narang(2022), p. 59.

인도는 다시 본격적인 핵무기 개발로 이전하였다. 그동안 파키스탄이 원심분리기를 도입하고 중국의 원조를 통해 핵 개발을 추진하는 등 핵무기 개발 활동이 가시화되자 이에 자극을 받았으며[95] 중국의 핵무기 발전은 이미 인도를 훨씬 앞서갔다. 다만 이 시기에도 인도의 정치지도자들은 명확한 리더십을 발휘하지는 못하였다. 결국, 인도는 1998년 5월 바지파이(Atal Bihari Vajpayee) 수상의 통치기에 두 번째 핵실험을 실시하였다.

라 파키스탄의 핵무기 개발

파키스탄은 핵무기와는 거리가 먼 국가로 여겨졌다. 인도로부터 독립할 당시 경제적으로 궁핍하였을 뿐만 아니라 기술적으로도 낙후된 국가였던 파키스탄이 핵무기를 개발하는 것은 무척 어려운 일이었다. 파키스탄 스스로도 본격적으로 핵무기에 대한 열망을 갖기 시작한 것은 1971년 발생한 제3차 인도-파키스탄 전쟁에서의 패배가 계기가 되었다. 전쟁의 결과 방글라데시가 파키스탄으로부터 독립하여 파키스탄의 위신이 크게 손상되었으며 영토적 손실 또한 막대하였다.[96]

1972년 1월 파키스탄의 부토(Zulfikar Ali Bhutto) 수상은 물탄(Multan)에서 회의를 갖고 1971년의 수치를 반복하지 않도록 핵무기를 개발할 것을 지시하였다. 실제 그는 제2차 인도-파키스탄 전쟁이 있었던 1965년에 이미 핵무기를 개발하고자 하는 생각을 지니고 있었다. 그는 "풀을 먹는 한이 있더라도(eat grass)" 인도가 핵무기를 개발하면 파키스탄도 함께 개발해야 한다는 입장이었다.[97] 하지만 경제력과 과학기술력이 부족한 파키스탄으로서 이는 어려운 일이었다.

파키스탄은 미국의 평화적 원자력 이용 프로그램을 통해 처음으로 핵에너지를 접하였다. 1954년 파키스탄 정부는 과학 및 산업발전을 위해 원자력 연구 기구를 결성할 계획이라는 성명을 발표한 후 1955년에는 나지르 아흐메드(Nazir Ahmed) 박사를 위원장으로 하고 12명의 위원으로 구성된 원자력위원회

---

95 Chengappa(2000), p. 332.

96 Narang(2022), p. 204.

97 Narang(2022), p. 204.

(Atomic Energy Committee)를 조직하였다.[98] 같은 해 미국은 파키스탄에 풀타입(pool-type) 원자로 구입을 위해 35만 달러를 지원하기로 합의하였다. 이후 파키스탄은 정부의 과학기술 고문인 압두스 살람(Abdus Salam) 박사의 주도 아래 파키스탄 핵 과학 및 기술 연구소(Pakistan Institute of Nuclear Science and Technology, PINSTECH)를 이슬라마바드 근처에 설치하고 1963년부터 농업, 산업 및 제약 기타 과학기술 발전을 위한 연구 목적으로 5MW 원자로를 운용하기 시작하였다.[99]

한편 살람 박사는 핵폭탄 제조에 기여할 수 있는 국내외에 있는 이론물리학자들을 규합하여 필요한 폭탄 설계와 제조 기법을 위한 계산과 분석을 수행하였다. 1974년 네덜란드의 URENCO에서 근무하다가 귀국한 압둘 칸(Abdul Qadeer Khan)이 우라늄 농축에 크게 기여하였다. 그는 파키스탄 정부의 요청에 의해 근무하던 곳에서 원심분리기에 관한 기술을 획득하여 합류하였다. 그는 부토의 전폭적인 신뢰를 받으며 1976년부터 농축 시설 건축에 착수하였다.[100]

파키스탄의 핵무기 개발 정책은 미국의 비확산 정책을 불러왔다. 1979년 4월 6일 카터(Jimmy Carter) 대통령은 파키스탄의 핵개발을 저지하기 위하여 사이밍턴법(Symington Law)을 적용하였다. 이로써 미국은 농업 분야를 제외한 파키스탄에 대한 대부분의 원조를 취소하였다. 이와 더불어 파키스탄이 1972년부터 IAEA의 감독 아래에 운용해 오던 카라치 소재 원자력 발전소 가동에 심각한 장애가 발생하였다. 이 발전소는 미국과 캐나다가 연료와 중수를 공급하여 왔는데 제재로 인해 연료와 중수는 물론 수리 부속의 공급마저 불가능해진 것이다. 결국, 파키스탄은 발전소의 운용을 위해 중국에 도움을 요청하였다. 이로써 파키스탄과 중국 사이에 핵 협력의 기반이 조성되었다. 또한, 파키스탄은 자체적으로 연료를 제조하는 방법을 개발하였다.[101]

---

98 Kapur, Ashok. Pakistan's Nuclear Development (New York: Croom Helm, 1987), p. 35.

99 "Pakistan Nuclear Chronology." https://www.nti.org/wp-content/uploads/2021/09/pakistan_nuclear.pdf (검색일: 2024. 9. 13).

100 Khalid, Iram and Zakia Bano. "Pakistan's Nuclear Development (1974-1998): External Pressures." South Asian Studies, Vol. 30, No. 1 (2015), p. 225.

101 Kalid and Bano(2015), pp. 225-226.

이 시기에 뜻하지 않은 상황이 발생하여 파키스탄의 핵무기 개발에 청신호가 켜졌다. 쿠데타로 부토를 축출하고 1977년 7월 5일 정권을 장악한 지아울 하크(Zia-ul- Haq)는 표면적으로는 핵무기에 대해 모호한 정책을 표방하면서도 핵무기 개발을 위한 작업을 비밀리에 더욱 장려하였다. 하지만 서방 국가의 제재 가운데 핵무기를 개발해 가는 것은 쉬운 일이 아니었다. 더군다나 그해 11월 이슬라마바드에서 발생한 시위로 인해 미국 대사관의 직원이 사망하면서 사태는 더욱 악화하였다. 그런데 1979년 12월 25일 소련이 아프가니스탄을 침공하면서 사태는 완전히 바뀌었다.

소련의 팽창정책으로 신냉전을 맞이한 미국은 파키스탄이 지닌 지정학적인 위치를 다시금 주목하지 않을 수 없었다. 카터 행정부의 결정에 따라 파키스탄은 아프가니스탄에서 대소련전을 수행하는 미국에 있어 소중한 전방 기지로서 역할을 수행하기 시작하였다. 카터는 미국의 대소련 정책이 비확산정책에 영향을 받지 않도록 정책의 우선순위를 조정하였으며 이는 레이건(Ronald Wilson Reagan) 행정부에도 계승되었다. 미국은 유보하였던 원조를 재개함은 물론 사이밍턴법에 의한 제재도 6년이나 유예하였다.[102] 파키스탄으로서는 핵무기를 완성할 수 있는 절호의 기회를 맞이한 셈이다.

이후 파키스탄의 핵 능력이 급속히 성장하였다. 파키스탄은 미국의 묵인 아래 중국과의 핵 협력을 통해 핵무기 완성을 위한 수순을 착실히 밟아갔다. 1986년 9월 15일 파키스탄은 중국과 평화적 원자력 이용을 위한 협력방안에 서명하였다. 이를 통해 중국은 파키스탄에 325MW급 원자력 발전소 건설을 지원하였다. 또한, 중국은 핵폭탄의 디자인 작업을 지원하였다.[103] 최소한 파키스탄은 미국에 이스라엘의 경우와 마찬가지로 핵폭발이나 핵무기 보유를 선언하지 않겠노라고 약속하여 비확산체제에 공개적으로 도전하지 않겠다고 약속하였다.[104] 하지만 1998년 인도가 핵실험을 감행하자 파키스탄도 1998년 5월 30일 차가이-II라는 암호명으로 핵실험을 강행하였다.

---

102 Narang(2022), pp. 209-211.
103 Narang(2022), pp. 213.
104 Narang(2022), pp. 214.

6 결론

핵무기를 개발한 국가들은 다양한 동기 가운데 절대무기를 손에 넣었다. 미국과 소련, 영국은 제2차 세계대전을 치르며 추축국인 독일보다 먼저 핵무기를 개발하기 위해 노력하였다. 영국과 미국은 서로 협력하였고 소련은 앞선 국가들의 자료를 훔쳐보며 상황을 추적하였다. 이 시기에는 각 나라의 과학자들이 이론적으로 핵무기의 가능성을 내다보았기 때문에 의사결정 과정에 주도적인 역할을 하였다. 과학자들의 조언을 가능성의 영역으로 바꾼 것은 정치 지도자들의 몫이었다. 미국은 특별히 이 과정에서 탁월하였다. 루즈벨트의 혜안과 과감한 권한 위임이 순조로운 핵무기 개발의 기초를 놓았다. 물론 이 과정에서 과학 연구와 정부 정책 수립 분야를 자유롭게 오갈 수 있는 유능한 인사들이 적극적인 역할을 수행하였다.

미국의 성공이 선구적 핵무기 개발 국가로서의 모습을 지니고 있다면 소련과 영국은 후발국의 특징을 여실히 가지고 있었다. 소련은 핵무기가 폭발하고 나서야 그 진가를 이해하였고 그제서야 국가적 역량을 총동원하였다. 이미 소련은 구체적인 핵폭탄에 관한 정보를 스파이를 통해 획득하였고 내부적으로도 꾸준히 연구를 진행해 왔던 과학자들이 존재하였으며, 전쟁 기간 대량으로 무기를 생산하였던 기반을 구축하고 있었으므로 공산당의 집중적인 지휘 아래 성공적으로 무기를 생산할 수 있었다.

영국은 미국과의 협력이 어려워지자 독자적인 개발의 길로 들어섰다. 영국은 핵무기의 의미를 충분히 알고 있었기에 국제사회에 강력한 목소리를 유지하기 위하여 핵무기 개발에 필사적이었다. 도중에 소련의 성공은 영국의 동기를 더욱 자극하였다. 영국의 지도자들은 전문적인 위원회를 통하여 집단적 의사결정을 통해 핵무기 개발의 명분과 논리를 검토하고 개발 절차를 확립하였다. 마지막 핵무기 실험을 영연방 국가인 호주에서 행한 것은 특기할 만하다.

프랑스와 중국은 핵무기의 효용성을 체감한 것이 본격적인 개발의 동기로 작용하였다. 제1차 인도차이나전쟁의 절정이었던 디엔비엔푸에서 프랑스의 요구에 미국이 등을 돌린 것, 이후 수에즈운하 위기에서 소련으로부터 받은 핵 위협은 프랑스의 핵무기 개발에 충분한 동기가 되었다. 중국은 6·25전쟁에서, 이후 타이완해협 위기에서 미국의 핵 위협을 경험하였다. 프랑스가 점진적으로 핵무기 개발을 추진하였다면 중국의 지도부는 국가의 전력을 투입하여 빈곤한 자원과 낙후한 과학기술 수준을 극복하고 핵무기를 개발하였다.

이스라엘과 인도, 그리고 파키스탄은 국제적인 비확산 체제를 극복하고 핵무기를 개발하였다. 이스라엘은 독립 초기부터 경험한 극심한 주변국의 적대적 정서와 위협이 개발의 근본적인 원인이 되었으며 이집트의 군사력 증강이 직접적인 단초가 되었다. 수에즈운하 위기에서 겪은 소련의 위협 역시 이스라엘에 중요한 계기가 되었다. 이스라엘은 프랑스의 도움을 받았으며 미국의 묵인 아래 핵무기 개발을 완성하였다. 인도와 파키스탄은 서로가 경험한 분쟁이 원인이 되었으며 상호작용이 핵무기 개발의 필요성을 고조시켰다. 인도의 경우 복잡한 의사결정과 정치적 난맥에도 불구하고 과학자들의 집념이 성공을 달성한 중요한 요인이 되었다. 소련의 아프가니스탄 침공은 미국이 파키스탄의 핵무기 개발을 묵인하는 계기가 되었다.

국가의 핵무기 개발은 특정한 그룹의 일관된 노력을 필요로 하였다. 정치 지도자 혹은 과학자들이 국가적 필요를 인식하고 목표를 정하고 방향을 제시하며 자원을 동원하고 필요한 인력을 조직하였다. 핵무기 개발의 물리적 토대 역시 중요한 역할을 하였다. 핵무기를 개발하기 위해서는 기술적 문제를 해결하고 핵무기를 생산할 수 있는 산업적 기반이 조성되어야 했다. 아울러 비확산 체제가 작동한 시점부터는 강대국의 묵인이 핵무기 개발의 성공에 중요한 허용 요인으로 작용하였다.

참고문헌

국문

리처드 로즈 저, 문신행 역, 『원자폭탄 만들기 1, 2』 (서울: 사이언스북스, 2023).

손한별·웨즈룽, "중국 핵무기 개발의 네 가지 원동력" 『군사연구』, No. 136 (2013).

손한별, "인도 핵무기 개발의 네 가지 원동력" 『군사연구』 제42집 (2010).

시오자와 에이이치 저, 이용빈 역, 『중국인민해방군의 실력』 (서울: 한울, 2012).

안준호, 『핵무기와 국제정치』 (파주: 열린책들, 2018).

오경환, "약자에서 강자에게로: 냉전시기 프랑스 핵개발과 핵전략, 1945-1968." 『사총』 No. 90 (2017.1).

이춘근, 『북한의 핵패권』 (서울: 인문공간, 2023).

카이 버드·마틴 셔윈 저, 최형섭 역, 『아메리칸 프로메테우스』 (서울: 사이언스북스, 2023).

함영필, 『김정일체제의 핵전력 딜레마』 (서울: KIDA Press, 2009).

히라마쓰 시게오 저, 이용빈 편역, 『마오쩌둥과 덩샤오핑의 백년대계』 (서울: 한국해양전략연구소, 2014).

영문

A letter sent to U.S. President Franklin D. Roosevelt on August 2, 1939, Franklin D. Roosevelt Presidential Library & Museum 4079 Albany Post Road Hyde Park, NY 12538, recited from https://commons.wikimedia.org/wiki/File:Einstein-Roosevelt-letter.png (검색일: 2024. 5. 2).

Balis, John and Kristan Stoddart. The British nuclear experience: the roles of beliefs, culture, and Identity (Oxford: Oxford University Press, 2015).

Bernstein, Barton J. "The Uneasy Alliance: Roosevelt, Churchill, and the Atomic

Bomb, 1940-1945." *The Western Political Quarterly*, Vol. 29, No. 2(June, 1976).

Crane, Conrad C. "To Avert Impending Disaster: American Military Plans to Use Atomic Weapons during the Korean War." *The Journal of Strategic Studies*, Vol. 23, No. 2 (June 2000).

Cohen, Avner. "Israel and the Bomb," *The New York Times Web Archive*. https://archive.nytimes.com/www.nytimes.com/books/first/c/cohen-israel.html (검색일: 2024. 9. 12).

Cohen, Avner and William Burr. "Israel Crosses the Threshold." *Bulletin of the Atomic Scientists*, (May/June 2006).

Chengappa. Raj. *Weapons of Peace: the Secret Story of India's Quest to Be a Nuclear Power* (New Delhi: Harper Collins Publishers, 2000).

Dingman, Roger. "Atomic Diplomacy during the Korean War." *International Security* Vol. 13 (1988).

Foot, Rosemary. *The Wrong War: American Policy And The Dimensions of the Korean Conflice, 1950-1953* (Ithaca: Cornell University Press, 1985).

Goldberg, Stanley. "Inventing a Climate of Opinion: Vannevar Bush and the Decision to Build the Bomb." *ISIS*, Sept., 1992, Vol. 83, No. 3(Sep., 1992).

Goldstein, Avery. *Deterrence and Security in the 21st Century: China, Britain, France, and the Enduring Legacy of the Nuclear Revolution*. (Stanford: Stanford University Press, 2000).

Gowing, Margaret. *Britain And Atomic Energy, 1939-1945* (London: Macmillan & Co Ltd, 1964).

Holloway, David. *Stalin And the Bomb* (New Heaven & London: Yale University Press, 1994).

"India's Nuclear Weapons Program." https://nuclearweaponarchive.org/India/IndiaOrigin.html (검색일: 2024. 9. 13).

Jackson, Michael Gordon. "Beyond Brinkmansihp: Eisenhower, Nuclear War

Fighting, and Korea, 1953 - 1968, *Presidential Studies Quarterly* Vol. 35, No. 1 (Mar., 2005).

Jones, Vincent C. Manhattan: *The Army and the Atomic Bomb* (Washington D.C.: US Army Center of Military History, 1985).

Kapur, Ashok. *Pakistan's Nuclear Development* (New York: Croom Helm, 1987).

Keefer, Edward C. "President Dwight D. Eisenhower and the End of the Korean War." *Diplomatic History* Vol. 10, Issue 3 (July 1986).

Khalid, Iram and Zakia Bano. "Pakistan's Nuclear Development (1974-1998): External Pressures." *South Asian Studies*, Vol. 30, No. 1 (2015).

Kroenig, Matthew. "Exporting the Bomb: Why States Provide Sensitive Nuclear Assistance." *The American political science review*, Vol. 103, No. 1 (2009).

Millett, Allan R. & Peter Maslowski. *For the Common Defense* (New York: The Free Press, 1985).

Morand, Howard. "Born Secret," *Cardozo Law Review*, Vol. 26, No. 4 (March 2005).

Narang, Vipin. *Seeking The Bomb* (New Jersey: Princeton University Press, 2022).

"Nuclear weapons of the United Kingdom." *Wikipedia*, https://en.wikipedia.org/wiki/Nuclear_weapons_of_the_United_Kingdom (검색일: 2024. 9. 1).

Oleynikov, Pavel V. "German Scientists in the Soviet Atomic Project," *The Nonproliferation Review*, (Summer 2000).

"Origin of the Force de Frappe," https://www.nuclearweaponarchive.org/France/FranceOrigin.html (검색일: 2024. 8. 20).

"Pakistan Nuclear Chronology," https://www.nti.org/wp-content/uploads/2021/09/pakistan_nuclear.pdf (검색일: 2024. 9. 13).

River, Charles. Ed. The Soviet Nuclear Weapons Program: *The History and Legacy of the USSR's Efforts to Build the Atomic Bomb*. (2019).

Sagan, Scott, D. "Why Do States Build Nuclear Weapons? Three Models in Search of a Bomb." *International Security*. Vol.21. No.3 (1996).

Schofield, Julian. *Strategic Nuclear Sharing* (London: Palgrave Macmillan, 2014).

Sutyagin, Igor. "The Role Of Nuclear Weapons And Its Possible Future Missions." *NATO Research Fellowships 1994-1996*, (Moscow, 1996). https://www.nato.int/acad/fellow/94-96/sutyagin/01-02.htm (검색일: 2024. 7. 1).

Wicker, Tom. *Dwight D. Eisenhower* (New York: Times Books, 2002).

04. 냉전부터 탈냉전까지 핵전략의 역사[1]

- 기세찬(국방대 전략학부 교수)

목 차

1. 서론
2. 대량보복전략의 기원
3. 유연반응전략의 대두와 변천
4. 탈냉전기 맞춤형 억제전략
5. 결론

1 서론

이 장에서는 1940년대 핵무기 개발 이후 등장한 핵전략이 시대에 따라 어떻게 등장했고, 변화해 갔는지, 그 배경과 원인, 그리고 주요 내용을 살펴볼 것이다. 현대의 전략가들은 핵무기로부터 발생된 도전에 의해 만들어졌다. 냉전시대 40년이 넘는 기간 동안 핵관련 이슈들은 서구의 전략연구 범위를 거의 결정지었다. 세 명의 이론가들, 버나드 브로디(Bernard Brodie), 로버트 저비스(Robert Jervis)와 로렌스 프리드먼(Lawrence Freedman), 이들은 모두 핵시대의 중앙 조직화 특성의 영향에 관한 설득력 있는 저술을 했다.

그 중 1946년에 버나드 브로디가 발표했던 다음의 내용은 무서울 정도의 예지력을 보여준다. 그는 "지금까지 우리의 군사력 건설의 주된 목적은 전쟁에서

1 이 장은 2024년도 국방대 안보문제연구소의 연구과제인 "국가 핵대응전략 토대 구축을 위한 기반연구"의 일부를 수정보완한 것임.

의 승리였다. 이제부터는 그 주된 목적이 전쟁을 방지하는 것이 되어야만 한다. 다른 어떠한 유용한 목적도 존재할 수 없다"고 주장했다. 그로부터 핵억제전략 이론에 있어서 보복적 억제와 거부적 억제, 그리고 최대 억제와 최소 억제 개념들이 나타나기 시작했다.[2] 핵무기는 마치 만병통치약처럼 인식되어졌다. 하지만 억제의 절대적 중요성에 대한 이 초기의 주장은 중요한 문제들에 집중할 수 있도록 해주었지만 다른 주요 특징들을 놓치기도 했다.

브로디-저비스-프리드먼식 접근이라 불리는 핵무기에 관한 주장들에서 그들이 놓친 중요한 문제점은 무엇일까? 독일 유보트들(U-boats)은 해양에서 반복된 전투로 적의 전투 강점을 무시했지만 적의 전쟁 노력을 좌절시킬 수 없었다. 유사하게 공중에서의 '전략 폭격'은 적의 적극적인 방공능력을 무시했지만 그 효과를 아직 증명하지 못했다. 어떤 특정 무기가 전쟁과 전략의 문제를 결정할 수 없었던 것이다. 1940년대부터 1980년대에 이르기까지 전략 역사에서 많은 전략이론가들은 그들이 핵무기의 영향력에 대해 알고 있다고 믿었지만, 실제로 그들은 아무것도 알지 못했다. 이전까지 가려져 있던 소련의 핵관련 사고나 정책, 그리고 관련 행위들에 관한 베일이 부분적으로 벗겨졌을 때, 냉전 기간 동안 인류가 전략적 신중보다는 행운에 의해 수십 년을 더 생존할 수 있었다는 답변이 더 적절할 것이다.[3]

우리는 강한 기시감을 가지고 더 세밀하게 냉전 시대 핵전략 수행에 관한 평가를 바라보는 경향이 있다. 어떤 역사가들은 실제 지휘했던 장군들보다 더 많이 아는 것처럼 보인다. 하지만 그 어떤 학자도 완벽한 공정성을 가지고 그 역사적 인물의 통찰력을 판단할 수 없다. 그 사고는 특히 냉전에서 핵무기의 전략적 유용성에 대한 이론과 정책의 과정을 논의할 때 아주 적절하다. 우리는 동-서의 냉전이 폭발이 아닌 찍소리도 없이 끝났음을 알고 있고, 우리는 군사적 유익성을 추구했던 핵전략이 궁극적으로 별 성과가 없었음을 잘 알고 있다.

---

2 전통적 핵 억제이론에 관한 개념은 최병갑 외, 『현대군사전략대강 -이론과 실제- (Ⅳ) 핵시대의 전략』(서울: 을지서적, 1988); 이선호, 『핵무기와 핵전략』(서울: 법문사, 1982); 이만석·함형필, 『미국의 핵전략』(서울: 플래닛미디어, 2024) 등을 참조.

3 콜린스 그레이, 기세찬·이정하 역, 『현대전략』(서울: 안보전략문제연구소, 2015), p. 511.

냉전이 역사 속으로 사라지고, '핵 역사' 연구 프로젝트들이 급증함에 따라, 핵전략이 오랫동안 하위분야로 알려진 역사기록학의 비평 아래에 놓이고 있다. 그러나 1970년에서 1980년 사이에 제한적인 핵 옵션이 개발될 때, 만약 정치 지도자들이 어리석은 전략을 결정했다면 인류는 종말을 맞이하게 될 수도 있었다. 냉전은 1989년에 막을 내렸지만 핵시대는 분명히 계속되고 있다. 사실 21세기의 전략 역사에서 작전적·전략적인 문제는 여전히 살아 숨 쉬는 핵무기 혁명에 의해 제기된 것들이다. 핵무기는 더 이상 유행은 아니지만 사라지지 않았다. 현재의 사실들이나 사실에 가까운 것에 관한 우리의 지식은 별로 흥미롭지 않거나 중요하지 않다. 그러나 전략과 같은 실용적 영역은 전략적 선택들이 어떻게, 왜 만들어졌는지가 중요하면서도 흥미롭다. 그 이유는 미래를 예측하는 수정 구슬이 우리에게 주어지지 않았기 때문이다.

2 대량보복전략의 기원

가 대량보복전략의 형성 배경

미국의 대량보복전략은 어떻게 형성되었는가? 아래에서 미·소 냉전 초기 트루먼 행정부부터 아이젠하워 행정부까지의 시기를 중심으로 각각의 안보정책을 검토함으로써 대량보복전략의 생성 기원과 원인, 그리고 그 내용에 대해 검토해 보도록 하겠다.

1948년 미 국무성은 봉쇄정책의 수행을 위한 새로운 대안을 극비보고서로 작성하였다. 이는 군인들만의 조직체인 합참본부가 아니라 유연한 사고방식을 지닌 다수 외교관이 있는 국방성에서 만들어졌다. 제2차 세계대전이 끝난지 얼마 안된 시점에서 군인들만의 전유물로만 믿었던 전략 창출에 있어 민간인을 포함시키는 새로운 발상은 미국 전략사상의 변화의 조짐과 더불어 향후 국제정세에 엄청난 영향을 주게 되는 새로운 억제전략이 싹틀수 있는 조건이 되었다. 트루먼 행정부에서 작성된 이 보고서의 기본적인 방향은 "특정의 위기시점을 지향한 군사적 노력보다는 적당한 군사적 준비를 항구적으로 유지하는 정책이 바람직하다"는 것이었다.[4] 이 개념은 전략계획상 위기상황이 나타날 때, 전략의 위험성이 절정에 달할 것으로 예상되는 시점에서 급속히 필요한 군사력을 조성하는 것보다는 평시부터 적정규모의 현존군사력을 유지함으로써 소련의 현존군사력과 균형을 유지하여 소련의 침략을 억제할 수 있는 기능을 수행한다는 '억제전략'의 발상이었다.

그러나 새로운 발상에 바탕을 둔 이 억제전략은 전통적인 사고에 젖어있던 군인들의 지지를 얻기 어려웠다. 제2차 세계대전을 경험했던 미국의 장군들은 전쟁이 정치와는 전혀 별개의 영역으로 독자적인 법칙에 따라 극단적으로 발전되어 간다는 전통적 전쟁관을 고수했다. 그들은 미래 핵시대에 발생될 전쟁도 필연적으로 제2차 세계대전과 같은 전면전쟁의 성격을 띨 것으로 생각했다. 그들은 미국이 미래 전략구상에 있어서 핵무기의 중대한 임팩트를 고려한 억제전략적 사고를 창출하지 못하고 동원전략적 발상으로 대체하려 했다. 예를 들면, 제2차 세계대전에서 육군참모총장을 지낸 조지 마샬(George C. Marshall) 장군은 미군이 제3차 세계대전에서 자신과 동맹을 보호할 시간과 태평양을 장악할 여유가 없다는 것을 인식하지 못했다. 그는 핵무기는 전쟁 즉응의 준비를 위해 필요할 뿐이며, 긴급사태가 발생할 경우 1년 이내에 400만 명을 동원할 수 있게 된다면 미국의 안전 확보는 가능할 것으로 생각했다. 그가 국무장관 재임 중(1947~1949)에도 이러한 동원전략 개념은 변하지 않았다.

한편, 민간 전략가들은 공산권에 대한 봉쇄정책을 효과적으로 실시하기 위해서는 세계 도처에 예상되는 국지적인 침략을 격퇴할 수 있는 재래군의 배비체제가 필요하다고 주장했다. 미국의 장군들은 그렇게 된다면 막대한 국방지출을 유발해 미국을 경제파탄에 빠뜨리려는 소련의 책략에 말려들게 된다는 반론을 제기하였다. 그들은 소련에 의한 전면전쟁을 상정하여 공군력과 핵무기를 중심으로 최소한의 현존군사력을 유지하고, 긴급 시나 전쟁발발 시에 군사·산업동원

4 NSC-68. "A Report to the National Security council by Excutive Secretary on United States Objectives and Programs for National Security" Washington(1950. 4. 14). https://info.publicintelligence.net/US-NSC-68.pdf (검색일: 2024. 7. 23).

을 할 수 있는 체제를 갖추어야 한다고 주장했다. 의회의 강력한 감세 요구와 경기 후퇴에 따른 세수의 감소에 직면하여 국방비의 증강이 불가능했던 당시 트루먼 행정부의 입장으로서는 장군들의 주장을 받아들이지 않을 수 없었다.

1949년 후반에 동서진영의 세력균형은 동측에 유리하게 급변되는 두 가지 사태가 발생했다. 하나는 미국의 전문가들이 예상한 것보다 3~4년 빨리 1949년 8월에 소련이 최초의 원폭실험에 성공한 것이다. 이로써 미국의 원폭 독점시대는 종말을 고했다. 다른 하나는 동년 10월 중국대륙에 마오쩌둥이 지휘하는 공산정권이 수립되었다는 사실이다. 그 당시까지만 해도 서방측은 재래식 군사력의 상대적인 불균형을 원폭독점으로 상쇄하고 있었다. 그러나 소련에 의한 원폭의 실전배비와 아울러 유럽에서 소련 지상군의 압도적 우위의 위협이 나타났다. 그리고 동아시아에서 중국대륙의 공산화에 의해 공산권의 세력권이 크게 확대되었다. 트루먼 행정부는 냉전의 장기화를 전제로 하여 미국의 전략체제와 이를 뒷받침하는 군사계획을 세계적인 시야에서 재검토하지 않을 수 없었다.

트루먼 대통령은 국방성과 국무성 합동으로 미국의 전략계획을 군사·외교 양면에서 전면적으로 재검토하도록 지시했다. 이에 따라 애치슨(Dean G. Acheson) 국무장관을 의장으로 한 합동연구반이 발족되었다. 국무성 인원들은 소련에 의한 위기적 상황이 도래하기 전에 급격히 핵군과 재래군 쌍방을 증강시켜 핵의 우위를 계속 견지함과 동시에 재래군사력의 불균형을 보완해 나감으로써, 소련의 침략을 억제해야 한다는 억제전략을 구상하였다. 이의 실현을 위해 그들은 당시의 국방예산(130억 달러)의 약 2.7배에 달하는 막대한 국방예산(350억 달러)을 제시했다.[5] 반면, 존슨 국방장관과 브래들리(Omar N. Bradly) 합참의장 등 국방부 수뇌들은 미국을 경제적 파탄에 몰아넣으려는 것이 스탈린의 전략목표 중의 하나[6]이기 때문에 현 국방예산을 상한선으로 하여 그 범위 내에서 가능한 한 전력증강을 해야 한다고 주장했다. 양측의 주장은 팽팽하게 맞섰다.

1950년 4월 7일 최종안이 트루먼 대통령에게 제출되었다. 그 주요 내용은

---

5 이선호(1982), p. 233.

6 Henry A. Kissinger. *Nuclear Weapons and Foreign Policy(1957)* (W. W. Norton & Company; Abridged Edition, 1969), p. 32.

4~5년 이내에 소련은 기습적인 핵공격을 가할 수 있는 군사능력을 갖게 될 것이므로, 그 이전에 미국은 전쟁을 억제할 뿐만 아니라 전쟁이 발발할 경우에는 최초의 타격으로부터 생존하여 미국의 목적을 궁극적으로 달성할 수 있는 합리적인 보장을 위해서 육·해·공군의 핵능력과 대공·민간 방위력을 대폭 증강 확보하지 않으며 안된다는 것이었다. 그러나 문제는 군비의 대폭적인 증강 필요성을 국민에게 이해시켜 지지와 협력을 얻어낼 수 있느냐 하는 것이었다. 여론의 질타를 우려한 트루먼 대통령은 이의 공표는 물론 연구결과의 승인 또한 거부하면서, 국가안보회의에 이 보고서를 보내 그 실행가능성을 검토하도록 했다. 국가안보회의에서는 이를 NSC-68이란 고유번호를 붙여 극비문서로 관리하였다. 결국, NSC-68의 내용은 평시에는 대규모의 군비가 불필요하다는 전통적 전쟁관에서 오는 국민과 사회의 감세요구와 전후의 불경기, 그리고 국내정치상의 제약 때문에 실행 불가능한 상태에 놓이게 되었다.

그런데 1950년 6월 25일 한국전쟁(6·25전쟁)[7]이 발발하자 국내정치상의 커다란 제약조건이 제거되었다. NSC-68의 제안이 실현될 수 있는 여건이 촉진된 것이다. 즉 한국전쟁은 거부적 억제능력을 중시하는 발상을 중시하여 핵전력뿐만 아니라 재래전력도 증강하여 대규모의 상비군을 억제적으로 보유하는 전략체계를 확립할 수 있는 기회였다. 그런데 트루먼 행정부는 소련에 의한 전면전쟁을 상정하여 전략체제를 설정하고 있었으므로 미국의 태평양방위선을 축소했고, 한국은 전략적 가치가 없는 것으로 판단했다. 트루먼 행정부는 한국전쟁은 소련이 유럽을 주전장으로 하여 전면전쟁을 유리하게 이끌어 가기 위해 야기시킨 전략적인 기만행동으로 판단했다. 트루먼 행정부는 전략적으로 중요성이 없는 한반도에서 불필요한 전력을 소모하지 않도록 전쟁을 가급적이면 소규모로 한정시키고 불원간에 예상되는 소련의 전면전쟁에 대비하여 전력을 보존해야 한다고 생각했다.

이와 같은 워싱턴 당국의 사고는 현지 맥아더(MacArthur) 사령관과는 본질적

---

7 국내에서 한국전쟁의 공식명칭은 '6·25전쟁'이다. 그러나 이 글은 냉전 시기 국제적 시각에서 이 전쟁을 언급하고 있으므로 여기서는 국제적으로 통용되는 '한국전쟁'이라는 용어를 사용한다.

인 차이가 있었다. 워싱턴의 전쟁지도자들은 유럽을 무대로 한 소련과의 전면전쟁을 상정했지만, 맥아더는 아시아에서 중공을 상대로 한 전면전쟁전략을 주장했다. 공산권과의 전면전쟁전략의 관점에서 양자는 동일했으나, 이를 전개할 장소가 달랐다. 결과적으로 한국전쟁은 트루먼 행정부의 전통적 전쟁관과 전략관을 변화시켜 억제전략 체제로 변화시키는 동인까지는 되지 못했다.

한편, 한국전쟁이 발발하자 마샬 국방장관은 부분적 동원의 상태를 유지할 필요성은 강조했다. 그러나 이는 평시에 전쟁 즉응태세를 갖춘 대규모의 현존병력을 전제로한 억제전략적 발상에서 나온 것이 아니라 인적·산업적 전면 동원을 능률적으로 신속히 수행할 수 있는 기반을 평시에 구축해 둔다는 사고에 근거한 것이었다. 부분적 동원의 유지라는 견지에서 전통적인 일반군사훈련을 중시하고 충분히 훈련된 예비군을 갖는다면 대전쟁의 경우 최단시간 내에 최대한의 동원성과를 거둘수 있었다.[8] 이러한 마샬의 전략개념에 따라 트루먼 행정부는 1951년 1월 일반군사훈련 권고서를 의회에 제출하여 25개월 후에 병역법 개정을 포함한 입법조치를 함으로써 전면동원의 준비조치를 취한 것은 사실상 NSC-68의 기본적 상정과 구상에 의한 전면전쟁의 위험성이 최대로 예상되는 위기년도를 1954~1955년으로 보고 현역군의 신속 증강 계획을 만든 것이었다.

하지만 트루먼 행정부의 안보정책은 국민들의 대폭적인 지지를 받지 못했다. 1952년 11월 4일, 미국 유권자들은 외교 및 국방정책의 변화를 내건 드와이트 아이젠하워를 대통령으로 선출했다. 지난 2년 동안 트루먼 행정부의 국가안보 정책은 국민과 의회를 소외시켰다. 1950년 6월 북한의 남한 침공을 견제하기 위해 미군을 투입하기로 한 트루먼의 결정은 처음에는 대중적 지지를 받았다. 그러나 2년 후 교착 상태에 빠진 한국전쟁 상황에 유권자들은 좌절감에 빠졌고, 미 공화당은 이를 교묘하게 이용했다. 아이젠하워는 "부정적이고 무익하며 부도덕한 '봉쇄' 정책을 거부"하고 1945년 이후 몇 년간 민주당이 소련에 빼앗긴 국제무대에서의 주도권을 미국이 되찾을 수 있는 새로운 외교 정책, 즉 '대담한

---

8 Samuel P. Huntington. *The Common Defense, Strategic Program in National Politics* (New York: Columbia University Press, 1961), p. 59.

정책'을 설계하는 데 전념했다.[9]

공화당 의원들에게 예산 삭감의 필요성을 설득할 수 있었지만, 새로운 외교 정책에 대한 공감대를 형성하는 것은 그리 쉬운 일이 아니었다. 아이젠하워에게는 참신한 정책을 채택해야 한다는 압박감도 있었다. 이에 아이젠하워는 어려운 문제들을 극복하기 위해 트루먼 행정부에 있었던 사람들과는 배경이 현저하게 다른 사람들을 주요 내각 및 자문직에 임명했다.

신임 국방부 장관 찰스 E. 윌슨은 제너럴 모터스 회장 출신이었고, 윌슨의 수석 차관보 로저 카이스는 같은 회사 출신이었다. 재무부 장관 조지 험프리는 클리블랜드 산업계 출신이었고, 예산국 국장 조셉 닷지는 디트로이트 은행가 출신이었다. 국무장관이었던 존 포스터 덜레스는 외교관 출신이었지만 판례법에 능통한 기업 변호사의 논리적인 사고방식을 가지고 있었다. 또한 아이젠하워는 트루먼 행정부에 없던 직책을 신설하여 보스턴의 올드 콜로니 트러스트 회장인 로버트 커틀러를 국가안보 특별보좌관으로 임명했다. 그는 아이젠하워가 가장 신뢰하는 사람 중 한 명이었다. 커틀러의 주요 임무는 외교 및 국방정책의 장기적인 계획과 의사 결정을 위한 정부의 공식적인 메커니즘으로서 국가안보회의(NSC)를 조직하는 것이었다. 아이젠하워는 험프리 재무장관과 닷지 예산국장을 NSC의 정식 위원으로 임명했다. 이는 예산 규모를 결정하는 데 가장 직접적인 책임이 있는 두 관리가 국가 안보 정책 과정에 직접 참여하도록 한 것이다. 이러한 모든 변화와 인사는 국가 안보 계획을 조직과 경제에 중점을 둔 효율적인 사업으로 만들고자 하는 대통령의 열망을 반영하는 것이었다.[10]

아이젠하워 대통령은 1952년 12월 한국전선을 시찰하고, 귀로에 순양함 헤레나호에서 신정부각료 예정자들과 국가전략적 관점에서 한국문제, 대내외 문제, 국방문제 등에 관한 회의를 개최하였다. 토의 주요 내용은 국가안보에 있어서 경제력과 군사력의 상호 균형을 유지하는 것이 기본 원칙이며, 따라서 과도한 군사력의 증대는 인플레이션을 유발하고 경제를 파탄으로 몰고갈 수 있으므

9 Samuel F. Wells. "The Origins of Massive Retaliation." *Political Science Quarterly*. Vol. 96, No. 1(1981), p. 32.

10 Samuel F. Wells(1981), pp. 32-33.

로 강력한 경제력을 구축하여 이를 바탕으로 충분히 분담할 수 있는 범위 내에서 강력한 군사력을 유지함으로써 국가안보를 달성하자는 것이었다.[11]

소련 지도자들은 경제능력이 곧 서방측의 맹주로서의 미국의 원동력이 된다고 믿고, 미국이 경제적으로 감당할 수 없을 정도의 과중한 국방 부담을 갖게 되면 경제적 위협이 군사적 위협보다 더 심각한 위협이 될 것으로 생각했다. 이와 같은 관점에 의하면, 가상 적국인 소련에 의한 침략의 위험이 절정에 달한 것으로 예상한 위기연도를 군사력 확충을 달성하기 위한 목표연도로 설정하고 급격한 군사력의 증강을 기하려는 동원전략적 조치는 적자 재정으로 인한 인플레이션을 야기시켜 국가안보상 바람직하지 못한 사태를 유도하게 될 가능성이 있었다. 또한 이러한 조치는 언제 발생될지 모르는 공산주의자들의 침략에 즉각 대응할 수가 없었다. 공산주의자들은 이른바 역사의 전과정을 통한 계급투쟁을 계속할 준비를 하고 있었으므로 이에 대응할 수 있는 미국의 대안이 요구되었다. 따라서 트루먼 행정부의 위기연도 개념 대신에 전통적 전력발동일(floating D-day) 개념을 채용해야 할 필요성이 제기되었다. 이 개념은 군사적 및 비군사적 위협은 부단히 존속한다는 가정을 세우고, 전력발동일을 특정일로 정하지 않고 유동적으로 보아, 필요시 언제든지 발동할 수 있는 상시즉응태세를 갖춘 현존병력을 현 경제역량으로 충분히 부담할 수 있는 범위 내에서 장기간 보존 유지해야 한다는 것이었다.[12]

이와 같은 기본적인 전략개념 하에 아이젠하워는 최우선적으로 군사적 전략체제의 재검토에 따라 대폭적인 경비절감을 기하고 과학기술상의 진보를 촉진하여 신무기체제를 주력으로 한 장기전략체제를 확립해야 한다고 생각했다.[13] 당시 합참의장 레드포드(Radford) 제독은 아이젠하워 대통령의 요망에 부응하는 전략체제로서 기동전략예비군 구상을 제시했다. 이 구상은 해외주둔부대를 가급적이면 현지부대와 교체하고, 여기에서 철수한 부대를 북미대륙 부근에 기동

11 Robert J. Donavon. *Eisenhower Inside Story* (Harper & Brothers, 1956), p. 17.

12 Walter Millis. *Arms and the State, Civil-Military Elements in National Policy* (The Lord Baltimore Press, 1958), pp. 395-396.

13 Charles J. Murphy. "The Eisenhower Shift", *Fortune*, March(1956), p. 111.

전략예비군으로 유지하려는 것으로서, 이것이 억제와 동시에 국지방위의 보조적 역할을 하게 된다는 것이었다. 이 구상은 필연적으로 최신의 핵무기를 중심으로 한 대량보복력에 의존하는 전략과 일치하게 되는 것으로 결국 덜레스(John F. Dulles) 국방장관이 제시한 바 있는 대량보복전략 구상을 채택하게 되었음을 뜻했다.

아이젠하워 행정부의 대량보복전략 개념은 처음부터 순조로운 과정을 거친 것은 아니었다. 아이젠하워 행정부는 대량보복전략 개념에 따라 2단계에 걸쳐 기존 전략을 전면적으로 재검토하게 되었다. 첫 번째 재검토가 '솔라리움 작전'(Operation Solarium)이었다. 여기에서 만든 보고서가 NSC-162이다. 동 보고서는 소련의 위협은 군사 및 비군사분야 공히 장기적으로 지속될 것임을 상정한 위기연도 개념 대신 장기 개념을 전제로 장기적 전망하에 연구 검토한 결과, 봉쇄정책의 계속을 권고하고 군사력 특히 지상군의 소멸반대의 의향을 시사함과 동시에 항공기 전력과 방공체제의 강화를 강조하였다.[14]

1953년 5월에 제출한 이 보고서는 순수히 군사적인 면만을 다루었기 때문에 아이젠하워의 의도와는 다소 빗나간 결론이었다. 아이젠하워는 새로이 임명될 군수뇌부를 백악관에 소집하여 자신의 의도를 명확하게 설명했다. 그는 군사정책뿐만 아니라 무기체계, 전략교리, 각 군의 역할과 임무, 병력 규모, 동맹국의 군사적 역할 등 군사문제와 동시에 군사에 관계되는 외교정책 및 재정정책도 연관하여 재검토하도록 지시했다. 1953년 8월, 해군장관 전용 요트 세코이아호에서 회의가 진행되었고, 다음과 같은 내용의 '세코이아 보고서'가 작성되었다. 이 보고서는 당시의 국제정세가 더 이상 악화되지 않을 것이며, 한국과 서독의 군사력이 예정대로 증강될 것을 전제로 했다. 그 주요 내용은 ① 3군의 기본적 임무와 상황의 불변 ② 미국의 방위체제와 전략적 핵보복력의 강화 ③ 해외주둔 미군부대의 일부(주한 및 주일 미군부대 등) 철수 ④ 기동성 있는 중앙전략예비군의 창설 ⑤ 지역방위의 책임은 현지 군대에 맡기고 미군은 해·공군력으로 지원한다는 것이었다.[15]

---

14 Samuel P. Huntington. *The Soldier and the State* (Belknap Press, 1957), p. 70.

15 이선호(1982), pp. 238-239.

아이젠하워의 취임과 새로운 국가 안보 정책의 선포 사이에는 거의 1년의 시간이 걸렸다. 새로운 안보 정책에 대한 힌트는 1954년 1월 7일 연두교서 연설에서 나타났다. 아이젠하워는 외교 문제에 있어서 동맹국과의 좋은 관계를 유지하는 것이 미국의 안보에 가장 중요하다는 것을 밝혔다. 국방 원칙으로는 막강한 반격 능력을 유지함으로써 침략을 억제할 것이며, 해군과 공군력이 강조될 것이라고 언급했다. 국방 계획에 있어서 핵무기의 증가를 충분히 고려할 것이며, 특히 전술적 사용을 위해 설계된 무기에 관해서도 언급했다. 그는 새로운 무기를 도입하면 병력 수요를 줄일 수 있을 것이라고도 언급했다. 또한 그는 예비군을 중앙에 배치하고 미국 본토 방위를 강화하는 것이 중요하다고 강조했다. 2주 후 아이젠하워는 1955년도 회계연도 예산안에서 전년 대비 35억 달러 감소한 310억 달러의 새로운 군사비 지출 권한을 요구했다. 1953년 1월 트루먼 행정부의 마지막 예산 권고에서 415억 달러나 크게 감소한 수치였다.[16]

덜레스 국무장관은 연두교설 발표 5일 후 1954년 1월 12일 뉴욕에서 열린 외교관계위원회 연설에서 장관으로서는 처음으로 대량보복전략에 대해 언급했다. 그는 마셜 플랜, 베를린 공수, 한국에 대한 군대 투입 등 트루먼 행정부의 외교 정책은 칭찬할만하지만 소련의 계획에 대한 긴급대응이었기 때문에 궁극적으로 부적절했다고 언급했다. 덜레스는 시대에 적합한 전략을 채택해야 한다고 주장하면서, "우리가 선택한 수단과 장소에서 즉각적으로 보복할 수 있는 막강한 능력에 주로 의존하기로" 결정했으며, 국방부와 합동참모본부가 그에 따른 계획을 시작할 수 있다고 청중에게 알렸다.[17] 그의 메시지는 미국 행정부가 적의 본토에 대한 핵무기 보복 위협을 국가 안보 정책의 초석으로 삼았다는 것을 분명히 했다.[18]

공산주의에 대한 궁극적인 승리에 대한 희망과 대규모 보복의 결합이라는 아이젠하워 행정부의 이 정책은 미국의 기술적 우위를 활용하고 연방 지출을 감소

---

16 Samuel F. Wells(1981), p. 33.

17 John Foster Dulles. "The Evolution of Foreign Policy." *Department of State Bulletin 30* (25 January 1954), pp. 107-110.

18 Samuel F. Wells(1981), p. 34.

시키고, 핵무기가 억지력과 실제 군사 임무에 모두 유용하며, 이는 광범위한 대중의 지지를 받고 있다는 강한 믿음에서 비롯된 것이었다. 그러나 국내외의 반응은 분노와 회의적이었다. 민주당은 아이젠하워 행정부가 미국을 전면 핵전쟁과 제한된 공산주의 침략의 수용 사이에서 끊임없이 선택해야 하는 곤란한 입장에 처하게 했다고 비판했다. 동맹국들은 자신들이 신경쓰지 않아도 될 사소한 문제를 놓고 벌어지는 대규모 전쟁에 끌려들어갈 수 있다고 우려했다. 민간 전략 분석가들은 자국에 대한 유사한 보복을 불러올 수 있기 때문에 미국이 소련을 핵무기로 공격하여 서유럽을 방어할 것이라고 기대하는 것은 터무니없는 일이라고 주장했다.[19]

1954년 4월호 『포린 어페어스』(Foreign Affairs)에서 덜레스는 침략을 억제하기 위해서는 "자유 공동체가 스스로 선택한 장소에서 이동 수단을 통해 강력한 힘으로 보복할 수 있는 힘에 의존해야 한다"고 거듭 강조했지만, "대규모 원자 및 열핵 보복은 모든 상황에서 가장 유용하게 발동될 수 있는 종류의 힘이 아니다"라고 하면서, "아시아 어딘가에서 공산주의의 공격이 있을 경우 원자폭탄이나 수소폭탄이 중국이나 러시아의 대공업 중심지에 반드시 투하될 것"이라는 의미를 애써 부인했다. 덜레스가 애초의 주장에서 후퇴했지만, 그럼에도 불구하고 대량보복전략은 이후 아이젠하워 행정부의 핵전략을 요약하는 '구호'로 자리 잡았다.

나 '뉴룩'(New Look) 정책

뉴룩 정책은 1954년 아이젠하워 대통령이 의회에 제출한 신방위 정책으로 병력을 줄이는 대신 핵무기와 항공력을 증강해야 한다는 정책이었다. 앞서 언급한 1953년 5월에 작성된 '세코이아 보고서'에는 군사력의 규모나 방위비 등을 산출한 구체적 내용은 포함되어 있지 않았다. 1955회계연도 예산 요구안에서 육군·해군·해병대는 현 병력 수준의 유지를 원칙으로 하고, 공군은 120개 비행

19 Louis L. Gerson. *John Foster Dulles* (New York: Cooper Square Publishers, 1976), pp. 147-51; Townsend Hoopes. *The Devil and John Foster Dulles* (Boston, Mass.: Little, Brown and Co., 1973), pp. 199-201.

단 건설을 권고하였다.[20] 1955년도 예산 요구안은 전임 군 수뇌부들이 채택한 내용과 기본적으로 다르지 않았다.

이에 미 합참은 기존의 보고서들을 조정통합하여 장기전략 구상 확립을 위한 작업에 착수하였다. 그 결과로서 나온 문서가 '뉴룩' 정책의 기본구상이 된 NSC-162-2이었다. 이 문서는 1954년 10월 30일 아이젠하워 대통령에 의해 승인되었다. 이 문서의 핵심은 핵무기를 탑재하는 대규모 전략공군을 건설하고, 이를 중심으로 한 광범한 전쟁 억지력을 유지함과 동시에 군비를 축소하여 재래식 군의 불필요한 예산을 삭감하여 필요 경비를 극단적으로 절감하려는 것이었다. 만약 적으로부터 선제공격을 받는다면 미국은 대량보복으로 적의 전략군을 격멸할 것이었다. NSC-162-2는 대부분의 전쟁이 핵전쟁으로 확전될 것이라는 개연성을 인식시킴으로서 재래식 제한전쟁이나 전면전쟁을 상정한 방위체제를 갖출 필요가 없음을 시사한 대량보복전략 구상을 합리화한 문서였다. 바꾸어 말하면, 뉴룩 정책의 본질은 긴축재정상의 필요와 방위상의 필요와의 모순을 핵무기에 의존함으로써 해소하려는 것이었다.

이후 6주간에 걸쳐 NSC-162-2의 기본구상을 군사계획으로 구체화시키는 작업이 합참에서 이루어졌다. 동년 12월 9일 윌슨 국방장관에게 제출된 보고서에는 1957년을 목표연도로 NSC-162-2의 기본방향을 재인식하고 군사적 관점에서 보다 구체화했다. 국지방위의 제1차 책임은 직접 관계가 있는 동맹 당사국이 담당한다는 기본원칙에 따라 일본과 서독의 재군비를 촉진시켜 동맹 각국에게 효과적인 군사원조를 제공할 것과, 해외 주둔부대의 일부를 철수할 것—주한 미군 전투부대는 전면 철수토록 하고, 나토 주둔군은 가맹국 군대의 교육이 종료되는 대로 가급적 철수시키도록 한다는 것—을 명시하고 있었다.[21]

---

20 이선호(1982), p. 239.

21 ① 해외주둔부대를 철수하여 세계분쟁지역에 즉각 급파할 수 있는 태세를 갖춘 중앙전략예비군을 편성 유지함으로써 미국의 국지방위에 대한 금후의 역할은 주로 해·공군에 의한 보조적 지원에 한한다. ② 이와 같은 군사력의 재편성을 가능케 하는 것은 미국의 대량보복전략으로써 전면적 침략은 물론 국지제한침략까지도 전략적 및 기술적 핵무기를 사용하여 유효적절하게 대처해야 한다. ③ 그러므로 대량보복력 의존의 전략체제를 채택하는 그 자체가 자유세계에 대한 침략을 억제하는 효과를 발휘하게 된다.

또한 동 보고서는 대량보복전략의 관점에서 이를 뒷받침할 수 있는 군사력 규모와 이를 조달하기 위한 비용을 산출했다. 1953년 12월 현 병력 345만 명을 1957년 6월의 목표연도까지는 281만 5천 명으로 대폭 삭감하되, 육군과 해군이 그 삭감 대상이 되고, 공군은 증강함으로써 대량보복전략을 구체적으로 뒷받침하려고 했다. 뉴룩 정책은 ① 현 시점 이후 국제정세에 중대한 긴장변화가 생기지 않을 것이며 세계의 정치적·경제적 격변사태는 초래되지 않을 것이다. ② 현 시점 이후 미·소의 전력비교상 중대한 격차가 생기지 않을 것이라는 가정하에서 작성되었다.

핵무기 사용의 관점에서만 보면, 아이젠하워 행정부의 핵전략은 세 가지 요소로 구성되었다. 첫째, 대통령은 핵무기가 실질적이고 사용 가능한 군사적 옵션을 제시한다고 믿었다. 아이젠하워는 억제력이 실패하고 미군을 전투에 투입할 필요가 있다고 판단되면 군사적으로 적절한 상황이라면 어떤 상황에서도 핵무기 사용을 명령할 준비가 되어 있었다. 둘째, 아이젠하워와 행정부 구성원들은 핵무기가 대규모 및 소규모 공산주의 침략을 억제할 수 있다는 믿음으로 핵무기를 사용하겠다는 의지를 공개적으로 표명했다. 셋째, 아이젠하워는 3개 군의 군사계획과 군사태세에 광범위한 우발 상황에서 핵무기 사용 가능성을 반영하도록 명령했다.

아이젠하워 행정부의 대량보복전략은 비록 소련이 핵실험을 했다고 하여도 핵을 목표지역까지 운발할 수 있는 장거리폭격기가 없었으므로 미국의 절대적 핵우위를 전제로 한 것이었다. 그런데 1955년 7월, 소련 항공기념일 행사에서 소련의 고성능 장거리폭격기의 실전배치가 확인되자 미국은 소련이 전략폭격기 면에서도 질과 양적 모두 미국을 추월치 않을까하는 불안을 갖게 되었다. 이른바 폭격기의 격차 논쟁이 대두되었다. 소련은 미 본토에 직접적으로 핵공격을 가할수 있는 능력을 갖게 되었다는 인식이 미국인들 간에 퍼지게 되어 다수의 미국인의 의식 속에는 사실상 공포의 균형이란 개념이 싹트게 되었다. 공포의 균형은 상호억제의 상태를 조성하며 대량보복력 발동의 신뢰성을 저하시켜 대량보복력에 의한 보복적 억제기능을 마비시키게 될지 모른다는 우려를 자아내게 했다. 또한 공포의 균형하에서 국지방위를 위한 전술핵무기의 사용은 상대방도 전술핵무기로 응전케 함으로써 전략핵무기를 사용케 되는 전면핵전쟁으로 확대될 위험이 있었을 뿐만 아니라 상대 전략무기에 의한 핵보복을 받을 위험에 직면하게 될 수 있었다.

소련이 핵무기와 장거리 전략폭격기를 모두 갖춘 이상 미국 핵전력의 압도적 우위와 그 핵무기 사용을 전제로 한 '뉴룩 정책'은 재검토가 불가피했다. 아이젠하워 행정부는 이른바 '네오 뉴룩'(Neo New Look) 정책으로의 변화를 꾀했다. 뉴룩 정책의 재검토과정에서 다음과 같은 주요한 세 가지 대안이 제시되었다.[22] 첫 번째 대안은 현재 군사 예산 범위 내에서 재래군의 대폭 삭감이나 해외주둔군의 전면적 철수에서 오는 조정된 재원으로 핵전력의 우위를 유지하는 것이었다. 하지만 이 대안은 뉴룩 정책의 논리적 확대에 불과했다. 소련 핵전력의 급격한 증강에 대응하여 미국의 명백한 우위를 유지하려면 군사 예산의 대폭적인 확대 없이는 불가능했다.

두 번째 대안은 제1격으로 소련의 전략핵전력을 거의 붕괴시킬 수 있을만한 전략핵전력을 질과 양적으로 확대 유지하자는 것이었다. 이 무력화 전력은 공포의 균형 속에서도 대량보복력 발동의 신뢰성을 상실하지 않음으로써 전면전쟁이건 제한전쟁이건 여하한 형태의 침략에 대해서도 핵무기에 의존한 방위전략으로 억제기능을 유지하는 것이었다. 그러나 이 대안은 미국의 핵기습공격의 가능성에 따른 공포심을 소련에게 과도하게 심어주어 오히려 소련의 선제공격을 유도할 수 있다는 우려가 제기되었다. 아울러 이 대안은 만약 소련이 핵전력의 비취약성을 증가시키게 되면, 미국이 대군사적 파괴력을 유지한다는 것은 재정적이나 기술적으로 모두 실현 불가능했다.

세 번째 대안은 충분성의 전략이었다. 이 전략은 소련의 도시에 괴멸적 손해를 줄 수 있을 정도의 핵보복력을 갖는 것으로 충분하며, 그 이상을 보유할 필요가 없다는 사고에 기반했다. 그 충분성의 정도는 그 당시의 미·소의 방공능력이나 기술진행 정도 등을 평가하여 결정하도록 했다. 이 전략은 사실 1950년대 후반에 서구의 많은 학자·정치가·장군들에 의해서 제기된 바 있는 최소억제전

22 이선호(1982), p. 242.

략과 대동소이한 것이었다.[23]

아이젠하워 행정부가 추구한 대량보복전략은 한편으로는 육군의 재래식 전력 약화를 의미하기도 했다. 1955년 아이젠하워 행정부가 '뉴룩 정책'의 전면적 재검토를 착수했을 때 테일러(Maxwell D. Taylor) 장군은 상호억제상태의 성립 가능성과 제한적 침략에 대응하기 위한 신축성 있는 군사력을 보유해야 할 필요성을 주장했다. 하지만 아이젠하워 행정부는 제한전쟁능력을 재래식 병력의 확장에 의해서 향상시키려는 의향은 전혀 보이지 않았다. 아이젠하워 행정부는 제한침략에 대한 대처능력으로서의 억제와 거부능력 향상으로서의 억제를 강조한 테일러 장군의 논문인 "억제를 통한 안전보장"(security through deterrence)을 정부의 기본방침에 반한다는 이유로 『포린 어페어즈』(Foreign Affairs) 게재발표를 금하였다.[24] 아이젠하워 행정부는 제한전쟁억제를 위한 거부능력의 향상방안을 지양하고, 전술핵무기의 사용에 의해 제한전쟁에 대처할 것을 명시했다. 제한침략도 핵전쟁으로 확대될 수 있다는 위협을 잠재적 침략국에게 인식시켜 제한전쟁까지 억제하겠다는 발상이었다.

후에 테일러 장군이 증언한 바에 따르면, 육군이 재차 거부능력 향상을 위한 수정안을 제출했으나 아이젠하워 행정부는 이를 거부했다. 육군이 제한한 보고서는 그 유명한 '게이더 보고서'(Gaither Committee Report)로, 이 보고서에는 전면전쟁만을 상정한 대량보복력 의존의 뉴룩 정책을 비판하고, 금후에 발생할 개연성이 큰 제한전쟁이나 파괴공작을 억제하여 신속히 진압하도록 하며, 미국의 군사태세를 향상시키기 위한 제한적 군사작전 능력의 증강을 주장했다.[25] 그러나 아이젠하워 행정부는 육군의 요구를 받아들이지 않았다. 아이젠하워의 회고록에 의하면, 비판적 경향을 가진 집단이 일국면에 연구를 집중하게 되면 구성의 오류를 범하게 될 수 있으므로, 대통령으로서 단 한가지 문제에 집중연구를 한 것에 대하여 만족할 수 없었으며, 또한 이 건의는 전 미국 및 국제정세 전반을

23 Maxwell D. Taylor. *The Uncertain Trumpet* (New Yoprk: Harper & Brothers, 1960), pp. 26-27.

24 Maxwell D. Taylor(1960), pp. 43-45.

25 John Foster Dulles. "Challenge and Response in the United States." *Foreings Affairs*, Oct(1957), p. 31.

거시적으로 보지 않았고, 경제적 뒷받침이 없는 군사계획으로서 재래식 군사력의 증강에 의한 거부능력향상에 불과했으므로 이 권고는 용납될 수 없었다고 술회했다.

한편, 1957년 5월 북대서양위원회는 MC-14/2로 암호화된 대량보복전략에 대한 최초의 개념을 승인했다. 이 문서에서는 나토 군대를 방패와 검의 역할로 구분했다. 즉 유럽 주둔 군대는 방패 역할을 하고 검의 역할은 미국의 전략 핵무기가 담당한다는 것이다. 이 전략의 토대는 앞서 언급한 뉴룩 정책이었다. 소련이 서유럽을 침공할 경우 미국은 바르사뱌 조약 체결국의 표적에 대한 대규모 보복 공격을 수행하도록 했다. 미국의 전략 공군은 핵폭탄 투하를 처리하고 미국과 나토의 연합군은 해상작전을 담당하며, 유럽 전장에서의 작전은 서유럽 국가의 지상군과 공군에게 맡겨졌다.[26]

대량보복전략의 등장으로 나토 전략가들은 대량살상무기의 사용과 관련된 군사적 문제뿐만 아니라 정치적·경제적·심리적 문제 등 이전에 없었던 새로운 문제들을 고려해야만 했다. 앞으로의 전쟁은 첫 단계에서 가장 큰 파괴를 초래하는 핵전쟁의 성격을 가질 것으로 예상되기 때문에 나토는 적의 핵공격을 흡수하고 생존할 수 있는 능력까지 개발해야 했다. 그럼에도 불구하고 대부분의 나토 국가들은 아이젠하워 행정부의 대량보복전략을 소련의 침략을 억제하는 효과적인 방법으로 인식했다. 대량보복전략 개념은 바르샤바 조약기구의 군대와 균형을 맞추는 데 있어서 상대적으로 많은 수의 재래식 군대를 훨씬 적은 가격의 핵무기로 대체할 수 있는 수단이었기 때문이다. 그러나 대량보복이라는 억제 개념은 미국이 소련에 대한 절대적 핵우위를 가진다는 전제조건 하에 성립하는 것이었다. 만약 그러한 전제조건이 성립되지 않는다면 인류는 핵전쟁의 위협과 상호 공멸에 처할 수 있었다.

아이젠하워 행정부의 대량보복전략 개념은 예상외로 빠르게 종말을 향해 가고 있었다. 나토가 새로운 전략을 채택한 지 3개월도 되지 않아 소련은 핵 군

---

26 Zbigniew Zielonka. "Nuclear Weapons in the strategies of the United States and NATO Strategy of Massive Retaliation and Flexible Response." *Journal of Science of the Militray Academy of Land Forces*. Vol. 48, No. 3(2016), p. 74.

비 경쟁에서 핵우위나 불가침이 상대적 개념이라는 것을 다시 한 번 입증했다. 1957년에 소련은 탄도미사일 시험의 긍정적인 결과와 지구 최초의 인공 위성 발사에 대한 소식을 전 세계에 알렸다. 이 사실은 서구, 특히 미국의 영토가 안전하고 핵전쟁 가능성에 따른 비용은 적과 서유럽국가들만이 부담할 것이라는 가정에 따라 외교정책을 주도한 미국을 완전히 놀라게 했다. 나토 전략가들은 서유럽이 소련 핵무기 사정권 내에 있으며 대량살상무기로 전쟁이 발생할 경우 잠재적인 승자가 없을 것으로 인식했다.[27] 동맹의 다음 단계는 군비의 현대화, 독일 연방공화국의 군대 수를 늘리고 핵무기를 장착하는 것이었다.

소련 지도자 니키타 흐루쇼프가 로켓을 대량 생산하겠다고 발표하면서 상황을 더욱 심각하게 만들었다. 이러한 상황은 서구에서 소련의 위협을 방치하여 만든 결과로 인식되었다. 1950년대 후반 소련은 서유럽과 미국에 대한 대규모 핵 공격을 수행할 수 있는 충분한 군사적 잠재력을 가지고 있다는 것이 명백해졌다. 이 사실은 사실상 대량보복전략의 기본 가정이 쓸모없어졌고 미국의 핵억제력이 더 이상 그 역할을 수행하지 못한다는 것을 의미했다. 만약 절대적 핵우위가 성립되지 않는다면 인류는 핵전쟁의 위협과 상호 공멸에 처할 수 있었다. 아이젠하워 행정부의 대량보복전략이라는 개념은 예상외로 빠르게 종말을 향해 가고 있었다.

3 유연반응전략의 대두와 변천

가 유연반응전략의 대두

1950년대 말 대량보복전략 교리는 위기를 맞았다. 공산권의 침공에 대한 유일한 해법은 핵공격이라는 아이젠하워 행정부의 전제는 유연성이 부족했다. 이 개념은 소련에 대한 결정적인 핵우위와 미국 영토의 불가침성이 유지될 때에만 억제력으로 작용할 수 있었다. 1950년대 말 소련의 핵 공격이나 핵 보복이 불

27 Zbigniew Zielonka(2016), p. 75.

가피하다는 인식이 확산되면서 미국과 동맹국들은 유연한 해결책을 모색해야 했다.

대량보복전략에서 충분성의 전략으로 일관하던 아이젠하워 행정부의 핵억제전략은 1961년 1월 민주당 소속 케네디(John F. Kennedy) 대통령의 취임과 함께 유연반응전략으로 전환점을 맞이했다. 이는 케네디 대통령의 특별보좌관으로 임명된 테일러 장군의 끈질긴 거부적 억제력 증강보유에 대한 주장이 관철된 것이었다. 그는 그의 저서 『불확실한 신호』(Uncertanin signal)에서 '유연한 대응'(flexible response)이라는 용어를 처음 사용했다.[28] 그는 재래전·제한전·게릴라전부터 총력전, 그리고 비재래식전을 망라하는 모든 전쟁에 미군이 참여할 준비가 되어 있어야 한다고 주장했다. 아울러 테일러는 국지적 위협에서 전면전에 이르기까지 가능한 모든 수준에서 보복할 수 있는 능력을 유지할 것을 강조했다. 오히려 그는 핵무기가 초래할 상호 파괴적인 결과 때문에 핵무기를 포함한 전면전을 배제할 수 있다고 믿었다. 그는 방패와 검의 역할 반전을 제안했다. 미국의 전략핵무기는 방패의 역할을 맡아 이른바 핵우산을 만들고, 재래식 전력은 전술 및 작전 핵무기로 무장하여 작전의 효율성을 높이는 검이 되어야 한다는 것이었다.[29]

테일러는 새로운 군사전략을 위한 빠른 해결책으로 ① 제한전을 대비한 향상된 계획과 훈련, ② 이동식 중거리 탄도미사일(IRBM) 개발, ③ 전략항공사령부의 방호력 강화, ④ 제한적인 낙진 대피 프로그램을 제시했다. 이를 위해 그는 부대와 자원을 다음의 3가지 우선순위로 배분할 것을 주장했다.

---

28 Maxwell D. Taylor(1960).

29 Henry A. Kissinger. *Nuclear Weapons and Foreign Policy(1957)*, pp. 67-70.

표 1 테일러 장군이 제안한 전력과 자원 배분 우선순위[30]

순위	내 용
우선순위 1	1. 핵억제군 (① 공세적 보복력, ② 적극적 방어력) 2. 대소모전 전력 3. 해외주둔군 4. 기동 예비군 및 물자 5. 전술한 범주의 부대를 이동 및 지원하기 위한 해·공군 수송력 6. 반잠수함전 전력 (소련 잠수함 함대 감시 및 미사일 발사 잠수함들을 겨냥한 핵보복 방어용)
우선순위 2	1. 미대륙 방공전력 2. 대잠수함전 전력 (잠수함 탑재 미사일로부터 전술한 미국의 표적 보호용, 특히 민간인 표적)
우선순위 3	1. 억제실패 시의 대안

요약하면 테일러는 재래식 전력의 건설과 훈련, 핵전력의 현대화와 보호, 그리고 핵전쟁 시 최소한의 생존전략을 제안했다. 케네디 행정부는 테일러의 개념을 대부분 받아들였다. 케네디 행정부가 유연반응전략의 바탕이 된 테일러 장군의 주장을 받아들인 것은 베트남에서 프랑스군의 디엔비엔푸에서의 참패와 중공의 진먼다오 포격 등 소규모 분쟁에서 핵무기의 사용이 불가능했기 때문이다.[31]

케네디는 아이젠하워 행정부가 뉴룩 정책을 처음 공포한 1954년 당시부터 그 전략의 결함과 불비를 냉엄하게 지적한 바 있었고, 전략구상의 기본적인 접근방법에 있어서도 아이젠하워와는 달랐다. 그는 유연반응전략을 뒷받침하기 위하여 대통령에 취임하자 마자 맥나마라 신임 국방장관에게 다음과 같은 네 가지를 지시했다.[32]

---

30 Maxwell D. Taylor(1960), pp. 158-161.

31 이선호(1982), pp. 248-249.

32 이선호(1982), pp. 249-252.

첫째, 필요 제일주의 예산편성이다. 케네디는 대통령이 국방예산의 상한선을 설정해 놓고 그 범위 내에서 3군의 병력구성을 입안하는 종래의 예산제일주의 방식을 폐지하고, 군사전략상의 요청에 따라 필요한 전력을 구성하는 필요 제일주의에 입각해 가능한 최저의 비용으로 이를 조달하라고 지시했다. 케네디의 방위 철학은 "여하한 상황하에서도 전략이나 전력규모가 자의적으로 설정한 재정적 제한때문에 영향을 받아서는 안되며, 전략은 외교정책의 목적에 따라 결정되어야 하고, 병력규모는 안전과 공약의 필요성에 따라 결정되어야 한다. 이는 다른 분야의 투자와 마찬가지로 돈의 도박이다. 그러나 전략과 전력규모를 이와 같은 개념하에서 결정하지 않는다면 우리의 생명을 걸고 도박하는 결과가 될 것이다"[33]라고 경고했다.

둘째, 옵션 전략이다. 예기되는 각종 전쟁형태에 적응할 수 있는 전력구조를 가짐으로써 대응상의 선택의 폭에 다양화와 유연성을 부여하여, 최소의 리스크로써 최대의 효과를 올릴 수 있는 최적의 대응조치를 선택할 수 있는 체제가 되어야 한다는 것이다.[34] 케네디 대통령의 특별보좌관을 역임한 바 있는 슐레진저(Arthur M. Schlesinger, Jr)에 의하면, 케네디 대통령은 게릴라 침투로부터 핵공격에 이르기까지 발생 가능한 모든 종류의 위협에 대처하는 데 충분한 다각적 군사체제를 만들라고 맥나마라 국방장관에게 지시했다.[35] 케네디 대통령은 대통령 취임 10일 후에 1961년 1월 30일 의회에 제출한 일반교서 가운데서 이미 맥나마라 국방장관에게 미국의 군사력을 언제 어디서 출동명령을 받아도 지구상의 어느 지역으로든지 지체없이 투입가능하도록 공수능력의 증대조치가 신속히 이루어져야 한다고 지시했다.[36] 또한 케네디는 핵군비나 재래군비를 불문하고 그

---

33 Theodore C. Storencen. *Kennedy* (Pan Books, 1965), p. 603.

34 John F. Kennedy. *The Starategy of Peace* (Popular Library, 1961), p. 184.

35 Arhhur M. Schlesinger. *A Thousand Days, John F. Kennedy in the White House* (Houghton Mifflin, 1965), p. 317.

36 이 구체적 조치는 다음과 같다. ① 핵동력을 개선하여 유연성을 확보하기 위한 조치 ② 비핵전쟁, 준군사작전, 준제한전쟁, 비재래전쟁에 대비하기 위한 현존부대의 재교육을 급속히 대폭 확대하기 위한 조직 ③ 고도로 훈련된 예비군의 대부분을 종래보다 훨씬 신속히 전개할 수 있도록 하는 조치 ④ 제한전쟁에 적응할 수 있도록 해병대의 현능력을 강화하기 위한 조치 ⑤ 미국의 정보활동 전반을 재검토하여 전략목적 달성을 위해 충분

것이 의심의 여지가 없이 충분할 때 억제효과를 발휘할 수 있으므로, 잠재적 침략자에세 조금의 의문도 주지 않도록 충분한 군비를 갖출 것을 강조했다.

셋째, 의사결정의 합리화이다. 케네디는 펜타곤에 있어서의 전력구성에 따른 계획입안과정이나 의사결정과정을 합리화하여 전략목적상의 최적의 군사계획을 작성하고 이에 입각하여 예산배분을 할 수 있는 체제를 만들어, 3군 간의 정치적 갈등을 배제하고, 관료기구의 타성 또는 전력구조계획 입안과 예산편성 작업 간의 단점을 초래하는 등 국방성 내의 의사결정과정의 비합리적 측면을 해소하라고 지시했다.

넷째, 문민우위 국방체제 확립이다. 케네디는 군사기구에 대하여 문민통제 및 지휘체제 확립을 기하고, 전·평시를 막론하고 중요한 결정은 문민을 통하여 이루어지도록 함으로써 오판전쟁이나 우발전쟁의 위험을 감소시키고, 위기가 발생하게 되면 전쟁으로서의 확대를 억제하고, 만일 전쟁이 발발하면 조기에 억제와 회복이 가능하도록 노력을 집중하려는 정책을 내세웠다.

1962년 케네디 대통령은 국가안전보장회의 연설에서 미국 군사정책의 원칙을 다음과 같은 세 가지로 명확히 제시했다. 첫째, 결정적인 선제공격 또는 필요한 경우 보복 공격을 가능케 하는 핵 전력을 확장한다. 둘째, 나토 국가들이 제한적이고 재래식 및 특수전을 수행할 수 있는 능력을 강화하여 미국과 영국이 대규모 핵공격을 할 수 있는 유리한 조건을 조성해야 한다. 셋째, 지역, 재래식이나 게릴라 전쟁의 맥락에서 미래의 군사작전을 위한 미군의 적절한 준비를 한다.[37]

이상과 같이 유연반응전략은 소련의 핵무기 및 ICBM의 개발로 인한 미국의 핵우위 소멸과 그에 대한 대응조치로 나온 것이었다. 그리고 유연반응전략의 기본적인 개념은 테일러 장군이 제안했으며, 케네디 대통령은 맥나마라 국방장관에게 재래식 전쟁과 핵전쟁 모두에 있어서 소련에 대한 우위를 달성을 통해서 자신에게 결정할 수 있는 여러 옵션을 준비하도록 했다.

히 활용할 수 있게 하는 조치.

37 Zbigniew Zielonka(2016), p. 78.

나 유연반응전략의 내용과 변천

케네디는 침략국의 선제기습공격을 받더라도 이를 견디고 생존하여 상대국의 방위망을 돌파해 과대한 손해를 준다는 것을 잠재적 침략자에게 확실히 인식시킬 수 있을 만큼의 충분한 핵전력을 보유하려고 했다. 맥나마라 국방장관은 1965년 국방백서에서 미국의 전면핵전쟁 부대의 전략목표의 하나로서 "공자가 제1격을 가해와도 그 공격국에 대하여 감당할 수 없을 정도의 손해를 줄 수 있을 만큼 명백한 능력을 보유함으로써, 미국과 그 동맹국에 대한 적의의 핵공격을 억제시킬수 있다"고 전제하고, 이를 달성할 수 있는 능력을 설명하기 위해 확증파괴(assured destruction)라는 새로운 전략개념을 1965년 2월 최초로 사용하게 되었다. 그의 설명에 따르면, 확증파괴능력이란 침략자가 충분히 사전계획한 기습공격을 아측에게 가한 연후에도 그 침략자에 대하여 도저히 감당할 수 없을 정도의 파괴를 가할 수 있는 능력을 뜻했다.[38]

옵션 전략에 있어서는 적국의 도시뿐만 아니라 군사력에 대해서도 단계적으로 제재를 가할 수 있는 핵전력을 조성할 것을 전제로 하고 있었다. 그러나 이러한 확증파괴능력을 획득하기 위해서는 핵무기의 질과 양을 모두 강화하여 충분한 제2격능력을 확보하지 않으면 안되었다. 옵션전략이 성공하기 위해서는 침략국의 공격규모에 따라 단계적으로 제한적 제재를 가함으로써 각 단계에서 제재의 회복을 기하고, 핵전쟁하에서도 최후까지 침략국의 대도시 주민을 인질로 두되, 침략국이 미국의 도시를 공격하지 않는 한 미국도 소련의 도시를 공격하지 않을 것이라는 의도를 전하여 미국의 도시에 대한 침략국의 공격을 억제해야 했다.

이러한 핵전략 구현을 위해서 맥나마라는 ① 소련의 도시목표 및 군사목표에 대한 동시적인 결정적 파괴가 가능한 비취약적 핵보복력, ② 소련의 군사목표를 선택적으로 제어하여 단계적 보복공격을 가할 수 있는 정밀한 유도력과 비취약성을 가진 핵전력, ③ 도시 및 산업시설에 대하여 단계적인 보복공격을 가할 필

38 이선호(1982), pp. 252-253.

요가 있다면 일격에 이를 타격할 수 있는 핵전력이 필요하다고 생각했다.[39] 그러나 미국이 핵능력을 강화하더라도 제1격으로 소련의 모든 핵전력을 파괴한다는 것은 불가능했다. 맥나마라는 피해제한(damage limiting)이라는 새로운 개념을 도입하였다. 이 개념은 미국이 가장 유리한 상황하에서 핵교전이 이루어진다 해도 쌍방은 큰 손해를 입게 될 것이라는 가정 하에, 핵전쟁이 일어나면 미국은 인구와 산업시설에 대한 피해를 최소한으로 제한시키겠다는 것이었다.

이와 같이 맥나마라의 억제전략은 확증파괴와 피해제한이라는 두 개의 개념에 의해서 구성되었다. 그리고 이 두 개념에서 비롯된 두 가지 전력은 상호보완관계에 있었다. 즉, 핵억제전략에 있어서 제재적 억제기능을 지닌 확증파괴 전력이 수단이면, 피해제한 전력은 보조적 역할을 했다.[40] 케네디 행정부의 핵억제전략 또한 미국의 명확한 핵우위를 지향하고 있었다. 케네디 행정부는 급속한 핵전력의 증강을 통해 미·소의 핵균형을 미국의 압도적 우세로 바꾸어 놓으려 했다. 실제 케네디 행정부가 들어선 이후 10개월 동안 미국의 핵전력은 급격히 증강했다.[41] 1967년 10월 1일 당시의 전력을 보면, ICBM 발사대 1,054기, SLBM 발사대 656기, 장거리폭격기 697기, 핵탄두 4,500개로서 압도적인 대소우위를 견지했다. 그리고 1966년 10월 소련의 탄도요격미사일(ABM) 배치가 확인보도되자 미국은 다탄두유도탄(MIRV)을 개발하여 미니트맨과 포세이돈에 배치하기 시작했다(소련은 당시 이를 개발하지 못하고 있다가 1973년에 최초 실험 성공했다).

아울러 맥나마라는 핵보복능력을 향상시킴으로써 억제효과를 높이는 한편, 제한전쟁의 억제와 확전 방지를 위해 거부능력을 향상하여 억제효과를 높이려고 했다. 맥나마라는 1962년의 국방백서에서 밝힌바 있는 "지구상의 어떠한 곳

---

39 위의 책, p. 253.

40 Statemnet of Secretary of Defense. Robert S. McNamara before a Joint Session of the Senate Armed Service Committee on the FY 1969~1972, *Defense Program* Jan 23(1967), pp. 38-39.

41 ① 기간 중 추가된 60억 달러의 국방예산 중 20억 달러 이상이 핵전력의 향상과 방호를 위해 투입되었고, ② 폴라리스 잠수함의 척수를 1974년까지 당초의 계획보다 1.5배 증가시켰으며, ③ 지상대기 전략폭격기의 수가 50% 증가하였으며, ④ 미니트맨 유도탄의 생산능력을 100% 증가시켰다. William W. Kaufman. *The McNamara Strategy* (Harper and Row, 1964), p. 69.

에도 제한전쟁에 신속히 대응할 수 있는 능력을 갖지 않으면 안된다"는 원칙하에 그의 재임기간 중에 연차적으로 각종 제한전쟁 수행부대의 증강을 서둘렀다.

그 중요한 성과를 보면 1961회계연도 이래 육군의 현역병력을 86만 명에서 96만 명으로 증강시켰고, 전투즉응사단을 11개 사단에서 13개 사단으로 증가시켰으며, 아이젠하워 행정부의 핵장비중심의 펜타믹(pentamic)사단을 폐지하고, 대신 다목적으로 사용될 수 있도록 유연성·비핵화력·전술적 기동성·지휘통제력 등을 강화한 로드(ROAD: Reorganization of army division) 개념에 의한 육군사단을 재편성했다. 또한 반격이나 게릴라 활동 진압용의 특수부대인 그린베레를 창설하고 대분란부대를 증설하였다. 그리고 아이젠하워 행정부 때 예비군을 전투부대로 동원전개하는 데 4개월에서 9개월이 소요되는 것을, 맥나마라는 2개 사단과 그 지원부대를 3주간, 다른 2개 사단과 그 지원부대를 5주간, 그리고 6개 사단과 그 지원부대를 8주간의 예비기간 내에 전개시킬 수 있도록 계획함으로써 결국 10개 사단이 8주 내에 동원투입될 수 있는 전투준비 즉응체제를 갖추게 했다.[42] 이러한 거부적 억제력의 증강을 뒷받침하고 합리화시킬 수 있었던 정책적 배경은 베트남전이 확전됨으로써 미국의 안보와 공약의 이행상 이들 부대의 보유가 불가피했기 때문이었다.

이후 1969년 1월 20일 들어선 닉슨 행정부는 '현실적 억제'(realistic deterrence)라는 새로운 전략 개념을 도입했다. 이 새로운 전략은 기본적으로 핵과 핵잠재력을 유연하게 처리하다는 개념을 갖고 있었고, 이는 유연반응전략의 연속이었다. 즉, 제한핵전쟁을 억제할 수 있는 충분한 정도의 제재를 가할 보복력을 유지함으로써 소련의 핵공갈을 무력화시키고 동맹국에 대한 소련의 정치적 강압행사를 방지하는 것이었다.

새로운 전략의 주요 가정은 미군 병력 감축, 핵무기의 전략적 역할 유지, 그리고 재래식 군사력 확대, 미 동맹군에 대한 재정 감소였다. 새로운 전략에서 가장 중요한 변화는 '2.5전쟁'(two and a half wars)에서 '반의 전쟁'(half a war)으로, '확증 파괴'(assured destruction)의 원칙에서 '전략적 신중'(strategic prudence)의 원칙으로, '전진 전선 기반'(basing on the advanced frontiers)에서 '전략적 기동성'(strategic

42 이선호(1982), p. 256.

mobility)으로 대체한 것이다.[43] 즉, 현실적 억제 이론은 단 하나의 주요 전쟁과 이를 수행할 수 있는 미국 재래식 군대의 유지를 가정했다. 이제 유럽과 아시아, 라틴아메리카와 아프리카의 민족해방운동 등 여러 전선에서 동시에 군사개입할 가능성은 포기되었다. 그렇지만 전 세계 어느 곳에서든 재래식 병력의 이동을 보장하는 임무를 맡은 해군과 공군의 역할은 증가했다.

1976년 '현실적 억제' 전략은 '선택적 선정'(selective choice) 전략으로 확장되었다. 이 전략은 제한된 핵전쟁에 중점을 두고 전략적 타격력을 다변적으로 사용하는 것을 가정했기에 잠재적 핵공격은 적의 군대와 군사 목표물에 대해서만 이루어져야 했으며, 민간 피해를 최소화해야 했다. 제임스 슐레진저(James R. Schlesinger) 국방장관은 소련이 동맹국에게 전면 도시핵보복을 하지 않을 정도의 제한핵공격에 직면하게 되면, 미국이 보복력을 발동하지 않을 것이라는 소련 지도층의 오산을 방지하기 위해 목표설정전략을 제시했다.[44] 이는 당시 유도탄의 기술적 발전에 따라 도시 외의 목표에 선택적인 공격을 할 수 있는 여건이 조성되었기 때문에 실현가능성 있는 전략이었다.

1979년에 시작된 소련의 아프가니스탄 전쟁은 거의 10년 동안 지속된 데탕트 기간을 끝내고 미국의 외교정책과 군사전략을 수정하는 자극제가 되었다. 이후 카터 행정부 시대에는 슐레진저의 목표설정전략이 민간인에게도 피해를 줄 수 있다는 회의적 도전을 받게 되자 다시 케네디 행정부 시대의 대도시 및 대병력 공격의 선택적 옵션 전략을 답습하려는 경향을 보였다. 1978년 12월 1일, 지미 카터 대통령은 백악관 기자회견에서 방위정책을 더욱 강대한 대량보복전략으로 전환할 것이라고 언급하였다.[45] 이는 전략핵무기제한협상에서 주도권을 확보하기 위한 전략적 포석과 아울러 전구핵전력을 증강함과 동시에 전략핵전력을 가일층 강화함으로써 소련과의 전면핵전쟁 억제를 보장하려는 의도였다.

1980년에 서명된 '대통령 지침 59'에는 새로운 전략 목표가 제시되었다. 이 지침은 제한적이지만 장기적인 핵전쟁을 수행할 수 있는 능력을 예상했고, 적의

---

43 Zbigniew Zielonka(2016), p. 81.

44 이선호(1982), p. 265.

45 이선호(1982), p. 274.

목표물에 대한 선제적, 대규모 또는 선택적 공격의 가능성을 허용하면서도 추가 핵공격 능력은 여전히 보유하도록 했다. 이미 훨씬 더 높은 정확도를 특징으로 하는 핵미사일은 적군에게 전략적으로 중요한 대상, 즉 국가 통치를 위한 정치 및 행정 중심지, 지휘소, 핵무기 배치 지역, 그리고 통신 거점 등을 모두 공격할 수 있도록 해 주었다. 특히 중요했던 점은 '지침 59'가 바르샤바 조약기구 국가의 모든 주요 도시에 대한 민간인 표적에 대한 핵공격을 배제하지 않았다는 사실이다.

지미 카터 행정부의 억제전략 교리는 로널드 레이건 행정부에 의해 크게 거부되지 않았다. 오히려 레이건 행정부는 미국의 힘을 강화하는 데 주력했다. 1983년 '국가안보정책지침 75호'에 의하면, 레이건 행정부는 국제정치의 모든 영역에서 효과적인 대결을 통해 소련의 팽창주의를 억제하고 장기적으로 저지하려 했다.[46] 1982년 미 국방부가 중성자 무기·다탄두 탄도미사일·폭격기·잠수함 생산을 포함한 매우 값비싼 5개년 군비 프로그램을 개발하면서 그 계획은 이미 착수되었다. 이듬해 3월에는 '스타워즈'(star wars)라는 아이디어와 전략 미사일 방어 시스템을 만들기 위한 '전략방위구상'(Strategic Defnese Initiative)이 제시되었다. 이 구상의 구현 비용은 최소 250억 달러로 추산되었다.

레이건 계획의 실행은 소련에게 군사적·정치적으로 큰 도전으로 다가왔다. 새로운 군비경쟁의 시작은 지나치게 군사화되고 경제적으로 비효율적인 소련의 경제를 위협했다. 미국이 적의 핵공격을 효과적으로 무력화할 수 있는 무기를 만들 수 있다는 것은 세계 초강대국으로서 모스크바의 지위를 심각하게 침해했다. 그리고 이 전략은 1980년대 말 냉전의 종식과 소련 제국의 붕괴라는 예상치 못한 결과를 가져왔다. 하지만 핵무기는 탈냉전시대에도 확실한 파괴의 상징이자 억제력의 정치·전략적 요소로 여전히 남아 있었다.

---

46 U.S. Relations with the U.S.S.R (NSC-NSDD-75). https://irp.fas.org/offdocs/nsdd/nsdd-75.pdf (검색일: 2024. 7. 23).

4 탈냉전기 맞춤형 억제전략

가 클린턴 행정부와 부시 행정부의 핵 억제전략

냉전이 종식되면서 미·소의 핵전쟁 가능성은 많이 줄어들었다. 하지만 수평적 핵 확산이 진행되면서 지역 수준의 무력충돌과 국제적 테러집단이 핵 확전을 초래할 것이라는 우려가 제기되었다. 이른바 '제2차 핵시대'가 도래한 것이다. 냉전기 소련과의 핵전략 안정성을 우선시했던 미국의 핵전략은 변화를 꾀하지 않을 수 없게 되었다. 과거 소련이라는 명확한 적대국을 대상으로 핵전략을 구상했다면, 이제는 보다 다양한 위험을 상정해야 했다. 즉, 탈냉전기 미국의 핵전략에는 지역적 강대국과 더불어 비국가 행위자의 핵무기 위협도 고려할 수밖에 없게 된 것이다. 구소련의 위협은 사라졌지만, 러시아의 핵 위협이 여전히 실존했으며, 중국의 핵 위협이 대두되었다. 나아가 북한·이라크·시리아 등 일부 국가들에게서 핵무기 개발 관련 움직임이 나타났다.[47]

1993년 1월 클린턴(Bill Clinton) 행정부가 들어섰다. 클린턴 행정부는 1993년 9월 '바텀업 보고서'(Report on the Bottom up Review)를 발표했다. 이 보고서는 클린턴 행정부의 국가안보전략의 방향성을 제시했다. 여기에서 클린턴 행정부는 전 세계에서 동시에 발생하는 2개의 주요한 지역전쟁에서 모두 승리할 수 있는 군사력을 유지하는 것을 목표로 했다.[48] 1969년 닉슨 행정부가 '2.5전쟁'에서 '반의 전쟁'(half a war)으로 목표를 하향했던 이후 24년 만에 미국은 그 목표를 두 개의 전쟁에서 승리하는 것으로 상향 조정한 것이다. 이는 구소련의 몰락에 반비례해 초강대국으로 높아진 미국의 자신감을 표현한 것이라 볼 수 있다.

1994년에 발표된 클린턴 행정부의 핵태세보고서(NPR)에는 "소련의 위협은 사라졌지만, 러시아의 핵 위협이 여전히 남아있어서 미국은 핵 3축체제를 근간으로 다량의 핵무기 보유 전략을 그대로 유지한다"는 것과 "잠재적으로 북한과

47 임경한, "핵태세검토보고서(NPR)를 통해 본 미국의 핵전략 특징" 『국제정치연구』 제25집 4호(2022), p. 200.

48 Les Aspin Secretary of Defense. *Report on the Bottom-Up Review*(1993).

이라크 등 핵을 가지려는 약소 국가와 국제적 테러집단이 핵무기를 갖지 못하도록 WMD 확산을 억제하는 데 중점을 둔다"는 내용이 포함되었다.[49] 아울러 미국은 구소련 및 러시아와 체결한 협정에 따라 핵무기의 배치를 상당한 수준으로 감축하는 것과 핵무기의 현대화 프로그램을 중단한다는 내용도 포함했다. 클린턴 행정부의 핵전략은 변화된 안보환경에 맞추어 기존 핵 3축체제를 유지하되 협정에 따른 핵무기의 감축과 일부 국가나 국제테러단체들의 핵보유 확산을 방지하고자 했다.

2001년 들어선 부시 행정부 시기는 미국이 전 세계 국제안보질서를 이끌어 가던 시기였다. 중국이 새롭게 등장하고 있었지만 미국에 맞설만한 국가로는 상정되지 않았다. 2001년 발생한 9·11테러로 미국에 대한 위협의 주체가 국가 수준에서 국제테러단체로 확대되었다. 부시 행정부는 미국의 기존 전략을 재평가하고 전략적 우선순위에 대한 재검토를 실시했다. 부시 행정부의 국가안보전략이 전임 행정부와 다른 점은 핵무장 적성국가를 최우선 목표순위로 간주하지 않았다는 점이다. 대신 대량살상무기를 보유한 불량국가, 테러집단을 후원하는 지역 강대국, 그리고 극단주의 테러세력에 대한 대응과 억제를 미국의 안보에 대한 최우선 과제로 삼았다.[50]

미국이 처한 불확실성이 높아지면서 부시 행정부는 핵전력과 재래식 전력을 포괄하는 "능력 기반의 거부적 억제전략"을 강조하면서, 거부적 억제전략을 뒷받침하기 위한 '신 3축체계'(핵 및 재래식 공격전력, 미사일 방어체계, 방위산업 기반시설)를 구축할 것이라고 언급했다.[51] 다만 핵무기 감축면에서는 2007년과 2012년 두 단계로 나누어 단계적으로 미국의 핵무기 수를 감축하겠다는 의지를 표명했다. 미국의 핵전력을 현대화 하면서 동시에 핵무기에 대한 의존도를 낮추려고 했다. 즉, 냉전시대의 '위협 기반' 기획에서 '능력 기반' 기획체계로 전환하면서 미국과 동맹국의 안보를 보장하는 데 충분한 최저 수준의 핵전력으로 억제력을

49 Department of Defense. *Nuclear Postiure Review*(1994).

50 김기범, "미국 핵전략 변화의 대북 확장억제 태세에의 영향" 연구보고서 안보2021-4665. 한국국방연구원(2022. 11), p. 17.

51 강석율 외, "미국의 대중국 통합 억제력 구축 동향과 한미동맹에 대한 시사점" 연구보고서 안보2022-4784. 한국국방연구권(2022. 12), p. 40.

구현한다는 것이 부시 행정부의 의도였다.

이러한 배경에서 작성된 2002년 부시 행정부의 핵태세보고서에는 미국의 핵전략이 선제공격까지 가능한 전략으로 변화했으며, 테러 세력 및 테러 지원 세력까지 해당될 수 있다는 것을 명시했다. 또한 러시아와 중국에 대한 확고한 핵우위를 강조했으며, 특히, 북한·이라크·이란·시리아·리비아·러시아·중국 등 7개국에 대해 잠재적 핵공격이 가능한 국가로 선정했다. 이는 적극적인 핵무기 사용을 통해 핵 및 재래전, 나아가 국제적 테러까지 억제하겠다는 미국 정부의 억제 의지를 보여준 것으로 보인다.[52]

나 오바마 행정부부터 바이든 행정부까지의 핵 억제전략

2009년 들어선 오바마 행정부는 기존 부시 행정부와는 차별화된 안보전략을 보여주었다. 오바마 대통령은 2009년 4월 체코 프라하에서 "핵무기 없는 세상"이라는 연설을 했다. 그는 "수천 기의 핵무기는 냉전시대의 유산"이며, "핵무기 없는 세상의 평화와 안보를 추구할 것"이라고 선언했다.[53] 2010년 4월 미국 국방부는 '2010 핵태세검토보고서'를 발표했다. 로버트 게이츠 국방장관은 동 보고서가 오바마 대통령의 핵무기 없는 세상의 미래상을 구현할 지침을 담고 있다고 서문에 밝혔다.[54]

'2010 핵태세검토보고서'는 전임 부시 행정부와는 다른 핵무기 정책과 전력태세를 추구했다. 오바마 행정부는 핵 테러리즘 방지와 핵 비확산에 가장 높은 우선순위를 부여했다. 핵무기 정책과 태세 관련 주요 목표는 ① 핵확산과 핵테러리즘 방지, ② 국가안보전략에서 핵무기의 역할 축소, ③ 낮은 핵전력 수준에서 전략적 억제력과 안정성 유지, ④ 지역 억제태세 강화와 동맹 및 우방국에 대한 안보 재보장, 그리고 안전하고·방호되고·효과적인 핵전력의 유지였다. 이와

52 Department of Defense. *Nuclear Postiure Review*(2002).

53 White Houese Office of the Press Secretary (April 5, 2009). "Remarks By President Barack Obama In Prague As Delivered." https://obamawhitehouse.archives.gov/the-press-office/remarks-president-barack-obama-prague-delivered (검색일: 2024. 08. 15).

54 Department of Defense. *Nuclear Postiure Review*(2010), p. i.

같은 목표 설정은 냉전시대와 같은 강대국 간 경쟁이 더는 유효하지 않다는 인식과 더불어 미국의 재래식 전력에 대한 자신감, 그리고 미사일 방어체계가 상당 부분 개선되었다는 평가에 기인한 것이었다.[55]

오바마 행정부는 그동안 미국이 일방적으로 주도하던 국제안보질서를 다자주의에 의한 협력적인 방식으로 전환하려고 했다. 오바마 대통령은 핵무기 없는 세계를 만들기 위해 미국 스스로 핵무기를 새롭게 개발하는 노력을 중단하고 국제원자력기구와 NPT 체제를 강화하는 등 국제적인 노력에 관한 의지를 표명했다.[56] 핵무기 확산과 핵테러리즘 차단, 그리고 전략적인 억제 안정성 유지를 강조하면서 지역적인 억제를 강화하는 측면에서 미국의 동맹 및 우방국들을 대상으로 확장억제를 제공한다는 것을 재확인했다.[57] 오바마 행정부는 핵무기의 역할을 축소하고 전략적 안정성을 달성하고 동맹국 및 우방국에는 신뢰성 있는 핵우산을 제공함으로써 미국의 확장억제를 재확인했다고 볼 수 있다. 하지만 오바마 행정부는 군축론자들이 주장하는 만큼의 핵전력을 감축하지는 않았다. 핵 테러리즘과 핵무기의 수평적 확산에 대한 대응이 최우선 순위를 차지하고 있었지만, 러시아와 중국 같은 기존 핵보유국과의 전략적 안정성을 보장하는 것도 여전히 중요했기 때문이다.[58]

2014년 러시아가 크림반도를 병합할 당시 유럽에서 러시아의 위협에 대한 우려는 소련 붕괴 이후 최고조에 달해 있었다. 러시아가 재래식 전력과 핵무기 사용 위협으로 하이브리드전을 뒷받침하는 것을 보면서, 유럽 국가들은 러시아의 제한적 핵 사용이 실제 분쟁 발생시 구현될 수 있는 개념임을 인식했다. 부시 행정부 이후 핵감축 등 러시아와 새로운 전략적 관계를 추구했지만, 이제는 새로운 변화가 필요했다.[59] 강대국 간 전략적 불안정이 높아진 가운데 트럼프 행정부는 새로운 전략 개념을 도입해야 했다.

2018년 트럼프 행정부에서 발표한 핵태세검토보고서에서는 오바마 행정부

---

55 김기범(2022), p. 22.

56 임경한(2022), p. 208.

57 Department of Defense. *Nuclear Postiure Review*(2010).

58 김기범(2022), p. 22.

59 김기범(2022), p. 23.

와는 다른 인식을 보여주었다. 동 보고서에는 잠재적 적대세력의 핵전력 확대 및 현대화와 더불어 국제 안보환경의 추가적인 악재 발생으로 미국과 동맹국, 그리고 우방국의 안보에 새로운 심각한 도전이 제기되고 있기 때문에 전임 정부의 핵전략 및 정책 수립의 근거가 된 낙관적인 변화와 기대들은 모두 쓸모없게 되었다고 언급했다.[60] 강대국 경쟁으로의 회귀와 핵보유 적대국이 연루된 지역 분쟁 발생 가능성이 증가한 만큼, 미국은 핵전력을 앞장서 감축하고 전략적 비중을 줄이기보다는 강해진 적대세력을 억제할 수 있는 강력한 핵전력을 보유해야 한다는 것이 동 보고서의 핵전략 기조였다.[61]

동 보고서는 핵무기의 역할을 핵·비핵 공격 모두에 대한 억제수단으로 정의했으며, 러시아와 중국 그리고 북한과 이란의 핵 위협을 공식화 하면서 미국은 각각의 위협 유형에 대응하기 위한 맞춤형 전략(tailored strategy)을 펼칠것이라고 언급했다.[62] 오바마 행정부와 가장 큰 차이점은 트럼프 행정부가 핵무기를 필요하면 사용이 가능한 무기로 인식했다는 점이다. 아울러 중국의 핵 위협을 러시아와 같은 수준으로 보았으며, 북한에 대해서는 그들의 핵공격 감행이 김정은 정권의 종말로 이어질 것임을 공개적으로 명시했다. 또한 핵전력 면에서는 실제 사용 가능성이 높은 저위력 핵무기, 즉 전술핵무기 역량을 강화하겠다고 한 것이 주요 특징이다. 그 사용에는 동맹국의 안보 위협도 포함되어 있다.[63] 전술핵무기의 실제 사용 가능성을 언급한 것은 그 사용의 신뢰성을 확인함으로써 잠재적 적대국의 핵공격을 억제하겠다는 논리로 보는 것이 타당할 것이다.

마지막으로 2022년 핵태세검토보고서에 제시된 바이든 행정부의 핵전략 기조는 다음과 같은 특징이 있다.[64] 첫째, 미국 주도의 전략적 억제력이 효과적으로 작용할 수 있는 방안들을 강구했다는 점이다. 핵 선제 불사용 원칙을 명시하

60 Department of Defense. *Nuclear Postiure Review*(2018).

61 김기범(2022), p. 25.

62 Department of Defense. *Nuclear Postiure Review*(2018).

63 Department of Defense. *Nuclear Postiure Review*(2018).

64 Department of Defense. *2022 National Defense Strategy of the United of the United States: Including the 2011 Nuclear Posture Review and the 2022 Missile Defense Review.*

지는 않았지만, 동맹국과 우방국들에 대한 확장억제 공약을 명시함으로써 미국의 신뢰성을 명확하게 보여주려고 했다. 그 의도는 당연히 러시아와 중국, 북한 등의 국가들이 미국의 확장억제 전략을 오판하지 않게 하기 위해서였을 것이다. 아울러 바이든 행정부는 핵 관련 NC3(지휘·통제·통신)와 핵무기 투발 수단의 현대화 방향을 제시하고 있다. 바이든 행정부는 중국의 핵전력 증강을 러시아와 더불어 우선적인 미국의 안보 위협으로 평가했다. 요약하면 바이든 행정부의 핵전략 기조는 트럼프 행정부처럼 선제핵공격이라는 적극적인 표현은 사용하지 않았지만, 대중국 억제라는 측면에서는 일관성을 갖고 있었다.

5 결론

이 장에서는 1940년대 핵무기 개발 이후 등장한 핵전략이 시대에 따라 어떻게 등장했고, 변화해 갔는지, 그 배경과 원인, 그리고 주요 내용을 살펴보았다. 이하에서 본문의 내용을 요약하면서 결론을 대신하고자 한다.

트루먼 행정부는 냉전 초기 새로운 안보 전략을 구상하려고 했다. 트루먼 행정부의 전략 구상에 참여한 외교·민간 전략가들은 전통적인 동원 중심의 전략보다는 핵무기와 재래식 군사력의 증강을 통한 억제전략 발상을 제시했다. 하지만 대부분의 장군들은 전쟁이 발발할 경우 대규모 동원과 전쟁 승리를 통해 미국의 안전을 확보하고자 했다. 결과적으로 트루먼 행정부의 전략 구상은 전통적인 전략적 사고의 범주에서 크게 벗어나지 못했다. 반면, 아이젠하워 행정부는 동원전략적 사고에서 억제전략적 사고로 완전히 전환했다. 아이젠하워 행정부는 해외주둔군을 현지군으로 대체하는 대신 미 본토에 기동전략예비군을 유지하여 예산을 절약하고, 미국의 독점적인 핵무기를 이용하여 보복한다는 대량보복전략을 구상했다. 이는 군사적 위협뿐만 아니라 비군사적 위협 특히 경제적 위협을 상정하여 거시적인 입장에서 새로운 국가 안보 정책을 추구하려 한 것이었다. 그러나 아이젠하워 행정부의 대량보복전략은 적의 본토에 대한 핵무기 보복을 전제로 한 것이었기 때문에 제한전쟁이 핵전쟁으로 확대될 수 있다는 국내외적 비판에 직면했다. 또한 아이젠하워 행정부의 대량보복전략은 미국의 절대적 핵우위를 전제로 한 것이었다. 1950년대 중반부터 소련이 핵무기와 장거리 전략폭격기를 모두 갖추면서 아이젠하워 행정부는 '네오 뉴룩 정책'을 선보였지만, 소련의 핵전력이 미국을 추격하면서 대량보복전략이라는 개념은 예상외로 빠르게 종말을 향해 가고 있었다.

변화된 상황에 따라 케네디 행정부는 유연반응전략을 내놓았다. 유연반응전략은 소련의 핵무기 및 ICBM의 개발로 인한 미국의 핵우위 소멸과 그에 대한 대응조치로 나온 것이었다. 그리고 유연반응전략의 기본적인 개념은 재래식 전쟁과 핵전쟁 모두에 있어서 소련에 대한 우위를 달성함과 동시에 대통령에게 선택가능한 여러 옵션을 제공하는 것이 목적이었다. 케네디 행정부에서 대두된 유연반응전략은 몇몇 행정부를 거치면서 보완 또는 변경되었다. 케네디 행정부는 핵보복능력을 향상시킴으로써 억제효과를 높이는 한편, 제한전쟁의 억제와 확전 방지를 위해 거부능력을 향상하여 억제효과를 높이려고 했다. 그 실현을 위해 확증파괴와 피해제한이라는 개념을 도입했다. 그 다음 닉슨 행정부는 데탕트 시대를 맞이하여 현실적 억제라는 새로운 전략개념을 도입했다. 즉, 제한핵전쟁을 억제할 수 있는 충분한 정도의 보복력을 유지함으로써 소련의 핵공갈을 무력화시키고 동맹제국에 대한 소련의 정치적 강압행사를 방지하는 것이었다. 이후 현실적 대응 전략은 선택적 선정 전략으로 확장되었다. 이 전략은 제한된 핵전쟁에 중점을 두고 잠재적 핵공격은 적의 군대와 군사 목표물로 제한하였다.

카터 행정부 시대에는 슐레진저의 목표설정전략이 민간인에게도 피해가 줄 수 있다는 회의적 도전을 받게 되자 다시 케네디 행정부의 대도시 및 대병력 공격의 선택적 옵션 전략을 답습하려는 경향을 보였다. 이는 전략핵무기제한협상에서 주도권을 확보하려는 포석과 아울러 전략핵전력을 강화해 소련과의 전면 핵전쟁 억제를 보장하려는 의도였다. 카터 행정부의 억제전략 교리는 로널드 레이건 행정부에 의해 크게 거부되지 않았다. 오히려 레이건 행정부는 미국의 힘을 강화하는 데 주력했다. 레이건 행정부의 군비경쟁은 1980년대 말 소련 제국의 붕괴라는 예상치 못한 결과를 가져왔다.

탈냉전 시대 미국의 핵억제전략은 맞춤형 억제전략으로 발전했다. 클린턴 행정부는 탈냉전 이후 소련의 위협은 사라졌지만, 러시아의 핵 위협이 여전히 남아있어서 미국은 핵 3축체제를 근간으로 다량의 핵무기 보유 전략을 그대로 유지한다는 기조를 유지했다. 아울러 북한과 이라크 등 핵을 가지려는 약소국가와 국제적 테러집단이 핵무기를 갖지 못하도록 WMD 확산을 억제하는 데 중점을 두었다. 부시 행정부는 핵무장 적성국가를 최우선 목표순위로 간주하지 않고, 대신 대량살상무기를 보유한 불량국가, 테러집단을 후원하는 지역 강대국, 그리고 극단주의 테러세력에 대한 대응과 억제를 미국의 안보에 대한 최우선 과제로 삼았다. 부시 행정부는 핵전력과 재래식 전력을 포괄하는 "능력 기반의 거부적 억제전략"을 강조하면서, 거부적 억제전략을 뒷받침하기 위한 '신 3축체계'를 구축하려고 노력했다. 아울러 미국의 핵무기 감소와 더불어 핵전력을 현대화하면서 핵무기에 대한 의존도를 낮추려고 했다.

오바마 행정부는 기존 부시 행정부와는 차별화된 안보전략을 보여주었다. 오바마 대통령은 핵무기 없는 세계를 만들기 위해 국제원자력기구와 NPT체제를 강화하는 등 국제적인 노력에 관한 의지를 표명했다. 그러면서도 오바마 행정부는 핵무기 확산과 핵테러리즘 차단, 그리고 전략적인 억제 안정성 유지 등 지역적인 억제를 강화하는 측면에서 미국의 동맹 및 우방국들을 대상으로 확장억제를 제공한다는 것을 재확인했다. 오바마 행정부는 핵무기의 역할을 축소하고 전략적 안정성을 달성하고 동맹국 및 우방국에는 신뢰성 있는 핵우산을 제공함으로써 미국의 확장억제를 재확인했다고 볼 수 있다.

2018년에 들어선 트럼프 행정부는 오바마 행정부와는 다른 인식을 보여주었다. 트럼부 행정부는 핵무기의 역할을 핵·비핵 공격 모두에 대한 억제수단으로 정의하고, 러시아와 중국 그리고 북한과 이란의 핵 위협을 공식화 하면서 미국은 각각의 위협 유형에 대응하기 위한 맞춤형 전략(tailored strategy)을 채용했다. 오바마 행정부와 가장 큰 차이점으로 트럼프 행정부는 핵무기를 필요하면 사용이 가능한 무기로 인식했다는 점이다. 마지막으로 바이든 행정부는 미국 주도의 전략적 억제력이 효과적으로 작용할 수 있는 방안들을 강구했다. 핵 선제 불사용 원칙을 명시하지는 않았지만, 동맹국과 우방국들에 대한 확장억제 공약을 명시함으로써 미국의 신뢰성을 명확하게 보여주려고 했다. 바이든 행정부의 핵전략 기조는 트럼프 행정부처럼 선제핵공격이라는 적극적인 표현은 사용하지 않았지만, 대중국 억제라는 측면에서는 일관성을 갖고 있었다.

참고문헌

국문

강석율 외, "미국의 대중국 통합 억제력 구축 동향과 한미동맹에 대한 시사점" 연구보고서 안보2022-4784. 한국국방연구권(2022. 12).

김기범, "미국 핵전략 변화의 대북 확장억제 태세에의 영향" 연구보고서 안보2021-4665. 한국국방연구권(2022. 11).

이만석·함형필, 『미국의 핵전략』(서울: 플래닛미디어, 2024).

이선호, 『핵무기와 핵전략』(서울: 법문사, 1982).

임경한, "핵태세검토보고서(NPR)를 통해 본 미국의 핵전략 특징" 『국제정치연구』 제25집 4호(2022).

최병갑 외, 『현대군사전략대강 -이론과 실제- (Ⅳ) 핵시대의 전략』(서울: 을지서적, 1988).

콜린스 그레이, 기세찬·이정하 역, 『현대전략』(서울: 안보전략문제연구소, 2015).

영문

Arhhur M. Schlesinger. *A Thousand Days, John F. Kennedy in the White House* (Houghton Mifflin, 1965).

Clark, Mark Edmond. "General Maxwell Taylor and His Successful Campaign Against the Strategy of Massive Retaliation." *Army History*, No. 16, 1990.

Charles J. Murphy. "The Eisenhower Shift." *Fortune*(March, 1956).

Department of Defense. *Nuclear Postiure Review*(1994).

Department of Defense. *Nuclear Postiure Review*(2002).

Department of Defense. *Nuclear Postiure Review*(2010).

Department of Defense. *Nuclear Postiure Review*(2018).

Department of Defense. 2022 National Defense Strategy of the United of the United States: Including the 2011 Nuclear Posture Review and the 2022 Missile Defense Review.

Henry A. Kissinger. *Nuclear Weapons and Foreign Policy(1957)* (W. W. Norton & Company; Abridged Edition, 1969).

John F. Kennedy. *The Starategy of Peace* (Popular Library, 1961).

John Foster Dulles. "The Evolution of Foreign Policy." *Department of State Bulletin 30* (25 January 1954).

John Foster Dulles. "Challenge and REsponse in the United States." *Foreings Affairs*, Oct, 1957.

Les Aspin Secretary of Defense. *Report on the Bottom-Up Review*(1993).

Louis L. Gerson. *John Foster Dulles* (New York: Cooper Square Publishers, 1976).

Maxwell D. Taylor. *The Uncertain Trumpet* (New Yoprk: Harper & Brothers, 1960).

Statemnet of Secretary of Defense. Robert S. McNamara before a Joint Session of the Senate Armed Service Committee on the FY 1969~1972. Defense Program(Jan 23, 1967).

Theodore C. Storencen. *Kennedy* (Pan Books, 1965).

Townsend Hoopes. *The Devil and John Foster Dulles* (Boston, Mass.: Little, Brown and Co., 1973).

Robert J. Donavon. *Eisenhower Inside Story* (Harper & Brothers, 1956).

Samuel F. Wells. "The Origins of Massive Retaliation." *Political Science Quarterly*, Vol. 96, No. 1(1981).

Samuel P. Huntington. *The Common Defense, Strategic Program in National Politics* (New York: Columbia University Press, 1961).

Samuel P. Huntington, *The Soldier and the State* (Belknap Press, 1957).

Walter Millis. *Arms and the State, Civil-Military Elements in National Policy* (The Lord Baltimore Press, 1958).

William W. Kaufman. *The McNamara Strategy* (Harper and Row, 1964).

Zagare, Frank C. and D. Marc Kilgour. "Assessing Competing Defense Postures: The Strategic Implications of 'Flexible Response'." *World Politics*, Vol. 47, No. 3(1995).

Zbigniew Zielonka, "Nuclear Weapons in the strategies of the United States and NATO Strategy of Massive Retaliation and Flexible Response", *Journal of Science of the Militray Academy of Land Forces*, Vol. 48, No. 3(2016).

NSC-68. "A Report to the National Security council by Excutive Secretary on United States Objectives and Programs for National Security", Washington(1950. 4. 14) https://info.publicintelligence.net/US-NSC-68.pdf (검색일: 2024. 7. 23).

U.S. Relations with the U.S.S.R (NSC-NSDD-75). https://irp.fas.org/offdocs/nsdd/nsdd-75.pdf (검색일: 2024. 7. 23).

White Houese Office of the Press Secretary (April 5, 2009). "Remarks By President Barack Obama In Prague As Delivered." https://obamawhitehouse.archives.gov/the-press-office/remarks-president-barack-obama-prague-delivered (검색일: 2024. 08. 15).

05. 핵 비확산 체제의 역사와 주요 쟁점[1]

- 김영준(국방대 전략학부 교수)

목 차

1. 서론
2. 국제 비확산 체제의 기원과 역사
3. 비핵화 사례의 쟁점과 전망
4. 국제 비확산체제의 대한민국의 역할과 전략
5. 결론: 정책적 함의

1 서론

최근 러시아 우크라이나 전쟁에서 실제 핵 사용 가능성에 대한 푸틴 러시아 대통령의 언급 등 탈냉전 이후 핵 전쟁에 대해서 세계가 고민하게 되는 긴장 상태가 다시 생겼다. 이러한 분위기에서 세계 최초 원자폭탄 개발을 다룬 영화 '오펜하이머'가 세계적인 주목을 끌면서, 냉전 종식 이후 인류가 안심해오던 핵 전쟁으로 인한 인류 공멸이 다시 가능해지는 핵 미사일 무한 경쟁의 시대에 대한 국제사회의 우려가 증가하고 있다. 기존의 핵 강대국들은 신 냉전 시기에 미국, 중국, 러시아를 중심으로 무제한 핵 미사일 군비경쟁에 진입하였으며, 미국과 러시아 양자 간 핵 미사일 양자 조약의 무력화와 NPT 체제에서 핵 보유국과 비보유국 간의 지속적인 합의 부재와 입장 차이로 인한 갈등, 그리고 핵 무장국들

1 이 장은 2024년도 국방대 안보문제연구소의 연구과제인 "국가 핵대응전략 토대 구축을 위한 기반연구"의 일부를 수정보완한 것임.

의 지속적인 도발로 인하여, 세계는 1991년 냉전 종식 이후 다시 핵 전쟁으로 인류가 공멸할 수 있다는 우려가 급증되는 시대를 맞이하게 되었다. 2025년이면 세계 최초 원자폭탄 실험이 성공하고 실제 일본 히로시마와 나가사키에서 사용되던 1945년으로부터 80주년이 된다. 그동안 냉전기에 핵 전쟁으로 인한 공멸의 위기를 막기 위한 다양한 형태의 미국과 소련 간 양자 조약, NPT를 중심으로 한 비확산 체제의 위기와 성공 등을 겪으며, 인류는 다시 1945년의 교훈을 잊는 핵 전쟁의 위기를 맞이하고 있다.

본 장에서는 한국에서의 연구가 주로 지난 30년간 북핵 위기와 이에 대응하기 위해 한미 확장억제와 3축 체계를 중심으로 한 대응전략에 집중된 상황에서 글로벌 비확산 체제에 대한 기초 지식과 배경을 제공하고, 미중러 핵 강대국들 간 핵 경쟁 시대에 도입한 도전들을 식별하여 쟁점을 설명함으로써, 한반도를 넘어서 북핵과 한미 확장억제 위주의 연구의 한계를 극복하고, 글로벌 체제에서 비확산 체제의 이론과 실제를 이해할 수 있도록 역사적 기원과 현재의 핵심 이슈들 위주로 설명을 진행할 것이다. 이후 한국이 핵 비확산 체제의 모범국으로 현재 위기를 극복하기 위한 대응 전략을 제시할 것이다. 이에 따라 본 장은 국제 비확산 체제의 역사적 기원과 역사를 먼저 설명하고, 현재 쟁점과 도전 요인을 중심으로 전망을 살펴보며, 국제 비확산 체제에서의 대한민국의 대응전략을 제시할 것이다.

2 국제 비확산 체제의 기원과 역사

1945년 8월 6일 일본 히로시마에, 8월 9일 일본 나가사키에 세계 최초이자 유일한 원자폭탄 투하로 인하여 수십만 명의 사상자와 방사능 오염으로 인한 추가 피해가 발생되었다. 1945년 7월 16일 미국에서 맨해튼 프로젝트를 추진하여 세계 최초의 핵폭탄 실험이 성공을 거둔 이후 처음으로 실제 사용된 최초의 비극이었다. 이어서 1949년에 소련, 1952년에 영국, 1960년에 프랑스, 1964년에 중국까지 핵실험을 성공한 핵보유국이 증가하면서, 강대국들 간 핵무기 개발 경쟁이 냉전 시기 동안 치열해지게 된다. 예를 들어 미국과 소련이 원자폭탄과 수소폭탄 개발을 이어서 핵 군비경쟁 시대를 열면서, 1950년대 아이젠하워 행정부에서는 상호확증파괴(Mutual Assured Destruction) 상황에서 대량응징보복 (Massive Retaliation)을 독트린으로 채택하면서 미소 간의 핵 군비 경쟁 시대가 진행되었다. 급기야 1960년대 케네디 행정부 시절 쿠바 미사일 위기가 발생하면서, 실제 핵 전쟁으로 인한 인류 공멸이 될 수도 있다는 상황을 인식하며 미국과 소련은 양자 군비통제 조약을 하게 되었다. 핵무기 확산과 핵 전쟁으로 인한 인류의 종말에 대한 걱정이 커졌기 때문에 1953년 12월 8일 개최된 유엔 총회에서 미국의 아이젠하워 대통령은 핵무기 확산을 걱정하며, 핵물질을 통제하는 국제기구 창설을 주장하였다. 이는 평화를 위한 핵(Atoms for Peace) 구상으로도 알려져있다. 이에 따라서 1957년 국제원자력기구(International Atomic Energy Agency, IAEA)가 설립되었다. 1958년 유엔 총회에서는 핵무기의 광범위한 확산방지 결의안을 채택하고, 아일랜드가 추가 핵무기 확산을 전면 금지하는 국제협정을 체결할 것을 촉구하였다. 일명 아일랜드 결의안이 1961년 유엔 총회에서 만장일치로 채택한 이후, 1962년 미국과 소련은 제네바 군축 회의에 앞서 18개국 군축위원회를 조직하고, 1965년 핵비확산조약(Treaty on Non Proliferation of Nuclear Weapons) 초안을 작성하였으며, 이는 1968년 유엔 총회에서 승인되어, 1970년 3월 5일 90개국 서명과 43개국의 비준으로 발효되었다. NPT가 발표되던 당시 기준으로 핵무기를 보유한 국가만 핵보유국(Nuclear Weapons State, NWS)으로 인정하고 있으며, 이는 당시 191개의 조약국들 중에 5개국 강대국에 해당하였다. 이에 따라 핵보유국과 핵비보유국(Non Nuclear Weapon States, NNWS)은 다른 의무를 이행하도록 하였는데, 핵보유국은 비핵보유국에 대한 핵무기 개발 또는 이전 금지와 핵군축 협상 참여를, 핵비보유국들은 핵무기 개발 또는 확보 금지, 여타국의 핵무기 개발 또는 이전 금지, 핵의 군사적 활동 사용 금지, IAEA 안전조치협정 체결 및 핵사찰 협조를 명시하였다. NPT는 당초 25년간 효력을 가지기로 하였으나, 1995년에 영구연장되었다.[2] NPT 조약 이후 핵실험을 실시하여 NPT 체제가 인정하는 핵보유국은 아니지만 사실상 핵무기를 보유하고 있는 국가들은 1974년 인도, 1998년 파키스탄, 2006년 북한 및 긍정이나 부정하지 않는 이스라엘이 있으며 학계에서는 이들을 핵보유국이 아닌 실질적 핵무기를 갖고 있다는 점에서 핵 무장국(Nuclear Armed State) 용어들을 사용하는 것은 어떠한지 토론들이 진행되고 있다. 비록 이들 4개국의 비공식 핵무장국이 있지만 케네디 대통령은 1960년대에 "1970년대에는 25개의 핵무장국이 등장할 것"이라는 경고를 했음에도, 현재 10개국 이하가 핵무기를 실질적으로 보유했다는 것은 많은 문제점들과 도전 요인에도 불구하고 NPT를 중심으로 한 비확산 체제가 성공적으로 가동했던 것으로 평가할 수 있다.

NPT는 핵보유국과 핵비보유국 간의 대타협, 즉 3가지 핵심 내용인 핵 비확산, 원자력의 평화적 이용, 핵군축의 상호 권리와 의무를 교환하는 합의를 바탕으로 가능하게 되었으며, 핵국이 핵무기를 감축하고 최종 제거하는 핵군축을 추진하는 동시에 비핵국의 평화적 원자력 이용 권리를 인정하고 지원하는 책임을 갖게하는 것이었다. 즉 NPT 1조 핵보유국의 의무, 2조 핵비보유국의 의무, 3조 안전조치 제도에서 기술되었듯이 핵보유국은 어떤 경우에도 핵비보유국에게 핵무기, 기타 핵폭발 장치 또는 그 관리를 양도하지 않고, 이를 원조, 장려, 권유하지 않으며, 핵비보유국도 이를 양도받지 않는다. 또한, 조약당사국은 IAEA와 안전조치 협정을 체결하고 발효하며, 안전조치(Safeguards)를 받도록 하였다. 안전조치는 핵물질, 핵장비가 군사용으로 전용하지 못하게 검증하는 것으로 구체적 조치로 사찰이 있다. 원자력의 평화적 이용은 4조에 규정되어 있으며, 현실에서는 농축과 재처리에 대한 핵보유국과 핵비보유국의 인식차가 있으며, 농축재처리를 비핵국들은 원자력 평화적 이용으로 보는 반면, 핵보유국들은 농축재처리를 무기용 핵물질 획득 수단으로 보기 때문에 실제에서는 괴리가 존재한다. 요약하자면, NPT 상 핵보유국과 핵비보유국의 의무의 차이를 보면, 핵보유국의 경우 핵비보유국에 대한 핵무기와 핵 폭발 장치 이전을 금지하고, 핵비보유국의

2 한국원자력통제기술원, 『핵비확산조약 50년: 정치적 합의에서 기술적 이행까지』 (서울: 한국원자력통제기술원, 2020), pp. 11-15.

핵개발 조력을 금지하며, 핵무기 경쟁 조기 중지 및 핵군축 협상을 진행해야 한다. 핵비보유국은 핵보유국으로부터 핵무기와 핵폭발장치 인수 금지 및 핵무기 제조를 금지하며, 원자력의 군사적 목적 활용을 금지하며, IAEA와 안전조치 협정 체결 및 사찰을 수용한다. 핵보유국과 핵비보유국 모두는 평화적 핵이용 권리 및 평화적 핵이용 관련 장비, 물질, 과학기술, 정보 교환에 상호협력해야 한다. 이는 NPT의 11개 조항에 걸쳐 명시되어 있다. 이렇듯이 핵군축은 핵보유국의 핵심 의무사항으로 보지만, 핵보유국들은 여전히 안보적인 이유로 핵무기 제로화의 핵군축 추진 가능성이 없기 때문에, 핵비보유국들은 오랫동안 비판을 해왔었고, 결국 핵비보유국들 중심으로 2017년 7월 핵무기 금지 조약(Treaty on the Prohibition of Nuclear Weapons, TPNW)이 채택되게 되었다. 본 협정에는 핵보유국들이나 핵보유국들에게 핵우산을 제공받는 국가들은 서명하지 않았다. 한국이나 일본도 TPNW에 참여하고 있지 않다.[3]

2023년 기준 전 세계 핵무기는 12,512개로 추정되고 있으며, 러시아 5,889개, 미국 5,244개, 중국 410개, 프랑스 290개, 영국 225개, 인도 164개, 파키스탄 170개, 이스라엘 90개, 북한은 30개로 추정되고 있다.[4] 여전히 미국과 러시아가 전체 핵무기의 대부분을 보유하고 있으며, 국제사회는 오랫동안 다양한 다자 및 양자 핵군축을 진행하여 핵무기 숫자를 줄여가려고 노력하였다. 대표적인 것으로 포괄적 핵실험 금지조약(Comprehensive Nuclear Test Ban Treaty, CTBT)이 있으며, 이는 1994년 1월 제네바 군축회의(Conference on Disarmament, CD)에서 일체 핵실험 금지를 목표로 한 협상을 시작으로 1996년 유엔 총회에 제출되어 절대다수 찬성으로 채택되어 서명을 위해 개방되었다. 대한민국은 1999년 46번째 비준국이 되었으며, 2024년 현재 187개국이 서명하였고, 178개 국가가 비준하였으나, 조약은 발효되지 않았다.[5] 특히 러시아는 2023년 CTBT 비준을 철회하였다.

---

3 전봉근, 『비핵화의 정치』 (서울: 명인문화사, 2020), pp. 86-91.

4 SIPRI, *Yearbook 2023* (SIPRI: Stockholm, Sweden, 2023)

5 Comprehensive Test Ban Treaty Organization
https://www.ctbto.org/our-mission/states-signatories (검색일: 2024년 7월 29일)

양자 핵군축을 위한 노력으로 미국과 러시아(소련) 간 다양한 형태의 조약들이 체결, 추진되어 왔었다. 1972년 협의된 전략무기제한협정(Strategic Arms Limitation Talks, SALT) 기반으로 탄도요격미사일 제한협정(Anti-Ballistic Missile, ABM) 등이 추진되었다. 이를 통해 미소 양국은 ICBM과 SLBM 수량을 제한하였다. 제2차 전략무기제한협정(SALT II)은 1979년 서명되었으며, SALT를 승계하면서 ICBM, SLBM, 전략폭격기 등 운송수단을 제한하였다. 1987년에는 중거리 핵전력조약(Intermediate Range Nuclear Forces Treaty, INF)이 미소 간 체결되어 미소 양국이 단거리, 준중거리, 중거리 미사일을 상당수 폐기하였으나, 2019년 미국이 러시아의 조약 위반을 비난하며 탈퇴하였고, 이후 미국은 중국을 포함한 새로운 군비통제 조약을 제안하였다. 1991년에는 미국과 러시아가 전략 핵탄두 6,000개 이하와 운송 수단 1,600기 이하 제한을 위한 전략무기감축조약(Strategic Arms Reduction Treaty, START)를 체결하고, 2009년 조약 효력이었으나, 2010년 New START 협정까지 이어갔다. 제2차 전략무기감축조약(START II)은 1993년 미러 간 체결되었으며, START를 계승하는 한편 전략 무기를 3,000-3,500개로 핵탄두 축소를 촉구하고 다탄두 탄도미사일(MIRV) 배치를 금지하였다. 이 협정은 2003년까지였으나, 1997년 의정서에서 기한을 2007년까지 연장하였다. 그러나, 2002년 미국 조지 W. 부시 대통령이 미사일 방어체계 구축을 위하여 ABM 협정 탈퇴하면서, 러시아도 STRAT II 조약 무효를 선언하였다. 2002년에는 전략공격무기감축조약(Strategic Offensive Reduction Treaty, SORT)이 미국과 러시아 간 체결되었고 조약만료인 2012년까지 미국과 러시아 작전 배치 전략 핵탄두 수를 1,700-2,200개로 제한하였다. 2010년에는 신전략무기감축조약(New Strategic Arms Reduction Treaty, New START)이 미국과 러시아 간 체결되었고, 실전 배치 핵탄두를 1,550기로, 실전 배치 운반체를 700기로, 운반체 발사대는 800기로 감축하는 내용을 담고 있었다. 해당 협정은 전략무기감축협정(START)를 이어가는 협정으로 2021년 2월 한차례 연장을 통하여 2026년 2월까지 유효할 예정이었으나, 러시아가 2023년 참여 중단을 선언하였다. 비준은 철회하지 않았으나, 현재 미국과 러시아는 해당 협정을 이행하지 못하고 있다.[6]

6 U.S. Department of State, New START Treaty. https://www.state.gov/new-start/

양자 협정은 자연스럽게도 다자와 다르게 양국의 관계와 안보환경에 따라 협정이 추진되기도 중단되기도 하였다. 다자 협정은 당사국들의 영향을 받는 경우가 있어서 협정의 중단이나 철회가 용이하지 않은 반면에 양자 협정은 양국 관계에 따라 모든 협정이 전면 중단, 철회, 폐기 등이 상대적으로 용이한 경향이 있다. 즉 강제성이 다소 결여된 측면인데, 실제로 핵무기의 대부분을 미국과 러시아 양국이 보유하고 있다보니, 여전히 양자 핵군축 협정이 핵군축의 대부분을 차지할 수밖에 없고, 이는 냉전기와 탈냉전기에 서방과 러시아, 미국과 러시아의 관계에 따라 많은 영향을 받아왔다. 최근에는 중국의 핵무장이 핵심 이슈로 등장함에 따라 미러 간 협정에 중국을 참여시켜야 한다는 미측의 주장과 핵무기의 대부분은 여전히 미러가 보유하기 때문에 중국 정부는 이에 대한 참여 의사가 없다는 점이 대조를 이루어 3자 핵군축 협정은 필요성이 증대되었지만, 실현 가능성은 현재로 단기간에는 매우 낮은 상황이다. 예를 들어 2019년 미국 트럼프 행정부는 핵군축을 위한 핵군축환경조성(Creating an Environment for Nuclear Disarmament, CEND)을 추진하여 미러 양자가 아닌 신흥 핵 강국인 중국을 포함한 3자 핵군축 협상을 하고자 하였다.[7] 그러나, 중국은 공정하지 않다며 참여 의사를 보이지 않았다.

최근 미국 개별 대통령 혹은 G7 정상회의 등에서 핵전쟁을 방지하기 위한 다양한 노력은 지속되어왔다. 특히 오바마 전 미국 대통령이 핵 없는 세상(Global Zero)에 대한 2009년 노벨 평화상을 수상하게 된 프라하에서 연설한 핵 없는 세상에 대한 구상과 추진은 대표적인 노력에 해당된다. 이전 냉전 직후 구소련 3국에 남은 핵무기들을 러시아로 이전시키려는 협력적 위협 감소(Cooperative Threat Reduction)나 부시 행정부 시기 9.11 테러 이후 대량 살상 무기가 테러리스트 조직에 이전되는 것을 막기 위한 확산방지구상(Proliferation Security Initiative)

(검색일: 2024년 7월 29일); 한국원자력통제기술원, 『핵비확산조약 50년: 정치적 합의에서 기술적 이행까지』, pp. 23-28.; 한용섭, 『핵비확산의 국제정치와 한국의 핵정책』 (서울: 박영사, 2022)

7 U.S. Department of State, Creating an Environment for Nuclear Disarmament (CEND) https://www.state.gov/creating-an-environment-for-nuclear-disarmament-cend/ (검색일: 2024년 7월 29일)

도 추진되었지만, 오바마 전 미국 대통령의 구상은 국제 비확산 체제에서 가장 이상적인 비전을 담아냈던 내용이었다. 프라하 선언으로 알려진 이 구상은 러시아와 신전략무기감축협정(New START), 핵안보정상회의 등으로 여러 성과들을 얻기도 하였지만, 미국과 러시아의 근본적인 신뢰 부족과 다양한 국제 환경의 변화 등으로 달성되지 못하였다.[8] 유사한 시기 2017년 국제 NGO International Campaign to Abolish Nuclear Weapons(ICAN)이 노벨 평화상을 수상하였고, 이 NGO는 TPNW 핵무기금지조약이 유엔에서 채택되도록 노력한 공로에 대해서 수상하게 되었다. 2005년에 IAEA가 노벨 평화상을 수상하게 된 것과 유사하게, 핵 전쟁을 방지하고 수평적·수직적 핵확산을 방지하기 위한 노력이 반영된 수상들이었다. 이러한 노력들이 추진된 상황 시기에도 미중러 강대국 간에는 많은 갈등이 존재하였고, 러시아의 크림반도 합병 등 다양한 미러 관계의 장애가 지속되었다. 국제사회에서는 양자 핵군축을 이끄는 미국과 러시아 관계의 상황에 따라 핵 군비통제의 주요 방향이 정해져왔다. 국제사회는 글로벌 핵 강국의 관계와 관계없이 TPNW나 국제사회의 핵 전쟁이 없는 사회에 대한 기여를 강조하는 다양한 노력을 지속해왔다.

2023년 G7 정상회의에서는 최초로 정상들 간에 핵군축을 위한 히로시마 비전이 채택되었다. 러시아 우크라이나 전쟁에서 푸틴 러시아 대통령의 핵 사용 가능성과 전술핵무기 벨라루스 이전 등으로 핵 전쟁의 위기가 고조되던 시기 히로시마 지역구를 기반으로 한 일본 기시다 총리는 G7 정상회의를 주관하면서 핵 전쟁을 막기 위하여 히로시마에 정상들을 초대하여 G7 정상회의 최초로 선진국 강대국 정상들이 1945년 히로시마의 교훈을 상기하며 핵군축을 위한 비전을 채택하도록 추진하였다. 히로시마 비전에서는 핵 없는 세상과 핵 전쟁으로 인한 인류 공멸을 방지하기 위한 다양한 다자 및 양자 핵군축을 지지하고, 핵물질 등 관리를 강화하며, 미래 세대를 위한 네트워크 강화와 다양한 관민 조화의 이니셔티브를 확산하고, 국제 비확산 체제를 강화하는 계기를 마련하고자 여러

8 The White House, Remarks by President Barack Obama in Prague as Delivered. April 5, 2009. https://obamawhitehouse.archives.gov/the-press-office/remarks-president-barack-obama-prague-delivered (검색일: 2024년 7월 29일)

사항들을 강조하고 G7 정상들은 이를 공동으로 채택하였다.[9]

국제 비확산 체제를 위한 정부 및 국제기구 간 노력도 지속되어온 동시에 1.5 트랙 핵 전문가 국제회의들도 지속되었다. 대표적인 것이 일본 외교부와 히로시마 주정부가 연례적으로 한·미·일·중·러의 대표적인 핵 정책 전문가들을 초청하여 원자폭탄 투하일인 8월 초 전에 일본 히로시마에서 개최해오고 있는 히로시마 핵군축 평화 회의(Hiroshima Peace Roundtable for Nuclear Disarmament)이다. 일본 히로시마 도지사인 유자키 히데히코(Hidehiko Yuzaki)가 히로시마 지역구인 기시다 일본 총리의 후원으로 각국의 석학들을 일본 히로시마로 초청하여, 한국, 미국, 일본, 중국, 러시아, 호주의 석학들이 공동으로 성명을 채택하여 핵군축을 위한 노력을 발표하고, 히로시마 와치(Hiroshima Watch), 즉 헬싱키 왓치(Helsinki Watch)에서 유래된 주요국의 핵군축을 위한 노력을 평가한 지표를 발표하여, 민관 합동의 핵군축 노력을 일본 히로시마 기반으로 지속해온 것이다. 미국 프린스턴 대학의 존 아이켄베리 교수(G. John Ikenberry), 스탠포드 대학의 스콧 세이건 교수(Scott D. Sagan), 앤드류 웨버 전 미국 국방부 차관보(Andrew C. Weber), 미국의 제프리 루이스 비확산 연구소 교수(Jeffrey Lewis), 일본의 노부야수 아베 전 유엔 군축 차관보(Nobuyasu Abe), 일본의 기시 후지와라 동경대 명예교수(Kiichi Fujiwara), 중국의 셴딩 리 푸단대 교수(Shen Dingli), 중국의 통 자오 카네기 국제평화기금 연구원(Zhao Tong), 러시아의 안톤 크로프코브 에너지 안보 연구소장(Anton Khlopkov), 호주의 가레스 에반스 전 외교부 장관(Gareth Evans), 한국의 전봉근 국립외교원 명예교수와 한국의 김영준 국방대학교 교수 등이 연례 참석 인원으로 각국을 대표하여 공동 선언문을 채택하고 기자회견을 통하여 히로시마 선언문을 공표해오고 있다.[10]

---

9 The White House, G7 Leaders' Hiroshima Vision on Nuclear Disarmament. May 19, 2023. https://www.whitehouse.gov/briefing-room/statements-releases/2023/05/19/g7-leaders-hiroshima-vision-on-nuclear-disarmament/ (검색일: 2024년 7월 29일)

10 Hiroshima for Global Peace, Hiroshima Round Table. https://hiroshimaforpeace.com/en/roundtable/ (검색일: 2024년 7월 29일); Hiroshima for Global Peace, 2024 Edition Hiroshima Report: Evaluation of Achievement in Nuclear Disarmament, Non Proliferation and Nuclear Safety in 2023 (Hiroshima, Japan: Hiroshima for Global Peace, 2024).

3 비핵화 사례 쟁점과 전망

최근까지 국제 비확산 체제에서 가장 큰 쟁점은 수평적 핵확산을 막으려는 비핵화 협상들이었다. 대표적인 것이 북한 비핵화 문제였고, 이란 JCPOA도 주요 쟁점이 되었다. 기존의 핵 폐기 유형은 많은 사례들이 있지 않기 때문에 주로 일괄적 폐기와 단계적 폐기 및 독자적 폐기와 협력적 폐기로 사례를 구분하여 왔다.

표 1 핵 폐기 모델[11]

구 분	독자적 폐기	협력적 폐기
일괄적 폐기	남아공, 브라질, 아르헨티나	구소련 3국(우크라이나, 카자흐스탄, 벨라루스), 리비아
단계적 폐기	북한: 핵 실험장 폭발 폐쇄(2008 이란: 일부 핵활동 축소·폐소(2015)	살라미 핵폐기 모델 북한: 미북 제네바 합의-핵활동 동결과 미국 지원(1994)

위의 표와 같이 핵 폐기 모델로 일괄적 폐기는 단기간 내에 스스로 검증까지 하는 독자적 폐기이든, IAEA 등 국제사회와 함께 검증을 거치는 협력적 폐기를 진행하는 것이고, 단계적 폐기는 단계별로 핵 동결, 시설, 과거핵 폐기 등의 순으로 단계별 조건에 상응하는 절차를 밟는 과정인데, 이를 스스로 하는 독자적 폐기와 미국이든 IAEA든 외부와 검증을 거치며 진행하는 협력적 폐기로 구분할 수 있다. 위의 표대로 독자적/일괄적 폐기에 해당하는 사례들은 스스로 핵무기 개발을 추진하다 여러 이유로 스스로 폐기하게 된 국가들로 남아공, 브라질, 아르헨티나이다. 이들의 핵 개발 수준이 많이 진행된 것은 아니지만, 초기

11 이상현, 한용섭, 전봉근, 황일순, 김영준, 『해외 검증사례 비교연구 및 검증방안 개발』(대전: 한국원자력통제기술원, 2019), p. 110.; 김영준, "왜 북한은 우크라이나랑 다른가? 우크라이나 핵 폐기 과정 분석과 북한식 CTR 모델 연구" 『세계지역연구논총』 37(4)(2019), pp. 67-93.

단계에서 일찍 폐기를 결정하고 진행한 것이다. 독자적 폐기 사례 중 가장 대표적인 것이 바로 남아공 모델이다. 남아공은 우라늄 매장량이 많아서 미국 핵개발 프로젝트인 맨해튼 프로젝트에도 우라늄 일부를 제공했었고, 1950년대부터 주요 우라늄 수출국이기도 했다. 1948년 남아공에 원자력 관련 기구인 Atomic Energy Commission(AEC)이 설립되었고, 미국이 주도하는 평화를 위한 원자력, 즉 Atoms for Peace 프로그램 가입에 따라 미국은 원자로와 핵연료를 제공하여, 남아공에는 1961년 국립원자력연구센터가 설립되게 되었고, 1965년부터 20MW 용량의 사파리 1연구로를 시작하게 되었다. 남아공의 AEC는 농축기술을 1960년대 비밀리에 시작해서 성공적으로 진행한 후에 1969년 우라늄 농축회사를 설립하고 1974년 우라늄 농축시설을 가동했다. 이 당시 남아공 정부가 핵 개발 결정을 내린 것으로 알려져 있으며, 1965년 남아공은 미국에서 고농축 우라늄 핵연료를 사용하는 연구용 원자로를 도입하고, 1976년 플루토늄 획득을 목표로 중수로를 개발했다. 1960년대 말부터 평화적 핵폭발이란 명문으로 핵무기 개발 프로그램을 본격 가동하고, 1971년 광물 채광과 토목공사를 한 평화적 핵폭발 프로그램을 추진한다고 선언한 것은 핵무기 개발의 시작이었다. 남아공은 무기용 핵분열 물질을 얻기 위해서 농축과 재처리 모두 추진하였는데, 1969년에 플루토늄 획득을 위한 재처리는 포기하고 농축 경로에만 집중하였다. 결국 남아공은 1977년에 고농축 우라늄 코어가 빠진 첫 핵폭탄을, 이어서 1982년 무기용 고농축 우라늄을 확보하면서 완전한 핵무기 1기를 생산하였다. 이후 고농축 우라늄 생산에 따라 9년에 걸쳐 6개 핵무기를 생산하였다. 즉, 남아공은 일찍이 우라늄 생산을 시작해 농축기술을 조기에 개발하였고, 무기용 핵물질인 고농축 우라늄을 자력으로 확보하였다. 또한 방위 산업 발전에 따라 핵무기 개발과 제조가 가능하였으며, 가장 단순하고 저비용의 핵폭탄, 즉 미사일 탑재용 탄두가 아닌 비행기 투하용을 제작하였다. 1977년 미국과 소련은 남아공 핵개발 첩보를 입수하여 핵실험 취소를 압박하였다. 당시 남아공 백인 정권은 친서방, 친미 국가였으며, 1970년대 중반들어 미국과 남아공 관계가 악화되었다. 즉, 미국이 남아공 주변에 개입을 중단하면서, 남아공 주변 국가들이 소련 지원의 좌파 흑인 반군과 국가들에 둘러싸여 있다는 안보 불안이 생겼고, 미국이 남아공의 인종차별정책과 핵개발 우려로 1977년 유엔 안보리에서 남아공에 대한 무기 수출 금지 결의에 동참하면서 관계가 악화되었다. 남아공의 핵개발에 대한 제재 압박은 적었으며, 인종차별정책 폐지를 주장한 1989년 정권교체에 이르러서야 핵무기 포기에 대한 논의가 시작되었다. 1960년대 중반부터 1980년대 후반까지 남아공 국경전쟁은 나미비아 독립전쟁, 앙골라 전쟁에서 위협으로 지속되었다. 1985년 소련에서 고르바쵸프가 등장하고, 미국의 주선으로 1988년 남아공, 쿠바, 앙골라 등에서 정전을 선언하는 제네바 의정서가 채택되고, 앙골라에 진출한 남아공 군대도 1988년 철수하였다. 이러한 과정에서 외부 안보환경이 변하고, 인종차별정책 폐지를 주장한 국내정치적 변동이 동시에 발생하였다. 결국 1989년 정권교체로 남아공 정부의 드클러크 대통령이 인종차별정책 종식을 선언하고, 핵개발 중단과 핵 폐기를 시작했다. 드클러크 대통령의 남아공은 국제사회에 다시 남아공이 존경받는 국가가 되기 위하여 인종차별 철폐와 동시에 핵 폐기를 추진했다. 남아공 군부는 핵무기 집착이 있었으나, 탈냉전기 상황은 핵 폐기에 유리한 상황을 조성하였다. 일부 학자들은 흑인 정권이 핵무기를 계승하지 못하게 폐기에 앞섰다는 주장도 있다. 드클러크 대통령은 핵 폐기를 위한 전문가 위원회를 조직하고, 다른 국제기관을 핵 폐기 과정에 포함시키지 않기로 했다. 1990년 드클러크 대통령은 핵폐기 명령서를 작성하여 핵무기 창고에 보관된 모든 완성, 미완성 핵폭탄과 관련 부품을 해체하고, 모든 핵장치를 폐기하며, 고농축 우라늄을 원자력 공사로 이관하고, 운영위원회가 핵무기 해체와 핵시설 제염 과정을 감독하도록 하고, 별도 감독관인 무톤 교수를 대통령 대리인으로 핵 폐기 전과정을 감시, 평가하게 하였다. 핵무기 해체와 핵물질 회수 이후 남아공은 1991년 NPT에 가입하고, IAEA 안전조치협정에 서명하였으며, IAEA는 1991년부터 약 3년간 100차례 사찰을 실시했다. IAEA 사찰 임무는 생산한 핵물질과 현재 핵물질 재고가 일치하는지, 핵무기 보유 재고를 확인하는 것이었고, 이를 성공적으로 수행하였다. 남아공의 사례는 일반적이지 않지만 독자적 핵 폐기의 대표적인 사례이다.[12]

협력적 핵 폐기의 가장 대표적인 사례는 구소련 3국, 즉 우크라이나, 벨라루

12 전봉근, 『비핵화의 정치』 (서울: 명인, 2020), pp. 166-201.

스, 카자흐스탄 사례이다. 소비에트 연방이 해체되던 1991년 우크라이나, 벨라루스, 카자흐스탄은 핵탄두를 각각 약 4,000, 1,400, 100기를 물려받으며, 러시아와 미국에 이어 세계 3, 4, 5위의 핵무기 보유국이 되어 국제사회에 신생 핵 보유국으로 논란의 대상이 되었다. 당시 미국의 유명 외교저널 Foreign Affairs에는 존 미어샤이머 시카고 대학 교수와 스티븐 밀러 하버드 대학 교수 간에 우크라이나 핵 보유에 관한 논쟁이 있었고, 존 미어샤이머 교수는 러시아와 우크라이나 대립이 시작되고 전쟁까지 가능할 상황이기 때문에 우크라이나 핵 보유 찬성을, 스티브 밀러 교수는 핵무기 보유국 확산은 국제 테러리스트에게 핵무기 전이나 타 국가에 핵무기가 이전되는 핵 전쟁 가능성 증대를 우려하여 우크라이나 핵 보유 반대를 하였다.[13] 당시 미국과 서방 국제사회는 스티브 밀러 교수와 주장을 같이 하였고, 미국, 러시아, 우크라이나 상호 합의 하에 우크라이나 핵무기를 러시아로 이전하는 것을 성사시켰다. 결국 우크라이나는 정치적으로 자유주의 시장경제로 전환하는 상황에서 미국의 대량 경제 원조가 뒷받침이 된 협력적 위협 감소 프로그램(Cooperative Threat Reduction, CTR), 즉 미국의 의회 양당이 초당적으로 대규모 자금을 지원하여 우크라이나 경제를 지원하고, 핵 과학자들의 생계수단을 위한 지원 등이 포함된 지속적인 지원을 하였고, 샘 넌 의원 등이 주도하여 이러한 비핵화의 성공적인 사례를 남길 수 있었다. 구체적으로 1991년 넌과 루거 미 상원의원이 "소련 핵위협 감축법안"을 입안하여 미 국방부가 추진한 핵군축 지원프로그램인 CTR이 추진되었고, 이를 위해서 미국 국방부, 국무부, 에너지부 3개 부처가 매년 10억 달러의 예산을 집행하였다. 이를 통하여 국제과학기술센터 설립, 핵잠수함 및 중장거리 미사일 해체, 고농축 우라늄의 농축도 감소, 핵분열 물질 안보 강화와 처분, 핵탄두 해체, 핵 과학기술자 지원 등이 추진되었다. 2005년까지 추진되었고, 이를 통하여 구소련 3국의 6,600여기 핵탄부와 대륙간탄도미사일 발사대 470대를 폐쇄 및 무력화시키고, 핵 과학기술자 5만 명 재교육과 지원, 핵잠수함과 전략폭격기 해체 및 구기용 고농축

---

13 John J. Mearsheimer, "The Case for a Ukraine Nuclear Deterrent" Foreign Affairs 72(3) (Summer, 1993), pp. 50-66.; Steven E. Miller, "The Case against a Ukraine Nuclear Deterrent" Foreign Affairs 72(3) (Summer, 1993), pp. 67-80.

우라늄을 희석하고 반출시켰다. 결국 1995년 카자흐스탄, 1996년 벨라루스와 우크라이나가 비핵국이 되었다.[14] Nuclear Threat Initiative라는 미국의 싱크탱크는 이러한 CTR을 성공적인 사례를 기본으로 핵 물질 전이, 핵 안보 등에 관한 샘 넌 의원 등 주도로 지속적인 수평적 비확산 방지에 기여하고 있다. 이러한 성공적인 우크라이나 등의 비핵화 사례와 CTR 프로그램은 북한과 이란의 비핵화 협상 사례에도 지속해서 차용되었다.

이란의 JCPOA(Joint Comprehensive Plan of Action), 즉 포괄적 공동행동계획은 이란의 비핵화를 위하여 주요 강대국인 미국, 중국, 러시아, 영국, 프랑스, 독일과 유럽 연합이 이러한 지원을 바탕으로 이란 핵 프로그램을 중단시키고, 이러한 P5+1 형태의 공동 보장이 지속적인 협상을 지속하게 한다는 관점에서 우크라이나 비핵화 사례를 기본으로 체결되었었다. 이란은 NPT에 서명과 비준을 한 핵 비확산 선도국으로 1959년에는 미국과 방위조약 체결한 친미 국가로 미국 지원으로 원자력 발전을 해왔으나, 1979년 이란 혁명으로 반미정부가 수립된 이후 독자적인 핵 정책을 펼쳐왔다. 이란은 2000년부터 나탄즈 지역에 핵 농축 시설을 건설하였고, 이란의 반정부단체가 2022년에 이를 공개하면서, 이란은 NPT 회원국이기 때문에 IAEA 신고 후에 사찰을 받았다. 2003년 IAEA 보고서에는 이란이 20년간 핵무기 개발에 사용될 수 있는 핵심기술을 숨겨왔다고 밝혔다. 2013년 온건파 로하니가 이란 대통령으로 당선되고 미국에는 오바마 대통령이 로하니 대통령과 핵협상 추진을 합의하였다. 2015년 스위스 로잔에서 JCPOA 합의가 타결되었고, 이에 따라 이란은 국제검증을 받기로 했다. 2015년 이란 핵협의가 처음 진행될 당시 이란은 3개소의 농축시설에 원심분리기만 19,000기를 보유했고, 20% 우라늄은 10,000kg 보유하고 있었다. 이란은 평화적 원자력 시설이라고 했지만, 국제사회는 군사용으로 이전될 수 있다고 하였고, 국제사회의 위협으로 간주하였다. 이스라엘과 공화당은 JCPOA가 이란의 농축활동은 평화적 핵이용이라고 속인다며 비판하였고, 트럼프 대통령 후보는 이를 비판하였다. 결국 JCPOA는 트럼프 행정부 출범과 함께 2018년 미국이 탈퇴

14 전봉근, 『비핵화의 정치』 (서울: 명인, 2020), pp. 202-231.

를 하면서 무력화되었다.[15] 현재 미국 신행정부 출범을 앞두고 다시 JCPOA 복원에 대한 가능성이 검토되고 있다. 중동 위기가 안정화되면 JCPOA는 우크라이나 비핵화 CTR 사례를 기본으로 재검토될 것이다.

북한의 경우 30여 년 간 수많은 성공과 실패를 거듭하여 왔다. 6자 회담과 트럼프 행정부 시기 북미 정상 회담과 싱가포르 선언 등을 거치면서 북한 비핵화를 위한 다양한 시도들이 지속되었고, 기본적으로 완전하고 검증 가능하며, 돌이킬 수 없는 핵 폐기(Complete Verifiable Irreversible Dismantling, CVID)를 추구해왔다. 그럼에도 불구하고, 북한의 비핵화가 검증 등 문제와 상호 신뢰 부족, 한국과 미국의 행정부 교체, 북한의 지속적인 핵 미사일 실험 등으로 비핵화는 현재 큰 위기에 직면하고 있다. 최근 수 년 간 미국과 한국의 핵 정책 전문가들은 비핵화를 위한 다양한 방법론들을 제시하여 왔다. 북한 비핵화 사례에 우크라이나 CTR 모델을 많이 비교하는데 양 사례는 결정적인 차이점들도 존재한다. 즉, 핵개발 투자비용 측면에서 우크라이나는 그대로 상속받은 반면, 북한은 오랫동안 외교적으로 고립되면서 경제 제재를 받아왔고, 여러 시행착오를 겪으며 고난의 행군 시기 수백만 명이 아사되는 고통을 바탕으로 핵개발을 지속 추진해왔다. 국제 상황 안보 위협도 소비에트 연방 해체 당시 우크라이나는 적대국이 없고 국제적으로 미국 주도 질서 평화의 시기인 반면, 북한은 한미 동맹은 물론 한미일 안보 협력 등 가치 동맹의 자유주의 진영이라는 거대하고 강력한 상대가 존재하고 있고, 독재 국가와 인권유린 국가로 비판받으며 체제 인정을 받지 못하고 있으며, 유엔 등 대북 제재도 지속되어 오고 있다. 체제 전환 희망 측면에서 당시 구소련 국가들 우크라이나 포함하여 모두 자유민주주의 시장경제체제로 전환을 희망하면서, 핵무기 폐기를 자연스럽게 결정하면서, 미국과 서방에게 안보를 보장받기를 희망했었다. 북한은 현재 독재 체제와 고립된 국가 운영 체제는 그대로 유지하면서 국제사회에 현 체제를 인정받고 보장받기를 희망한다. 관계 인접국 강대국 면에서 당시 소비에트 연방 해체 당시 러시아는 적대국이 아니라 우크라이나와 동일하게 친서방 자유민주주의 시장경제를 추구하던 상황이고, 미국과 서방 세계는 이를 지원하고 뒷받침했어서, 당시 우크라이나에

15 *Ibid*, pp. 232-265.

게 적대적 인접 강대국이 부재했다. 반면 북한은 한국, 미국, 일본 등과 적대관계에, 중국과는 애증의 관계에 있다. 즉 북한 입장에서 주권 침해를 받지 않도록 핵무기를 지속 개발하면서, 적대국과 적대적 생존 관계를 유지하려 하고 있다. 마지막으로, 북한에게는 대한민국이 세계 최대 경제 국가이자 국방 강국으로 체제 경쟁국이 있는 반면, 우크라이나는 당시 탈냉전 분위기 속에서 러시아와 함께 친서방 자유민주주의 시장경제 노선을 추구했었기 때문에 체제 경쟁국은 부재했다. 이러한 결정적인 차이점들로 북한에게 우크라이나에게 적용했던 동일한 CTR 방식 협상은 변형되어 적용되어야 할 뿐만 아니라, 정권이 붕괴된 리비아 방식도 북한이 수용할 수 있는 모델은 아니다. 이러한 점에서 다양한 비핵화 방법론이 제시되어 왔다. 예를 들어 카네기 국제평화 기금의 앤킷 팬다(Ankit Panda)는 북한 핵보유 현실을 직시하고 군비 통제나 위협 감소 협상이 현실적이라고 하였고, 에릭 브루어(Eric Brewer) 핵위협방지구상 NTI는 북한과 ICBM 등부터 협상하고 단계적으로 가는 것이 현실적이라고 하였다.[16] 미들버리 국제학 연구소의 제프리 루이스(Jeffrey Lewis)는 현실적으로 북한의 핵 보유를 인식하고 위협 감소 협상이 바람직하다고 하였다.[17] 전 오바마 행정부 국방장관실의 벤 잭슨(Van Jackson) 빅토리아 웰링턴 대학 교수는 현실적인 위기 감소 방안으로 북한과 단계별 군비통제 협상이 진행되어야 한다고 하였다.[18] 아담 마운트 전미 과학자 협회는 억제 일변도 대북 정책 대신 현실가능한 상호 위기 감소 방안을 제안하였다.[19] 프랭크 엄(Frank Aum) 전 오바마 행정부 국방장관실 출신이자 미국 평

---

16 Toby Dalton and Ankit Panda, "U.S. Policy should reflect its own quiet acceptance of a Nuclear North Korea" November 15, 2022. Carnegie Endowment for International Peace.; Eric Brewer and Sue Mi Terry, "It is Time for a Realistic Bargain with North Korea: Denuclearization is Probably Out of Reach for Now-but It Might Be Possible to Reduce the Nuclear Threat." Foreign Affairs. March 25, 2021.

17 Jeffrey Lewis, "It's Time to Accept That North Korea Has Nuclear Weapons." The New York Times, October 13, 2022.

18 Van Jackson, Risk Realism: The Arms Control Endgame for North Kora Policy, Center for New American Security, September 24, 2019.

19 Adam Mount, "Beyond Denuclearization: Four Priorities for Managing the North Korea Challenge" War On the Rocks, February 9, 2018.

화 연구소 연구원은 한반도 평화체제와 연계된 단계별 현실적 비핵화 방안이 바람직하다고 하였다.[20] CSIS와 조지 워싱턴 대학에서 오래 핵 비확산을 다룬 샤론 스쿼소니(Sharon Squassoni) 박사는 군비통제가 가장 현실적인 북한 비핵화 방안이라고 강조하였다.[21] 김영준과 Toby Dalton은 북핵에 대한 현실적인 접근 방법으로 핵 군비통제 방안을 제시하였다.[22]

최근 미국 국무부 제니 본킨스 군비통제 차관보는 워싱턴 DC 카네기 국제평화기금에서 주관한 핵정책 연례회의에서 "만약 김정은이 전화를 들고 군비통제에 대해 대화하고 싶다라고 말한다면 우리는 안된다라고 말하지는 않을 것이다.(If he (Kim Jong Un) picked up the phone and said, 'I want to talk about arms control' we're not going to say no)"라고 군비통제 방안에 대한 가능성을 공개적으로 언급하였다.[23] IAEA 사무총장은 북한의 비핵화는 매우 힘들어졌기 때문에 북한은 사실상 핵보유국(a de facto nuclear weapon possessor state)으로 대화를 시작해야 한다고 표현해서 많은 주목을 받기도 하였다.[24] 실제로 북한에 대한 비핵화에 대한 현실적 어려움과 이를 극복하기 위한 다양한 방법론들이 제시되어 왔고, 최근

---

20 Frank Aum and Jessica J. Lee, "Beyond Deterrence: A Peace Game Exercise for the Koran Peninsula" Quincy Brief No. 20, February 14, 2022. Quincy Institute for Responsible Statecraft.

21 Sharon Squassoni, "Denuclearization of the Korean Peninsula: An Arms Control Framework" November 18, 2022.

22 김영준, "북핵 접근의 현실론과 한반도형 핵 군비통제 방안" 『통일정책연구』 32(1) (2023), pp. 75-100.; 홍민, 이재영, 황수환, 김영준, 정욱식, "북한의 대북적대정책 철회론과 대북안전보장방안" 『KINU 정책연구시리즈』 22-05 (서울: 통일연구원, 2023); Toby Dalton and Youngjun Kim, "Negotiating Nuclear Arms Control with North Korea: Why and How?" The Korean Journal of Defense Analysis 33(1) (March 2021), pp. 1-21.

23 CNN. "US Official's suggestion of 'arms-control talks with North Korea raises eyebrows" October 29. 2022.; 홍민, 이재영, 황수환, 김영준, 정욱식, "북한의 대북적대정책 철회론과 대북안전보장방안" 『KINU 정책연구시리즈』 22-05 (서울: 통일연구원, 2023).

24 정철환, "북은 사실상 핵무기 보유국...IAEA 사무총장 표현 논란" 『조선일보』 2024. 9. 28.; 이지안, "북한, '사실상 핵무기 보유국' 이라는 IAEA 사무총장" 2024. 9. 27.; 이종훈 "IAEA 수장 '사실상 핵무기 보유국' 북한과 대화 나서야" SBS. 2024. 9. 27.; 이신영, "IAEA 수장 '사실상 핵무기 보유국' 북한과 대화 나서야" 『연합뉴스』 2024. 9. 27.

미국 대통령 선거를 앞두고 미국 민주당에서는 강령에서 북한 비핵화 관련 내용이 삭제된 것도 주목되었다.[25] 이러한 전반적인 국제사회에서의 북한 비핵화 회의론과 다양한 방법론에 대한 논쟁들은 한국의 핵무장 담론과 함께 현실적으로 한반도의 상황이 비핵화를 추진하기에 매우 어려운 상황에 놓여져 있다는 점을 반증한다. 특히 최근의 북러 정상회의 등 북러 군사 협력의 확장은 이러한 한반도 주변의 신냉전 구도를 강화시켜, 비핵화 상황이 더욱 어려워질 것이다.

김영준은 북한이 중국, 러시아와 지난 70년간 연합 훈련을 해오지 않았으나, 현재 신냉전 구도는 고립되었던 북한에게 대북 제재 무력화 등 북러, 북중 관계 강화로 외교적 고립을 극복시키고 대북 제재를 무력화하여 핵 미사일 능력 증대에 매우 큰 기회가 생긴 것은 물론, 이러한 중러 연합 훈련에도 참여할 가능성이 높아졌다고 지적하였다. 특히 북중러 연대가 군사 연합 훈련으로 외교적 연대를 넘어서 한미일을 대상으로 공고해 진다면, 현재 우려되고 있는 ICBM, SLBM, 전술핵 등 기술 이전을 넘어서서, 중국과 러시아 영토에서 인민군이 파견되어 훈련하거나, 북한 영토에 중국, 러시아 군대가 와서 훈련하는 최악의 위협 상황이 가능하다고 강조하였다. 특히 러시아의 핵잠수함 등이 북한 항구에 전략자산 전개 등으로 배치되거나, 북한 인민군 작전 부대에 중국과 러시아 연락장교가 파견되는 등의 상황은 동북아시아에서 최대 위협이 될 분수령이 될 수 있다고 강조하였다. 북중러 군사 협력은 북중러 핵 연대도 이끌어 낼 수 있기 때문에, 평택, 도쿄, 유엔사 후방기지, 괌, 오키나와 등을 타겟으로 한 북중러의 핵 타격 훈련이나 대만 위기 발생 시 러시아, 북한의 역할 등이 중국으로부터 요청 된다면 제3차 세계대전의 위기가 올 수 있음을 강조하였다.[26] 이러한 국제 비확산 체제의 상황이 동북아시아에서는 미중 전략적 경쟁과 북러 군사 협력, 이어서 북중러 연대 가능성을 두고 더욱 큰 위기에 직면함으로써, 북한 비핵화 등 오랫동안

---

25 Lee, Hyo-jin, "Absence of Denuclearization in US Democratic Party platform alarms Seoul" The Korea Times, August 20, 2024.

26 Youngjun Kim, "Will North Korea Join Russia and China in a Combined Military Exercise? A Game Changer for Northeast Asian Security Architecture" The Korean Journal of Security Affairs 28(1) (June 2023), pp. 31-53.; 김영준, "북중러 군사 협력과 유엔사의 역할" 『세계일보』 2023. 10. 5.

국제사회가 노력해온 제재와 확산 방지 구상 등 여러 방안들의 효과성이 사라지는 위기가 고조되고 있다. 특히 국제사회는 중국의 핵능력 증대를 가장 큰 위협요소로 주목하고 있으며, 이는 동북아시아는 물론 국제 비확산 체제의 가장 큰 변수로 작동하고 있음을 반증한다.[27]

라 국제 비확산 체제의 쟁점과 도전 요인, 전망

국제 비확산 체제는 냉전 이후 가장 거센 도전에 직면하고 있다. 이러한 위기의 도전 요인은 크게 세 가지 측면에서 분석할 수 있다. 첫 번째로 핵 강대국들 간의 신 냉전 상황이다. 이전에 핵전쟁이 발발할 수 있었던 가능성이 가장 컸던 위기 국면으로는 1960년대 쿠바 핵 미사일 위기, 1980년대 2차 냉전 시기, 냉전 종식 이후 소련 해체와 함께 우크라이나, 벨라루스, 카자흐스탄에 대량 핵무기와 핵물질이 처리되지 못하던 시기, 9.11 테러와 그 이후 핵무기가 극단적인 테러리스트 조직으로 이전될 수 있었던 시기들을 볼 수 있다. 이러한 시기들 이후 현재의 위기는 크게 러시아와 서방의 대립 그리고 미국과 중국의 전략적 경쟁 상황에서 기인한다. 구체적으로 러시아 우크라이나 전쟁에서 러시아 푸틴 대통령이 실제 핵 사용 가능성을 언급하면서, 전술핵무기를 벨라루스로 이전하고, 러시아가 비핵화 협상이 성공하지 못하여 헌법에 핵 보유를 명시하고 실전 배치를 하고 있는 북한과 군사 협력을 정상회의를 통해 강화하면서, 핵 전쟁의 위기 가능성을 높였다. 이에 더하여 미국과 중국은 전략적 경쟁이 강화되면서, 대만을 둘러싼 위기 가능성이 고조되고 이와 관련한 전쟁의 확전 양상에 대한 위기 가능성이다. 특히 최근 지속되어온 중국의 핵 미사일 능력 강화가 미국에게는 절대적인 위협으로 인식되면서, 미국을 중심으로 한 서방에서 중국의 핵 미사일 전력 강화는 러시아의 핵 사용 가능성과 함께 대만 위기 시 가장 큰 위협으로 인식되고 있다. 최근 미국 허드슨 연구소에서 발간된 김영준과 리처드 웨이츠(Richard Weitz)의 중국 핵 관련 보고서는 이러한 중국 핵 미사일 전력 강화에

27 Richard Weitz, Youngjun Kim and others, Strengthening International Cooperation in Managing China-related Proliferation Challenges (Washington DC: The Hudson Institute, 2023).

대한 주변국들의 우려와 반응을 잘 보여주고 있다.[28] 미국, 러시아, 중국은 신 냉전 체제가 지속 강화되는 상황에서, 중재자가 부재하기 때문에, 기존의 미러 양자 조약이나 미국이 주장하는 미중러 3자 핵군축 조약이 체결될 가능성은 매우 낮으며, 그나마 유지되던 New STRAT 조약도 러시아의 참여 중단으로 양자 핵군축 조약이 전면 중단되는 위기에 직면하였다. 현재 미국, 러시아, 중국은 여전히 국방예산을 집중하여 핵 미사일 전력을 현대화하고 있으며, 유럽과 인도 태평양 지역 전체에서 전선이 강화, 지속됨에 따라 국제 비확산 체제의 무력화가 진행되고 있고, 이러한 위기 상황을 약화시킬 방안도 현재 보이지 않는다는 점에서 냉전 종식 이후 가장 심각한 위기 상황으로 인식되고 있다. 러시아와 미국과 동맹국들 간의 갈등, 대만을 둘러싼 중국과 미국 및 동맹국들 간의 갈등은 이러한 핵 전쟁의 가능성 증대와 비확산 체제의 무력화를 가져오는 가장 핵심적인 요인이다.

두 번째로는 핵무장국 북한의 지속적인 핵 미사일 도발과 미국 대선을 앞두고 확산되는 북핵에 대한 대응전략으로 한국의 핵무장론 증대이다. 북한은 싱가포르와 하노이 회담에서 미국과 비핵화 협상을 성공시키지 못한 이후 지속적으로 핵 미사일 능력 개발에 집중해왔고, 신 냉전 상황에서 중국과 러시아가 국제 제재에 동참하지 않는 최근 수 년 간의 상황을 최대한 기회로 활용하여 핵 미사일 능력 개발에 집중해왔다. 더욱이 러시아에 전쟁에 사용될 북한의 탄약이 제공되면서 그 대가로 러시아의 첨단과학기술 즉 핵무기 소형화, 전술핵무기 성능 개발 및 실전 배치, SLBM 개발과 ICBM 재진입 기술, 극초음속 무기 개발, 인공위성 등에 대한 첨단 기술 이전을 기대할 수 있게 되어 더욱 핵 미사일 전력 증강에 매진하고 있다.[29] 이에 대한 제재도 중국, 러시아 불참으로 사실상 무력화되면서, 한국에서는 미국 대선을 앞두고 근본적인 대응 수단으로 핵무장론이 확

---

28 Richard Weitz, Youngjun Kim and others (2024) Strengthening International Cooperation in Managing China-Related Proliferation Challenges (Washington DC: The Hudson Institute, 2024).

29 Youngjun Kim (2023) "Will North Korea Join Russia and China in a Combined Military Exercise? A Game Changer for Northeast Asian Security Architecture" The Korean Journal of Security Affairs 28(1) (June 2023), pp. 31-53.

산되고 있으며, 이러한 한국의 핵무장론은 워싱턴 DC를 중심으로 이해할 수 있다는 정서가 미국 전문가 및 트럼프 전 대통령 등을 통해 수용되면서 비확산 체제의 큰 변화가 될 요인으로 인식되고 있다. 서방과 중국, 러시아가 장기간 갈등 상황이 지속되는 신 냉전이 진행될 것으로 보이기 때문에, 북한은 비핵화 협상보다 핵 미사일 능력 개발에 집중하면서 러시아의 첨단 기술 이전을 요청할 것으로 보이기 때문에, 이에 대한 대응전략으로 미국 대선과 연계한 한국의 핵무장론 확산은 불가피할 것으로 전망된다. 특히 트럼프 행정부 2기가 시작되면, 이러한 한국의 핵무장론은 한반도 상황에 따라 미국과 한국 간 정책으로 추진될 가능성이 존재하기 때문에 국제 비확산 체제의 중요한 쟁점으로 부각되고 있다. 북한의 지속적인 핵 미사일 능력 개발이 중단될 가능성이 적은 상태에서 한반도를 중심으로 한 국제 비확산 체제의 도전 요인은 당분간 지속될 것으로 전망된다.

세 번째 국제 비확산 체제의 도전요인으로는 핵보유국가와 핵비보유국 간의 지속적인 의견 불일치와 이로 인한 갈등 증대이다. NPT 평가회의는 유엔에서 5년마다 회원국들 간 주요 의제들을 중심으로 이루어져 왔으며, 각 국은 핵보유국 혹은 핵비보유국 입장에서 국제 비확산 체제를 위한 다양한 의견들을 제시하고 채택되어 실행되어왔다. 그러나, 2015년 제9차 평가회의에서 결국 최종 결과 문서를 채택하지 못하고 종료되었고, 이는 중동 비핵지대 설립과 핵군축 이행 등에 대한 주요국들 간의 의사가 상이하였기 때문이다. 예를 들어 중동 비핵지대 관련 이스라엘 입장을 지지한 미국, 영국, 캐나다와 입장이 다른 중동 국가들 간의 의견이 불일치되었고, 핵군축 관련해서도 핵비보유국들이 핵보유국들에 대한 핵무기 현대화나 핵군축을 위한 수량 감소, CTBT 비준 등에 대한 지적을 핵보유국들이 수용하거나 이행하지 못하였기 때문에 이러한 차이들은 근본적인 입장 차이를 드러내면서 갈등을 지속하여 왔다. 이후 2022년 제10차 NPT 평가회의도 코로나로 인하여 7년 만에 개최되었지만 최종 선언문은 채택이 불발되었다. 2022년에는 러시아 우크라이나 전쟁 중이었고, 우크라이나에 대한 국가들의 다양한 우려와 안전조치에 대한 요청에도 러시아는 이를 적극적으로 수용 이행하려는 의지가 없었기 때문에, 2015년 9차 회의에 이어서 2022년 10차 회의에서도 최종 선언문은 채택되지 못하고, 국가들 간의 갈등과 입장 차이만 확인하게 되었다.[30] 국제사회의 컨센서스가 국제 비확산 체제 존속을 위한 가장 근본적인 요소라고 할 때 이러한 지속적인 컨센서스의 실패는 국제 비확산 체제의 근본적인 위기로 인식될 수 있으며, 현재 국면이 냉전 종식 이후 핵 전쟁 가능성이 가장 높은 상황이라는 점에서 그 심각성이 지속되고 있다고 볼 수 있다.

4 국제 비확산 체제의 대한민국의 역할과 전략

대한민국은 오랫동안 국제 비확산 체제의 대표적인 모범국가였다. 핵폭탄을 만들 수 있는 능력이 있으면서, 북핵의 위협 하에서, 지속적으로 핵무기를 만들지 않고, 원자력의 평화적 이용을 위한 원자력 발전소 수출 등 비확산 체제에서의 모범국으로 활동하여 왔다. 북한의 핵 위협이 30년간 지속되는 동안 한미 핵확장억제를 바탕으로 자체 핵무기 개발이나 미국의 전술핵 재도입 없이 국제 비확산 체제하에서 원자력의 평화적 이용의 의무를 충실히 이행하여 왔다. 최근 핵보유국들 간의 핵 미사일 경쟁이 고조되고, 북한이 핵무기를 실제 사용할 수 있는 실전배치, 전술핵무기 개발, 다양한 운반 수단인 SLBM 개발 등을 지속하고, 핵을 보유했음에도 러시아에 이전했다가 서방에게 약속되었던 안전을 보장받지 못하고 러시아의 침공에 수많은 사상자를 낸 우크라이나의 상황 등은 한국 내 여론에 많은 변화를 불러일으켰다. 특히 이웃 국가인 중국의 지속적인 핵능력 확대와 미국 트럼프 행정부 1기 때 추진되었을 수 있는 주한미군 철수 혹은 감축 등의 상황은 한국 국민들에게 자체 핵무장의 필요성을 확산시키는 중대한 계기가 되었다. 이러한 상황에서 미국 대선을 앞두고 트럼프 행정부 2기 출

30 U.S. Department of State, Tenth NPT Review Conference.
https://www.state.gov/tenth-npt-review-conference (검색일: 2024년 7월 29일);
The United Nations, Tenth Review Conference of the Parties to the Treaty on the Non Proliferation of Nuclear Weapons (NPT)
https://www.un.org/en/conferences/npt2020 (검색일: 2024년 7월 29일)

범을 두고 자체 핵무장 실현 가능성을 두고 한국 전문가, 언론에서는 여론이 매우 높게 나타나고 있다. 이러한 상황에서 국제 비확산 체제는 강대국들 간 핵군축 이행이 아닌 핵 전력 증강 경쟁, 핵보유국과 핵비보유국 간 의견 불일치와 갈등, 북한의 지속적인 핵개발 도발 등으로 위기를 맞이하면서, 국제 비확산 체제를 수호하고 뒷받침할 국제 여론이나 미국의 글로벌 리더십도 위기를 맞이하고 있다.

미국과 주요 서방 선진국들은 국제 비확산 체제의 위기 속에서 선진 원자력 기술 보유국이자 비확산 체제의 모범국인 대한민국이 국제 비확산 체제 수호의 리더국가가 되기를 요청하고 있다. 특히 미국, 영국, 프랑스 등 서방과 중국, 러시아가 신 냉전 상황에서 컨센서스를 모을 중재자가 부재한 상황에서 한국은 이러한 리더십이 가능한 국가로 선진 원자력 기술 보유국이자 원자력 수출 모범국이기 때문에, 양 진영에게 거부감 없는 중재자 리더국가로 역할을 수행할 수 있다. 더욱이 북핵 위협에서도 자체 핵무장을 하지 않고 원자력의 평화적 이용에만 집중해 온 첨단 원자력 선진국으로서 모범적인 모델은 국제 비확산 체제의 성공을 대표할 수 있다는 점에서 비확산 체제 수호의 리더국으로 발돋움할 수 있다.

이에 더하여 비확산 체제는 현재 핵보유국 간의 핵 미사일 무한 경쟁 이외에 핵무기에 대한 첨단 과학 기술 적용 문제로 새로운 군비통제 체제를 요구하고 있다. 즉 AI, 빅 데이터, 우주, 드론, 무인 자율체계 등 첨단 과학 기술이 핵무기와 결합되고 있는데, 이러한 상황을 규제하고 안전을 보장할 새로운 군비통제 체제가 부재하며, 이는 국제사회가 공동으로 필요성을 요청하지만, 서방과 중국, 러시아의 갈등 상황에서 첨단 과학 기술 선도국으로 이러한 첨단 과학 기술과 핵전쟁 위협 증대가 연계된 새로운 군비 통제 체제를 견인할 국가는 거의 없으며, 대한민국은 이러한 점에서 선진 원자력 기술 보유국이자 첨단 과학 기술 보유국으로 첨단 과학 기술과 핵무기가 결합된 위험을 규제하고 통제하기 위한 군비통제 체제 구축의 리더국이 될 수 있다.

최근 다양한 싱크탱크들과 각 국 정부들은 기존의 핵무기 체제가 AI, 자율무인체계와 결합된 상황에서의 핵 위험(Nuclear Risk)을 매우 우려하고 있으며, 이를 통제할 새로운 군비 통제 체제 부재에 필요성을 강조해오고 있다. 대한민국은 미국 등 서방이 이러한 역할을 해주기를 강력히 요청해오고 있으며, 중국, 러시아 등은 한국의 역할에는 큰 거부감이 없다는 점에서, 선진 원자력 기술 보유국이자 첨단 과학 기술의 선도국인 대한민국이 이러한 역할을 수행하는 것은 여건과 능력이 충족되므로, 의지와 결단, 추진력의 문제라고 볼 수 있다.[31]

현재 대한민국 국민들의 관심사는 트럼프 2기 출범과 자체 핵무장 논쟁이지만, 더 큰 차원에서 대한민국의 국익과 국격을 상승시키는 글로벌 중추 국가로서 역할은 국제 비확산 체제의 리더국이자 주관 국가로 이러한 다자 협약과 새로운 군비통제 체제의 리더국으로 역할을 확장하여, 국제 사회에서 리더국가로 인정받는 것이다. 한국은 UAE에 이어 최근 체코까지 원자력 수출 국가의 대표국으로 선진 원자력 기술을 보유하는 동시에 오랫동안 핵비보유국으로 원자력의 평화적 이용을 수행하는 모범국가였다. 국제 비확산 체제에서 대한민국이 국제질서를 수호하고 새로운 국제 규범과 룰을 세팅하는 국제질서의 리더국이 된다면, 대한민국의 국격과 위상은 매우 증대될 것이다. 이를 위하여 현재 관련 기관인 국방부 예하의 군비통제검증단은 대북 군사 협정 관련 업무를 넘어서 국무총리실 예하의 국제 군비통제 체제 이행 기관으로 외교부, 국방부, 산자부, 원자력 안전 위원회 등 각 정부 부처와 연계된 기관으로 격상 확대되어, 이러한 새로운 군비통제 체제 구축을 뒷받침하는 기관이 되어야 하며, 이를 위한 예산과 인력을 뒷받침할 특별법이 여야의 동의로 국회에서 통과되어야 한다. 또한, 이를 위한 국제 비확산 체제의 미래 인력 양성을 위한 교육과 연구, 정책 자문을 뒷받침할 기반도 강화되어야 하며, 이를 수행하기 위하여 현재 한국원자력통제기술원의 교육기관을 강화하여, 서울대, KAIST, 국방대, 국방연구원 등의 전문 교수진과 연구 인력 등을 포함한 국제 군비통제 교육 및 연구 기관으로 국제기구와 연계되어 확대 개편될 수 있다. 외교부 주관 청년 모의 군축회의 등 다양한 미래 세대를 위한 행사와 국제기구 진출과 연계한 미래 세대를 위한 여건 조성도 집중해야 할 것이다. 북핵을 포함한 다양한 국제 비확산 체제의 역사와 양자, 다자

---

31 김영준, "포스트 코로나 시대의 NPT 체제" 『핵비확산조약 50년: 정치적 합의에서 기술적 이행까지』, pp. 181-191.

조약의 성공과 실패를 연구하고, 미래 세대에게 교육하고, 새로운 군비통제 체제 확충을 위한 연구, 정책 대안 개발이 지속되는 것이, 결국 국제비확산체제에서 대한민국의 리더십과 국격을 증진시키고, 결국 북핵 등 다양한 문제들을 해결하는 체제의 리더국이 되는 방안이 될 것이다.[32]

5 결론: 정책적 함의

국내의 교육과 연구, 정책 보고서 등은 모두 북핵과 한미 확장억제, 3축 체계 등으로 집중되어왔다. 글로벌 중추 국가로서 대한민국은 국제 비확산 체제의 역사적 기원과 주요 강대국들의 핵 경쟁과 양자 조약의 성공과 실패, 이와 연계된 국제 환경, 다자 조약의 기원과 이행 상황, 국제 비확산 체제의 주요 쟁점과 도전 요인들을 폭넓게 연구하고 이를 위한 역량을 개발해야 한다. 본 장은 한국에서의 연구가 주로 북핵과 이에 대한 한미 확장억제 등의 대응전략에 집중하고 있다는 점에서 이를 극복하고 국제적으로 식견을 넓히고 글로벌 중추 국가 역량을 증진할 비확산 체제 전반을 점검하고, 도전 요인을 식별하여, 정책 대안을 제시하였다. 현재 대한민국의 여론의 관심은 트럼프 행정부 2기 출범과 연계한 자체 핵무장이나 좀 더 장기적으로 대한민국이 국제사회에서 존중받고 영향력을 확장할 리더국이 될 수 있는 방안은 국제 비확산 체제의 리더국으로 현재 위기를 극복하고, 새로운 비확산 체제의 미래를 선도할 역량을 갖추고 이를 추진하는 의지를 결집하는 것이다. 현재의 위협에 집중하는 것은 기본이지만, 대한민국의 글로벌 역량은 이제 한반도를 넘어서서 국제무대에서 국격과 위상을 높이는 역할에도 집중해야 하는 것이다. 본 장의 기초 연구와 정책 대안이 이러한 역량을 키우는 분위기를 조성하는 데 기여하기를 기대한다.

---

32 김영준, "미·러 관계의 전략적 불안정성" 2024년 국제정치학회 하계학술대회 국방부 세션 글로벌 핵질서의 불안정성 심화, 2024년 6월 27일, 강원도 강릉 라카이 샌드파인 리조트.

참고문헌

국문

김영준, "북핵 접근의 현실론과 한반도형 핵 군비통제 방안" 『통일정책연구』 32(1) (2023), pp. 75-100.

김영준, "왜 북한은 우크라이나랑 다른가? 우크라이나 핵 폐기 과정 분석과 북한식 CTR 모델 연구" 『세계지역연구논총』 37(4) (2019), pp. 67-93.

김영준, "포스트 코로나 시대의 NPT 체제" 『핵비확산조약 50년: 정치적 합의에서 기술적 이행까지』, pp. 181-191.

김영준, "북중러 군사협력과 유엔사의 역할" 『세계일보』 2023. 10. 5.

김영준, "미·러 관계의 전략적 불안정성" 2024년 국제정치학회 하계학술대회 국방부 세션 글로벌 핵질서의 불안정성 심화, 2024년 6월 27일, 강원도 강릉 라카이 샌드파인 리조트.

이상현, 한용섭, 전봉근, 황일순, 김영준, 『해외 검증사례 비교연구 및 검증방안 개발』 (대전: 한국원자력통제기술원, 2019), p. 110.

전봉근, 『비핵화의 정치』 (서울: 명인문화사, 2020).

한국원자력통제기술원, 『핵비확산조약 50년: 정치적 합의에서 기술적 이행까지』 (서울: 한국원자력통제기술원, 2020).

한용섭, 『핵비확산의 국제정치와 한국의 핵정책』 (서울: 박영사, 2022).

홍민, 이재영, 황수환, 김영준, 정욱식, "북한의 대북적대정책 철회론과 대북안전보장방안" KINU 정책연구시리즈 22-05 (서울: 통일연구원, 2023).

영문

Adam Mount, "Beyond Denuclearization: Four Priorities for Managing the North Korea Challenge" *War On the Rocks*, February 9, 2018.

Comprehensive Test Ban Treaty Organization https://www.ctbto.org/our-mission/states-signatories (검색일: 2024년 7월 29일)

Eric Brewer and Sue Mi Terry, "It is Time for a Realistic Bargain with North Korea: Denuclearization is Probably Out of Reach for Now-but It Might Be Possible to Reduce the Nuclear Threat." Foreign Affair. March 25, 2021.

Frank Aum and Jessica J. Lee, "Beyond Deterrence: A Peace Game Exercise for the Koran Peninsula" Quincy Brief No. 20, February 14, 2022. Quincy Institute for Responsible Statecraft.

Hiroshima for Global Peace, Hiroshima Round Table. https://hiroshimaforpeace.com/en/roundtable/ (검색일: 2024년 7월 29일)

Hiroshima for Global Peace, *2024 Edition Hiroshima Report: Evaluation of Achievement in Nuclear Disarmament, Non Proliferation and Nuclear Safety in 2023* (Hiroshima, Japan: Hiroshima for Global Peace, 2024)

Jeffrey Lewis, "It's Time to Accept That North Korea Has Nuclear Weapons." *The New York Times*, October 13, 2022.

John J. Mearsheimer, "The Case for a Ukraine Nuclear Deterrent" *Foreign Affairs* 72(3) (Summer, 1993), pp. 50-66.

Richard Weitz, Youngjun Kim and others (2024) *Strengthening International Cooperation in Managing China-Related Proliferation Challenges* (Washington DC: The Hudson Institute, 2024)

SIPRI, *Yearbook* 2023 (SIPRI: Stockholm, Sweden, 2023)

Sharon Squassoni, "Denuclearization of the Korean Peninsula: An Arms Control Framework" November 18, 2022.

Steven E. Miller, "The Case against a Ukraine Nuclear Deterrent" *Foreign Affairs* 72(3) (Summer, 1993), pp. 67-80.

The White House, Remarks by President Barack Obama in Prague as Delivered. April 5, 2009. https://obamawhitehouse.archives.gov/the-press-office/remarks-president-barack-obama-prague-delivered (검색일: 2024년 7월 29일)

The United Nations, Tenth Review Conference of the Parties to the Treaty on the Non Proliferation of Nuclear Weapons (NPT) https://www.un.org/en/conferences/npt2020 (검색일: 2024년 7월 29일)

The White House, G7 Leaders' Hiroshima Vision on Nuclear Disarmament. May 19, 2023. https://www.whitehouse.gov/briefing-room/statements-releases/2023/05/19/g7-leaders-hiroshima-vision-on-nuclear-disarmament/ (검색일: 2024년 7월 29일)

Toby Dalton and Ankit Panda, "U.S. Policy should reflect its own quiet acceptance of a Nuclear North Korea" November 15, 2022. Carnegie Endowment for International Peace.

Toby Dalton and Youngjun Kim, "Negotiating Nuclear Arms Control with North Korea: Why and How?" *The Korean Journal of Defense Analysis* 33(1) (March 2021), pp. 1-21.

U.S. Department of State, New START Treaty. https://www.state.gov/new-start/ (검색일: 2024년 7월 29일)

U.S. Department of State, Creating an Environment for Nuclear Disarmament (CEND).

https://www.state.gov/creating-an-environment-for-nuclear-disarmament-cend/ (검색일: 2024년 7월 29일)

U.S. Department of State, Tenth NPT Review Conference. https://www.state.gov/tenth-npt-review-conference (검색일: 2024년 7월 29일)

Van Jackson, "Risk Realism: The Arms Control Endgame for North Kora Policy" Center for New American Security, September 24, 2019.

Youngjun Kim (2023) "Will North Korea Join Russia and China in a Combined Military Exercise? A Game Changer for Northeast Asian Security Architecture" *The Korean Journal of Security Affairs* 28(1) (June 2023), pp. 31-53.

미디어

CNN. "US Official's suggestion of 'arms-control talks with North Korea raises eyebrows" October 29. 2022.

Lee, Hyo-jin, "Absence of Denuclearization in US Democratic Party platform alarms Seoul" The Korea Times, August 20, 2024.

정철환, "북은 사실상 핵무기 보유국...IAEA 사무총장 표현 논란" 『조선일보』 2024. 9. 28.

이지안, "북한, '사실상 핵무기 보유국' 이라는 IAEA 사무총장" 2024. 9. 27.

이종훈 "IAEA 수장 '사실상 핵무기 보유국' 북한과 대화 나서야" SBS. 2024. 9. 27.

이신영, "IAEA 수장 '사실상 핵무기 보유국' 북한과 대화 나서야" 『연합뉴스』 2024. 9. 27.

06. 제3차 핵시대의 핵전략[1]

- 손한별(국방대 전략학부 교수)

목 차

1. 서론
2. 새로운 핵시대의 도래
3. 제3차 핵시대의 특징
4. 핵전략 개념의 변화와 한국에 주는 함의
5. 결론

1 서론

인류가 스스로를 파멸에 이르게 할 수 있는 핵무기를 개발했지만, 냉전을 거치면서 불안정한 균형을 유지할 수 있었던 것은 특별한 조건을 서로가 공유하고 있었기 때문이었다. 이른바 강대국 간의 "전략적 안정성(strategic stability)"은 개념적으로 억제안정성, 위기안정성, 군비경쟁안정성 등으로 구분하는데, 핵무기를 먼저 사용할 유인이 없는 상태를 의미한다.[2] 이러한 개념에 대해서는 완전히 같은 이해를 갖고 있는 것도 아니고, 복잡한 수학적 모델을 적용한 것은 아니었

---

1 이 장은 2024년도 국방대 안보문제연구소의 연구과제인 "국가 핵대응전략 토대 구축을 위한 기반연구"의 일부를 발전시킨 저자의 논문, "제3차 핵시대의 핵전략: 한국의 국방 패러다임 전환을 위한 시론적 검토" 『국가전략』, 제31권 1호 (2025)를 수정보완한 것임.

2 "전략적 안정성"의 개념, 인식, 결정요인 등에 대한 대표적인 연구로, Elbridge A. Colby Michael S. Gerson eds., Strategic Stability: Contending Interpretations (Carlisle: Strategic Studies Institute, February 2013) 참고.

지만, 최소한 핵무기의 사용은 인류의 자기파멸적인 행동이 될 것임을 공감하고 있었다. 그렇게 핵무기는 다른 재래식 무기와는 분리되어, 차별적인 위상을 확고히 하고 있었던 것이다.

그러나 냉전기 핵억제 논쟁은 이제 전혀 다른 차원으로 전개되고 있다. 마지막 보루로 인식되었던 핵사용 결심까지 AI가 대신하게 될 것인가의 문제도 아주 먼 미래의 것은 아니다. 이미 인류가 "억제"가 가능할 것이라고 믿었던 다양한 전제들이 과학기술의 발전에 따라 변화를 겪고 있다. 냉전 초기에는 상대의 핵공격보다 먼저 공격할 수 있을 것인지, 제2격이 가능하도록 생존할 수 있을 것인지와 같은 주제에 머물렀지만, 차차 속도와 정밀성을 갖춘 공격미사일, 지구적 탄도미사일방어 시스템, 다탄두미사일과 같은 무기체계가 개발되었다. 전장에서 사용가능한 전술핵무기의 재현, 사이버 공간을 통한 핵지휘통제 교란, 현대화된 재래식 미사일과의 통합 등도 억제의 실현가능성에 대한 의구심을 키우고 있다.

이같은 이유로 냉전 또는 탈냉전 초기와는 다른 "새로운 핵시대"의 등장에 대한 논쟁이 존재하며, 이전 시대와는 구별하여 "제3차 핵시대(the Third Nuclear Age)가 도래했는가?"의 질문으로 발전하고 있는 것이다. 미국과 소련 상호간의 핵억제 셈법, 비확산과 군축 레짐의 주도, 핵위주의 전략적 사고는 제2차 핵시대로 일컬어지는 탈냉전 초기에도 이어졌다. 인도, 파키스탄, 북한이 핵무장을 하면서 장기간의 평화(Long Peace)를 위협하기는 했지만, 근본적인 핵균형을 교란한 것은 아니었다.[3] 그러나 중국의 질량적 핵무기 현대화, AI와 빅데이터, 초정밀/극초음속 미사일, 무인전투체계, 우주 및 사이버 공간의 군사화 등의 현상은 새로운 시대의 등장을 뒷받침하고 있다.

---

3 1999년 인도와 파키스탄의 카르길(Kargil) 전쟁은 지역 차원의 위기가 구조적 위기로 발전하지 않을 수 있다는 기대를 높이는 중요한 사례가 되었고, 오히려 핵무기가 모든 분쟁을 억제 또는 자제시킬 수 있다는 낙관론의 중요한 근거를 제공하기도 했다. Marium Fatima, "The Kargil War: Contending Perspectives of Pakistan and India" The Korean Journal of Defense Analysis, Vol.28, No.4 (2016), pp. 627-844; 손한별, "핵보유국에 대한 "전략적 강압": 1999년 카르길(Kargil) 전쟁" 『국가전략』, 제23권 4호 (2017), pp. 31-60.

따라서 본 연구는 "새로운 핵시대는 도래했는가?"를 핵심질문으로 하여, 다음의 연구질문을 하나씩 해결하면서 논의를 전개하고자 한다. 현재 핵무기를 둘러싼 전략적 인식, 각국의 핵전략과 태세는 달라졌는가, 이전의 시대와는 무엇이 같고 무엇이 다른가? 핵시대 논쟁은 어떤 의미가 있는가, 핵시대를 구분하는 기준은 무엇이며 어떻게 구분되는가? 그렇다면 제3차 핵시대로 명명되는 현재는 어떤 특징을 가지고 있으며, 어떤 기술적 요인이 영향을 미칠 것인가? 제3차 핵시대의 핵전략은 무엇이며, 어떤 특징을 가지고 있는가? 그렇다면 제3차 핵시대로의 전환이 핵비보유국인 한국에 주는 함의는 무엇인가? 하는 것이다.

2 새로운 핵시대의 도래

가 기존 연구 검토

제3차 핵시대는 제2차 핵시대가 종결되었음을 전제함으로써 시작된다. 물론 제2차 핵시대에 대해서도 합의된 정의가 있는 것은 아니다. 먼저 미국의 입장에서 강대국 간의 핵경쟁에만 초점을 두어, 미국의 핵독점 시기를 제1차 핵시대, 미소 양극체제 시기를 제2차 핵시대로 보는 입장이 존재한다.[4] 따라서 제3차 핵시대는 중국이 새로운 핵강대국으로서 부상하여 지구적 핵균형 구조의 한 축을 담당하게 된 시기를 지칭한다.[5] 이러한 시기 구분은 단일변수에 따라 시기를 구분하여 단순화할 수 있다는 장점이 있지만, 강대국 중심의 논의이자 현재 나타

---

4 1991년 미 전략사령부의 "피닉스 연구(Phoenix Study)"는 러시아가 미국을 파괴할 수 있는 유일한 국가이며, 러시아에 승리할 수 있으면 다른 모든 잠재적 위협을 억제할 수 있다고 전제하였다. 미러 간의 전략무기감축협정이 지속적으로 발전하게 되면 러시아의 핵무기가 감축될 것이며, 미국이 필요한 핵무기도 그만큼 줄어든다고 보았다. U.S. STRATCOM, "HQ Strategic Air Command/XP, n.t. ('The Phoenix Study')," (1991)의 일부 공개된 내용은, http://oldsite.nautilus.org/archives/nukestrat/USA/Force/phoenix.html. 관련하여 1990년대 전략사령부의 억제 관련 핵무기 소요분석에 대한 연구로, http://oldsite.nautilus.org/archives/nukestrat/matrix.html 참고.

5 Jenny L. Laylor, "The Third Nuclear Age," *Comparative Strategy*, Vol.38, No.4 (2019).

나고 있는 핵전략과 태세의 변화 양상을 모두 설명할 수 없다는 한계를 가진다.

하지만 일반적으로 미국과 소련의 냉전이 종식된 이후 다양한 요인에 의해서 새로운 핵보유국들이 등장하게 된 시기를 제2차 핵시대로 규정한다.[6] NPT 체제하의 핵보유국 외에 이스라엘, 인도, 파키스탄, 북한 등 신흥 핵무장국이 등장하면서 추가적 핵확산에 대한 우려가 커진 상황을 반영한다. 이들은 특수한 국가정체성과 안보상황에 의해서 핵무기 개발을 결정했으며, 강대국들의 핵독점에 도전하면서 핵균형을 복잡하게 만들고, 지역 차원에서 핵위기가 증폭될 위험이 존재한다. 탈냉전 초기 미소 간의 핵군축 협정이 순조롭게 이행되고 있었음을 고려한다면, 제2차 핵시대는 지구적인 평화와 안정을 위해 비확산이라는 주제가 중심을 차지했었다. 특히 북한의 위협에 직면한 한국의 입장에서는 이러한 제2차 핵시대 주창자들에 주목하는 것이 당연했다.

제2차 핵시대를 어떻게 규정하든, 새로운 핵시대의 등장은 명약관화한 것이었다. 제3차 핵시대에 대한 논의는 이미 2000년대 초반부터 시작되었다. 탈냉전 이후 제2차 핵시대가 신흥 핵보유국에 의한 새로운 핵확산에 초점을 두고 있었다면, 핵보유국들 간의 핵현대화 경쟁은 이미 시작되었기 때문이다. 특히 미국의 입장에서는 중국의 핵능력 고도화에 주의할 수밖에 없었다. 신흥 핵보유국을 포함하여 지금까지와는 다른 방식으로 핵무기를 인식하고 사용될 수 있다는 점에서 각자의 관점을 가지고 새로운 핵시대를 설명하고자 했다. 이들의 서로 다른 관점을 아래에서 제시하기로 하고, 이 장에서는 "제3차 핵시대"를 개념화한 주요 연구들만을 제시한다.

가장 적극적으로 제3차 핵시대를 규정하고자 하는 노력은 앤드류 푸터(Andrew J. Futter)가 이끄는 "제3차 핵시대" 연구팀에 의해서 진행되고 있다. 2020년 8월부터 2025년 7월까지 진행되는 이 프로젝트는 유럽연구협의회(European Research Council)로부터 165만 유로(약 24억 원)의 연구비를 지원받았으

---

6 Keith B. Payne, Deterrence in the Second Nuclear Age (Lexington: The University Press of Kentucky, 1996); Toshi Yoshihara and James R. Holmes, *Strategy in the Second Nuclear Age: Power, Ambition, and the Ultimate Weapon* (Washington DC: Georgetown University Press, 2012); Paul Bracken, *The Second Nuclear Age: Strategy, Danger, and the New Power Politics* (New York: St. Martin's Press, 2012).

며, 매년 신진연구자를 대상으로 컨퍼런스를 진행하면서 연구를 발전시키고 있다. 특히 관심을 갖는 것은 새로운 핵시대의 첨단기술 변화와 전략적 비핵무기(SNNW)의 역할에 대한 것이다. 새로운 기술로 핵무기를 현대화시키는 기술혁신은 현재의 핵정책 변화를 가져왔으며, 이중용도 기술과 비핵임무에 대한 이해를 제공하고 있다고 보았다.[7] 연구진이 가장 주목하는 것은 핵질서의 변화를 추동하는 "파괴적 기술"이며, 비핵, 무형, 이중용도의 기술들은 정치-규범-기술이 복합적으로 작용하는 역학을 추동한다고 본다.[8]

단 한 문장으로 규정할 수 없을 만큼 복잡성을 가지고 있는 것이 또한 제3차 핵시대의 특징이지만, 이 외에도 많은 학자들이 제3차 핵시대를 정의하려는 노력을 기울이고 있다. 선구적인 연구를 내놓은 토마스 토넬리와 데이비트 트라첸버그(Thomas M. Donnelly and David J. Trachtenberg)는 "양적, 질적으로 복잡성과 불안정성이 증가된 핵시대"라고 보았다. 우선은 새로운 핵보유국들이 등장했고, 기존의 핵보유국들도 질적으로 핵무기를 현대화하고 있는 두 가지 상황만으로도 완전히 새로운 핵시대를 맞이하게 되었다는 것이다. 저자들은 오바마 정부의 "핵없는 세상"이 이상적인 수사에 불과하며, 세계적인 핵질서 변화에 대해 미국 역시 융통성과 적응성, 복원력을 갖춘 핵전력을 갖추어야 한다고 주장한다.[9]

마이클 스메타나(Michael Smetana)는 2018년 미국의 『핵태세검토(Nuclear Posture Review: NPR)』가 핵시대의 공백기(interregnum)를 끝내고 제3차 핵시대가 시작되었음을 알리고 있다고 분석했다. "맞춤형 전략과 융통성 있는 전력(tailored strategies and flexible forces)"은 미국의 지속적인 지향점이었지만, 트럼프 행정부에서 핵무기 현대화 계획을 구체화함으로써 중국과 러시아의 핵 위협에 대응하기 위한 핵전략과 핵기술의 신시대를 제시했다는 것이다. 그가 주목한 것

---

7 "Towards a Third Nuclear Age: Strategic Conventional Weapons and the Next Revolution in the Global Nuclear Order(NUCLEARREV)" https://thethirdnuclearage.com/ (검색일: 2024. 7. 29).

8 https://nsiteam.com/towards-a-third-nuclear-age/ (검색일: 2024. 7. 29).

9 Thomas Donnelly and David Trachtenberg, "Toward a New 'New Look': U.S. Nuclear Strategy and Forces for the Third Atomic Age," *CDS Working Paper* (Center for Defense Studies, 2010), pp. 9-11.

은 단기적으로는 저위력의 SLBM 개량과 장기적으로는 새로운 SLCM의 개발을 통해 핵삼원체계를 보완한다는 계획이이었고, 이는 모든 스펙트럼의 위협에 대응할 수 있는 융통성 있는 태세를 유지하려는 미국의 의지를 보여준다고 보았다. NPR 분석에 집중하여 명시적으로 제3차 핵시대를 정의하지는 않았지만, 강대국 간의 새로운 핵경쟁에 본격적으로 돌입한 미국의 핵태세 변화를 통해 제3차 핵시대가 도래했음을 보여주고 있음을 잘 보여주었다.[10]

미국 국방대학교의 제니 래일러(Jenny Laylor) 역시 제3차 핵시대의 시작점은 새로운 핵강대국의 등장으로 인한 핵균형의 변화로 본다. 중국이 첨단기술을 가지고 다양한 영역에서 위기와 분쟁을 오가면서 패권을 추구하고 있는 현상에 주목하는 것이다. 그녀는 제3차 핵시대의 특징을 세 가지로 분석했는데, 기존의 억제 패러다임에 도전하는 혁신적 무기의 군비경쟁, 다극경쟁 상황에서 핵과 비핵 기술 및 교리발전의 얽힘(entanglment), 국가 주도의 혁신모델이 그것이다. 현재를 무엇이라고 부르든 전략적 지형이 완전히 새로운 시대를 맞이했으며, 따라서 지구적 차원의 전략적 안정을 위해서 억제 기하학(deterrence geometry), 국제 군축·확산 거버넌스, 핵전략의 완전히 새로운 사고가 필요하다고 주장하였다.[11]

미 국방부 WMD대응 차관보를 역임한 레베카 허스만(Rebecca Hersman)의 2020년 연구는 제3차 핵시대의 논의를 한 단계 발전시켰다. 디지털 정보 기술, 발전된 이중용도 군사능력, 분산된 글로벌 세력균형으로 특징지어지는 새로운 핵시대의 특성에 동의하면서, 이러한 특성들이 핵무장국 사이에서 의도하지 않은 확전의 위험이 증폭될 것이라고 본 것이다. 그녀의 "웜홀 확전(wormhole escalation)" 개념은 여전히 논쟁적이지만 낮은 단계로부터 핵전쟁까지 선형적으로 확전되어 가는 전통적 확전 논의에 충격을 주었다. 먼저 전술적 수준의 기술이 전략적 효과를 달성하게 되고, 엄밀하게 구분되어 온 핵과 재래식 무기가 상호의존성과 얽힘이 강화된다고 주장했다. 또한 새로운 핵보유국의 진입이 용이

10 Michael Smetana, "A Nuclear Posture Review for the Third Nuclear Age," *Washington Quarterly*, Vol.41, No.3 (2018), pp. 137-157.

11 Jenny L. Naylor, "The Third Nuclear Age," *Comparative Strategy*, Vol.38, No.4 (2019), pp. 276-288.

해지고, 비대칭성은 줄어들고, 무모한 결정을 하며, 투명성-불투명성의 딜레마가 마치 웜홀을 통과하듯이 새로운 확전의 국면을 맞이할 수 있다는 것이다.[12]

이렇듯 탈냉전 초기 새로운 핵보유국의 등장을 우려하면서 비확산을 강조하는 정책기조를 내세웠던 제2차 핵시대와는 완전히 달라진 핵환경을 전제하면서 제3차 핵시대 논의가 진행되고 있다. 폴 브래큰(Paul Bracken)이 스스로 정리한 것처럼, N인 게임, 국가정체성으로서의 핵무기, 은밀한 개발, 아시아의 부상, 핵대체효과, 후발주자의 이점 등이 제2차 핵시대의 주요한 특징이었다.[13] 결국 인도, 파키스탄, 북한의 무모한 행동을 억제함과 동시에, 핵열망을 가진 이란, 이라크, 사우디아라비아, 리비아, 시리아, 한국, 일본, 타이완 등이 핵개발에 나서지 못하도록 국제 비확산체제를 강화하는 정책방향을 지향할 수밖에 없었던 것이다. 그러나 이제 기존의 핵강대국들이 핵현대화에 박차를 가하면서 새로운 핵질서가 도래하였고, 제2차 핵시대에 등장한 새로운 핵보유국들도 핵삼원체계를 갖추어가며 질량적으로 핵능력을 강화하고 있다. 북한의 핵 위협에 직면한 한국 역시 새로운 국방 패러다임을 구축해야 한다는 것을 의미한다.

나 핵시대 논쟁의 쟁점

새로운 핵시대 논의를 요구하는 연구들이 다양하게 진행되고 있지만, 현재를 제3차 핵시대로 규정할 수 있는가는 논쟁적이다. 제3세대 항암제, 제4차 산업혁명, 제5세대 전쟁, 제6세대 전투기, X차 상쇄전략 등 세대를 구분하려는 시도는 거의 모든 분야에서 있어왔다. 기존의 패러다임으로는 설명할 수 없는 이상현상(anomaly phenomenon)이 반복되면 이를 포괄할 수 있는 새로운 패러다임으로의 전환을 요구할 수밖에 없기 때문이다. 하지만 어떤 분야이든 개념적으로

12 Rebecca Hersman, "Wormhole Escalation in the New Nuclear Age," Texas National Security Review (summer 2020), pp. 90-109.

13 Paul Bracken, "The Structure of the Second Nuclear Age," E-Notes (Foreign Policy Research Institute, 2003.9.13.), https://www.fpri.org/article/2003/09/the-structure-of-the-second-nuclear-age/. (검색일: 2024. 7. 29). 브래큰이 언급하고 있듯이 9.11 테러의 공포는 새로운 핵보유국의 무모한 행동에 중점을 두는 제2차 핵시대에 더욱 집중하게 만드는 요인이 되었다.

세대를 엄밀하게 구분하는 것도 어렵지만, 하나의 시대가 종식되고 새로운 시대가 도래했음을 선언하는 것은 쉽지 않다. 때로는 시작점을 명확히 하지 못한 채 그 다음 시기가 도래하고 나서야 해당 시대의 특성이 명확해지는 경우도 많이 있다.

제3차 핵시대와 관련한 쟁점은 다음의 세 가지 정도로 정리해볼 수 있다. 첫째, "이전 핵시대와 도대체 무엇이 다른가?"하는 질문이다. 시대를 달리할만한 분명한 특징이 있어야만 제3차 핵시대라고 부를 수 있을 것이고, 최소한 새로운 핵시대에 대한 논의가 필요하다는 데 대해서는 충분한 공감대가 형성되어야 하기 때문이다. 물론 냉전기부터 핵억제력의 기반이 된 상호확증파괴(Mutual Assured Destruction, MAD)에 대한 막연한 기대는 더이상 유지하기가 어려워졌다. 하지만 제3차 핵시대에 대한 연구들이 새로운 시대의 근거로 제시하는 첨단군사기술은 핵무기가 아니라 재래식 전력에서 두드러지며, 이같은 재래식 기술발전이 핵무기와 느슨하게 연결되어 있다면 새로운 핵시대라기보다는 일반적인 군사혁신으로 보는 것이 타당할 수 있다. 그럼에도 불구하고 첨단 재래식 군사기술만으로는 핵억제력을 완전히 대체할 수 없고, 핵무기의 가공할 파괴력에 기반한 공격과 방어 균형이 논의되어야 한다면 새로운 핵시대 개념은 필요하다고 할 수 있다.

둘째, 그러면 "지금 새로운 핵시대가 도래했는가?"하는 질문이다. 북한 비핵화가 최우선 정책목표인 한국의 입장에서 새로운 핵시대 논의는 불편하다. 하지만 이미 시작된 핵균형의 변화는 핵전략의 변화를 요구하고 있다. 특히 우크라이나 전쟁에서 러시아가 전술핵무기의 사용을 공개적으로 위협하면서, 전세계가 새로운 핵사용의 양상과 고조된 위험에 대해서 인식하게 되었다.[14] 여기에는

---

14 러시아가 우크라이나 전쟁에서 핵무기를 사용할 수 있는 세 가지 방식에 대한 구체적인 분석이 있다. 핵실험 등 현시와 강압의 수단, 전술무기로 사용(대군사공격), 전략무기로 사용(대가치공격) 등 러시아가 어떠한 시나리오를 선택하든 모든 행위자에게 완전히 새로운 핵사고(nuclear thinking)을 요구하는 상황을 조성한다. J. Andrés Gannon, "If Russia Goes Nuclear: Three Scenarios for the Ukraine War," (Council on Foreign Relations, 2022.11.9.), https://www.cfr.org/article/if-russia-goes-nuclear-three-scenarios-ukraine-war. 유럽에서의 핵태세 관련 자료로는, https://www.cfr.org/podcasts/new-nuclear-age (검색일: 2024. 7. 29).

사이버 공격, 허위정보, 정치심리전과 같이 확대된 전장영역에서 새로운 기술이 활용되었으며, 무력분쟁 이하 수준의 회색지대에서도 핵 위협이 보다 적극적으로 활용되고 있다. 재래식 열세와 고착상태를 극복하기 위해 핵무기를 사용하겠다는 위협은 북한과 같은 국가의 전유물이라고 생각했던 안일함을 깨뜨렸다.[15] 이러한 현상은 핵무기와 재래식을 엄밀하게 구분함으로써 상호억제의 신뢰를 구축해왔던 시기가 종식되었음을 보여준다. 결국 이전과 다른 핵균형, 핵교리와 핵기술의 시대를 맞게 된 것이다.

셋째, "핵시대 구분이 가능한 것인가?"하는 이론적 논쟁이다. 전쟁세대론과 관련한 논쟁이 그대로 적용될 수 있는데, 제4세대 전쟁론자들은 세대구분의 기준이 모호하고 비일관적이며, 진화의 과정을 시계열적 사고로 이해하고, 작위적으로 구분한다는 비판을 받았다. 실제로 제1, 2, 3세대 전쟁의 양상이 현재에도 발견된다는 점에서 이러한 비판은 타당하다. 핵시대 구분과 관련해서는 핵무기 보유국의 수, 핵탄두의 개수 등을 중요한 기점으로 잡을 수는 있지만, 핵능력에 따라서 서로 다른 핵시대에 존재할 수 있다는 점을 지적할 수 있다. 미국이 핵강대국을 상대할 때와 북한을 상대할 때의 핵전략과 정책우선순위가 다를 수 있다면, 제3차 핵시대로 명명하기 어렵다. 만약 제3차 핵시대로의 완전히 전환되었다면 미국은 한국의 핵무장을 고려할 수 있을 것이라는 주장도 있다.[16] 그럼에도 불구하고 제3차 핵시대 개념은 새로운 핵경쟁과 핵전략을 이해하는 중요한

---

15 민주국가와는 달리 통제할 수 없는 권력과 위험을 감수하는 충동성을 가진 지도자의 위험성을 경고하면서, 무모한 결정을 하는 동기를 이해하지 못하면 재앙적인 결과를 감수해야 할 것이라고 밝혔다. Andrew F. Krepinevich, Jr., "The New Nuclear Age: How China's Growing Nuclear Arsenal Threatens Deterrence," Foreign Affairs (May/June 2022), https://www.foreignaffairs.com/articles/china/2022-04-19/new-nuclear-age.

16 기사에서 다양한 견해를 소개하면서, 비확산과 군축에 대한 공감대가 깨어진 새로운 핵질서 하에서 각국이 자국의 안보를 위해 핵무장을 원한다면 지켜볼 수밖에 없을 것이라는 주장을 인용했다. Howard LaFranchi, "A third nuclear age? What to expect from US-South Korea summit," The Christian Science Monitor (2023.4.25.), https://www.csmonitor.com/USA/Foreign-Policy/2023/0425/A-third-nuclear-age-What-to-expect-from-US-South-Korea-summit (검색일: 2024. 7. 29).

틀을 제공할 수 있다.[17]

지금의 핵질서와 핵균형은 이전의 시기와는 분명히 다른 특성을 가지고 있다. 제3차 핵시대라고 명명하든 다른 이름으로 부르든, 새로운 핵시대는 이미 도래했다고 보인다. 그리고 일정한 한계에도 불구하고 핵시대를 구분하는 것은 이론적, 정책적으로 분명한 함의를 가진다. 이러한 변화는 제2차 핵시대를 맞았을 때만큼 극적인 것은 아니지만, 유사한 정도의 사고의 변화를 요구한다. 이제 여명기를 맞이한 제3차 핵시대에 대한 연구는 많지 않고 합의된 내용도 없지만, 이를 토대로 제3차 핵시대의 특징과 핵전략의 변화 방향을 구체화하는 것은 너무나 중요하다. 특히 한국은 북핵 위협뿐만 아니라 중국과 러시아, 동맹국인 미국의 핵태세 변화를 민감하게 인식하고, 한반도와 국익 수호를 위한 대응전략을 수립해야 한다는 점에서 제3차 핵시대에 대한 이론적, 정책적 논의를 주도적으로 이끌어나갈 필요가 있을 것이다.

3 제3차 핵시대의 특징

가 정치, 전략, 기술의 복합다층구조

제3차 핵시대 주창자들의 주장을 따르면 핵시대는 다음과 같이 구분할 수 있는데, 지나치게 단순화시켰다는 비판에도 불구하고 논의를 발전시키기 위한 중요한 기준을 제공한다. 제1차 핵시대는 1945년 7월 16일 미국이 트리니티 시험장에서 최초의 원자폭탄 실험에 성공하면서 시작되었다. 1949년 8월 29일 소련이 핵실험에 성공하면서 치열한 핵무기와 미사일 경쟁이 이어졌고, 최고조에 이르렀던 1986년에는 세계에 70,000여 기의 핵무기가 존재했다. 제2차 핵

17 제2차 핵시대의 도래를 주장하면서, 불완전하지만 유용한 방법이라는 콜린 그레이(Colin Gray)의 주장은 제3차 핵시대에도 유용하다. 정책변화를 위한 원인과 증상을 구별하고, 기본개념, 쟁점, 정책제언 등에 대한 정확한 이해가 가능하도록 도울 수 있기 때문이다. Colin S. Gray, The Second Nuclear Age (Boulder: Lynne Reinner, 1999) pp. 5-9.

시대는 냉전이 종식된 1991년부터 러시아가 크림반도를 점령한 2014년까지로 본다. 새로운 강대국 간의 핵경쟁이 시작된 기점으로 보는 것이다. 그리고 2014년부터 시작된 제3차 핵시대는 다양한 기술요인에 의해서 전략적 불안정성이 심화된 시기로 규정한다.[18]

그렇다면 제3차 핵시대는 어떤 특징을 가지고 있는가? 위에서 살펴본 것처럼, 핵시대 논쟁은 인식론에 기대고 있다. 단일변수나 결정요인에 의해서 결정되거나 고정되는 것이 아니라, 정책결정자, 전문가 등의 공동체에 속한 사람들이 공유하고 있는 관찰과 토론, 기대에서 파생되는 패러다임으로 존재하기 때문이다. 또한 행위자에 의해서 이론과 실제 정책이 연결된다. 따라서 핵시대는 고정된 실체가 있기보다는 구성적인 성격을 갖는다는 주장은 적절하다.[19] 결국 제3차 핵시대는 일부에서 강조하고 있는 것처럼 중국의 질량적 핵고도화나 재래식 첨단군사기술의 발전에 의해서 결정되는 것은 아니며, 현대의 핵질서와 핵전략을 중심으로 하는 전반적인 안보상황을 모두 반영한다. 본 연구에서는 먼저 제3차 핵시대를 정치, 전략, 기술 차원으로 구분하여 특성을 살펴본다.

첫째, 정치적 차원에서는 "다극성(multipolarity)"을 부각된 특성으로 볼 수 있다. 정치적 특성은 핵무기 외에도 더욱 포괄적인 차원의 것이지만 핵시대를 구성하는 핵심요소 중 하나이다. 미중의 경쟁에 대한 다양한 논의는 냉전기 소련과의 경쟁과 비교하는 "신냉전" 논의로 이어지지만,[20] 핵과 관련해서는 "핵다극체제"의 특성이 두드러진다. 중국의 부상으로 인한 핵삼각체제는 단순히 하나의 경쟁자가 추가되었을 뿐만 아니라 계산이 불가능한 복잡한 상황을 야기한다.[21] 여기에 한반도, 남아시아, 중동의 지역 핵국가들이 핵보유고를 늘려가는

---

18 https://www.kas.de/en/web/multilateraler-dialog-wien/to-the-third-nuclear-age-a-timeline; (검색일: 2024. 7. 29).

19 Andrew Futter and Benjamin Zala, "Strategic Non-nuclear Weapons and the Onset of a Third Nuclear Age," *European Journal of International Security*, Vol.6, No.3 (2021), pp. 257-277.

20 국제체제의 극성에 대한 최근의 논의로, Emma Ashford, Evan Cooper, "Assumption Testing: Multipolarity is more dangerous than bipolarity for the United States," *Policy Paper* (Stimson Center, 2023. 10).

21 Keir Lieber and Daryl G. Press, "US Strategy and Force Posture for an Era of Nuclear

상황이다. 제3차 핵시대를 구성하는 핵다극화의 핵심개념은 다음과 같다. 기존 강대국 간 억제게임의 예측불가능성, 동맹/협력관계의 재편, 신흥 기술의 기습적 영향, 확장억제와 동맹체제에 대한 불신, 지정학적 위기의 증폭, 맞춤형 억제의 유효성, 전략메시징의 복잡성, 군축/비확산체제의 균열 등이다.[22]

둘째, 전략적 차원에서는 "통합성(integrity)" 개념을 제시할 수 있다. 미국은 이른바 회색지대에서의 위협이 확대되면서 경쟁공간에서의 우위를 차지하려는 "경쟁전략"을 천명하고 나섰다.[23] 평시와 전시의 시기, 군사와 비군사 영역의 이분법적 구분이 무의미해졌기 때문이다. 낮은 수준의 위기로부터 핵전쟁에 이르기까지 연속적으로 선형적인 확전을 전제하는 허먼 칸(Herman Kahn)의 44개의 "확전사다리"는 더 이상 유용하지 않다는 평가도 있다.[24] 평시에, 무력충돌 이하의 수준에서, 비군사적인 수단을 활용하여 벌어지는 일상적 경쟁은 언제든지 핵사용으로 이어질 수 있으며, 따라서 군사력의 운용이 통합되지 않으면 아무런 효용가치도 없이 패배할 수 있다. 때문에 미국은 『2022 국방전략서(National Defense Strategy)』에서 "통합억제(Integrated Deterrence)"와 "군사캠페인(Campaigning)"을 강조하였다.[25] 핵과 재래식 무기를 전술적으로 통합운용한다는 것이 아니라 임무와 활동, 군사력, 태세와 훈련 등 전범위에서의 통합을 추구한다는 것을 의미한다.[26]

Tripolarity," Issue Brief (Atlantic Council, 2023.4); Caitlin Talmadge, "Multipolar Deterrence in the Emerging Nuclear Era," in Vipin Narang and Scott D. Sagan, eds., The Fragile Balance of Terror: Deterrence in the New Nuclear Age (Ithaca: Cornell University Press, 2022).

22 Lauren Borja, Jacek Durkalec, Anna Péczeli, and Brian Radzinsky, "Multipolarity and U.S. Nuclear Strategy," (Center for Global Security Research Livermore Workshop Summary, 2021.12), https://cgsr.llnl.gov/content/assets/docs/Workshop_Summary_Multipolarity_US_Nuclear_Strategy.pdf 참고(검색일: 2024. 7. 29).

23 Joint Chiefs of Staff, Joint Concept for Competing (Washington DC: Joint Chiefs of Staff, 2023.2).

24 Rebecca Hersman(2020), pp. 91-109.

25 Becca Wasser, "Campaign of Denial: Strengthening Simultaneous Deterrence in the Indo-Pacific and Europe," The Next Defense Strategy (Center for a New American Security, 2023).

26 나토 차원에서도 통합억제를 실현하기 위해, 핵교리/능력/태세의 격차 해소, 핵과 재

셋째, 기술적 차원에서는 "연결성(connectivity)"으로 제3차 핵시대의 특징을 제시할 수 있다. 통합이 서로 다른 영역과 차원을 결합하는 것이라면, 연결은 동일한 영역 내에서 상호연계된 기술을 결합하는 것을 의미한다. 많은 학자들은 제3차 핵시대의 특징을 기술적 요인에서 찾고 있으며, 실제로 새로운 핵시대로의 전환을 가져올 수 있는 핵심요인이다. 제3차 핵시대를 구성하는 핵심기술은 아래에서 자세히 다루게 될 것이지만, 이러한 기술들이 별개의 능력이나 요소로 발전하는 것이 아니라 관련된 전략적 요구를 충족하기 위해 상호유기적으로 발전할 것이라는 점이다. 기존의 핵전력이 핵탄두와 핵삼원체계(nuclear triad)의 투발수단으로만 인식되었다면, 이제는 감시정찰, 정밀타격, 지휘통제, 미사일 방어, 우주 및 사이버 기반 능력, 지능형 결심체계와 연동되는 전체 시스템의 중요성이 부각된다.

나 6가지 핵심 기술

위에서 언급한 바와 같이 제3차 핵시대는 핵무기를 중심으로 상호 연결된 첨단군사기술의 혁신적 발전에 기반하고 있다. 물론 관련된 기술은 제1, 2차 핵시대와 달리 핵무기 자체에 대한 것이 아니지만 그렇다고 재래식 무기와 관련된 것만은 아니다. 핵무기의 사용 스펙트럼이 더욱 확장된 가운데, 아래에서 자세히 살펴보게 될 것처럼 핵무기의 정확성, 속도와 파괴력, 안정성, 억제력, 융통성 등을 모두 향상시키기 위한 군사기술의 발전을 의미한다. 물론 제2차 핵시대에도 재래식 군사기술의 중요성이 부각되었지만, 핵무기와 엄격하게 구분된 개념으로 사용되었다.[27] 많은 연구자들이 제시하고 있는 핵심기술은 정리해보면

래식 통합훈련, 미사일 방어의 통합성, 영토방위개념의 유지, 비군사적 능력/수단 통합 등을 강조하고 있다. William Alberque, "NATO: Thinking Strategically in a New Nuclear Age," (Italian Institute for International Political Studies, 2023.7), https://www.ispionline.it/en/publication/nato-thinking-strategically-in-a-new-nuclear-age-134557 (검색일: 2024. 8. 11).

27 제2차 핵시대에 있어 재래식 군사력의 억제효과에 대한 논의는 핵과 재래식 무기가 교환관계(trade-off)에 있음을 전제한 것이었다. 대표적인 연구로, Michael S. Gerson, "Conventional Deterrence in the Second Nuclear Age," Parameters, Vol.39, No.3

다음과 같이 여섯 가지로 구분할 수 있다.

첫째, 핵탄두를 투발하는 미사일 기술의 발전은 여전히 가장 핵심적인 위치를 차지한다. 핵무기의 파괴력은 직관적이기 때문에 실제 핵군비경쟁은 미사일 경쟁과 동의어로 사용되었다. 미사일은 장사정화, 속도와 기동성, 정확성, 생존성을 갖추어왔다. 이른바 핵삼원체계로 불리는 각각의 미사일은 별도의 특성을 가지고 있는데, 지상발사미사일은 속도와 파괴력을, 공중투발미사일은 정확성을, 잠수함발사미사일은 생존성에 초점이 있다. 정확성은 높지만 속도는 느렸던 순항미사일이 더 빠른 속도를 갖추게 되었고, 미사일 방어 체계를 침투할 수 있는 극초음속 미사일, 지구 반대편에 대한 정밀신속타격 기술, 도로/철도를 이용하여 생존성을 확보한 이동식미사일, 상대의 감시정찰체계를 파괴할 수 있는 대위성무기(ASAT)도 발전하고 있다. 각국의 핵무기 현대화를 지속하고 있는데, 미국은 Sentinel/GBSD, B-21과 LRSO, Columbia급 잠수함을, 러시아는 STATUS 6/POSEIDON, Burevestnik를, 중국의 경우 DF-26, DF-21, 폭격기 등에 투자를 지속하고 있다.[28]

둘째, 표적화(targeting)는 제3차 핵시대를 규정하는 핵심기술이 될 것이다. 핵무기로 공격하게 될 표적의 형태, 숫자, 특성, 요망수준과 예상피해 등을 모두 판단 및 분석해낼 수 있는 기술적 여건이 성숙했기 때문이다. 지금껏 "대군 타격(counter-force attack)"은 이상적인 개념으로 인식되었는데, 기술적으로 실현이 어려웠고 상대가 대가치(counter-value) 타격에 나서는 경우도 고려해야 했기 때문이다. 이제 핵탄두의 위력과 정확도를 조정할 수 있게 되면 군사표적을 정확히 공격하여 상황을 유리한 수준에서 관리 및 통제할 수 있게 된다.[29] 물론 대가치표적에 대한 공격의 경우에도 도덕적, 법적, 전략적 관점에서 특정 표적은 의

(2009), pp. 32-48 참고.

28 미국, 러시아, 중국, 북한 등의 국가의 핵보유고와 핵현대화 프로그램을 비교한 연구는, Stacie Pettyjohn and Jennie Matuschak, "Long Shadows: Deterrence in a Multipolar Nuclear Age," CNAS Working Paper (Center for a New American Security, 2022.5) 참고.

29 Keir Lieber and Daryl G. Press, "US Strategy and Force Posture for an Era of Nuclear Tripolarity," https://www.atlanticcouncil.org/in-depth-research-reports/issue-brief/us-strategy-and-force-posture-for-an-era-of-nuclear-tripolarity/ (검색일: 2024. 8. 3).

도적으로 배제할 필요가 있는데 이를 조절할 수도 있다. 표적화는 우주군사력을 비롯한 전방위적 감시정찰으로부터 시작하여, 표적을 획득하고 최적화된 표적 분배를 통해 효율성을 확보할 수 있고, 교전규칙(Rules of Engagement, RoE)의 실행을 통해 피해제한(damage limitation), 동맹 간의 통합성, 상대국에 대한 메시징을 동시에 달성할 수 있다.

셋째, 핵지휘·통제·통신(NC3)의 기술요소는 제3차 핵시대로의 이전을 앞당길 것이다.[30] 제2차 핵시대 핵보유국의 특성을 잘 분석하면서 주목을 받았던 비핀 나랑(Vipin Narang) 역시 지휘통제체제가 핵태세를 결정하는 주요한 변수로 보았다.[31] 그러나 그동안 국내정치적 불안정성이나 기술적 취약성 때문에 위임형 지휘통제를 채택하지 못했던 상대적 핵약소국들도 제도적, 기술적 지휘통제의 안전성을 확보하게 되면 더욱 적극적으로 핵무기를 활용할 수 있을 것이다. 고도화된 NC3는 핵작전의 속도와 정확도를 높여 핵무기의 효과를 배가시킬 수 있고, 반대로 핵전쟁 초기부터 가장 중요한 타격목표가 될 수 있다. 원할 때 언제든지 사용되어야 한다는 긍정적 통제로, 절차보다는 기술적 통제로 중점이 이전하게 된다면 취약성을 지렛대 삼아서 억제력을 강화하려는 노력은 효과를 발휘할 수 있을 것이다. NC3가 기술적 취약성을 극복한다면 경보즉시발사(LoW), 미사일 방어, 핵/재래식 통합, SLBM 등의 운용의 질적 전환을 가져올 것이기 때문이다.

---

30 NC3는 다음 5개의 기능으로 구성된다. 탐지, 경보, 식별(detection, warning, and attack characterization), 핵기획(nuclear planning), 결심회의(decision-making conferencing), 대통령 지시 수명(receiving presidential orders), 전력 관리 및 지휘 활성화(enabling the management and direction of forces). U.S. Department of Defense, Nuclear Matters Handbook (Washington DC: DoD, 2020), Ch.2.

31 Vipin Narang, Nuclear Strategy in the Modern Era: Regional Powers and International Conflict (Princeton: Princeton University Press, 2014). 일반적으로 NC3의 형태를 결정하는 요인은 핵전력의 크기, 외부위협(인식), 민군관계 등으로 제시된다. 이근욱, "북한 핵전력 지휘-통제 체계에 대한 예측: 이론 검토와 이에 따른 시론적 분석" 『국가전략』, 제11권 3호 (2015), pp. 104-107. 여기에 취약성의 정도, 호전적 군사전략, 국내정치적 불안정성도 포함할 수 있다. 김보미, "북한의 당군관계, 그 결과: 북핵개발의 국내정치적 요인과 핵전력 지휘통제체계" 『현대북한연구』, 제20권 3호 (2017), pp. 111-121.

넷째, 우주와 사이버 공간을 활용한 기술이다. 먼저, 우주는 탄도미사일 발전과 함께 핵무기 운용에 직접적인 영향을 끼쳐왔다. 인공위성에 의한 조기경보 및 감시정찰은 그 속도와 정확성을 지속적으로 높여왔고, 현대에 이르러서는 지휘·통제·통신의 핵심공간이 되었다. 정확한 위치표정을 요구하는 초정밀 타격이나 극초음속 미사일 역시 우주공간을 필요로 한다. 이를 방해하기 위한 대위성 공격이나 지향성 무기, 전자기 공격도 우주기술을 필요로 한다.[32] 한편, 사이버 공간은 이미 새로운 전장의 공간이자, 다른 공간을 열어주는 통로 역할을 하고 있다. 이른바 "발사의 왼편(Left of Launch)" 프로그램은 이미 시작된 것으로 알려진다.[33] 사이버 공간에서는 상대의 핵운용과 관련한 비밀탈취로부터 조기경보 및 통신 방해, 핵지휘통제 침입 및 교란, 핵무기 원격발사 조정에 이르기까지 다양한 행동이 가능하다.[34]

다섯째, "지능형 결심체계"는 가장 논쟁적인 기술이다. 인공지능(AI)이 상대 핵능력에 대한 조기경보 및 감시정찰 능력이 향상되면서 핵공격으로부터 안전을 보장받을 수 있는 방안으로 고려된다. 상대의 위치를 파악하고 표적화하며, 자율무기체계와 연동하여 최적화된 미사일 방어를 제공할 수도 있을 것이다. AI가 핵작전에 있어서 작전템포를 유지하면서도 불확실성을 감소시킨다면, 피해를 제한하고 상황을 안정적으로 관리하면서 핵교전을 할 수도 있다.[35] 아직은 그

32 Nivedita Raju and Tytti Erästö, "The Role of Space Systems in Nuclear Deterrence," SIPRI Background Paper (Stockholm International Peace Research Institute, 2023.9).

33 Herbert C. Kemp, "Left of Launch: Countering Theater Ballistic Missiles," Issue Brief (Atlantic Council, 2017.7); "Left of Launch Archives," https://breakingdefense.com/tag/left-of-launch/ (검색일: 2024. 7. 29).

34 핵-사이버 Nexus에 대한 연구로, Andrew Futter, Hacking the Bomb: Cyber Threats and Nuclear Weapons (Washington DC: Georgetown University Press, 2018); Herbert Lin, Cyber Threats and Nuclear Weapons (Stanford: Stanford University Press, 2021); Wilfred Wan, Andraz Kastelic, and Eleanor Krabill, The Cyber-Nuclear Nexus: Interactions and Risks (Friction Points Series No.2, Geneva: UNIDIR, 2021) 참고.

35 Yuna Huh Wong et al., Deterrence in the Age of Thinking Machines (Santa Monica: RAND Corporation, 2020); James Johnson, "Nuclear Brinkmanship in AI-Enabled Warfare: A Dangerous Algorithmic Game of Chicken," War in the Rocks Commentary (2023.9.28.), https://warontherocks.com/2023/09/nuclear-brinkmanship-in-ai-enabled-warfare-a-dangerous-algorithmic-game-of-chicken/ (검색일: 2024. 7. 29).

신뢰성에 있어서 약점과 위험이 있지만 기술발전에 따라서 대군사 타격의 마지막 퍼즐을 완성하게 될 것이라는 기대도 있다.[36] 물론 가까운 미래에는 핵무기의 발사권한을 인공지능에 줄 것으로 보이지 않지만, AI 기반의 전쟁이 정착되는 가운데 핵위기 상황에서 AI가 인간심리에 미치는 영향을 당장 고민해야만 하는 문제가 되었다.

여섯째, 다양한 기술을 활용한 "미사일 방어"의 현실화이다. 히로시마와 나가사키에 핵폭탄이 투하된 이후, 핵무기의 가공할 파괴력 앞에 무력감을 느낄 수 밖에 없었고, 핵무기가 폭발하기 전에 요격할 있을 것이라는 기대는 점차 현실화되고 있다. 미사일 방어의 개념은 오래 전부터 시작된 것이었지만, "공포의 균형"이라는 이상적 주제 아래 논쟁이 지속되었고,[37] 실제로 요격이라고 이름 붙일 수 있는 기술은 그리 오래되지 않았다. 미사일 방어는 미국의 전유물로 여겨졌지만, 이제는 많은 국가들이 미사일 방어 체계 구축에 나서고 있다. 상대의 핵미사일을 정확하게 탐지하고, 요격을 결심하고 요격대상을 분배하며, 정확하게 요격(hit-to-kill)할 수 있는 미사일 방어 주기를 기술적으로 갖추어가고 있는 것이다. 상대의 핵공격으로부터 자유로운 상태에서 상대를 위협할 수 있다는 이점을 가질 수 있다면, 공격과 방어의 구분이 모호해질 뿐만 아니라 공격 우위의 상황을 만들게 될 것이다.

---

36 Rafael Loss R, "Artificial Intelligence, the Final Piece to the Counterforce Puzzle?" On the Horizon (Center for Strategic and International Studies, 2020), https://www.jstor.org/stable/pdf/resrep24234.8.pdf?refreqid=fastly-default%3Acb5d84bb136072c7ee4852777f518eef&ab_segments=&origin=&initiator=&acceptTC=1 (검색일: 2024. 7. 29).

37 Catherine McArdle Kelleher and Peter Dombrowski, eds., Regional Missile Defense from a Global Perspective (Stanford: Stanford University Press, 2015); Andrew Futter, Ballistic Missile Defence and U.S. National Security Policy: Normalisation and Acceptance after the Cold War (Abingdon: Routledge, 2013).

4 핵전략 개념의 변화와 한국에 주는 함의

제3차 핵시대는 미국을 비롯한 국가들의 정책적 과오에서 비롯된 것이 아니라 적응해야 할 새로운 환경을 만났음을 의미한다는 지적은 적절하다.[38] 제2차 핵시대에는 핵전쟁과 군비경쟁으로부터 벗어나 지역 및 비국가행위자들이 핵무기를 보유하는 것을 저지하는 것에 우선순위를 둘 수밖에 없었던 것처럼, 제3차 핵시대에는 새로운 핵질서와 경쟁 속에서 파괴적인 기술변화라는 특성에 적응할 수 있는 핵사고(nuclear thinking)를 요구한다.[39] 따라서 핵전략의 다양한 개념 중에서 어떤 것은 지속되지만, 어떤 것은 약화되거나 사라지고, 어떤 것은 변화를 요구받는다.

가 안정성(Stability)

"전략적 안정성(strategic stability)"은 냉전기부터 논쟁적인 개념이었다. 일반적으로는 "두 적대국이 생존가능한 2차 핵공격능력을 보유하고 있기 때문에, 먼저 핵무기를 사용하게 하는 이점이 제한되고(위기안정성), 핵능력을 구축하는 데 대한 이점이 제한적일 때(군비경쟁안정성) 달성된다."[40] 히로시마와 나가사키 이후 단 한번도 핵무기가 사용되지 않았다는 점에서 전략적 안정성이 유지되어 왔다고 단언할 수는 없다. 때문에 핵무기와 안정성의 관계에 대한 논쟁은 냉전기로부터 지속되어 왔다. 여기에 핵다극화 현상, 새로운 기술의 등장, 군비통제의 위기 등 제3차 핵시대의 특징은 안정성에 심각한 도전요인이 되고 있다.[41] 안정성

---

38 Andrew Futter, "Is the United States Ready for the Third Nuclear Age?," The National Interest (2022.2), https://nationalinterest.org/blog/techland-when-great-power-competition-meets-digital-world/united-states-ready-third-nuclear-age.

39 NATO는 "Nuclear IQ"라는 용어를 사용한다. 핵태세와 관련하여 전문성, 연구, 광범위한 논쟁을 통해 핵IQ를 높일 필요성을 강조한다. https://securityconference.org/en/transatlantic-to-do-list/ (검색일: 2024. 7. 29).

40 Suzanne Claeys and Heather W. Williams, "War and Arms Control: When to Pursue Cooperation," Global Politics and Strategy, Vol.64, No.6 (2022), p. 139.

41 Ulrich Kühn, "Strategic Stability in the 21st Century: An Introduction," *Journal for*

개념 자체가 모호하다는 비판에도 불구하고, 핵전쟁의 참화를 막으려는 노력은 지속되어 왔다. 제3차 핵시대에도 안정성은 중요한 정책목표가 될 것이지만, 그 중점은 분명히 달라질 것이다.

- 억제안정성에서: 위의 정의에 따를 때, 제1차 핵시대의 중점은 강대국 중심의 상호확증파괴(MAD)에 있었다. 제2차 핵시대의 중점은 새롭게 등장한 핵보유국에 대한 "맞춤형 억제"로 옮겨졌다. 억제에 대한 간주관성(intersubjectivity)으로 인해 강대국 간의 군비경쟁이 자동적으로 억제를 달성한다는 제1차 핵시대의 인식을 벗어나, 핵 위협 주체의 인식과 사고에 맞춤형으로 대응해야 안정성을 달성한다는 "억제안정성(deterrence Stability)" 개념이 일부 연구자들에 의해 전략적 안정성의 세 번째 구성요소로 제시되기도 했다. 그런 의미에서 중국은 제1차 핵시대 동안 핵강대국이 아니라 맞춤형의 억제전략이 필요한 지역 핵보유국으로 인식되었다. 미시적인 변화는 있었지만 위협평가(threat assessment)에 근거한 군비경쟁안정성과 억제안정성이 전략적 안정성의 중심역할을 수행하면서 핵전쟁의 발발을 차단해왔던 것이다.
- 위기안정성으로: 다양한 요소들이 복잡하게 엮어있는 제3차 핵시대는 위협주체만을 고려해서는 안정성이 확보되기 어렵다. "위기안정성(crisis stability)"의 중요성이 강조되는 것은 핵보유국의 결심에 의해서 핵전쟁이 발생하는 것이 아니라, 복잡하게 얽혀있는 요소들의 상호작용에 의해서 핵전쟁으로 이어질 수 있기 때문이다. 단순히 확전사다리를 급격하게 오른다는 것을 의미하는 것이 아니라 완전히 다른 차원의 위기로 확전된다는 점에서 "웜홀확전(Wormhole Escalation)" 개념은 위기안정성에 대한 경각심을 환기한다.[42] 특히 우주 및 사이버, 비핵무기 기술이 크게 발전하면서 핵사용 결심과 실행은 더욱 신속해지며, OODA 루프의 선행단계를 선점하는 것이 중요해졌다.[43] 결국 핵선제공격의 실행가능성이 높아지면서 "use it-or-loose"의 딜

Peace and Nuclear Disarmament, Vol.6, No.1 (2023).

42 Rebecca Hersman, "Wormhole Escalation in the New Nuclear Age," op cit.

43 Brad Roberts, "On Adapting Nuclear Deterrence to Reduce Nuclear Risk," *Daedalus*, Vol.149, No.2 (Spring 2020), pp. 77-78.

레마를 증폭시키고, 위기안정성이 안정성 논의에서 중심적인 위치를 차지하게 된 것이다.

안정성 논의는 한반도 안보에 있어 절대적이다. 제3차 핵시대에 있어 지역 차원의 비구조적 위기는 언제든지 핵전쟁으로 비화할 수 있고, 한반도는 낮은 수준의 분쟁이 일어날 조건을 갖추고 있다. 북한이 긍정적 핵학습(nuclear learning)을 통해서 합리성을 갖추게 되고, 맞춤형 억제가 효과적으로 작동한다고 하더라도 핵확전의 위험은 여전히 남는다. 그러나 이전보다 위기안정성이 중요해진다고 해서 위기가 없어야 한다거나 한국이 완화조치만을 취해야 한다는 것을 의미하는 것은 아니다.[44] 위기안정성은 불확실성을 전제하고 있지만 여전히 위협 주체에 대한 맞춤형 억제를 요구하는 것이며, 위기 상황에서의 확전우세(escalation dominance) 달성을 통해서도 달성할 수 있기 때문이다. 오히려 공격적인 위협 주체의 결심에 따라서 전개가능한 다양한 위험 시나리오를 개발하고,[45] 핵사용에 이를 수 있는 "시나리오 공백(scenario space)"를 채우려는 노력이 위기안정성을 높이는 방안이 될 것이다.

나 군비경쟁(Amrs Race)

제3차 핵시대는 이미 시작되었다. 핵강대국들은 군축 협상을 깨고 노후화된 핵무기를 현대화하고 있고, 제2차 핵시대의 신흥 핵보유국들은 강대국 수준의 핵탄두와 핵삼원체계를 갖추어가고 있다. 앞서 살펴본 바와 같이 핵보유국들의 군비경쟁은 핵무기의 질량적 증강에만 머무르지 않고 첨단군사기술 분야에서도 두드러진다. 이른바 "핵무기를 넘어선 군비경쟁(arms race beyond nuclear weapons)"은 핵무기와 별개로 이루어지는 것처럼 보이지만 핵무기는 여전히 가

---

44 한반도에서의 위기안정성을 강조하는 것은 자칫하면 위기 자체가 발생하지 않도록 해야 한다는 주장으로 이어진다. 그러나 위기안정성은 위기 시에 먼저 선제공격을 하는 것이 이점을 가지지 않을 때 달성되는 것이기 때문에, 위기 완화조치보다는 신뢰구축조치에 의해서 만들어진다. 김정섭, "한국의 독자 핵무장과 전략적 안정성" 『세종정책브리프』 (세종연구소, 2023. 2. 28).

45 https://www.amacad.org/news/insights-policy-recommendations-new-nuclear-age (검색일: 2024. 7. 29).

장 강력한 군사적 수단으로 역할하고 있으며, 확전우세 달성을 위한 궁극의 무기로서 "핵게임"을 주도하고 있다. 무제한적인 군비경쟁은 자기파괴적이며 더욱 위험한 세계를 만든다는 것을 분명히 알고 있음에도 불구하고, 상대의 군비증강에 대응할 수밖에 없는 "안보딜레마"는 핵무기와 미사일 개수로 나타나는 직관적 핵군비경쟁에서 더욱 두드러지게 나타난다.

- 충분성에서: 제1차와 제2차 핵시대에 있어 군비경쟁은 핵무기와 재래식 무기로 엄격하게 구분할 수 있었다. 핵강대국들은 얼마나 많은 수량의 핵무기를 보유하는가가 가장 중요한 과제였는데, 상대의 제1격을 받고도 생존할 수 있는 제2격 무기, 또는 상대의 제1격을 현저하게 무력화시킬 수 있는 공격미사일을 얼마나 확보할 것인가에 대한 것이었다. 결국 가장 적은 비용과 위험으로 가장 큰 이익을 실현하기 위해 얼마나 많은 핵무기를, 어떤 종류의, 그리고 어떤 전략으로 배치되어야 하는지에 대한 것이 군비경쟁의 핵심이었다.[46] 제2차 핵시대의 신흥 핵보유국들은 후발주자의 이점을 활용하면서 빠르게 핵강대국들의 전철을 따랐다. 인도, 파키스탄, 북한은 우선은 지상발사미사일과 SLBM의 핵2원체계(nuclear dyad)를 추구하고, 이동형 미사일로 생존성을 확보하며, 최소억제를 넘어 핵교전이 가능한 수량의 핵무기를 개발해온 것이다.
- 만족성으로: 제3차 핵시대의 군비경쟁은 새로운 개념을 필요로 한다. 제프리 루이스와 안킷 판다(Jeffrey Lewis and Ankit Panda)는 충분성(sufficiency)과 대별되는 만족성(enoughness) 개념을 새롭게 제시했다. 상대를 억제하고 대응하기 위한 능력의 질량적 조건으로서의 충분성은 객관성을 요구하지만, 복잡하고 불확실한 제3차 핵시대는 그러한 객관적 조건이 의미를 가지지 않는다. 저자들은 상대가 나의 위협을 인식하는 신뢰성(credibility)이 아니라 자신의 능력에 대한 믿음(reliability)이 중요하다는 것을 함께 주장한다.[47] 이

46 Francis J. Gavin, "Beyond Deterrence: U.S. Nuclear Statecraft since 1945," in Linton Brooks, Francis Gavin, and Alexei Arbatov, eds., *Meeting the Challenges of the New Nuclear Age: U.S. and Russian Nuclear Concepts, Past and Present* (Cambridge: American Academy of Arts and Sciences, 2018), p. 6.

47 Jeffrey Lewis and Ankit Panda, "How Much is Enough?: Revisitng Nuclear

는 군비경쟁이 더 이상 직관적이지 않으며, 상호 간의 인식이 중요해졌다는 것을 의미한다. 물론 다극화된 핵환경 속에서 양적인 증강은 중요하며, 확장억제를 제공받는 동맹의 군비경쟁 요구도 커진다.[48] 더불어 군비경쟁에 있어 외형적 강력함보다는 세밀한 조정이 더욱 의미가 크다는 것도 중요한 요소이다. 미국이 추진하고 있는 "제3차 상쇄전략(Offset Strategy)"는 미국의 첨단기술력을 활용하여 양적인 대등성을 추구하는 중국의 위협을 상쇄하려는 것이다.

제3차 핵시대의 군비경쟁은 완전히 새로운 방식을 요구한다. 북한의 핵고도화에 대해 한국이 자체 핵무기를 통해서 억제를 달성할 수 있을 것이라는 믿음은 냉전 초기 핵보유국들의 인식을 공유한다. 핵무기의 억제력은 직관적이어서 또한 강력하지만, 그것이 억제를 담보하지는 못하는 상황이 되었다. 핵개발의 옵션을 영원히 포기할 필요는 없겠지만, 제3차 핵시대의 만족성은 핵무기보다는 재래식 첨단군사기술에 의해서 충족된다. 한국의 입장에서 관심을 가져야 하는 것은 북한의 질량적 핵무기 증강보다는 북한의 핵운용 개념과 태세이며, 핵강대국들의 기술과 운용에 초점을 둔 군비경쟁이다. 핵무기의 개수를 세는 것보다는 핵태세의 변화가 한반도의 안보와 한국의 국익에 미치는 영향을 분석하는 것이 중요한 이유이다. 이를 위해서는 무엇보다 동맹국인 미국의 핵전략과 태세의 변화를 민감하게 분석하면서, 한국의 주권공간인 한반도에서의 핵운용에 대한 주도권을 가질 수 있도록 노력해야 한다.

다 억제(Deterrence)의 작동

"억제"는 "안정성"만큼이나 모호한 개념이다. "감당할 수 없는 대응의 신뢰성 있는 위협, 혹은 행동하는 경우의 비용이 이익을 초과한다는 '믿음(belief)'"과 그것을 상대에게 인식시킬 수 있음을 전제하기 때문이다.[49] 상대가 원하는 것을

Reliaability, Deterrence, and Preventive War," in Vipin Narang and Scott D. Sagan, eds., *The Fragile Balance of Terror: Deterrence in the New Nuclear Age* (Ithaca: Cornell University Press, 2022), pp. 124-127.

48 Caitlin Talmadge, "Multipolar Deterrence in the Emerging Nuclear Era," pp. 26-31.

49 Department of Defense, *Joint Publication 1-02: Department of Defense Dictionary of*

하지 못하도록 만든다는 이상적인 개념은 핵무기의 등장과 함께 실현가능한 것으로 인식되기 시작했다. 상대가 얻을 수 있는 전략적 이익을 거부함(거부적 억제)으로써 억제를 달성하려는 노력은 핵무기 이전에도 있었지만 상대에게 명확하게 전달하기 어려웠고, 핵무기의 가공할 파괴력은 상대의 공격범위와 크기에 관계없이 압도적인 보복력을 제공함(보복적 억제)으로써 억제를 달성할 수 있게 된 것이다. 핵무기는 이론적으로만 존재하던 억제의 개념을 현실화시킨 것이다.

- 공포의 균형에서: 제1, 2차 핵시대에 억제를 작동시킨 것은 핵전쟁만큼은 피해야 한다는 공유된 인식이었다. 상호 간에 핵군비경쟁에 박차를 가해왔지만 핵전쟁을 회피할 뿐만 아니라 핵전쟁으로 이어질 수 있는 낮은 단계의 충돌 역시 억제되었다. 상대를 억제하려는 의도보다는 핵전쟁을 피해야 한다는 자기절제가 억제를 달성하는 요인일 수 있다는 로버트 저비스(Robert Jervis)의 주장은 주목할 만하다.[50] 그런 의미에서 신현실주의자들의 주장처럼 핵무기는 방어우세의 상황을 구성하는 가장 중요한 역할을 수행해왔다고 할 수 있다. 미국의 핵독점 시대를 제외하면 핵무기는 핵보유국의 수와 관계없이 방어에 유리한 환경을 만들어왔기 때문이다.[51] 작전적 차원에서 대군 타격이나 미사일 방어와 같이 공격우세의 환경을 조성할 수 있는 개념과 무기체계가 소개되기는 했으나 핵무기에 의한 보복억제와 같은 강력한 영향력은 없었다. 공격-방어균형은 이론적으로 가변적이었지만 전략적 차원에서 핵무기의 존재는 방어우세의 환경을 만들어 억제의 작동원리로서 역할해왔던 것이다.
- 복합억제로: 그러나 전술핵무기로 대표될 수 있는 기동성의 확대, 파괴력의 조절, 방호, 군수, 통신, 감시 등의 기술이 크게 발전하게 되었고, 지형이나 거리의 제약이 극복되는 가운데 공방균형은 더욱 복잡해졌을 뿐만 아니라 측정이 불가능하게 되었다. 제3차 핵시대를 맞아 핵과 재래식 억제가 통

Military and Associated Terms (Washington DC: DoD, 2021), p. 63.

50 Robert Jervis, Perception and Misperception in International Politics (Princeton: Princeton University Press, 2nd edition, 2017).

51 Charls L. Glaser and Chaim Kaufmann, “What is the Offense-Defense Balance and Can we Measure it?” *International Security*, Vol.22, No.4 (Spring 1988), pp. 51-60.

합되면서, 이른바 "복합억제(complex deterrence)"나 "포괄억제(comprehensive deterrence)" 개념을 필요로 하게 되었다.[52] 위에서 본 바와 같이 군사적 수단뿐만 아니라 국력의 제수단이 통합된 가운데, 무력분쟁 이하에서 벌어지는 일상적 경쟁도 중요성을 더하고 있다. 결국 군사적 차원에서는 전통적 지·해·공, 우주·사이버 영역의 교차영역억제(cross-domain deterrence)뿐만 아니라, 비군사 차원을 포괄하는 복합억제 개념으로의 전환을 요구한다. 각각의 경쟁영역에서 일정한 임계점을 넘지 않도록 억제하는 것도 중요하며, 다른 영역으로 위기가 확산되지 않도록 상쇄해야 하는 과제도 동시에 수행해야 하는 것이다.

언급한 바와 같이 제3차 핵시대에 한국이 억제해야 하는 대상, 목적, 방법, 수단은 이전과 다르다. 북한의 핵 위협이 고도화되는 것도 큰 위협이지만 북한이 중국, 러시아와 결속을 강화함으로써 핵전쟁을 기획하거나 감수할 수 있고,[53] 북한의 핵무기가 재래식 위협이나 회색지대 전술과 분리되어 사용될 가능성은 없다. 전략적 차원에서 한국은 장기적인 경쟁으로서의 효율적인 군비경쟁을 추구할 뿐만 아니라 일상적 경쟁 상황에서 분야별 억제를 달성하야 한다. 복합억제는 군사영역에서 레드라인을 넘지 않도록 하는 것을 넘어, 일상적 경쟁공간에서 우위를 차지하려는 다양한 시도를 억제하거나 낮은 수준에서 차단함으로써 상대가 전략적 이익을 선점하는 것을 방지하는 것을 목적으로 한다. 이를 위해서는 얽혀있는 영역과 공간을 자유자재로 이동할 수 있도록 국력요소를 융통성 있게 운용할 수 있어야 할 것이다.

라 억제의 방법과 수단

위에서 본 바와 같이 억제의 개념은 핵무기의 개발과 함께 황금기를 맞은 것이었으며, 방법에 있어서도 거부와 보복 모두 핵무기의 가공할 파괴력에 의존하고 있었다. 상대가 행동을 취함으로써 얻을 수 있는 이익을 감소시키거나(거부억

52 Robert Legvold and Christopher F. Chyba, "Introduction: The Search for Strategic Stability in a New Nuclear Era" Daedalus, Vol.149, No.2 (Spring 2020), pp. 7-8.

53 전경주, 손한별, "미중 전략경쟁 하 중국의 핵위협과 한반도," 한국국제정치학회 하계학술대회 발표문(2022. 6. 29).

제), 치러야 할 비용을 증대시킴으로써(보복억제) 억제를 달성한다. 먼저 거부억제는 상대에게 편익-비용계산을 통해 억제를 달성하는데, 선제공격, 미사일 방어, 방호 등이 구체적인 작전형태이며. 상대의 공격에 대한 즉응력이 핵심 요구능력이 된다. 다음으로 보복억제는 상대에게 충격과 마비를 통한 공포가 핵심효과이다. 상대의 전략적 중심(重心)에 대한 강력한 보복이 필요하기 때문에 파괴력이 핵심 요구능력이다. 따라서 개념적으로는 거부억제는 정밀성, 통제력 등을 주요 특성으로 하는 "재래식 억제"와 보복억제는 핵무기의 파괴력과 속도에 기반한 "핵억제"와 맥을 같이 한다.

- 핵보복에서: 본 연구에서 지속적으로 강조하는 것은 제1차와 제2차 핵시대는 이론적, 정책적으로 핵무기와 재래식 무기를 의도적으로 구분해왔다는 사실이다. 핵무기가 가지고 있는 강력한 파괴력과 순식간에 파멸에 이르게 할 수 있는 속도는 상대를 억제하는 데 가장 효과적인 특성이었다.[54] 때문에 상대의 제1차 공격으로부터 생존할 수 있는 제2격의 생존성, 상호확증파괴는 안정성을 구성하는 핵심요소였으며, 따라서 핵군비증강을 통해서 충분한 핵무기를 보유하는 것 역시 중요했다. 핵사용을 위협하는 수사(rhetoric)가 발전했지만 공약의 신뢰성은 높지 않았는데 어느 측이든 핵전쟁을 회피해야 한다는 공유된 인식이 있었기 때문이다. 오히려 핵무기와 재래식 무기를 분명하게 구분함으로써 상호 신뢰구축과 군비통제로 나아가는 계기가 되기도 했다.
- 재래식 거부로: 새로운 핵시대를 "대군 타격(counterforce)"의 시대로 보는 관점은 새로운 것은 아니다.[55] 핵무기의 위력과 범위를 제한할 수 있을 것이라

---

54 밴 잭슨은 미국의 핵사조를 구분하면서, 이러한 관점을 핵전통주의자(nuclear traditionalists)로 명명하였다. Van Jackson, "Reducing or Exploiting Risk? Varieties of US Nuclear Thought and their Implications for Northeast Asia", NAPSNet Special Reports(2022.2), https://nautilus.org/napsnet/napsnet-special-reports/reducing-or-exploiting-risk-varieties-of-us-nuclear-thought-and-their-implications-for-northeast-asia/ (검색일: 2024. 7. 29).

55 Keir Lieber and Daryl Press, "The New Era of Counterforce: Technological Change and the Future of Nuclear Deterrence," *International Security*, Vol.41, No.4 (Spring 2017); Lieber and Press, *The Myth of the Nuclear Revolution* (Ithaca:

는 기대는 역시 첨단 재래식 군사기술의 발전에 있었다. 대군 타격은 재래식 억제, 거부억제와 연결된다. 밴 젝슨의 구분에 따르자면, 핵제한전이 가능할 것이라고 보는 핵우선주의자(Nuclear priacists)나 핵그림자 하에서 재래식 전쟁을 기획하는 전략가 그룹(Future-of-war strategists)의 주장과 맞닿아있다. 거부억제와 대군 타격은 낮은 실현가능성 때문에 개념적인 차원에 머무를 때도 있었으나, 현대에 이르러 그 중요성이 더욱 부각되고 있다. 이미 제2차 핵시대로부터 거부억제로 조금씩 이전되어 왔는데, 브래드 로버츠(Brad Roberts)는 1990년대부터 미사일 방어의 혼합배치, 대잠전 능력, 재래식 화력의 대규모 정밀공격 등의 우선 적용 필요성을 주장해왔다.[56] 천천히 거부억제와 대군 타격에 집중하는 방향으로 전환되어 온 것이다.

방법으로서 거부억제, 수단으로서 대군 타격 능력의 중요성이 커지고 있는 현실은 한국에 도전과 기회를 동시에 제공한다. 먼저 도전요인은 역시 핵무기를 보유하지 못한 한계를 극복해야 하는 것이다. 재래식 전력 자체가 억제대상에 따라 정밀성, 통제력을 바탕으로 맞춤형 억제가 가능한 장점은 있지만, 핵무기와 유사한 능력을 지속적으로 현시함으로써 상대가 인식하도록 강요해야 한다는 점이다.[57] 반대로, 이러한 변화양상은 첨단군사기술을 갖춘 한국에 기회요인으로 작동할 수 있는데, 실제 사용될 것이라는 위협의 신뢰성(credibility)를 확보하고, 정밀타격을 통해 상황을 안정적으로 관리할 수 있을 것이다. 이러한 기술적 우위를 유지할 수 있도록 동맹을 비롯한 우방국과의 기술협력 수준을 높이는 것이 중요하다. 억제와 대응 차원에서 한국이 더욱 관심을 가져야 하는 것은 시

Cornell University Press, 2020); Christopher Clary, "Survivability in the New Era of Counterforce," in Vipin Narang and Scott D. Sagan, eds., *The Fragile Balance of Terror: Deterrence in the New Nuclear Age* (Ithaca: Cornell University Press, 2022).

56 Brad Roberts, "From Nonproliferation to Antiproliferation," *International Security*, Vol.18, No.1 (1993).

57 북핵 위협에 직면해 있으면서도 핵억제력을 보유하지 못한 한국은 미국의 확장억제를 강화하는 방향으로 이를 극복하고자 해왔고, 한국형응징보복체계(Korea Massive Punishment and Retaliation, KMPR)를 통해 보복억제의 수단을 갖추어왔다. 한국군이 그동안 보유하지 않았던 대가치(counter-value) 공격을 가능하게 하여 억제의 공백을 보완한다.

간적 차원에서 우위를 확보하는 것인데, 향후 AI와 자율무기체계를 활용함으로써 상대보다 빠른 결심과 실행으로 상황을 주도할 수 있어야 한다.

마 군비통제(Amrs Control)

비확산과 군축이라는 주제는 핵무기의 등장 이후 국제사회의 결속을 유도하는 역할을 수행해왔다. 추가적인 핵보유국의 등장을 차단하면서, 기존의 핵무기 보유고를 줄여나가려는 노력은 NPT의 핵심주제였다. 제2차 핵시대로의 전환 역시 탈냉전과 함께 수평적인 확산에 대한 위협 상황을 인식한 데서 비롯되었다는 점에서 비확산은 가장 핵심적인 주제였다. 그동안 NPT체제는 냉전 초기의 우려를 불식시키며 수평적 핵확산을 성공적으로 억제해온 것으로 평가된다. 다른 한편, 군비통제는 분명한 이점을 제공하는데, 상대에 대한 존중, 대화채널의 제공, 투명성과 예측가능성, 불필요한 군비경쟁의 회피, 위기 시 선제공격의 유인과 확전의 위험 감소, 경제적 이익 등이다.[58] 따라서 '더 이상의 무기를 보유함으로써 상대적 이익을 추구하려는 유인이 없는 상태'로서 "군비경쟁안정성"의 중요성은 제3차 핵시대에도 지속된다.

- 비확산에서: 냉전이 끝나면서 지구적인 군비통제 레짐이 실질적인 성과를 내었다. 미국과 러시아는 중거리핵전력감축협정(INF)와 전략무기감축협상(START)를 맺었고,[59] 유럽에서는 재래식무기감축협상(CFE)이 성과를 내었다. 1995년에는 핵비확산조약(NPT)이 무기한 연장되었고, 화학무기금지협약(CWC)이 체결되기도 했다. 그러나 2000년대 들어서면서 미국 주도의 국제질서는 변화에 직면하였고, 이러한 변화는 특히 동아시아 지역에서 두드러졌다. 미국이 테러와의 전쟁에 집중하는 사이에 중국이 정치적, 군사적으로 부상하였다. 여기에 북한이 핵개발에 박차를 가하면서 군비경쟁의 추세

---

58 Linton F. Brooks, "The End of Arms Control?", *Daedalus*, Vol.149, No.2 (Spring 2020), p. 85.

59 냉전기 미소 간의 군비통제는 상호공멸에 대한 우려로부터 시작된 것이기도 했지만, 비대칭적 전략우세 달성을 위한 고도의 전략적 행위였다. 상대와의 협력이나 평화를 위한 제스쳐가 아니라 어떻게 하면 상대의 강점을 약화시키고, 나의 취약성을 감소시킬 것인가가 핵심적인 관심이었다.

는 더욱 격화되었다. 제2차 핵시대는 지역 핵보유국과 새로운 불량 행위자들이 핵능력을 보유하게 되는 것에 대한 우려에서 시작된 것이었다. 비확산, 반확산, 핵금기, 군축과 같은 주제들이 제2차 핵시대의 핵심주제였다.

- 기술통제로: 새로운 핵질서하에서 군비경쟁은 새로운 양상으로 발전하고 있으며, 현재의 핵보유국들 간의 관계에 있어서 "전략적 우세" 달성이라는 국가안보이익을 배제하고 군비통제가 시도되기를 기대하기 어렵다. 겨우 연장된 상태를 유지하고 있는 New START를 제외하면 미국과 러시아 사이의 모든 군축협정은 파기되었으며, 미국과 중국의 군비통제는 분명한 이익에도 불구하고 요원하다. 문제는 제3차 핵시대를 구성하는 기술적 요인에 있다. 핵무기 자체의 파괴력과 생존성만을 고려하던 데서 벗어나 우주, 사이버, 미사일 방어와 같은 영역으로 핵전략의 고려요소가 확대되었음을 의미한다. 특히 미국과 중국처럼 비대칭적인 경우는 갈등의 소지가 더욱 심각할 것인데, 균형 상태에서 군축의 가능성은 크지 않고, 구체적 사안에서 그것을 실행하는 것도 어렵다. 다만 핵전쟁의 위험이 상존하는 상황에서 군비통제의 이점이 명확하다는 점에서 우선은 각각의 기술에 대한 "기술통제" 정도가 초기의 협력을 이끌 수 있을 것으로 기대된다.

군비통제는 미국의 동맹국인 한국의 입장에서도 중요한 문제이다. 중국이 미국의 핵탄두 개수와 대등해질 것으로 예상되는 2030년대 말에 가서야 핵협상이 가능할 것이라는 전망은 지나치게 희망적이다. 다른 한편 북한이 핵학습(Nuclear Learning)을 통해 핵무기의 공세적 사용을 자제하게 될 것이라는 기대 역시 마찬가지이다. 한국의 입장에서는 제3차 핵시대가 무제한적인 군비경쟁으로 이어지지 않도록 관리해나갈 필요가 있으며, 이는 한국의 핵무장에 대한 불필요한 논쟁으로부터 자유로울 수 있는 방법이기도 하다. 한국은 "조건적 협력 유도 전략"을 통해 이미 UN 차원에서 논의가 시작된 AI의 군사적 이용과 같은 주제로부터 핵보유국 간의 군비통제와 비확산 체제를 지지할 수 있을 것이다. 뿐만 아니라 지구적인 협력의 가능성을 사전에 준비하여 로드맵을 마련해야 할 것인데, 이를 전략적 우세와 전략적 안정을 주장하는 국내정치의 다툼이 지속될 수 있으므로 국내정치적 논쟁을 관리할 수 있는 논리와 기제도 동시에 마련해야 한다.

5 결론

탈냉전과 함께 새로운 핵보유국들이 등장하면서 더욱 복잡해진 억제동학을 우려하던 제2차 핵시대가 끝난 것인지, 정말로 제3차 핵시대가 도래한 것인지에 대한 논쟁은 한동안 지속될 것이다. 하지만 기존의 핵전략과 개념으로는 설명할 수 없는 새로운 핵질서과 환경 속에 있는 것은 분명하다. 제3차 핵시대로 불리는 새로운 핵시대는 다양한 층위에서 다른 요인들과 상호작용을 통해 완전히 새로운 핵환경을 만들어낸다. 본 연구는 정치적 다극화, 전략적 통합성, 기술적 연결성을 제3차 핵시대의 특성으로 정리하였다. 특히 6가지 핵심 기술은 핵무기와 연결되어 기존 핵전략 개념의 재설정을 요구하고 있다. 억제안정성에서 위기안정성으로, 충분성에서 만족성으로, 공방균형에서 복합억제로, 핵보복에서 비핵거부로, 비확산에서 기술통제로의 변화가 두드러진다. 무엇보다 유동적이고 복잡하고 위험한 핵질서로의 전환을 의미하고 있다.

이제 초입에 들어선 제3차 핵시대의 특징을 명확히 규정할 수는 없으며, 따라서 특정한 정책방향을 섣부르게 제시하기도 어렵다. 제3차 핵시대가 어떻게 전개될지 예측하는 것도 어렵다. 미국이 첨단기술력을 가지고 제3차 핵시대를 주도해나갈지, 치열한 군비경쟁의 늪에 빠져들지, 각성한 행위자들이 새로운 통제 레짐을 추구하게 될지, 비핵무기의 발전이 핵무기의 역할을 약화시킬지는 알 수 없다.[60] 특히 핵무기를 보유하지 않았으며, 강대국들에 비해 첨단군사기술 수준이 낮은 한국의 입장에서는 더더욱 그러하다. 한국 역시 제2차 핵시대의 논리를 고수할 수는 없을 것이다. 북핵 위협을 억제하고 대응하는 것뿐만 아니라 지구적인 핵군비경쟁의 틈 속에서 안보를 지키기 위해서는 핵질서의 변화와 핵전략, 첨단군사기술의 발전과 적용을 면밀하게 관찰하며 좇아야 할 것이다.

---

60 제3차 핵시대의 핵무기 및 전략적 비핵무기 기술의 발전양상에 대한 네 가지 시나리오이다. Andrew Futter and Benjamin Zala, "Strategic Non-nuclear Weapons and the Onset of a Third Nuclear Age," p. 259.

본 연구는 한국에 제3차 핵시대의 전략 개념 변화에 적응하고, 한반도에 미치는 영향을 분석하고 전략적 이익을 달성하기 위한 주도적인 노력을 주문하였다. 첫째, 위기안정성의 중요성이 부각됨에 따라 다양한 핵위험 "시나리오 공백"을 식별하고 극복하려는 노력이 필요하다. 둘째, 한미동맹은 당면한 위협에 대한 통합억제(Integrated Deterrence)와 함께, 첨단 비핵군사기술의 군비경쟁 양상을 고려한 미래지향적 통합혁신(Integrated Innovation)에 나서야 한다. 셋째, 군사기술 발전에 따른 공격-방어균형의 미세한 움직임을 파악하면서도, 일상적 경쟁의 공간에서 복합억제를 추구하고 국력요소를 융통성 있게 운용할 수 있어야 한다. 넷째, 미국의 확장억제와 한국의 KMPR로 보복억제를 달성하면서도, 거부억제 및 대군 타격 능력의 중요성을 인식하여 첨단군사기술의 확보와 시간적 차원의 우위를 확보해야 한다. 마지막으로 무제한적인 군비경쟁으로 이어지지 않도록 군축 및 비확산 레짐을 지속하고 "기술통제"와 같은 새로운 군비통제를 주도할 수 있어야 할 것이다.

본 연구는 초기 수준에 있는 제3차 핵시대 논의를 정리하는 시론적 성격의 연구라는 점에서 몇 가지 추가 연구과제를 제시하고자 한다. 첫째는 핵보유국의 핵경쟁 양상으로, 미국, 러시아, 중국의 핵삼극체계는 어떤 양상으로 전개될 것이며, 다극화되고 무질서한 핵균형은 지구적, 지역적 차원에서 어떤 영향을 줄 것인가? 둘째, 핵사용의 조건과 실행과 관련하여, 각국의 특수한 전략문화는 존재하는지, 정치체제의 특성에 따라 핵사용의 양상이 달라질 것인지, 핵학습은 실재하는 개념인지의 질문이 있다. 셋째, 기술요인의 우선순위에 대한 것으로, 구체적으로는 전술핵무기, 극초음속 미사일, 공격드론, 사이버와 AI의 군비경쟁이 지구적 핵질서에 미치는 영향은 무엇인지, 기술통제의 구체적 방안은 무엇인가에 대한 것이다. 넷째, 위기안정성을 측정할 수 있는 분석틀과 방법론은 무엇인지, 위기안정성을 증진하기 위한 방안을 무엇이 있는지에 대한 역사적, 이론적 분석이 필요할 것이다.

참고문헌

국문

김보미, "북한의 당군관계, 그 결과: 북핵개발의 국내정치적 요인과 핵전력 지휘통제체계" 『현대북한연구』, 제20권 3호. 2017.

김정섭, "한국의 독자 핵무장과 전략적 안정성" 세종정책브리프, 2023.2.28.

손한별, "핵보유국에 대한 '전략적 강압': 1999년 카르길 전쟁" 『국가전략』, 제23권 4호. 2017.

이근욱, "북한 핵전력 지휘-통제 체계에 대한 예측: 이론 검토와 이에 따른 시론적 분석" 『국가전략』, 제11권 3호. 2015.

전경주, 손한별, "미중 전략경쟁 하 중국의 핵위협과 한반도" 한국국제정치학회 하계학술대회 발표문, 2022.6.29.

영문

Alberque, William. "NATO: Thinking Strategically in a New Nuclear Age." Italian Institute for International Political Studies, July 2023. https://www.ispionline.it/en/publication/nato-thinking-strategically-in-a-new-nuclear-age-134557

Ashford, Emma, and Evan Cooper. "Assumption Testing: Multipolarity is more dangerous than bipolarity for the United States." *Policy Paper*. Stimson Center, October 2023.

Borja, Lauren, Jacek Durkalec, Anna Péczeli, and Brian Radzinsky. "Multipolarity and U.S. Nuclear Strategy." Center for Global Security Research Livermore Workshop Summary, December 2021. https://cgsr.llnl.gov/content/assets/docs/Workshop_Summary_Multipolarity_US_Nuclear_Strategy.pdf

Bracken, Paul. *The Second Nuclear Age: Strategy, Danger, and the New Power*

Politics. New York: St. Martin's Press, 2012.

Brooks, Linton F. "The End of Arms Control?" *Daedalus*, Vol.149, No.2. Spring 2020.

Claeys, Suzanne, and Heather W. Williams. "War and Arms Control: When to Pursue Cooperation." *Global Politics and Strategy*, Vol.64, No.6. 2022.

Clary, Christopher. "Survivability in the New Era of Counterforce." In Vipin Narang and Scott D. Sagan, eds., *The Fragile Balance of Terror: Deterrence in the New Nuclear Age*. Ithaca: Cornell University Press, 2022.

Colby, Elbridge A., and Michael S. Gerson, eds. *Strategic Stability: Contending Interpretations*. Carlisle: Strategic Studies Institute, February 2013.

Department of Defense. *Joint Publication 1-02: Department of Defense Dictionary of Military and Associated Terms*. Washington DC: DoD, 2021.

Donnelly, Thomas, and David Trachtenberg. "Toward a New 'New Look': U.S. Nuclear Strategy and Forces for the Third Atomic Age." *CDS Working Paper*. Center for Defense Studies, 2010.

Fatima, Marium. "The Kargil War: Contending Perspectives of Pakistan and India." *The Korean Journal of Defense Analysis*, Vol.28, No.4. 2016.

Futter, Andrew, and Benjamin Zala. "Strategic Non-nuclear Weapons and the Onset of a Third Nuclear Age." *European Journal of International Security*, Vol.6, No.3. 2021.

Futter, Andrew. "Is the United States Ready for the Third Nuclear Age?" *The National Interest*, February 2022. https://nationalinterest.org/blog/techland-when-great-power-competition-meets-digital-world/united-states-ready-third-nuclear-age

Futter, Andrew. *Ballistic Missile Defence and U.S. National Security Policy: Normalization and Acceptance after the Cold War*. Abingdon: Routledge, 2013.

Futter, Andrew. *Hacking the Bomb: Cyber Threats and Nuclear Weapons*.

Washington DC: Georgetown University Press, 2018.

Gannon, J. Andrés. "If Russia Goes Nuclear: Three Scenarios for the Ukraine War." Council on Foreign Relations, November 9, 2022. https://www.cfr.org/article/if-russia-goes-nuclear-three-scenarios-ukraine-war

Gavin, Francis J. "Beyond Deterrence: U.S. Nuclear Statecraft since 1945." In Linton Brooks, Francis Gavin, and Alexei Arbatov, eds., *Meeting the Challenges of the New Nuclear Age: U.S. and Russian Nuclear Concepts, Past and Present*. Cambridge: American Academy of Arts and Sciences, 2018.

Gerson, Michael S. "Conventional Deterrence in the Second Nuclear Age." Parameters, Vol.39, No.3. 2009.

Glaser, Charles L., and Chaim Kaufmann. "What is the Offense-Defense Balance and Can we Measure it?" *International Security*, Vol.22, No.4. Spring 1988.

Gray, Colin S. *The Second Nuclear Age*. Boulder: Lynne Reinner, 1999.

Hersman, Rebecca. "Wormhole Escalation in the New Nuclear Age." *Texas National Security Review*. Summer 2020.

Huh Wong, Yuna, et al. *Deterrence in the Age of Thinking Machines*. Santa Monica: RAND Corporation, 2020.

Jackson, Van. "Reducing or Exploiting Risk? Varieties of US Nuclear Thought and their Implications for Northeast Asia." *NAPSNet Special Reports*, February 2022. https://nautilus.org/napsnet/napsnet-special-reports/reducing-or-exploiting-risk-varieties-of-us-nuclear-thought-and-their-implications-for-northeast-asia/

Jervis, Robert. *Perception and Misperception in International Politics*. Princeton: Princeton University Press, 2nd edition, 2017.

Johnson, James. "Nuclear Brinkmanship in AI-Enabled Warfare: A Dangerous Algorithmic Game of Chicken." *War in the Rocks Commentary*, September 28, 2023. https://warontherocks.com/2023/09/nuclear-brinkmanship-in-ai-enabled-warfare-a-dangerous-algorithmic-game-of-chicken/

Joint Chiefs of Staff. *Joint Concept for Competing*. Washington DC: Joint Chiefs of Staff, February 2023.

Kelleher, Catherine McArdle, and Peter Dombrowski, eds. *Regional Missile Defense from a Global Perspective*. Stanford: Stanford University Press, 2015.

Kemp, Herbert C. "Left of Launch: Countering Theater Ballistic Missiles." *Issue Brief*. Atlantic Council, July 2017. https://breakingdefense.com/tag/left-of-launch/

Krepinevich, Andrew F. Jr. "The New Nuclear Age: How China's Growing Nuclear Arsenal Threatens Deterrence." *Foreign Affairs*, May/June 2022. https://www.foreignaffairs.com/articles/china/2022-04-19/new-nuclear-age

Kühn, Ulrich. "Strategic Stability in the 21st Century: An Introduction." *Journal for Peace and Nuclear Disarmament*, Vol.6, No.1. 2023.

LaFranchi, Howard. "A third nuclear age? What to expect from US-South Korea summit." *The Christian Science Monitor*, April 25, 2023. https://www.csmonitor.com/USA/Foreign-Policy/2023/0425/A-third-nuclear-age-What-to-expect-from-US-South-Korea-summit

Laylor, Jenny L. "The Third Nuclear Age." *Comparative Strategy*, Vol.38, No.4. 2019.

Legvold, Robert, and Christopher F. Chyba. "Introduction: The Search for Strategic Stability in a New Nuclear Era." *Daedalus*, Vol.149, No.2. Spring 2020.

Lewis, Jeffrey, and Ankit Panda. "How Much is Enough?: Revisiting Nuclear Reliability, Deterrence, and Preventive War." In Vipin Narang and Scott D. Sagan, eds., *The Fragile Balance of Terror: Deterrence in the New Nuclear Age*. Ithaca: Cornell University Press, 2022.

Lieber, Keir, and Daryl G. Press. "US Strategy and Force Posture for an Era of Nuclear Tripolarity." *Issue Brief*. Atlantic Council, April 2023.

Lieber, Keir, and Daryl G. Press. *The Myth of the Nuclear Revolution*. Ithaca: Cornell University Press, 2020.

Lieber, Keir, and Daryl Press. "The New Era of Counterforce: Technological Change and the Future of Nuclear Deterrence." *International Security*, Vol.41, No.4. Spring 2017. https://www.belfercenter.org/publication/new-era-counterforce-technological-change-and-future-nuclear-deterrence

Lin, Herbert. *Cyber Threats and Nuclear Weapons*. Stanford: Stanford University Press, 2021.

Loss R, Rafael. "Artificial Intelligence, the Final Piece to the Counterforce Puzzle?" *On the Horizon*. Center for Strategic and International Studies, 2020. https://www.jstor.org/stable/pdf/resrep24234.8.pdf?refreqid=fastly-default%3Acb5d84bb136072c7ee4852777f518eef&ab_segments=&origin=&initiator=&acceptTC=1

Narang, Vipin. *Nuclear Strategy in the Modern Era: Regional Powers and International Conflict*. Princeton: Princeton University Press, 2014.

Payne, Keith B. *Deterrence in the Second Nuclear Age*. Lexington: The University Press of Kentucky, 1996.

Pettyjohn, Stacie, and Jennie Matuschak. "Long Shadows: Deterrence in a Multipolar Nuclear Age." *CNAS Working Paper*. Center for a New American Security, May 2022.

Raju, Nivedita, and Tytti Erästö. "The Role of Space Systems in Nuclear Deterrence." *SIPRI* Background Paper. Stockholm International Peace Research Institute, September 2023.

Roberts, Brad. "From Nonproliferation to Antiproliferation." *International Security*, Vol.18, No.1. 1993.

Roberts, Brad. "On Adapting Nuclear Deterrence to Reduce Nuclear Risk." *Daedalus*, Vol.149, No.2. Spring 2020.

Smetana, Michael. "A Nuclear Posture Review for the Third Nuclear Age."

Washington Quarterly, Vol.41, No.3. 2018.

Talmadge, Caitlin. "Multipolar Deterrence in the Emerging Nuclear Era." In Vipin Narang and Scott D. Sagan, eds., *The Fragile Balance of Terror: Deterrence in the New Nuclear Age*. Ithaca: Cornell University Press, 2022.

U.S. Department of Defense. *Nuclear Matters Handbook*. Washington DC: DoD, 2020.

Wan, Wilfred, Andraz Kastelic, and Eleanor Krabill. *The Cyber-Nuclear Nexus: Interactions and Risks*. Friction Points Series No.2. Geneva: UNIDIR, 2021.

Wasser, Becca. "Campaign of Denial: Strengthening Simultaneous Deterrence in the Indo-Pacific and Europe." *The Next Defense Strategy*. Center for a New American Security, 2023.

Yoshihara, Toshi, and James R. Holmes. *Strategy in the Second Nuclear Age: Power, Ambition, and the Ultimate Weapon*. Washington DC: Georgetown University Press, 2012.

https://www.nytimes.com/2023/02/16/technology/bing-chatbot-transcript.html.

https://www.donga.com/news/Inter/article/all/20230218/117939333/1.

https://press.un.org/en/2023/sc15359.doc.htm.

http://oldsite.nautilus.org/archives/nukestrat/USA/Force/phoenix.html.

http://oldsite.nautilus.org/archives/nukestrat/matrix.html.

https://thethirdnuclearage.com/.

https://nsiteam.com/towards-a-third-nuclear-age/.

https://securityconference.org/en/transatlantic-to-do-list/.

https://www.amacad.org/news/insights-policy-recommendations-new-nuclear-age.

07. 핵무기와 재래식 무기의 통합[1]

- 이수훈(국방대 전략학부 교수)

목 차

1. 서론
2. 핵무기와 재래식 무기 통합의 역사적 배경 및 운영 개념
3. 핵무기와 재래식 무기 통합 운영 개념
4. 핵무기-재래식 무기 통합의 미래 전망 및 정책 제언
5. 결론

1 서론

제2차 세계대전 시 개발된 핵무기는 단 한번 사용되었지만, 그 이후 국제 정치와 전략환경에 엄청난 영향을 미치고 있다. 냉전시기 핵무기의 파괴력은 국가 간의 전쟁을 억제하고, 국제 질서를 유지하는 데 중요한 역할을 했다. 하지만 핵무기의 존재는 동시에 심각한 위험성을 내포하고 있는 것이 사실이다. 핵무기 사용의 경우 인류에게 막대한 피해를 초래할 수 있으며, 핵 확산의 위험 또한 존재한다.

2022년 2월 발발한 러시아-우크라이나 전쟁에서도 러시아의 푸틴은 전술핵 공격과 배치를 시사한 바 있으며, 2024년 대통령 집권 5기 취임을 앞두고는 전

1 이 장은 2024년도 국방대 안보문제연구소의 연구과제인 "국가 핵대응전략 토대 구축을 위한 기반연구"의 일부를 수정보완한 것임.

술핵무기의 훈련을 공개[2]하였다. 미국을 포함한 서방의 대응에 대해 전술핵무기를 사용할 수 있다는 의지를 표방한 것이다. 이처럼 전쟁에서 재래식 무기를 포함한 핵무기의 사용 가능성이 높아지고 있는 것이 현실이다.

특히, 최근 들어 국제사회에서는 핵무기와 재래식 무기를 하나의 작전 계획에 통합하여 사용하는 핵무기-재래식 무기 통합(Conventional Nuclear Integration: CNI) 전략에 대한 관심이 높아지고 있다. 이는 핵무기를 보유하였거나 미보유하였거나 모두 마찬가지이다. 핵무기와 재래식 무기의 통합 운영은 핵무기 사용 이전 단계에서 핵무기 사용 가능성을 시사하며, 다양한 공격 옵션을 활용하는 전략이다. 핵무기와 재래식 무기 통합 운영은 핵 억제력, 전략적 안정성, 핵 확산 위험 등 다양한 측면에서 중요한 영향을 미치는 복잡한 문제이다. 많은 난제를 가지고 있으나 충분히 추진해볼 만한 전략이라고 할 수 있다.

본 연구는 핵무기와 재래식 무기의 통합 운용에 대한 분석을 통해 변화하는 국제 안보 환경 속에서 그 전략적 함의를 규명하고자 한다. 본 연구의 구성과 연구방법은 다음과 같다. 첫째, 핵전략의 역사적 변화를 고찰한다. 냉전 종식 이후 국제 정치 체제 변화와 함께 핵전략이 어떻게 변화해왔는지에 대한 문헌 연구를 수행한다. 특히, 주요 핵 보유국의 핵전략에 대해 정부보고서, 학술논문 등의 분석을 통해 통합 전략의 현황을 파악한다. 미국, 러시아, 중국 등 주요 핵 보유국의 핵전략과 핵무기-재래식 무기 통합 전략의 연관성을 분석한다.

둘째, 핵무기-재래식 무기 통합 전략의 개념 및 발전을 규명한다. 전략의 등장 배경, 핵심 개념, 그리고 주요 특징을 분석한다. 핵무기와 재래식 무기의 통합, 정보 공유, 지휘통제체계 등 구성 요소를 중심으로 다양한 학술 논문과 연구 보고서를 분석하여 핵무기-재래식 무기 통합 전략의 이론적 기반을 마련한다.

셋째, 핵무기-재래식 무기 통합 전략의 효과와 위험성을 평가한다. 핵 억지 효과, 군사력 증강 효과, 그리고 오판 가능성, 비확산 위험 등을 중심으로 분석을 수행한다. 이를 통해 통합 전략의 장단점을 평가하고, 실질적인 정책적 함의

---

2 BBC, "푸틴, 벨라루스에 첫 번째 핵무기 배치 완료", https://www.bbc.com/korean/articles/c84wmv8p120o, https://news.kbs.co.kr/news/pc/view/view.do?ncd=7956821, (검색일: 2024. 7. 31).

를 도출한다.

넷째, 핵무기-재래식 무기 통합 전략 수립을 위한 정책적 함의를 도출한다. 국제 정치 환경 변화, 기술 발전, 윤리적 문제, 법적 제약 등을 종합적으로 고려하여 핵무기-재래식 무기 통합 전략 수립의 어려움과 해결 방안을 모색한다. 특히, 국제 사회의 반응, 비확산 노력과의 조화, 그리고 미래 기술 발전에 따른 전략의 변화 가능성 등을 고려하여 정책적 시사점을 제시한다.

본 연구는 핵무기와 재래식 무기의 통합 전략이라는 복잡하고 중요한 문제에 대한 이해를 증진하고, 향후 연구를 위한 기반을 마련하고자 한다. 특히, 변화하는 국제 안보 환경 속에서 핵무기-재래식 무기 통합 전략의 역할과 의미를 재평가하고, 미래 군사전략 수립을 위한 시사점을 제공할 것이다.

그러나 본 연구는 다음과 같은 한계점을 가진다. 주로 문헌 연구에 기반하기 때문에 실증적인 연구 결과를 얻기 어렵다. 핵무기와 관련된 자료는 민감한 정보이기 때문에 공개되지 않은 자료가 많을 수 있다. 핵무기-재래식 무기 통합 전략과 같은 개념은 다양하게 해석될 수 있으며, 연구자에 따라 분석 결과가 달라질 수 있다는 것이다.

2 핵무기와 재래식 무기 통합의 역사적 배경 및 운영 개념

핵무기와 재래식 무기의 통합에 대해서 이해하기 위해서는 기존의 재래식 무기와 다른 핵무기의 개발과 이에 따른 핵전략에 대해 이해할 필요가 있다. 제2차 세계대전 시 핵무기를 개발한 미국에 의해 핵전략은 시작되었으며, 이후 개발한 소련의 핵전략에 대한 이해도 필요하다. 절대적인 파괴력을 가진 핵무기에 의해 초강대국 간의 전쟁은 오히려 억제되었고 서로 대립하는 구도로 이어졌다. 결국 제2차 세계대전 이후 냉전기는 핵무기를 가진 초강대국에 의한 대결구도였다. 냉전기 국제 사회의 안보 환경 변화와 기술 발전에 따라 핵전략은 지속적으로 변화해 왔다. 지금까지 보유하지 않았던 핵무기를 가지면서 미국과 소련은 기존의 재래식 전력과는 다른 핵무기를 활용한 전략을 발전시켜왔다. 냉전시기 미국과 소련뿐만 아니라 중국, 영국, 프랑스와 같은 다른 나라들의 핵개발도 이어졌다. 여기서는 현재에도 핵 강대국이라고 할 수 있는 미국, 소련(러시아) 및 중국의 핵전략에 대해서만 언급하도록 하겠다.

가 주요 국가들의 핵전략 역사

1) 미국의 핵전략 역사[3]

미국은 1945년 제2차 세계대전에서 최초로 핵무기를 사용한 이후 지속적으로 핵전략을 발전시켜 왔다. 핵전략은 시대적 변화, 정치적 상황, 기술적 요인에 따라 지속적으로 변화해 왔으며, 다음과 같은 단계로 구분할 수 있다.

먼저 최초 핵무기 개발 이후 소련이 핵개발하기 전까지 미국은 유일한 핵무기 보유국으로서 압도적인 힘을 행사했다. 이때 미국의 핵전략은 '대량보복전략(Massive Retaliation)'으로 소련의 공격에 대응하여 핵무기로 대규모 보복 공격을 가하겠다는 전략이다.

그러나 소련이 핵무기를 개발하면서 미국은 더 이상 핵무기 독점을 누릴 수 없게 되었다. 미국과 소련이 동시에 핵무기를 가지게 되고 소련의 핵능력이 점차 강화됨에 따라 대량보복전략의 신뢰성에도 의문이 발생하기 시작했다. 미국은 이와 같은 문제를 인식하고 현실적이고 실행력이 높은 핵전략을 만들었다. 이것이 소규모 공격부터 대규모 공격까지 다양한 공격에 대한 유연한 대응을 모색하는 '유연반응전략(Strategy of Flexible Response)'이다.

핵무기의 개발과 더불어 핵무기를 투발할 수 있는 다양한 운반수단이 개발되기 시작하였다. 최초의 핵무기가 폭격기에 의해 투발된 것처럼 전략폭격기에 의한 핵무기 운용이 시작되었다. 그러나 미사일 기술이 발전함에 따라 미 본토에서 소련을 직접 공격할 수 있는 대륙간탄도미사일(ICBM)이 등장하였고, 잠수

3 이만석, 함형필, 『미국의 핵전략 - 전략적 억제와 안정의 딜레마』 (서울: 플래닛미디어, 2024) 토대로 저자가 정리.

함을 활용하여 수중에서 발사할 수 있는 잠수함발사탄도미사일(SLBM)이 개발되었다. 전략폭격기, 대륙간탄도미사일, 잠수함발사탄도미사일을 핵 3축(Nuclear Triad)라고 부르며, 이는 핵무기의 위력을 비약적으로 발전시켰다. 1960년대 이후 핵 3축 체계의 발전은 맥나마라 국방장관 시대 등장한 '확증파괴(Assured Destruction)전략'의 배경이 되었다. 확증파괴전략은 전략은 미국이 핵 공격을 받더라도 반드시 적에게 치명적인 보복 공격을 가할 수 있는 능력을 유지함으로써 핵 공격을 억지하는 전략이다. 당시 미국과 소련 간의 핵 군비 경쟁 속에서 등장한 핵전략이 바로 '상호확증파괴(MAD: Mutually Assured Destruction)'이다. 핵무기 보유국들이 서로 공격을 가할 경우 양측 모두 엄청난 피해를 입게 되어 핵전쟁이 발생하지 않도록 억지하는 전략이다.

핵무기의 위력이 커지고 투발수단이 다양화됨에 따라 미국과 소련은 핵전쟁의 위험성을 인식하고 핵무기 감축 및 군비관리 노력을 기울이게 되었다. SALT I, SALT II는 핵무기 및 미사일 제한 협상을 통해 핵 군비 경쟁을 완화하려는 노력이었다. 이러한 가운데 미국은 소련의 핵 공격으로부터 미국을 방어하기 위한 우주 기반 미사일 방어시스템을 구축하는 전략 방위 구상(SDI: Strategic Defense Initiative)을 발표하였다. 일명 "스타워즈"계획이라 불리며 핵무기에 대해 핵이 아닌 무기체계를 이용해 억제하려는 노력이었다.

냉전 종식 이후 미국은 핵무기 감축 및 비확산 노력을 강화하였다. 핵 확산 방지 조약(NPT)와 같은 국제협약을 통해 핵무기 확산을 막고 국제 핵 질서를 유지하기 위한 노력을 하였다. 그러나 9.11 테러 이후 미국은 새로운 위협에 대응하기 위해 핵전략을 다시 검토하기 시작하였다. 테러와의 전쟁(War on Terror)에서 불량국가 및 테러 집단에 대한 핵무기 사용 가능성을 언급하였다. 이때부터 미국의 핵전략은 냉전 시대의 핵 억제 전략에서 테러와의 전쟁 및 새로운 위협에 대응하는 '맞춤형 억제 전략'으로 변화하였다.

미국은 러시아, 중국, 북한에 대한 맞춤형 억제 전략의 일환으로 B-61A 저위력 핵탄두를 장착한 F-35A와 같은 이중 용도 전투기(Dual-capable Fighter aircraft: DCA), W76-2 탄두, 핵탄두를 장착한 공중발사 장거리 순항미사일(Long Range Stand Off Weapon: LRSO) 등과 같은 전술핵무기 개발·배치·운용을 강조하고 있다.[4] 이는 실제 핵무기 사용 가능성을 시사하는 것으로 볼 수 있다. 그리고 최근 바이든 행정부의 '통합억제'[5] 측면에서 핵전략과 확장억제의 발전방향을 제시하고 있다.

2) 러시아(소련)의 핵전략 역사

소련은 핵무기를 개발한 시점부터 1960년대 중반까지는 1차 핵사용에 기반한 비대칭 확전(assymmetric esclation) 전략을 채택하였고, 1960년대 후반부터 냉전 종식 때까지는 핵 공격에 대한 억지를 주요 목표로 삼는 확증보복(assured retaliation) 전략을 채택하였다. 이후 탈냉전 시기 러시아는 재래식 전력의 약화로 인해 비대칭 확전 전략으로 회귀하였으나, 2010년 이후부터는 대대적인 군 현대화 작업을 통해 재래식 전력을 강화하며 확증보복 전략으로 다시 전환하는 추세가 보인다.[6] 소련 붕괴 이후 재래식 전력에서 열세에 놓이고 하이테크 전력에서도 나토에 뒤처지게 된 러시아는 전략핵 전력을 통해 전면 핵전쟁의 에스컬레이션을 막으면서 전술핵무기의 대량 사용을 통해 재래식 전력의 열세를 보완하는 전략을 수립하였다.

상대적으로 재래식 전력이 열세인 상황에서는 재래식 위협과 핵 위협을 동시에 대응하기 위해 핵무기를 주요 수단으로 사용하였다. 그리고 재래식 전력이 구축되어 재래식 위협을 재래식 무기로 방어할 수 있는 상황에서는 핵무기는 전략적 수준에서 국가의 통제 하에서 사용하는 방향으로 발전하였다.

러시아의 2010년 판 군사독트린을 보면 "전략적 군사억제 수단으로서의 핵무기 사용", "군사 분쟁이 에스컬레이션할 경우 비전략 핵무기를 이용한 힘의 행사에 관한 준비를 결의를 시연하는 것이 실효적인 억제의 동인이 될 것"이라

---

4 Department of Defense, *2022 Nuclear Posture Review*, p. 11.

5 U.S. Department of Defense, *2022 National Defense Strategy*. p.Ⅳ.Integrated Deterrence; 통합억제는 첨단기술·작전개념·최신 능력, 동맹·파트너 및 부처 기관 등을 통합하여 신뢰 가능한 군사력 수준 및 핵무력 현대화로 확장억제를 보장하는 것이다.

6 요르단카 알렉산드로바, 백선우, "소련과 러시아 핵전략의 변화" 『국제정치논총』 제62집 3호 (2022), p. 46.

고 기술하고 있다.[7] 추가로 현재 러시아의 군사전략은 전략핵 억지력을 유지하면서 장점을 발휘할 수 있는 특정 군사력을 강화하고 있다. 러시아의 군사독트린을 보면 "전략적 군사억제력을 행사하는 데 정밀무기 사용을 고려"와 같은 내용에서 볼 수 있는 것처럼 핵무기가 아닌 재래식 무기를 활용한 억제 전략이 발전하고 있다.

최근 러시아는 3축 핵전력을 유지하면서 극초음속 무기와 같은 첨단 비핵 정밀 유도 무기를 통해 억제력을 강화하고, 다양한 수단을 활용한 '동시 작전' 개념을 발전시키고 있다. 이는 핵무기뿐만 아니라 재래식 무기, 정보전 등을 통합적으로 운용하려는 CNI 전략의 방향성을 보여줍니다. 특히, 우크라이나 전쟁에서의 전술핵 사용 위협은 러시아의 핵전력과 CNI 전략의 의도를 다시 한번 확인시켜주는 사례라고 할 수 있다.

3) 중국 핵전략

중국의 핵전략은 핵무기 제한 효용에 기반한 확증보복 전략이라고 할 수 있다. 비핀 나랑(Vipin Narang)은 중국의 전략가들이 그들이 말하는 '최소 억제' 교리에서 좀 더 공격적인 '제한적 억제' 교리로 전환하는 것의 장점에 대해 오랫동안 논의해 왔음에도 불구하고, 중국의 핵태세는 놀라울 정도의 지속성을 유지해왔다고 하였다.[8] 테일러 프래블(Taylor Fravel)도 재래식 작전을 강조하는 중국의 군사전략이 1949년 이후 아홉 번이나 바뀌는 등 역동적이었다고 하였다. 이와 대조적으로 확증보복을 통한 억지력 달성을 바탕으로 하는 중국의 핵전략은 1964년 10월 중국이 첫 번째 핵폭발 실험을 한 이후 크게 변하지 않고 있다고 하였다.[9] 적의 공격에도 불구하고 반드시 보복 공격을 가할 수 있는 능력을 유지함으로써 핵 공격을 억지하는 것이 확증보복 전략이다.[10] 중국의 핵전략은 핵무

---

7 고이즈미 유, 김무곤(역), 『현대 러시아 군사전략』(서울: 허클베리 미디어, 2023), p. 244.

8 Narang, Vipin. *Nuclear Strategy in the Modren Era, Regional Powers and International Conflict* (Princeton University Press, 2014), p. 121.

9 테일러 프래블, 이강규(역), 『현대 중국의 군사전략』 (경기: 한울엠플러스, 2024), p. 345.

10 상대보다 핵무기 보유량이 적더라도, 2차 핵 보복 공격능력을 구비해 상대국이 선불리 먼저 핵 단추를 누르기 어렵게 만드는 '최소 억제(Minimum Deterrence)' 정책으로 부르기

기가 실제로 사용될 가능성은 낮지만, 잠재적 적의 공격을 억지하는 데 효과적이라는 핵심 가정에 기반한 제한 효용에 기반한 확증보복 전략이 유지되고 있다.

1964년 첫 핵실험 이후 중국은 핵무기 개발을 통해 미국과 소련의 핵 위협에 대응하고 국가 안보를 유지하는 것을 목표로 핵억지 전략을 도입하였다. 핵심문구는 "언제 어떤 상황에서도 중국이 핵무기를 먼저 사용하지 않을 것이라는 점을 중국 정부는 엄숙히 선언한다"라는 것이었다.[11] 당시 중국의 경제 및 군사적 능력이 상대적으로 약했던 상황에서 소규모 핵무기로 적의 공격을 억지하는 전략을 채택하였다.

1980년 이후에는 경제 성장과 군사력 증강에 힘입어 핵억지 전략을 강화하였다. 장거리 탄도 미사일, 잠수함 발사 탄도 미사일, 전략 폭격기 등 핵무기 및 운반체를 현대화하였다. 이는 지상, 해상, 공중 발사 플랫폼을 활용한 다양한 핵 공격 옵션 확보로 이어졌다. 공식적으로는 핵무기를 최후의 수단으로 사용할 것임을 밝히고 있지만, 실제 핵무기 사용 기준은 명확하게 제시되어 있지 않다.

비핀 나랑이 정리한 중국의 핵전략을 정리하면 다음과 같다. 중국의 핵무기 보유는 실제로 사용될 가능성은 낮지만, 잠재적 적의 공격을 억지하는 데 효과적이라는 것이다. 중국은 아직 미국과 러시아에 비해 핵무기의 숫자나 핵탄두 식별 등 군사적 수준은 열세에 놓여 있다. 따라서 중국은 대규모 핵전쟁에서 승리할 가능성이 낮고, 핵 공격을 받을 경우 심각한 피해를 입을 가능성이 높다. 이러한 현실적 제약 때문에 중국은 핵 공격에 대한 확실한 보복 능력을 보여줌으로써 적의 공격을 억지하는 확증보복 전략을 채택할 가능성이 높다고 주장하였다. 또한, 중국은 확증보복 능력을 강화하기 위해 핵무기 및 운반체의 현대화와 다양화를 지속적으로 추진할 것이라고 예상된다.[12]

결국 중국은 미 패권에 대한 효과적인 대응을 위해 제한 억제 특징을 기반으로 의도적인 모호성을 유지하면서 핵무기 보유 수와 핵전력의 현대화를 추진하

도 함. 김동현, 『우리는 미국을 모른다』(서울: 부키, 2023), p. 104.

11 테일러 프래블(2024), p. 370.

12 Narang, Vipin(2014), Chap. 5 China의 내용을 정리.

면서 핵전략을 구사하고자 할 것으로 예상된다.[13] 현재까지 중국의 핵전략은 재래식 무기와의 통합을 고려하지 않고 별도로 운용하는 확증보복 전략이 유효하다고 볼 수 있다. 하지만 최근 중국은 핵무기보다는 재래식 무기에 투자를 더 많이 하고 있다. 기존 핵전력의 현대화와 재래식 무기체계의 고도화를 통합한다면 시너지를 발휘하여, 미국과의 전략적 경쟁에서 중국의 핵심 이익을 보호하고 지역 내 영향력을 확대하는 데 기여할 수 있을 것이다.

나 핵무기-재래식 무기 통합(CNI)의 역사적 배경

핵무기의 역할과 중요성에 대한 논쟁은 여전히 지속되고 있으며, 미래 핵전략은 국제사회의 안보 환경 변화와 기술 발전에 따라 지속적으로 변화해 나갈 것으로 예상된다. 주요국의 핵전략을 살펴보았을 때 재래식 무기와 핵무기의 통합에 관한 것은 미국과 소련(러시아)의 핵전략에서 찾아볼 수 있다. 미국의 핵전략 중에서 재래식 무기와의 활용과 관련된 것은 바로 '유연반응전략'과 냉전 이후 '맞춤형 억제전략'이다.

1) 유연반응전략(Flexible Response Strategy)

1950년대 후반 소련의 핵무기 능력이 크게 향상되면서 미국과 소련은 서로 핵 공격을 가할 수 있는 능력을 갖춘 핵 균형 상태에 접어들게 되었다. 이러한 상황 속에서 미국은 핵전쟁을 방지하고 다양한 위협에 대응하기 위해 새로운 핵전략을 모색하였다.

미 육군참모총장이었던 맥스웰 테일러(Maxwell Davenport Taylor)는 소련의 다양한 도발과 위협에 대해 국지적 분쟁으로부터 전면적 핵전쟁까지 전 영역에 걸쳐 다양한 방안으로 융통성 있게 대응할 수 있어야 한다는 '유연반응전략'의 필요성을 제기했다.[14] 대량보복전략의 단순성과 한계를 극복하고, 다양한 규모의

13 김민성, "보론 1: 핵전략",진창수 외 15인, 『게임체인저와 미래 국가전략』(서울: 윤성사, 2023), p. 128.

14 이만석, 함형필, 『미국의 핵전략 - 전략적 억제와 안정의 딜레마』 (서울: 플래닛미디어, 2024), p. 112.

공격에 유연하게 대응할 수 있는 전략을 목표로 하였다.

유연반응전략은 소규모 공격부터 대규모 공격까지 다양한 규모의 공격에 맞서 적절한 수준의 핵 또는 재래식 무기로 대응하는 전략이다. 이전 전략과 달리 단순한 핵 공격 위협보다는 상황에 맞는 다양한 대응 옵션을 제시하였다. 유연반응전략은 적의 공격 규모와 의도에 따라 단계적으로 보복공격 수준을 높여 나가는 단계적 보복 전략을 포함하고 있다. 공격의 심각성에 따라 핵무기 사용 여부를 결정하는 방식으로 핵전쟁 위험을 줄이고자 하였다.

유연반응전략은 핵무기뿐만 아니라 재래식 무기의 효과적인 활용을 강조하였다. 모든 공격에 핵무기로 대응하는 것이 아니라 상황에 따라 적절한 수준의 재래식 무력으로 대응하겠다는 것이다.

유연반응전략은 핵 균형 시대의 현실에 맞는 보다 현실적이고 유연한 전략으로 평가된다. 다양한 위협에 대한 대응 능력을 강화하고 핵전쟁 위험을 줄이는 데 기여하였다. 그러나 대량보복전략과 비교했을 때, 유연반응전략은 매우 높은 모호성을 가진다는 특징이 있다. 즉, 어떠한 조건에서 핵무기를 사용할 것인지 명확하게 제시되어 있지 않고, 어떠한 상황에서 전술핵이나 전략핵을 사용할 것인지도 명시되어 있지 않다.[15] 상황 판단에 따른 불확실성이 존재하고, 핵무기 사용의 임계점을 명확하게 제시하지 않음으로써 핵무기 사용 여부 결정 과정에서 오류가 발생할 가능성이 있었다. 또한, 재래식 무기만으로는 대응하기 어려운 대규모 공격에 대한 효과적인 대응 방안 마련이 부족하다는 문제점도 있다.

2) 맞춤형 억제전략(Tailored Deterrence Strategy: TDS)

2002 NPR을 보면 기존의 핵강대국인 러시아를 포함해 악의 축이라고 부른 이라크, 이란, 북한뿐만 아니라 중국, 리비아, 시리아를 포함하여 여러 국가에 대한 핵무기 사용에 대한 비상계획을 초안하는 내용이 포함되었다.[16] 핵무기 사용과 확전을 억제하는 핵전략이 아니라 불량국가와 테러리스트 등 다양한 행위자의 위협에 대응할 수 있는 맞춤형 억제전략의 개념이 나타나기 시작한 것이다.

---

15 이만석, 함형필(2024), p. 113.

16 *2002 Nuclear Posture Review(Excerpt)*; (검색일 2024. 7. 16).

'맞춤형 억제전략'의 핵심은 대상 행위자의 능력과 의도, 행동에 영향을 줄 수 있는 자신의 능력 등에 따라서 서로 다른 전략이 필요하다는 것을 전제로 한다. 따라서 러시아, 중국과 같은 전통적 핵경쟁국에 대해서는 냉전기와 동일한 억제 논리를, '불량국가', 새로운 '핵열망국', '비국가행위자'와 같은 새로운 대상에 대해서는 새로운 억제논리를 요구한다.[17]

2022 NPR은 핵공격 억지를 '유일한 목적'이 아니라 '기본적 역할'로 규정했다. 또한 재래식 무기, 생화학 무기, 사이버에 의한 대규모 공격에 대해서도 '극한의 상황'이 발생하면 핵무기를 사용할 여지를 남겼다.[18]

3) 러시아와 중국의 핵전략과 CNI

냉전 시대, 소련은 재래식 전력의 약세를 핵무기로 보완하려는 '비대칭 확전 전략'을 채택하였다. 그러나 냉전 종식 후 재래식 전력의 현대화를 통해 '확증 보복전략'으로 전환하며, 전면 핵전쟁 억제와 함께 특정 군사력 강화를 추구하고 있다. 이는 핵무기뿐만 아니라 재래식 무기, 정보전 등 여러 영역에서 동시작전을 추구하고자 하는 것으로 판단된다.[19] 특히 러시아 군사사상가들의 관심을 끌고 있는 것은 극초음속 무기[20]를 그 수단으로 사용한다는 사실이다. 러시아의 '아방가르드' 미사일과 전투기에서 발사되는 '킨잘'이 대표적이다. 극초음속 무기는 비핵무기의 단점인 파괴력이 약하다는 점을 극초음속이 가져오는 운동에너지로 어느 정도 커버할 수 있다. 이러한 비핵 정밀유도무기는 러시아가 실시하는 군사연습을 통해 실탄 발사 훈련을 실시하여 역량을 증강하고 있다. 또한

17 손한별, "제2차 핵시대의 '맞춤형 억제전략'", 『국방과 기술』 제472호 (2018), p. 32.

18 와타나베 다카시, 김나은(역), 『슈퍼파워 미국의 핵전력』 (서울: 에이케이커뮤니케이션즈, 2023), p. 192.

19 국방대 국제안보팀, 『주변국(미국, 중국, 일본, 러시아)의 미래군사전략 분석을 통한 한국의 중장기 국방정책 방향수립』 2022, 공군본부, 『2022 외국 군구조 편람』의 내용을 토대로 분석.

20 극초음속 무기는 마하 5보다 더 빠른 속도로 비행하는 물체로 극초음속 활강체(HGV: Hypersonic Glide Vehicle)와 극초음속 순항미사일(Hypersonic Cruise Missile)로 분류된다. 김보미, 이성훈, "주변국 및 북한의 극초음속 무기 개발 경쟁과 대응 방안" 국방안보전략연구원 『이슈브리프』 533호(2024. 4. 5.), p. 1.

해군용으로 개발 중인 '지르콘' 극초음속 대함미사일도 대지 공격버전이 개발될 수 있다. 추가로 적의 인공위성에 한정적인 손해를 입힐 수 있는 지상배치형 레이저 무기 '페레스베트'도 고려되고 있다.[21]

물리적 공간부터 사이버 공간에 이르기까지, 또는 핵무기부터 레이저 병기까지 모든 수단을 써서 패배를 회피하면서 싸우는 것, 이것이 '약한' 러시아가 2020년대 초까지 도달한 대규모 전쟁전략이다.[22] 2014년 크림반도 분쟁을 비롯해 2022년 우크라이나 침공까지 러시아의 핵무기 사용에 대한 위협 등을 통해 러시아의 핵전력과 의도에 대해 다시 한번 평가할 수 있는 계기가 있었다. 특히 러시아의 전술핵무기 사용 가능성에 대한 언급이나, 핵전쟁 훈련 등은 한 편으로는 현재의 안보 상황 속에서 자국의 기제를 적극 활용하고자 하는 것으로 보인다.[23]

현재 러시아의 군사전략과 군사독트린을 살펴보고 전술핵무기 언급과 훈련 등을 보면 러시아도 재래식 무기와 핵무기를 하나의 작전계획에 통합하는 방향으로 핵전략을 발전시키고 있다고 볼 수 있다.

최근 중국 전략지원군의 해체(24.4)[24]는 로켓군이 담당하는 핵전력과는 상관없어 보인다. 전략지원군 해체 후 신설된 정보지원부대와 사이버부대는 정보 및 사이버전 능력 강화에 집중할 것으로 예상된다. 이는 핵무기 운용 관련 정보 수집 및 방어, 적국의 핵무기 시스템에 대한 사이버 공격 등에 활용될 가능성이 있다.

결론적으로, 전략지원군 해체 자체가 핵무기와 직접적인 연관성을 갖지는 않지만, 중국군의 정보 및 사이버전 능력 강화 등을 통해 간접적으로 핵전략에 영향을 미칠 수 있다는 점을 고려해야 한다. 현재로는 핵전략의 변화가 나타나고 있지 않지만, 결국 핵무기와 재래식 무기를 통합 운영하는 형태로 발전할 가능성은 존재한다.

---

21 고이즈미 유(2023), pp. 247-251.

22 고이즈미 유(2023), p. 251.

23 김민성(2023), p. 129.

24 YTN, "中 전략지원군 9년 만에 해체...시진핑 국방개혁 굴욕", https://www.ytn.co.kr/ln/0104_202404211905015082. (검색일: 2024. 8. 31).

다 핵무기-재래식 무기 통합 운영 개념

1) 유연반응전략과 CNI

유연반응전략과 핵무기와 재래식 무기의 통합(Conventional-Nuclear Integration, CNI)은 핵무기와 재래식 무기를 함께 사용하여 다양한 범위의 위협에 대응하는 것을 목표로 하는 개념으로 밀접하게 관련되어 있다.

유연반응전략은 1960년대 핵 균형 시대에 등장한 핵전략으로 당시 미국은 소련과의 핵 균형 상태 속에서 다양한 규모의 공격에 유연하게 대응하기 위해 이 전략을 채택하였다. CNI는 미국이 1950년대부터 소련의 위협에 대응하여 핵전력과 재래식 전력을 작전에 통합적으로 활용하여 재래식 전력만으로는 달성할 수 없는 억제력을 구현하기 위한 접근으로 발전되어 왔다. 다만, 개념의 공식적인 명명 및 사용은 2000년대 미국 공군에서 구체화한 것으로 보여진다.[25] 핵무기와 재래식 무기를 하나의 작전 계획에 통합하여 운영하는 개념으로 등장하였다. 핵무기와 재래식 무기를 통합하여 운영함으로써 핵 억제력을 강화하고 다양한 작전을 수행하는 것을 목표로 한다.

하지만 CNI는 유연반응전략의 기본적인 개념을 발전시킨 것으로 볼 수 있다. 즉, CNI는 단순히 핵무기와 재래식 무기를 병행하는 것이 아니라, 두 무기를 효과적으로 통합하여 새로운 차원의 핵전략을 구축하려는 것이다.

유연반응전략과 CNI는 다음과 같은 전략적 목표를 공유한다. 첫 번째로 핵무기 사용 가능성을 시사함으로써 핵을 포함한 잠재적 적대국의 공격을 억제한다. 두 번째는 전쟁으로 확전 시, 핵무기와 재래식 무기를 효과적으로 활용하여 적을 물리치고 전쟁에서 승리하는 것을 목표로 한다. 마지막으로 위기 상황 발생 시 핵무기와 재래식 무기를 효과적으로 활용하여 상황을 안정화하고 전쟁을 억제한다.

유연반응전략은 다양한 규모의 공격에 맞서 적절한 수준의 핵 또는 재래식 무기로 대응하겠다는 전략을 제시하였다. 이는 CNI에서 핵무기와 재래식 무기

---

25 조비연, “한미동맹의 변화와 발전: 재래식 핵통합(CNI)과 글로벌 포괄적 전략동맹으로의 이행”, 『한국정치외교사논총』 제45집 2호(2024), p. 91.

를 효과적으로 통합하여 다양한 작전을 수행하는 데 필요한 기반이 되었다고 볼 수 있다.

2) 맞춤형 억제 전략과 CNI

맞춤형 억제 전략은 다양한 위협에 맞춰 핵무기 사용 정책을 조정하는 미국 핵전략이다. CNI(핵무기-재래식 무기 통합)는 핵무기와 재래식 무기를 하나의 작전 계획에 통합하여 운영하는 전략이다.

CNI는 맞춤형 억제 전략을 구체화하고 효과적으로 실행하는 데 중요한 역할을 수행한다. CNI는 핵무기와 재래식 무기를 다양한 조합으로 사용함으로써 다양한 규모와 유형의 공격에 유연하게 대응할 수 있는 옵션을 제공한다. CNI는 핵무기와 재래식 무기를 통합함으로써 억지력을 강화하고 잠재적 적의 공격 의지를 저하시키는 데 기여한다.

CNI는 적의 핵 공격에 대한 보복 공격을 수행하는 데 중요한 역할을 한다. CNI는 재래식 무기 공격을 지원하고 적의 방어를 약화시키는 데 활용될 수 있다. CNI는 핵무기와 재래식 무기를 효과적으로 활용하여 전쟁에서 승리하는 것을 목표로 한다.

CNI는 핵무기 사용 가능성을 높인다는 비판을 받기도 한다. 핵무기와 재래식 무기를 동시에 사용하는 경우 전쟁이 확대될 위험이 있다는 우려도 존재한다. 또한 비핵 국가들의 핵무기 개발을 유도할 수 있다는 우려도 제기된다.

맞춤형 억제 전략과 CNI는 밀접하게 연결되어 있으며, 핵 억제, 전쟁 승리, 위기 관리 등 다양한 목표 달성에 기여한다. 맞춤형 억제 전략은 CNI를 통해 구체화 및 강화될 수 있으며, CNI는 맞춤형 억제 전략의 목표 달성에 중요한 역할을 할 수 있다. 하지만 동시에 핵무기 사용 가능성 증가, 전쟁 확대 위험, 비핵 국가의 핵무기 개발 유도 등의 문제점도 존재한다. 따라서 CNI를 운영함에 있어서는 이러한 문제점들을 신중하게 고려하고 국제 사회와의 협력을 통해 안보 환경을 개선하는 노력이 필요하다.

3 핵무기와 재래식 무기 통합 운영 개념

가 핵무기와 재래식 무기 통합 운영의 정의

앤더슨은 핵무기와 재래식 무기의 통합을 "재래식 군대의 사용을 통해 달성할 수 없는 전략적, 전역 및/또는 전술적 군사 목표를 실현할 목적으로 재래식 군대와 핵 능력을 갖춘 군대를 결합하려는 국가행위자의 의도적이고 계산된 결정"[26]이라고 정의하였다.

핵무기와 재래식 무기의 통합이란, 기존에 별개로 운용되던 핵무기와 재래식 무기를 하나의 체계로 묶어 공동으로 작전을 수행하는 것을 의미한다. 즉, 핵무기의 억지력을 바탕으로 재래식 무기의 효율성을 극대화하고, 필요에 따라 핵무기를 포함한 다양한 수단을 활용하여 상대방에게 더 강력한 압박을 가할 수 있도록 하는 전략이다. 결국 핵무기와 재래식 무기를 하나의 작전 계획에 통합하여 운영하는 개념을 의미한다. 핵무기와 재래식 무기의 시너지 효과를 극대화하고, 잠재적 적대국에게 더 강력한 억제력을 제공하는 효과를 가져온다.

핵무기-재래식 무기 통합 전략은 국가의 고유한 정치, 군사, 기술적 요소에 따라 다양한 형태로 구현될 수 있다. 각 국가가 보유한 핵무기의 종류, 재래식 무기 체계, 그리고 지정학적 환경은 통합 전략의 구체적인 모습을 결정하는 주요 변수로 작용한다. 예를 들어, 핵무기의 수량과 질, 재래식 무기의 정밀도와 사거리, 그리고 주변국의 위협 수준은 CNI 전략의 설계에 직접적인 영향을 미칠 수 있다. 따라서, 핵무기-재래식 무기 통합은 단일하고 고정된 모델이 아닌, 국가별 맞춤형 전략으로 이해해야 한다.

---

26 Anderson, Justin. "Deterring, Countering and Defeating Conventional-Nuclear Integration" *Strategic Studies Quarterly* (Spring 2021), p. 31.

나 핵무기-재래식 무기 통합의 계획 및 운영

1) 핵무기-재래식 무기 통합의 계획

핵무기와 재래식 무기를 하나의 작전계획에 통합하여 운영하는 것이 핵심 요소이다. 군에서 이를 수행하기 위해서는 작전계획과 연계한 다음과 같은 과정이 포함될 것이다.

먼저 국방목표를 달성할 수 있는 수단으로써 핵무기와 재래식 무기의 통합 사용을 고려해야 할 것이다. 핵무기와 재래식 무기의 역할, 사용 시기, 사용 방식 등을 종합적으로 고려하여 전략 수준의 계획을 수립한다.

전략 수준의 계획을 기반으로 핵무기와 재래식 무기의 구체적인 운영 방식, 표적 식별 및 표적화, 시뮬레이션 등을 포함하는 작전 계획을 수립한다. 군에서는 정기적으로 작전계획을 토대로 훈련 및 연습을 실시하고 있다. 핵무기와 재래식 무기의 통합 운영에 관한 계획을 수립한 이후에는 이에 대한 훈련 및 연습이 필요하다. 핵무기와 재래식 무기 운영에 대한 훈련 및 연습을 실시하여 작전 능력을 강화한다.

실제 무기로서 핵무기의 사용은 쉽지 않은 일이다. 그러므로 핵무기를 사용할 조건에 대한 정확한 정보가 확보되고 공유되어야 한다. 또한 어느 쪽을 사용하는 것이 효율적인지 핵무기와 재래식 무기 관련 정보를 실시간으로 공유하여 상황 인지 및 의사 결정을 지원한다. 핵무기와 재래식 무기의 운영은 사실상 별개로 구축되어 있다. 그러나 통합 운영을 위한 지휘통제체계를 구축해야 할 것이다.

핵무기와 재래식 무기의 통합 운용은 다영역 작전의 일환으로, 핵무기를 중심으로 재래식 무기, 사이버, 우주, 전자기스펙트럼 등 다양한 영역의 군사력을 융합하여 시너지 효과를 창출한다. 핵무기와 함께 재래식 무기를 사용하여 적의 방어 시설을 공격하고, 핵 공격의 효과를 극대화한다. 핵무기와 재래식 무기 운영을 지원하기 위해 사이버 공격 및 방어 능력을 활용한다. 핵무기와 재래식 무기 운영을 위한 정보 수집, 통신, 정찰/감시 등의 역할을 수행한다. 현재 사용되고 있는 핵무기와 재래식 무기 모두 운영하기 위해서는 전자기스펙트럼의 영역을 활용한다.

2) 핵무기-재래식 무기 통합의 운영

(가) 핵 억제력 강화

재래식 무기와 핵무기의 통합은 확장억제 전략의 핵심으로, 잠재적 공격자에게 불가역적인 손실을 초래할 가능성을 제시하여 군사적 도발을 억지하는 것을 목표로 한다. 핵무기의 존재는 파괴력의 비대칭성을 확보하여 상대방에게 합리적 의심을 심어주고, 재래식 무기와의 결합을 통해 다층적 억제 체계를 구축한다. 이는 핵무기의 명시적 위협뿐만 아니라 암묵적 시사를 통해 심리적 압박을 가하는 다양한 방식으로 구현될 수 있다. 또한, 사이버 공간과 우주 공간을 포함한 다영역 작전 능력을 강화하고, 동맹국과의 협력 체제를 구축하여 연대 책임을 강조함으로써 억제력의 신뢰성을 높인다.

(나) 전쟁 승리 달성

핵무기와 재래식 무기의 통합 운용을 통해 압도적인 군사력을 구축하고, 적의 의지를 제압하여 전쟁 목표를 효과적으로 달성하는 것을 목표로 한다. 통합 작전 계획 수립을 통해 핵무기와 재래식 무기의 상호 보완적 특성을 극대화하고, 다양한 위협 시나리오에 대한 맞춤형 대응 능력을 강화한다. 또한, 동맹국과의 연합 작전 능력을 고도화하여 확장억제 효과를 증대시키고, 글로벌 안보 환경 변화에 대한 적응력을 높인다.

(다) 분쟁의 전체 스펙트럼 억제력 확보

핵무기-재래식 무기 통합은 핵무기를 중심으로 한 억제를 시행하며 전면전은 물론 제한전을 포함한 다양한 안보 위협에 대한 포괄적인 대응 능력을 확보하는 것을 목표로 한다. 핵무기의 파괴력을 바탕으로 확장억제를 실현하고, 재래식 무기와의 시너지 효과를 통해 다양한 위협에 대한 유연한 대응을 가능하게 한다. 특히, 사이버 공간과 우주 공간을 포함한 비전통적 전장에서 발생할 수 있는 새로운 위협에 대한 대비를 강화하고, 테러와 같은 비국가 행위자에 의한 위협에도 효과적으로 대응할 수 있는 맞춤형 억제 전략을 개발한다. 위기 관리 능력을 고도화하여 핵무기 오용 가능성을 최소화하고, 국제 사회와의 협력을 통해 안정적인 국제 질서 구축에 기여한다.

(라) 동맹 강화

핵무기-재래식 무기 통합은 동맹국과의 긴밀한 협력을 통해 확장억제 효과를 극대화하고 공동 방위 태세를 구축하는 것을 목표로 한다. 실시간 정보 공유 체계를 구축하여 상호 운용성을 높이고, 연합 작전 훈련을 정례화하여 위기 대응 능력을 강화한다. 공동 계획 수립을 통해 통합 작전을 수행하고, 정책 조율을 통해 공동 안보 목표를 달성한다. 이를 통해 글로벌 안보 환경 변화에 대한 공동 대응 능력을 강화하고, 동맹 관계를 더욱 공고히 한다.

3) 핵무기-재래식 무기 통합의 운영 방식

(가) 맞춤형 억제

각국의 전략과 계획에 부합하는 안전하고 효과적인 핵전력, 확장억제 공약, 그리고 특정 위협 시나리오에 맞춘 비핵 능력을 통합한 포괄적인 억제 전략을 구축하여, 잠재적인 위협을 효과적으로 억제할 수 있을 것이다.[27] 핵무기-재래식 무기 통합은 잠재적 적대국의 공격 의지를 억제하고, 나아가 평화를 유지하기 위한 핵심적인 전략이다.

핵무기 사용 가능성을 시사함으로써 상대방에게 엄청난 피해를 입힐 수 있다는 것을 명확히 함으로써, 억제 효과를 극대화하는 것을 목표로 한다. 이러한 억제 전략은 핵 공격 위협을 통해 구체화된다. 핵무기 사용 가능성을 명시적으로 언급하거나 암시적으로 시사함으로써, 상대방에게 심각한 결과를 초래할 수 있다는 메시지를 전달한다. 또한, 비핵, 운동성/비운동성 공격과 능동/수동 모든 유형의 방어 및 대응력 좋은 방어 인프라[28] 등 다양한 군사력을 활용하여 억제력을 강화한다. 재래식 무기, 사이버 무기, 우주 무기 등 다양한 수단을 결합하여 상대방에게 예측 불가능한 위협을 가함으로써, 억제 효과를 극대화한다.

---

27 US Department of Defense, *2022 Nuclear Posture Review*, p. 9.

28 Bunn, M. Elaine. "Can Deterrence Be Tailored?" *Strategic Forum No.225*, Jan. 2007, p. 5.

동맹국과의 협력 역시 핵심적인 요소이다. 동맹국과의 공동 훈련, 정보 공유, 상호 방위 약속 등을 통해 공동 억제력을 구축하고, 억제 효과를 증대시킬 수 있다. 과거에는 핵무기가 억제력의 중심에 있었으나, 최근에는 재래식 무기의 역할이 증가하고 있다. 기존 억제체계는 전술핵 위협에 대응이 제한됨으로써 첨단기술을 활용한 비핵 억제력의 신뢰성을 강화하는 방향으로 패러다임의 변화가 가속화하고 있다.[29] 정밀 유도무기, 사이버 공격 능력, 우주 작전 능력 등 재래식 무기의 기술 발전은 핵무기 의존도를 낮추고, 억제력의 다변화를 가능하게 하였다. 이는 핵무기 사용의 문턱을 높이고, 더욱 효과적인 억제 전략을 구현할 수 있도록 한다.

결론적으로, 맞춤형 핵 억제는 핵무기 및 비핵, 운동성 및 비운동성 공격 등의 통합적 사용 가능성을 시사함으로써 잠재적 적대국의 공격 의지를 억제하고, 나아가 평화를 유지하기 위한 핵심적인 전략이다. 다양한 군사력을 활용하고, 동맹국과의 협력을 강화하며, 기술 발전에 따라 핵무기와 재래식 무기의 역할을 조정함으로써, 보다 효과적인 억제 전략을 구현할 수 있을 것이다.

(나) 다양한 작전 수행

핵무기-재래식 무기 통합은 단순히 핵 억제에만 국한된 개념이 아니다. 이는 다양한 작전 환경에서 효과적으로 활용될 수 있도록 설계된 종합적인 전략이다. 첫째, 전쟁 승리를 목표로 한다. 만약 전쟁이 불가피하게 발생한다면, CNI 체계는 핵무기와 재래식 무기를 효과적으로 통합하여 적군을 제압하고 전쟁에서 승리하는 것을 목표로 한다. 핵무기의 막강한 파괴력과 재래식 무기의 정밀 타격 능력을 결합하여 최대한의 효과를 거두는 것이다.

둘째, 위기 관리에 활용된다. 국제 정세가 불안정해지고 위기 상황이 발생할 경우, 핵무기와 재래식 무기를 전략적으로 활용하여 상황을 안정화시키고 전쟁 발발을 억제한다. 예를 들어, 국경 분쟁이나 테러 위협 등 다양한 위기 상황에 대응하여 상대방에게 강력한 경고 메시지를 보내거나, 필요한 경우 제한적인 군

29 이성훈, 홍건식, “주변국 및 북한의 핵전력 강화 추세와 시사점” 『INSS 전략보고』 No.225, Oct. 2023, p. 15.

사력을 사용하여 상황을 종료시킬 수 있다.

결론적으로, 핵·재래식 무기 통합은 단순한 억제 수단을 넘어, 다양한 작전 환경에서 효과적으로 활용될 수 있는 종합적인 전략이다. 전쟁 승리, 위기 관리, 테러 대응 등 다양한 목표를 달성하기 위해 핵무기와 재래식 무기를 유기적으로 결합하여 활용하는 것이다.

(다) 군사력 증강

핵무기와 재래식 무기의 통합은 단순한 무기 체계의 결합을 넘어, 군사력의 종합적인 증강을 가져올 수 있다. 핵무기의 막강한 파괴력과 재래식 무기의 정밀 타격 능력을 효과적으로 결합하여, 다양한 작전 환경에서 최적의 효과를 발휘할 수 있도록 하는 것이다.

이를 위해, 지속적인 훈련과 연습을 통해 핵무기-재래식 무기 운용 능력을 향상시킬 수 있다. 실제 작전 상황을 가정한 훈련을 반복적으로 실시하여, 병력의 전투 기술을 향상시키고, 지휘관의 의사 결정 능력을 강화하며, 부대 간의 협동 작전 수행 능력을 증대시킨다. 또한, 실시간 정보 공유 시스템을 구축하여, 상황 인지 능력을 향상시키고, 신속하고 정확한 의사 결정을 지원한다. 이는 전장 상황 변화에 유연하게 대응하고, 최적의 작전계획을 수립하는 데 필수적이다.

아울러, 효율적인 지휘통제체계를 구축하고 유지함으로써, 핵무기-재래식 무기 통합 운영의 효율성을 극대화한다. 명확한 지휘 계통을 확립하고, 통신 시스템을 고도화하며, 자동화된 의사 결정 지원 시스템을 도입함으로써, 지휘관은 복잡한 전장 상황에서도 신속하고 정확하게 작전을 지휘할 수 있다. 결론적으로, 핵무기-재래식 무기 통합은 훈련, 정보 공유, 지휘통제체계 구축 등 다양한 노력을 통해 군사력을 종합적으로 강화시킬 수 있을 것이다.

다 핵무기-재래식 무기 통합 전략의 효과와 위험성

핵무기와 재래식 무기 통합 전략은 잠재적인 효과와 함께 심각한 위험성을 동시에 내포하고 있다. 효과 측면에서, 핵무기와 재래식 무기의 통합은 억지력을 강화하고, 상대방의 공격 의지를 저지하는 데 기여할 수 있다. 또한, 유연한 대응 능력을 확보하여 다양한 위협에 효과적으로 대처할 수 있다. 하지만, 위험성 또한 간과할 수 없다. 핵무기와 재래식 무기의 통합은 오판 가능성을 높여 의도치 않은 핵 사용으로 이어질 수 있으며, 핵 확산 위험을 증가시킬 수 있다. 더 나아가, 국제 사회의 비난과 군비 경쟁을 심화시켜 지역 안정성을 해칠 수 있다. 따라서 핵무기-재래식 무기 통합 전략은 신중한 검토와 함께 국제 사회와의 협력을 통해 추진되어야 한다.

1) 핵무기-재래식 무기 통합 운영의 장점

핵무기와 재래식 무기를 통합 운영함으로써 얻게 되는 장점은 크게 4가지로 예상된다. 먼저 핵무기 자체만이 아니라 재래식 무기를 결합함으로써 잠재적 적대국에 대한 강력한 억제력을 가질 수 있다. 즉, 핵무기만으로는 부족한 억제력을 재래식 무기와의 결합을 통해 보완하고, 더욱 강력한 억지력을 구축할 수 있다는 의미이다. 핵무기뿐만 아니라 극초음속 무기, 정밀유도 무기, 사이버 공격 등 다양한 재래식 무기가 발달하였다. 이러한 무기들은 높은 정확도와 파괴력을 가지고 있어 핵무기 못지않은 위협이 될 수 있다. 또한 핵무기와 재래식 무기를 결합한 합동 작전은 상대방에게 예측 불가능성을 높여 억제력을 강화할 수 있다.

두 번째는 핵무기-재래식 무기의 통합은 다양하고 예측 불가능한 위협에 유연하게 대응할 수 있는 능력을 제공한다. 핵무기의 막강한 파괴력과 재래식 무기의 정밀 타격 능력을 결합하여 다양한 유형의 위협에 맞춤형 대응이 가능하다는 의미이다. 핵무기는 대규모 파괴를 초래하는 데 특화되어 있지만, 소규모 테러 공격이나 비대칭 전략에 대해서는 효과적이지 못할 수 있다. 반면, 재래식 무기는 정밀 타격 능력을 통해 다양한 유형의 위협에 맞춤형 대응이 가능하다. 핵무기와 재래식 무기를 통합함으로써 이러한 한계를 극복하고 다양한 위협에 유연하게 대응할 수 있다.

세 번째로 극단적인 상황에서는 핵무기와 재래식 무기를 같이 사용함으로써 전투에서 승리할 가능성을 높일 수 있을 것이다. 즉, 단기적인 전술적 우위를 확보할 수 있는 매력적인 선택지가 될 수 있다. 하지만 전투에서 승리했다고 해서 반드시 전쟁의 승리를 이어지는 것은 아니다. 핵무기의 막대한 파괴력과 장기적인 환경 및 인도주의적 영향을 고려할 때, 전략적 승리와는 거리가 멀고 인류 전체에 돌이킬 수 없는 피해를 초래할 가능성이 높다.

마지막으로 핵무기와 재래식 무기 체계의 상호 운용성 강화를 위한 동맹 간 협력은 확장억제의 실효성을 제고하고 공동 안보를 증진시키는 핵심 요소이다. 핵무기와 재래식 무기 체계의 상호 운용성 강화를 위한 동맹 간 협력은, 핵우산 제공과 같은 확장억제 체제를 통해 공동 방위 태세를 공고히 하고, 잠재적 위협에 대한 대응 능력을 향상시키는 데 기여한다. 특히, 미국과 한국의 경우처럼 핵무기 보유국과 핵무기 미보유국 간의 협력은, 상호 보완적인 군사력을 바탕으로 한 안보 공동체 구축의 모범적인 사례로 평가될 수 있다.

2) 핵무기-재래식 무기 통합 운영의 단점

핵무기와 재래식 무기의 통합 운영을 통해 얻는 장점도 있지만 다음과 같은 단점도 예상된다. 먼저 핵무기와 재래식 무기를 통합 운영하면 핵무기가 실제로 사용될 위험이 증가할 수 있다. 핵무기와 재래식 무기를 하나의 체계로 통합하여 운용할 경우, 핵무기 사용의 문턱이 낮아져 실제로 핵무기가 사용될 가능성이 높아질 수 있다는 것이다. 통합된 시스템은 오류 발생 가능성을 높이고, 긴박한 상황에서 오판을 유발하여 핵무기 발사 버튼이 잘못 눌릴 위험이 존재한다. 또한, 사이버 공격 등 외부 요인에 의해 시스템이 마비되거나 조작될 가능성도 배제할 수 없다. 정치적 압력이나 국민 여론에 의해 성급한 결정이 내려질 가능성도 높아, 핵무기 사용 결정 과정의 투명성과 신중함이 더욱 요구된다. 그리고 전술핵무기의 소형화 및 정밀 타격 기술의 발전으로 인해, 과거에는 상상하기 어려웠던 수준으로 핵무기 사용 문턱이 낮아지고 있다는 우려가 제기된다.

두 번째는 핵무기 사용은 제한된 전쟁에서 대규모 전쟁으로 확대될 가능성이 있다. 핵무기는 파괴력이 워낙 강력하여 한 번 사용되면 상황을 통제하기 어려워지고, 전쟁이 국지적인 수준을 넘어 전면전으로 확대될 수 있다는 것을 의미한다.[30] 핵무기의 막강한 파괴력은 전쟁의 양상을 근본적으로 변화시키며, 제

---

30 고봉준, "핵전략" 군사연구회, 『군사사상론』(서울: 플래닛미디어, 2021), p. 468. 미국의 대량보복전략은 다양한 형태의 침략을 전면적 핵보복 공격 위협을 통해 저지한다는 것

한된 전쟁에서의 사용은 예측하기 어려운 결과를 초래한다. 핵무기 사용은 보복의 악순환을 야기할 수 있으며, 상대방의 보복 공격으로 인해 전쟁이 빠르게 확대될 수 있다. 핵무기 사용은 상황 판단의 오류와 에스컬레이션의 위험을 증가시켜 국지적인 충돌을 전면전으로 이끌 수 있다. 그리고 핵무기 사용의 엄청난 파괴력은 국제사회의 개입을 불러일으킬 수 있으며, 이는 전쟁의 지리적 범위를 확대시키는 요인으로 작용할 수 있다. 결론적으로, 핵무기 사용은 제한된 전쟁의 틀을 벗어나 대규모 전쟁으로의 확대를 초래할 수 있는 위험한 행위이다.

세 번째는 핵무기 사용은 국제 사회로부터 강한 비난을 받을 수 있다는 것이다. 이는 핵무기 사용이 국제적인 규범과 도덕적 가치에 대한 심각한 위반이며, 인류의 안전과 평화에 대한 중대한 위협이라는 것을 의미한다. 지금까지 핵무기는 제2차 세계대전 시 일본에 사용된 이래 실제 사용된 적이 없다. 엄청난 위력의 전략핵무기가 아니라 상대적으로 파괴력이 약한 전술핵이라고 해도 엄청난 위력을 가진다. 이는 일본 히로시마와 나가사키에 투하된 핵폭탄과 비슷한 위력을 가지고 있으며, 폭파 위치에 따라 엄청난 피해가 예상된다.

마지막으로 핵무기와 재래식 무기를 통합하여 사용하면 핵을 가지지 못한 비핵 국가들이 핵무기를 개발하려는 유인이 될 수 있다.[31] 핵무기의 위력을 재래식 무기와 결합하여 사용함으로써 상대적인 군사력 우위를 확보하려는 시도는, 다른 국가들로 하여금 핵무기 개발을 통해 이러한 불균형을 해소하려는 동기를 부여할 수 있다는 의미이다. 핵무기와 재래식 무기를 통합하여 사용하는 전략은 비핵국들에게 핵무기 개발에 대한 유인을 제공한다. 이는 핵우산에 대한 신뢰를 저해하고, 불안정한 군사력 균형을 야기하며, 핵무기 사용을 정당화하는 논리로 악용될 수 있기 때문이다. 핵무기 보유국이 핵무기를 재래식 무기와 결합하여 사용하면, 핵우산에 대한 신뢰도가 떨어져 동맹국들이 자체적인 핵무기 개발을 고려하게 만들 수 있다. 또한, 이는 국제적인 군사력 균형을 불안정하게 만

이다. 핵무기의 강력한 파괴력으로 인해 국지전 상황도 전면전으로 대응하게 한다는 비판이 있었다.

31 핵 도미노 현상: 어느 나라가 핵무기를 만들어내면 인근의 국가들도 견제를 위해 핵무기를 만들어낸다는 것.

들어 상대적으로 열세에 있는 국가들에게 생존을 위해 핵무기를 개발해야 한다는 압박감을 줄 수 있다. 더 나아가 핵무기 사용을 정당화하는 논리로 악용되어 핵무기 사용의 문턱을 낮출 수 있으며, 이는 핵 확산 금지 체제에 대한 도전으로 이어질 수 있다. 즉, 핵무기와 재래식 무기의 통합 사용은 핵무기 사용의 정당성을 부여하고, 핵 확산에 대한 인식을 완화시켜 핵 확산을 가속화하는 결과를 초래할 수도 있다.

4 핵무기-재래식 무기 통합의 미래 전망 및 정책 제언

과학기술의 발전은 핵무기와 재래식 무기의 통합에 있어 혁신적인 변화를 가져올 것으로 예상된다. 특히 인공지능은 무기 시스템의 자동화, 정밀 타격 능력 향상, 그리고 데이터 기반 의사 결정 지원 등 다양한 영역에서 활용될 수 있다. 하지만 이러한 발전은 양날의 검과 같아, 긍정적인 측면과 함께 심각한 윤리적 문제와 안보 위협을 야기할 수 있을 것이다.

가 핵무기-재래식 무기 통합의 미래 전망

핵무기-재래식 무기 통합은 앞으로 더욱 정교하고 복잡한 형태로 발전할 것으로 예상된다. 이는 기술적 발전과 전략적 필요성에 의해 주도될 것이다. 핵무기와 재래식 무기의 통합은 현대 전쟁 양상을 근본적으로 변화시키고 있으며, 특히 인공지능, 머신러닝, 자율화 기술 등 첨단기술의 발전과 맞물려 새로운 차원의 운영 방식을 요구하고 있다.

첫째, 인공지능과 머신러닝 기술의 도입은 핵무기-재래식 무기 통합의 전반에 걸쳐 혁신을 가져올 것으로 예상된다. 이러한 기술은 방대한 양의 데이터를 분석하여 최적의 작전 계획을 수립하고, 실시간으로 상황을 판단하여 의사 결정을 지원하며, 지휘통제체계를 효율화하는 데 기여할 것이다.

둘째, 무인 및 자율화 무기체계의 등장은 핵·재래식 무기 통합 작전의 패러다임을 변화시킬 가능성이 높다. 자율화된 무인 항공기, 드론, 로봇 등은 위험한 임무를 대신 수행하고, 인간의 개입 없이 자율적으로 작전을 수행할 수 있다. 이는 작전의 효율성을 높이고 인명 피해를 줄일 수 있지만, 동시에 윤리적 문제와 국제법 위반 문제를 야기할 수 있다. 특히 인명피해가 발생하지 않는 무인전투체계의 등장으로 전장에서 핵무기의 사용 가능성이 높아질 수 있을 것이다.

셋째, 사이버 공격과 방어 역량의 강화는 핵무기-재래식 무기 통합의 성패를 좌우하는 중요한 요소가 될 것이다. 핵을 비롯한 재래식 무기의 통합은 기존의 전장영역인 지상·해양·공중뿐만 아니라 새로운 전장영역인 우주 및 사이버 공간을 활용해야 한다. 특히 사이버 공간은 새로운 전장으로 부상하면서 전쟁의 필수요소가 되었다. 그러므로 핵무기-재래식 무기 통합시스템에 대한 공격이 증가할 것으로 예상된다. 이에 따라 각국은 사이버 방어체계를 강화하고, 사이버 공격 능력을 확보하기 위한 경쟁을 벌일 것이다.

넷째, 정보전과 심리전의 중요성이 더욱 부각될 것이다. 핵무기-재래식 무기 통합은 단순히 물리적인 공간에서만 이루어지는 것이 아니라, 정보 공간에서도 치열하게 경쟁이 벌어지는 복합적인 작전이다. 따라서 정보전과 심리전을 통해 상대방의 의사 결정을 교란하고, 자국의 목표를 달성하기 위한 노력이 강화될 것이다.

결론적으로, 핵무기-재래식 무기 통합과 첨단기술의 발전은 전쟁의 양상을 근본적으로 변화시키고 있다. 이러한 변화는 작전의 효율성을 높이고 새로운 가능성을 열어줄 수 있지만, 동시에 윤리적 문제, 국제법 위반 문제, 그리고 국제 안보에 대한 위협을 야기할 수 있다.

나 핵무기-재래식 무기 통합이 국제 사회에 미칠 미래 영향

핵무기-재래식 무기 통합은 핵무기와 재래식 무기 간의 경계를 모호하게 만들고, 핵무기 사용 문턱을 낮출 수 있는 위험성을 내포하고 있다. 이러한 핵무기-재래식 무기 통합의 확산과 그에 따른 전략적 경쟁 심화는 국제 안보 환경에 다음과 같은 심각한 영향을 미칠 수 있다.

먼저, 핵전쟁 위험이 증가할 수 있다. 핵무기-재래식 무기 통합은 핵무기 사용에 대한 심리적, 정치적 장벽을 낮추어 핵전쟁 발발 가능성을 높일 수 있다. 특히, 적의 핵 능력을 무력화하기 위한 선제 핵 공격의 유혹을 증대시킬 수 있으며, 우발적 또는 오판에 의한 핵무기 사용 위험이 증가할 수 있다. 이는 상대 국가의 불안감을 증폭시키고, 핵 군비 경쟁을 촉발하여 핵전쟁 위험을 더욱 심화시킬 수 있다.

두 번째로 지역 안정이 불안해질 수 있다. 핵무기-재래식 무기 통합은 지역 분쟁에서 핵무기 사용 가능성을 높여 분쟁의 규모와 강도를 급격히 증폭시킬 수 있다. 러시아-우크라이나 전쟁 중 러시아가 전술핵 사용에 대한 언급이 국제 사회를 혼란으로 이끌었다. 특히, 동북아시아, 남아시아, 중동 등 핵무기 보유국 또는 핵개발 가능성이 있는 국가들이 밀집한 지역에서 핵무기-재래식 무기 통합은 지역 안정을 심각하게 위협할 수 있다. 이에 따라 핵무기 사용 금지 및 비확산 관련 국제 규범을 약화시킬 수 있다. 핵무기 사용 문턱이 낮아지고 핵 확산이 촉진되면서, 핵무기 없는 세상을 향한 국제사회의 노력은 심각한 도전에 직면할 수 있다.

다음으로 군비 경쟁이 심화될 수 있다. 핵무기-재래식 무기 통합은 핵무기 및 재래식 무기 개발 경쟁을 촉발하여 국제 사회의 안보 환경을 악화시킬 수 있다. 핵무기 보유국은 핵 억제력 강화를 위해 핵무기-재래식 무기 통합을 추진하고, 핵무기 비보유국은 안보 불안감을 해소하기 위해 핵개발을 시도할 가능성이 높아질 수 있기 때문이다. 게다가 각국은 상대 국가의 핵무기-재래식 무기 통합 전략에 대응하기 위해 군비 증강에 나서고, 이는 군사적 긴장감을 고조시키고 안보 딜레마를 심화시킬 수 있다.

핵무기-재래식 무기 통합은 핵전쟁 위험 증가, 지역 안정 불안, 군비 경쟁 심화, 핵무기 없는 세상 노력 위협 등 다층적인 부정적 영향을 초래할 수 있다.

다 대한민국의 핵무기-재래식 무기 통합 방향 제언

억제가 다른 당사자의 인식(그리고 궁극적으로 결정과 행동)에 영향을 미치는 것이라면, 억제에 대한 요구사항은 우리가 억제하려고 노력하는 당사자마다 다르며 각 상황이나 시나리오에서도 다를 수 있다는 것이 논리적이다.[32] 억제를 위해 우리가 가진 능력이 가장 중요한 것은 사실이나 그것만으로는 충분하지 않다는 것이다. 상대에게 어떻게 인식되느냐도 매우 중요한 문제라고 할 수 있다.

현재 한반도 안보 환경의 급격한 변화 속에서 한국의 핵전략에 대한 논의가 활발하게 이루어지고 있다. 이는 북한의 핵무기 및 미사일 위협 심화, 미국과의 동맹 관계 변화, 남북 군사적 불균형 심화 등 다양한 요인이 복합적으로 작용한 결과이다. 특히, 북한의 핵개발과 미사일 기술 고도화에 대한 우려가 증폭되면서 나토식 핵 공유, 전술핵 배치, 자체 핵무장 등 다양한 핵 관련 조치들이 제시되고 있다.

이러한 상황에서 미국은 2023년 워싱턴 선언을 통해 한국에 대한 확장억제를 강화하겠다고 약속하였다. 확장억제는 핵무기뿐만 아니라 재래식 전력, 미사일 방어 체계 등 다양한 수단을 결합하여 잠재적 적의 공격을 억지하는 포괄적인 개념이다. 이는 2022년 미국 국방전략서(NDS)에서 강조된 '통합억제'와 일맥상통하며, 핵무기와 재래식 무기의 통합을 통한 억지력 강화를 지향한다.

이를 구체화는 방안으로 24년 7월 11일 한미 정상은 북한의 핵 도발에 강력히 대응하는 것을 골자로 한 '한미 한반도 핵억제 핵작전 지침에 관한 공동성명'을 채택했다. 성명은 △보안절차 및 정보공유 확대, △위기 및 유사시 핵 협의 절차, △핵 및 전략기획, △한미 핵·재래식 통합을 통한 유사시 미국 핵 작전에 대한 한국 재래식 지원, △전략적 메시지, △연습·시뮬레이션·훈련·투자 활동, △위험감소 조치 등을 포함하는 한미 핵협의그룹(NCG, Nuclear Consultative Group) 과업 수행의 신속한 진전을 재강조하였다. 이를 통해 '한미가 함께하는 일체형 확장억제' 시스템이 구축되었다고 설명하였다. '일체형'(Conventional-Nuclear Integration)이란 핵·재래식 통합을 뜻하는 것으로, 미국의 핵전력과 우리

32 Bunn, M. Elaine(2007), p. 3.

의 첨단 재래식 전력이 통합돼 북핵을 억제하고 북핵에 대응하는 것이다.[33]

핵무기-재래식 무기의 통합은 핵무기 사용의 문턱을 높이고, 동맹 간의 신뢰를 구축하며, 잠재적 적에게 더욱 강력한 억지력을 제공할 수 있다는 장점을 지닌다. 특히, 한국과 같이 지정학적 위치가 중요한 국가에게는 핵무기와 재래식 무기의 유기적 결합을 통한 다층적 억제체계 구축이 더욱 중요하다.

한국의 안보는 미국의 확장억제 약속에 상당 부분 의존하고 있지만, 이에 안주하지 않고 자주적인 방위 역량 강화를 위한 노력이 병행되어야 한다. 특히 북한의 핵·미사일 위협이 고도화되는 현 상황에서 한국은 미국의 확장억제와 시너지 효과를 창출할 수 있는 다층적인 안보 전략을 구사해야 한다.

먼저, 첨단 재래식 전력 고도화를 통한 억제력를 강화해야 한다. 북한의 핵·미사일 위협에 대응하기 위해 한국형 3축 체계(킬 체인, 한국형 미사일 방어체계, 대량응징보복)를 조기에 구축하고, 첨단 정밀유도 무기와 미사일방어체계를 지속적으로 확충해야 한다. 이는 북한의 핵무기 사용 의지를 사전에 억제하고, 유사시 효과적인 대응 능력을 확보하는 데 필수적이다.

미래 전장 환경에 대비하여 인공지능, 빅데이터, 로봇 등 4차 산업혁명 기술을 국방 분야에 적극적으로 접목하여 미래 전장 환경에 대비해야 한다. 이는 이미 국방혁신 4.0을 통해 추진하고 있으며, 특히 무인전투체계, 사이버 전력, 우주 기반 정찰·감시 등 첨단기술 기반의 비대칭 전력을 확보하여 북한의 핵·미사일 위협에 대한 효과적인 억제 및 대응 능력을 갖춰야 한다.

두 번째로 한미연합방위태세를 강화해야 한다. 핵을 보유하지 못한 상황에서 한미동맹은 안보에 필수요소이다. 한미연합훈련은 유사시 효과적인 연합작전 수행 능력을 확보하고, 북한의 도발을 억제하는 데 중요한 역할을 한다. 따라서 실전적인 시나리오 기반의 연합훈련을 정례적으로 실시하여 한미연합작전 능력을 지속적으로 강화해야 한다.

한미 간 정보공유 및 지휘통제체계를 고도화하여 유사시 신속하고 효과적인 대응이 가능하도록 해야 한다. 특히 북한의 핵·미사일 위협에 대한 정보공유 및

---

33 한미 정상, '한반도 핵억제 핵작전 지침' 공동성명 채택 https://www.korea.kr/news/policyNewsView.do?newsId=148931378 (검색일: 2024. 10. 14).

분석 능력을 강화하고, 위기 상황 발생 시 한미 간 긴밀한 협력을 통해 효과적인 의사 결정을 내릴 수 있도록 제도적 장치를 마련해야 한다. 이와 같은 정례적 연합훈련, 정보공유 및 지휘통제체계의 고도화가 실질적인 핵무기-재래식무기 통합을 가능하게 할 수 있다.

미국의 확장억제 약속은 한국 안보의 중요한 축이지만, 한국은 자주적인 방위 역량 강화를 위한 노력을 지속해야 한다. 첨단 재래식 전력 증강, 한미연합방위태세 강화, 정보공유체계 고도화 등 다각적인 노력을 통해 한국은 독자적인 억제력을 강화하고, 미국의 확장억제 실행력을 제고해야 한다. 한국은 핵을 보유할 수 없는 현실에서 미국의 핵무기를 활용한 핵무기-재래식 무기 통합을 통해 북한의 핵·미사일 위협에 효과적으로 대응할 수 있을 것이다.

5 결론

본 연구는 급변하는 국제 안보 환경 속에서 핵무기와 재래식 무기의 통합 운용, 즉 CNI 전략이 갖는 의미와 함의를 분석하였다. 과거 냉전 시대 초강대국의 핵 억제 전략이 더 이상 효과적이지 않게 되었다. 핵무기와 재래식 무기를 유기적으로 결합하여 억제력을 극대화하고 다양한 위협에 효과적으로 대응하기 위한 새로운 전략 패러다임으로 부상하고 있다.

CNI 전략은 핵 억제력 강화, 다양한 작전 수행 능력 확보, 군사력 증강 등 다양한 이점을 제공한다. 우선 핵무기의 압도적인 파괴력과 재래식 무기의 정밀타격 능력을 결합함으로써 억제력을 극대화할 수 있다. 유사시에는 전면전뿐만 아니라 제한전, 사이버전, 테러 등 다양한 위협에 유연하게 대응할 수 있는 능력을 제공한다. 또한, 동맹국과의 협력을 통해 확장억제의 실효성을 제고하고 공동 안보를 증진시키는 데 기여할 수 있다. 특히, 인공지능, 무인체계, 사이버전 등 첨단기술의 발전은 CNI의 효과를 더욱 극대화할 수 있는 잠재력을 가지고 있다.

그러나 CNI는 핵전쟁 발발 가능성 증가, 핵 확산 촉진, 군비 경쟁 심화 등 심각한 위험성 또한 내포하고 있다. 핵무기와 재래식 무기 간의 경계가 모호해지면서 우발적 또는 오판에 의한 핵무기 사용 위험이 증가하고, 핵 비보유국의 핵 개발 유인이 증대될 수 있다. 또한, CNI는 핵무기 사용에 대한 국제적 규범을 약화시키고, 군비 경쟁을 촉발하여 국제 안보 환경을 불안정하게 만들 수 있다.

대한민국은 북한의 핵 위협이라는 특수한 안보 환경에 직면해 있으며, 미국의 확장억제 정책에 의존하고 있다. 워싱턴 선언을 볼 때, CNI는 북핵 문제 해결과 한반도 평화 유지에 있어 실질적인 방안을 제공할 것으로 보인다. 우리는 첨단 재래식 전력 증강과 한미연합방위태세 강화를 통해 자주적인 억제력을 확보하고, 정보공유 및 의사결정체계 고도화를 통해 미국의 확장억제 실행력을 제고해야 한다. 특히, 북한의 핵·미사일 위협에 효과적으로 대응하기 위해서는 첨단 정밀유도 무기 및 미사일방어체계 확충, 그리고 4차 산업혁명 기술의 국방 분야 접목 등을 통해 한국형 3축체계 구축을 위한 다각적인 노력이 필요하다.

CNI는 강력한 억제력을 제공하지만, 동시에 핵전쟁 위험을 증가시킬 수 있는 양날의 검이다. 따라서 CNI를 추진함에 있어서는 국제 규범 준수, 투명성 확보, 그리고 동맹국과의 긴밀한 협력이 필수적이다. 핵무기 없는 세상을 위한 국제적 노력과 함께, CNI를 평화 유지를 위한 수단으로 활용하기 위한 지혜로운 접근이 필요한 시점이다.

참고문헌

국문

국방대 국제안보팀, 『주변국(미국, 중국, 일본, 러시아)의 미래군사전략 분석을 통한 한국의 중장기 국방정책 방향수립』 2022.

공군본부, 『2022 외국 군구조 편람』.

고이즈미 유, 김무곤(역), 『현대 러시아 군사전략』(서울: 허클베리 미디어, 2023).

군사연구회, 『군사사상론』(서울: 플래닛미디어, 2021).

김동현, 『우리는 미국을 모른다』(서울: 부키, 2023).

김보미, 이성훈, "주변국 및 북한의 극초음속 무기 개발 경쟁과 대응 방안" 국방안보전략연구원 『이슈브리프』 533호(2024. 4. 5.).

손한별, "제2차 핵시대의 '맞춤형 억제전략'", 『국방과 기술』 제472호 (2018).

이만석, 함형필, 『미국의 핵전략 - 전략적 억제와 안정의 딜레마』(서울: 플래닛미디어, 2024).

와타나베 다카시, 김나은(역), 『슈퍼파워 미국의 핵전력』(서울: 에이케이커뮤니케이션즈, 2023).

요르단카 알렉산드로바, 백선우, "소련과 러시아 핵전략의 변화" 『국제정치논총』 제62집 3호 (2022).

이성훈, 홍건식, "주변국 및 북한의 핵전력 강화 추세와 시사점" 『INSS 전략보고』 No.225, Oct. 2023.

진창수 외 15인, 『게임체인저와 미래 국가전략』(서울: 윤성사, 2023).

조비연, "한미동맹의 변화와 발전: 재래식핵통합(CNI)와 글로벌 포괄적 전략동맹으로의 이행", 『한국정치외교사논총』 제45집 2호(2024).

테일러 프래블, 이강규(역), 『현대 중국의 군사전략』(경기: 한울엠플러스, 2024).

BBC, "푸틴, 벨라루스에 첫 번째 핵무기 배치 완료", https://www.bbc.com/korean/articles/c84wmv8p120o, https://news.kbs.co.kr/news/pc/view/view.do?ncd=7956821, (검색

일: 24. 7.31).

YTN, "中 전략지원군 9년 만에 해체...시진핑 국방개혁 굴욕", https://www.ytn.co.kr/_ln/0104_202404211905015082 (검색일: 24. 8.31).

대한민국 정책브리핑, "한미 정상, '한반도 핵억제 핵작전 지침' 공동성명 채택" https://www.korea.kr/news/policyNewsView.do?newsId=148931378 (검색일: 24.10.14)

영문

Anderson, Justin. "Deterring, Countering and Defeating Conventional-Nuclear Integration" Strategic Studies Quarterly (Spring 2021).

Bunn, M. Elaine. "Can Deterrence Be Tailored?" Strategic Forum No.225, Jan. 2007.

Narang, Vipin. Nuclear Strategy in the Modren Era, Regional Powers and International Conflict (Princeton University Press, 2014).

U.S. Department of Defense, 2022 National Defense Strategy.

, 2022 Nuclear Posture Review.

, 2002 Nuclear Posture Review(Excerpt).

북한 핵개발과 위협

8 북한 핵개발의 역사(정영진)

9 북한 비핵화를 위한 도전과 실패

(북한 비핵화를 위한 도전과 실패의 역사)(김태현)

08. 북한 핵개발의 역사[1]

- 정영진(국방대 전략학부 교수)

목 차

1. 서론
2. 김일성 집권 시기: 핵 연구 착수~NPT 가입·탈퇴 선언
3. 김정일 집권 시기: 파키스탄과 협력~2차 핵실험
4. 김정은 집권 시기: 핵무기 등 운반수단 및 핵무력 정책법
5. 결론

1 서론

1994년 10월 미북 '제네바 합의문' 채택으로 북한은 핵 활동 동결을 선언하였으나 2002년 12월 북한의 농축 우라늄 핵개발 의혹 및 플루토늄 핵시설 동결 해제 조치 등으로 인해 북핵 위기가 고조되었다. 2010년 11월 북한은 영변의 우라늄 농축시설을 전격 공개함으로써 그간 북한을 둘러싼 모든 핵 의혹은 사실로 드러났고, 북한은 핵기술의 고도화를 위해 2016년 1월 4차, 2016년 9월 5차 및 2017년 9월 6차 핵실험을 실시하였다. 2021년 8월 국제원자력기구(International Atomic Energy Agency, IAEA)[2] 사무총장 보고서에 따르면, 영변 등지

1 이 장은 2024년도 국방대 안보문제연구소의 연구과제인 "국가 핵대응전략 토대 구축을 위한 기반연구"의 일부를 수정보완한 것임.

2 국제원자력기구는 1957년 7월 설립되었으며, 현재 회원국 수는 176개국이다. 한국은 1957년 8월 가입하였으며, 북한은 1974년 9월 가입한 후 1994년 6월 탈퇴하였다.

에서 핵시설 재가동이 이루어지고 있으며,[3] 2022년부터는 추가 핵실험 준비 동향까지 관측되고 있다.

표 1 북한 핵실험 현황

	1차	2차	3차	4차	5차	6차
일시	2006.10.9. 10:36	2009.5.25. 09:54	2013.2.12. 11:57	2016.1.6. 10:30	2016.9.9. 09:30	2017.9.3. 12:29
규모(Mb)	3.9	4.5	4.9	4.8	5.0	5.7
위력(kT)	약 0.8	약 3~4	약 6~7	약 6	약 10	약 50

출처: 대한민국 국방부, 『2022 국방백서』 (서울: 국방부, 2023), p. 339.

북핵 문제는 북한이 1985년 핵비확산조약(Nuclear Non-Proliferation Treaty, NPT)[4]에 가입한 지 8년 만인 1993년 NPT 탈퇴를 선언하면서 본격화된 이래, 오랫동안 진전과 후퇴를 거듭해 오고 있다. 북한의 핵 개발 역사는 북한 정권의 집권 시기별 주요 사건을 바탕으로 다음과 같이 세 단계로 구분하여 설명한다. 첫 번째 단계는 핵 연구에 착수하고 NPT에 가입 후 탈퇴 선언을 반복한 김일성 집권 시기이다. 두 번째 단계는 파키스탄과의 본격적인 협력에서 2차 핵실험까지 수행한 김정일 집권 시기이다. 세 번째 단계는 계속된 핵실험과 함께 핵무기 운반수단의 개발, 그리고 국가 핵무력 완성을 선언한 김정은 집권 시기이다.

---

3 https://news.un.org/en/story/2021/08/1098822 (검색일: 2024. 7. 1)

4 핵비확산조약은 1968년 7월 채택되어 1970년 3월 발효되었다. 핵비확산조약의 가입국은 현재 191개국으로 한국은 1975년 4월 가입하였으며, 북한은 1985년 12월 가입한 후 1993년 3월과 2003년 1월 두 차례 탈퇴를 선언하였다. 인도, 파키스탄 및 이스라엘은 비확산조약에 가입하지 않았다. NPT 하에서 당사국은 핵보유국(Nuclear Weapon State)과 핵비보유국(Non-Nuclear Weapon State)으로 구분되며 각각 상이한 의무를 부담한다. 핵보유국은 1967년 1월 1일 이전에 핵무기 또는 핵폭발장치를 제조하고 폭발시킨 5개국(미국, 러시아, 영국, 프랑스 및 중국)이며, 핵비보유국은 핵보유국 5개국을 제외한 모든 당사국이다.

2 김일성 집권 시기: 핵 연구 착수~NPT 가입·탈퇴 선언

가 드부나 연구소 설립 및 조소(朝蘇) 원자력협력 협정 체결

북한의 핵개발 역사는 일제 시기로 거슬러 올라가며, 크게 두 가지 사정에서 기인하는 것으로 판단된다. 제2차 세계 대전 당시 일본군의 의뢰를 받은 이화학 연구소는 핵무기를 연구하면서 황해도의 한 광산에 매장되어 있는 퍼커소나이트 광물에 약 8.4%의 우라늄이 포함되어있다는 것을 확인하였다. 일본은 퍼커소나이트 광물을 인천항을 통해 반출하려고 하였으나 제2차 세계 대전이 종료되면서 미군이 광물을 압수하였고 이 과정에서 일본의 핵무기 연구 동향이 확인되었다. 그리고 일본의 노구치 재벌이 북한에 매장된 품질이 뛰어난 흑연 광물을 바탕으로 함경도 지역에 흑연전극 공장을 건설하였고 흑연전극의 생산을 꾸준히 확대하였다. 따라서 북한은 일제 시기에 우라늄과 흑연 광물을 활용하는 흑연감속 원자로에 대한 지식을 축적하기 시작하였다고 할 수 있다.[5]

이후 북한은 1952년 12월 핵에너지 연구소를 설립한 후 1956년 2월 구소련과 연합 핵연구소인 드부나 연구소(United Institute for Nuclear Research)의 설립에 관한 협정을 체결하고 드부나 연구소에 30여 명의 북한 연구원을 파견하면서 본격적인 연구를 시작하였다. 당시 이러한 협력이 가능했던 배경은 미국과 구소련이 경쟁적으로 원자폭탄을 개발하던 냉전시대에서 찾을 수 있다. 즉 구소련은 원자폭탄 개발을 위해 북한의 우라늄과 흑연자원에 관심이 있었고 많은 양의 광물을 수입하였기 때문이다. 북한은 1946년 중앙광업연구소를 설립하여 전국 10여 개 지역에서 자원 탐사를 시작하였고 그 결과 평안북도 철산에서 대규모 희토류 광물을 발견하였다. 당시 김일성은 "모나즈석을 대량 채굴해 수출하면 막대한 외화를 획득할 수 있다"고 강조하였다.[6] 1949년 말부터 한국전쟁 발발까지 북한은 이미 구소련에 모나즈석, 탄탈룸, 니오븀 및 약 9천 톤의 우라늄을 수출하였고, 비용의 일부분은 1949년부터 1950년 사이 군사장비 및 무기로

5 이춘근, 『북한의 핵패권 - 사회주의 핵개발 경로와 핵전술 고도화』 (서울: 인문공간, 2023), pp. 190-191.

6 이춘근(2023), p. 192.

북한에 지불되었다.[7] 양국의 이해관계가 맞아떨어진 것이다. 북한은 최초의 과학기술계획인 "과학발전 10개년 계획(1957년~)"에 우라늄을 포함하는 전국적인 지하자원 조사를 포함하였으며 북한에서 원자력에 대한 연구와 인력 양성 등이 균형 있게 발전할 수 있는 기반이 마련되었다.[8] 1958년 1월 구소련은 북한의 길주 인근에 원자력 훈련센터의 건설을 지원하였다.

북한의 핵 연구는 1959년 9월 구소련이 영변에 핵 연구 복합시설의 건립을 지원하는 원자력의 평화적 이용에 관한 협정이 북한과 구소련 간에 체결되면서 본격화되었다. 1961년 9월 김일성은 제4차 당대회에서 원자력의 평화적 이용을 위한 연구개발을 지시하였다. 이 협정에 따라 북한은 러시아의 포괄적인 기술 지원으로 1962년 11월 영변에 원자력 연구소를 건립하였고 1965년 연구용 원자로인 IRT-2000[9]을 완공하여 방사성동위원소를 생산하였다. 이후 매년 약 200여 명의 연구원을 드브나 연구소에 파견함으로써 구소련의 핵기술을 점진적으로 습득하였다.[10]

북한의 핵개발은 러시아로부터의 초기 지원과 약간의 중국의 지원으로 진척되었지만, 대부분은 해외의 중요한 지원 없이 개발되었다. 전언에 따르면 북한은 1964년 10월 중국의 첫 핵실험 이후 핵무기 기술을 공유해 줄 것을 중국에 요청하였으나 마오쩌둥이 이를 거절하였고, 이후 중국과 북한의 관계는 악화하였다고 한다. 북한은 1970년 11월 제5차 당대회에서 6개년 경제개발계획을 채택하면서, 원자력의 평화적 이용을 위한 지침을 아래와 같이 제시하였다.[11]

---

7 Alexandre Mansourov. "North Korea's Road to the Atomic Bomb." *International Journal of Korea Unification Studies* Vol. 13, No. 4(2004), pp. 21-58, p. 28.

8 이춘근·김종선, "북한의 핵 및 로켓 기술 개발과 향후 전망", 『STEPI Insight』 제22호(2009), pp. 1-27, p. 5.

9 IRT-2000 연구용 원자로는 구소련에서 도입된 것으로 최초 2MWt이었으나 독자 기술로 4MWt와 8MWt으로 출력을 개선하였다. IRT-2000 연구용 원자로는 구소련에서 도입한 10% 농축 우라늄을 핵연료로, 경수를 냉각재로 사용하였다. 1977년부터 매년 IAEA의 정기 사찰을 받아왔으나 천연 우라늄 연료봉을 일부 집어 넣고 소량의 플루토늄을 생산한 적이 있다고 시인한 바 있다.

10 구본학, "북한 핵문제 전개과정과 해결방안", 『통일정책연구』 제43권 제42호(2015), pp. 1-31, p. 3.

11 Alexander Zhebin. "A political history of Soviet-North Korean nuclear cooperation."

"인민경제의 여러 부분에서 방사선과 방사능 동위원소를 사용하는 데 대한 연구에서 얻은 성과를 넓히기 위해, 우리 자체의 물질과 기술에 기초해서 원자력산업을 발전시키기 위한 연구를 더 한층 강화해야 한다."

1973년 세계 석유 파동으로 인해 김일성 주석이 국내산 원료에 기반한 에너지 공급을 강조하면서, 민간과 군사적 목적을 위하여 우라늄과 흑연을 사용하는 흑연감속로 연구가 본격화되었다. 이를 위해 김일성 종합대학에 핵물리학과와 방사화학과가, 그리고 김책 공업종합대학에 핵물리공학부가 신설되었다.[12] 북한은 독자적 연구를 통해 IRT-2000 연구용 원자로를 확대하였고 구소련으로부터 플루토늄 재처리 기술을 획득하기 시작하였다.

나 북한의 국제원자력기구 가입

북한의 핵개발사에서 가장 중요한 사건 중의 하나는 1974년 9월 북한의 국제원자력기구(IAEA)의 가입이다. 그러나 북한의 IAEA 가입은 북한의 자체적인 의사보다는 구소련의 압박에 의한 것이었다. 북한은 1963년 구소련 과학자들에게 핵무기 제조를 도와달라고 요청한 사실이 있었고 1970년대 들어 북한이 독자적으로 핵무기 개발 계획을 추진하게 되면서 구소련 입장에서는 북한의 핵무기 개발 활동을 통제할 필요가 있었다.[13] 그럼에도 불구하고 IAEA 가입은 북한 입장에서는 나름대로 상당한 의미가 있었다. 즉, 북한은 평화적 목적으로 원자로 연구에 대한 IAEA의 데이터베이스에 접근할 수 있게 된 것이다. 당시 IAEA 북한 대표부의 참사관은 임기 4년 동안 IAEA 도서관에서 서구의 핵 원자로의 설계 및 핵연료사이클 기술에 관하여 방대한 정보를 습득하였다고 한다.[14] IAEA는 제한적이지만 영변의 주요 핵시설에 대하여 국제적인 감시가 가능해졌다.

---

in James Moltz and Alexandre Mansourov, (eds.), *The North Korean Nuclear Program: Security, Strategy, and New Perspectives from Russia* (New York: Routledge, 2000), pp. 27-40, p. 31.

12 이춘근·김종선(2009), p. 6.

13 엄재호, "북한의 핵개발 현황과 그 시각", 『평화연구』 제28집(2003), pp. 151-175, p. 155.

14 Alexandre Mansourov(2004), p. 43.

북한은 1977년 7월 IAEA와 IRT-2000 연구용 원자로 및 주요 조립시설에 대해 안전조치 협정[15]을 체결하였고, 같은 해 7월 북한, 구소련 및 IAEA 간에 3자 안전조치 협정이 체결됨에 따라 IAEA는 구소련이 공급한 IRT-2000 연구용 원자로와 0.1메가와트의 주요 조립시설을 감시할 수 있게 되었다.

표 2 북한의 핵시설 현황

시설명	수량	소재지	비고
연구용 원자로 IRT-2000	1기	영변	1965년(2MWt→4MWt→8MWt)
임계시설	1기	영변	0.1MWt
50MWe 실험용 원자로	1기	영변	25MWt(1979년 착공, 1986년 가동)
방사화학실험실	1개소	영변	1985년 착공, 1989년 가동, 1995년 완공 예정이었으나 1994년 10월 건설 중단
핵연료봉 제조시설	1개소	영변	
핵연료 저장시설	1개소	영변	
준 임계시설	1기	평양	김일성 대학
50MWe 원자력발전소	1기	영변	1985년 착공, 1994년 건설 중단
200MWe 원자력발전소	1기	평북 태천	1989년 착공, 1994년 건설 중단
우라늄 정련공장	1개소	황북 평산	
우라늄 정련공장	1개소	황북 박천	
우라늄 광산	1개소	황북 평산	

15 IAEA와 북한 간 체결된 안전조치 협정의 공식 명칭은 "Agreement between the International Atomic Energy Agency and the Government of the Democratic Peoples's Republic of Korea for the Application of Safeguards to the Research Reactor Facility(IRT)"이다. 안전조치 협정(Safeguards Agreement)은 핵물질의 군사적 전용을 방지하기 위한 안전조치를 수행하기 위하여 IAEA와 당사국 간에 체결되는 협정으로 부분안전조치 협정(INFCIRC/66)과 전면안전조치 협정(INFCIRC/153, Full-scale Safeguard Agreement)이 있다. 부분안전조치 협정은 특정 시설이나 공정만을 대상으로 체결되며 NPT 발효 이전까지 실시됐다. 북한의 IRT-2000 연구용 원자로는 부분안전조치 협정에 따라 1977년부터 NPT에 가입한 1985년까지 정기적으로 IAEA의 사찰을 받아왔다.

우라늄 광산	1개소	평남 순천	미확인
원자력발전소(635MWe)	3기	함남 신포	계획단계에서 중단
동위원소 생산가공연구소	1개소	영변	미신고
폐기물 시설	3개소	영변	1976년, 1990년(Bldg 500), 1992년

출처: 대한민국 국방부, 『2022 국방백서』 (서울: 국방부, 2023), p. 339.

다 교육·연구기관 등의 확대

1) 교육기관

1980년대는 독자적인 역량을 바탕으로 두 가지 측면에서 북한 핵개발의 팽창 시기였다.[16] 북한은 핵개발과 관련하여 교육 및 연구기관을 확대하였다. 김일성 종합대학의 핵물리학과와 방사화학과를 원자력학부로 통합하였고 김책 공업종합대학의 핵전자공학과는 1980년대 말 영변에 설립된 물리대학으로 이전하였다.[17]

표 3 북한 핵 관련 교육기관

기관명	성격 및 기능
함흥화학공업대학	• 무기화학공학부, 유기화학공업부, 고분자화학공학부, 화학계기공학부 • 화약 및 폭발장치 개발을 위한 화학 전문가 양성
김책 공업종합대학	• 금속공학부, 재료공학부, 전자공학부, 열공학부, 핵물리학부 • 1980년대 플루토늄 핵무기 개발 주도 핵심 연구진 배출

16 대한민국 국방부, 『2022 국방백서』 (서울: 국방부, 2023), p. 338, p. 400; 임채홍, 북한 핵무기 개발 실태(국방부, 1996), 한반도 군비통제, 군비통제자료 p. 264.

17 이춘근·김종선(2009), p. 7. 물리대학은 영변에 소재한 대규모 시설을 활용한 실무교육을 강조하고 마지막 학기의 대부분은 현장실습으로 진행하였고, 교과과정에는 반년간의 군사훈련도 포함되었다. 물리대학은 군 소속으로 타 지역 학생들은 대학의 존재조차 잘 모른다고 하였다.

김일성 종합대학	• 전기공학과, 기계공학과, 금속공학과 • 핵심 핵물리학자(도상록, 한인석 등) 대거 포진
핵물리대학	• 영변 원자력연구소에 설립 • 영변 내 원자로, 재처리시설 및 연료 제조 시설 등을 가동하기 위한 기술자 양성을 위해 설립 • 핵개발을 담당하는 조선인민군 제3공병국 43여단이 이 대학 내에 주둔하며 핵개발 주도
평성이과대학	• 조선과학원 산하 기관 • 핵물리학, 화학, 수학, 생물학, 전자공학과 • 핵 관련 실질적인 핵개발 이론의 산실

출처: 이춘근·김종선, "북한의 핵 및 로켓 기술 개발과 향후 전망", 『STEPI Insight』 제22호(2009) 및 이춘근, 『북한의 핵패권 - 사회주의 핵개발 경로와 핵전술 고도화』 (서울: 인문공간, 2023). pp. 196-221.

2) 연구기관

북한의 과학기술 전문 연구기관은 과학원을 비롯하여, 교육성, 보건성, 농농업성 등 각 성 산하의 연구소 또는 분야별 과학원이 있다. 현재 확인된 북한의 과학기술 연구기관의 수는 200여 개이지만, 전체 연구기관의 수는 약 300여 개로 추정된다.[18]

북한의 핵 관련 연구는 원자력총국이 총괄한다. 원자력총국 산하에는 두 개의 위원회를 비롯하여 영변에 소재한 원자력 연구센터와 평양에 소재한 원자력 연구원이 있다. 가장 규모가 큰 원자력 연구센터는 1952년 12월 과학원 창설과 함께 부속 연구기관으로 설립된 원자력연구소를 필두로 총 10개의 연구소로 구성된다. 원자력연구소는 나남, 원산 및 박천에 각각 분소를 두고 있다.[19]

3) 핵 방호 부대

북한은 영변의 핵시설을 보호하기 위한 3중 방어체계를 구축한 것으로 알려져 있다. 영변에는 반경 70km 내에 3개의 군단급 부대가 주둔해 있다. 평안남

18 통일부, 『2004 북한개요』 (서울: 통일부, 2004), p. 316, p. 528.

19 김영윤·김학성·박종철·전성훈·조한범·홍관희, 『북한 핵문제와 남북관계의 진로』 (서울: 통일연구원, 2002), p. 11.

도 덕천에 있는 제11군단은 과거 특수8군단, 경보교도지도국 등으로 불렸던 특수부대로 압록강 일대의 국경 경비 임무도 일부 수행한다. 제11군단 예하에는 제82경보병여단 5대대, 제64보병연대 예하 1개 대대, 제64경비대대 등이 있다. 북한 경보여단의 대대 편제가 800여 명, 보병대대가 470여 명 수준이라는 점을 감안하면 약 1,700여 명의 병력이 핵시설을 방어하고 있다.[20]

제82경보여단의 5대대는 1960년대 후반 북한이 드부나 연구소의 지원을 받아 연변에 핵시설을 건설할 당시 이미 핵시설 방어 목적으로 창설되었다. 5대대가 건물 주변 반경 2km의 외곽 지역을 방어하는 1차 임무를 수행한다. 인민무력부의 직접 지휘를 받는데 5대대 부대원들은 자신들이 핵시설 방어 임무를 수행한다는 것을 알지 못할 정도로 보안이 철저하였다. 5대대 부대원들은 1993년 4월 북한이 NPT 탈퇴 후 영변 일대에 전시사태가 선포되어 분강리 지역에 출동하면서 자신의 임무를 처음 알았던 것으로 전해졌다.[21]

2차적으로는 인민무력부 직속 제64보병연대 예하 1개 대대가 핵시설 울타리 주변에 주둔하면서 외곽방어를 수행하고 있다. 마지막 3차 방어는 인민보안성 직속 제64경비대대가 시설 보호, 연구원 등 내부 종사자의 감시 등의 임무를 수행한다.

영변 핵개발단지 서쪽인 평안북도 정주시에는 최정예 기계화부대 중 하나인 제425훈련소가 주둔하고 있다. 제425훈련소는 평시에는 기습 상륙 저지나 치안 임무를 수행하는 반면 전시에는 북한군 제2제대의 역할을 담당한다. 제425훈련소의 예하에는 차량화 대대로 구성된 차량화 보병군단이 있다.[22]

제56고사총여단이 영변 지역의 대공방어 임무를 수행하고 있다. 영변 핵시설을 지키고 있는 부대는 연대급이고 북한은 1개 보병연대에 1개 고사총대대를 편제한 점을 고려하면 영변 핵시설 주변에 56여단 예하 1개 대대가 배치되어 있는 것으로 추정할 수 있다.[23]

---

20 신인균, "북한 핵개발의 성격 규명과 군사적 대응의 적실성" 경기대학교 박사학위논문 (2014), p. 248.

21 "북한, 영변 핵시설 3중방어체계 구축했다." 『오마이뉴스』 (검색일: 2006. 10. 10).

22 신인균(2014), p. 251.

23 신인균(2014), p. 250.

라 기술 역량 제고

기술적 측면에서 북한은 우라늄 제련 시설, 사용 후 핵연료를 재처리할 수 있는 방사화학실험실, 5메가와트 흑연감속용 원자로 등을 건설하였다. 1986년 말 가동한 것으로 알려진 5메가와트 흑연감속용 원자로는 1994년 5월 전면적으로 핵연료 인출을 시작하였다. 북한의 5메가와트 원자로 건설은 다음과 같이 네 가지 배경에서 그 이유를 찾을 수 있다. 첫째, 북한에 천연우라늄의 매장량이 풍부하기 때문에 핵연료의 대외 의존도를 낮출 수 있고, 둘째, 플루토늄의 생산률이 높다. 셋째, 당시 북한은 우라늄 농축기술이나 중수 생산기술이 없었다.[24] 마지막으로, 북한은 체제 유지를 위하여 핵무기 개발이 필요하였다. 당시 북한은 남한과의 경쟁에서 뒤처지고 사회주의 국가들이 붕괴되거나 체제를 전환하기 시작하였기 때문이다.[25] 김일성에게 있어서 핵무기는 한반도 유사시 한미연합군의 압도적 군사적 우위를 상쇄할 수 있는 강력한 무기로 인식되어 있었던 것이다.[26]

5메가와트 흑연감속용 원자로는 1950년대 영국에서 처음으로 생산된 콜더홀형 원자로(Calder Hall Reactor)를 모델로 하여 건설되었다. 콜더형 원자로는 흑연감속, CO_2 냉각, 천연금속 우라늄 및 마그녹스 피복제를 사용하였다. 방사화학실험실은 1985년 북한의 자체 기술로 착공하여 1992년까지 내부 설비 40%, 외부 건물 80%의 진도를 보였으나 1993년 3월 IAEA의 사찰 시 전체 내부 설비가 70% 정도 완성된 것으로 평가되어 1995년 완공될 것으로 예상되었으나 미북 제네바 합의로 1994년 10월 건설이 중단되었다.[27]

1983년부터 1991년까지 북한은 핵폭탄의 격발 메커니즘을 만들 때 요구되는 고폭실험을 독자적으로 영변에서 약 70회 또는 80회 수행하였다.[28] 북한이 고폭실험을 실시한 곳은 평북 영변 서북쪽 40km 지점에 있는 구성시 용덕동과

---

24 이은철, 『북한 핵과 경수로 지원』 (서울: 서울대학교출판부, 1996), p. 176

25 이춘근(2023), p. 192.

26 구본학, "북핵 핵문제 전개과정과 해결방안" 『통일정책연구』 제24권 제2호(2015), pp. 1-31, p. 14.

27 김영윤·김학성·박종철·전성훈·조한범·홍관희(2002), p. 21.

28 Alexandre Mansourov(2004), p. 44; 정영태, 『파키스탄-인도-북한의 핵정책』 (서울: 통일연구원, 2002), pp.70-71.

구룡강 강바닥으로 알려졌으며, 통상 용덕동 고폭실험장으로 불린다. 핵 기술은 고폭장치 개발 및 실험으로 평가할 수 있어서, 북한의 실험은 고폭장치 조립 이전 단계에서 고폭장약 자체의 성능 시험을 위한 것으로 북한 핵무기 개발 프로그램의 일부분으로 추정되고 있다.[29]

마 북한의 NPT 가입

1985년 12월 북한이 NPT에 가입하고 2017년 9월 제6차 핵실험까지 북한 핵개발과 관련한 주요 내용은 아래 표와 같다.[30]

표 4 NPT 가입 이후 핵개발 주요 일지

일시	내용
1985.12.12.	핵비확산조약(NPT) 가입
1991.12.31.	남북 간 「한반도 비핵화 공동선언」 합의
1993.3.12.	북한 NPT 탈퇴 선언
1994.10.21.	미북 간 「제네바 합의」 체결
1994.11.1.	핵 활동 동결 선언
1995.3.9.	한반도에너지개발기구(KEDO) 설립
2002.10.3.	켈리 미 국무부 차관보 방북
2002.12.12.	핵 동결 해제 발표
2003.8.27.	제1차 6자 회담 개최
2005.2.10.	핵무기고 증대 대책 강구 주장
2005.5.11.	영변 5MWe 원자로에서 폐연료봉 8천 개 인출 완료 발표
2005.9.19.	6자 회담에서 모든 핵무기와 현존 핵 계획 포기 등 '9.19 공동성명' 발표

29 대한민국 국방부, 『화·생·방·미사일 얼마나 알고 계십니까?: 대량살상무기(WMD) 문답백과』 (서울: 국방부, 2001), p. 93, p. 226. 참고로 미국의 최초 핵무기 개발 시(맨해튼 계획)에는 약 2,500회의 고폭실험을 실시한 것으로 알려져 있다.

30 국립통일교육원, 『2024 북한이해』 (서울: 국립통일교육원, 2024), p. 117.

2006.10.9.	제1차 핵실험 실시
2007.2.13.	6자 회담에서 영변 핵시설 폐쇄, 봉인 등에 대한「2.13 합의」
2007.7.15.	'영변 핵시설 가동 중지 및 IAEA 감시 허용' 발표
2007.10.3.	6자 회담에서 영변 핵시설 불능화 및 핵 프로그램 신고 등「10.3 합의」
2008.6.27.	영변 5MWe 원자로 냉각탑 폭파
2008.9.2.	영변 핵시설 복구작업 개시
2009.5.25.	제2차 핵실험 실시
2009.11.3.	폐연료봉 8천 개 재처리 완료 선언
2013.2.12.	제3차 핵실험 실시
2013.4.2.	영변 원자로 재가동 발표
2016.1.6.	제4차 핵실험 실시, 조선중앙TV '첫 수소탄 시험 성공적 진행' 발표
2016.9.9.	제5차 핵실험 실시
2017.9.3.	제6차 핵실험 실시, 조선중앙TV '첫 수소탄두 시험 성공적 진행' 발표

NPT의 목적은 핵무기 확산 방지를 위해 핵 비보유 당사국의 원자력 활동을 평화적 목적으로 한정하는 것이다. 5개 핵보유국은 핵비보유국에 대한 핵무기의 이전 금지와 핵군축 의무를 지고, 핵비보유국은 핵무기 제조 금지 의무를 부담한다. 바꿔 말하면 NPT는 핵보유국과 핵비보유국의 권리와 의무를 상이하게 규정하기 때문에 차별성 문제를 내포하고 있다.

따라서 1985년 북한의 NPT 가입 배경을 둘러싸고 북한이 구소련의 핵무기 비확산 정책에 동의하였거나[31] 구소련의 압박에 불가피하였다거나 등 다양한 의견이 있다. 이와 관련하여 1986년 미국 중앙정보국이 북한의 NPT 가입 목적을 분석한 보고서[32]에서 충분히 유추할 수 있다. 보고서는 북한의 NPT 가입 배경을 구소련으로부터 핵 기술 등을 포함한 경제적 이유와 국제적 이미지 개선에

---

31 이창위, "북핵 문제와 NPT 체제의 재검토-핵 문제에 대한 국제법과 국제정치의 교차 -" 『국제법학회논총』 제62권 제3호(2017), pp. 105-125, p. 107

32 U.S. Central intelligence Agency. North Korea - USSR: Implication of NPT Accession, 18 March 1986.

서 찾는다. 북한의 핵 프로그램 개발, 재래식 무기의 증강 및 경제 발전을 위해서는 구소련의 지원이 불가피하고 이를 위해서는 북한의 NPT 가입이 전제 조건이라고 판단하였다. NPT 가입 바로 직후인 12월 24일~28일 강성산 전 총리가 구소련을 방문하여 발표된 공동성명에는 구소련이 북한의 원자력발전소의 건설을 지원한다는 내용이 포함되었다. 북한 원자력발전소 건설을 위한 구소련의 지원과 북한의 NPT 가입이라는 거래는 김일성이 모스크바를 방문한 1984년 5월 이후부터 논의됐다. 북한은 당시 구소련이 쿠바에 건설 중이었던 440메가와트 전기 가압수형 원자로를 염두에 둔 것으로 보인다.[33] 에너지 문제를 해결하기 위해서는 구소련의 도움이 절실하였기 때문에 북한은 중국에서 벗어나 구소련과의 관계를 강화하였던 것이다. 따라서 북한은 오랫동안 불신해 온 국제제도에 가입함으로써 군사적·경제적 지원의 대가로 국제안보 이슈에 구소련과 같은 입장을 서게 된 것이다. 또한 미국은 북한의 NPT 가입을 국제사회에서 책임 있는 이미지를 부각하기 위한 노력의 일환으로 보았다.[34]

3 김정일 집권 시기: 파키스탄과 협력~2차 핵실험

가 1차 핵실험 이전

1989년 프랑스의 상업위성인 SPOT이 영변의 핵시설을 촬영한 위성사진이 공개되면서 북한의 비밀 핵개발 의혹이 제기되었다. 위성사진에는 5메가와트 연구용 원자로 이외에 50메가와트와 200메가와트급 원자로 및 핵 재처리시설이 건설 중인 것이 확인되었다.[35] 북한은 1985년 NPT 가입 전후 시점에 핵무기 개발을 본격화한 것으로 보인다.

북한은 “1차 과학기술발전 3개년 계획(1988~1991)”을 통해서 핵무기와 관련

33 U.S. Central intelligence Agency(1986), p. 2.

34 U.S. Central intelligence Agency(1986), p. 3.

35 대한민국 국방부(2001), p. 92; 대한민국 국방부(2023), p. 338.

된 기초연구를 수행한 것으로 추정된다. 과학기술발전 3개년 계획에는 레이저 및 화학 교환법에 의한 우라늄 농축과 신형 전환로 및 고속증식로, 핵융합, 사용 후 핵연료 재처리, 폐기물 처리 등과 같은 원자력 주기 전반에 관한 연구가 포함되었기 때문이다.[36]

북한은 1993년부터 약 2년간 기술자를 파키스탄 핵의 아버지로 알려진 압둘 카디르 칸 박사가 이끄는 칸 연구소(Khan Research Laboratories)에 파견하여 농축기술을 습득함으로써 핵개발 인프라를 확대하였다. 1996년 북한은 파키스탄과 원심분리기술의 거래를 공식화하였고, 이후 파키스탄 핵공급업자 조직으로부터 핵무기 제조 원료를 만드는 핵심 장비인 원심분리기 20여 개를 비롯하여 우라늄 농축에 사용되는 특수 알루미늄관을 구입하였다.[37] 특히 칸 박사[38]가 1998년 북한을 방문하였을 때 완성단계에 이른 플루토늄 핵무기로 보이는 핵 장치 3개를 목격한 것으로 알려졌고, 방문 시 칸 박사가 우라늄 농축에 필요한 원심분리기와 설계도 그리고 핵개발용 부품 쇼핑 리스트 등을 북한에 전달한 것으로 확인되었다.[39]

북한은 1987년부터 1998년 사이 용덕동 고폭실험장의 시설공사를 하였고, 1998년부터 2005년 사이에는 풍계리 핵실험장의 2번 갱도를 공사하였다.

북한은 1994년 5월 5메가와트 원자로에서 인출된 8,000여 개의 연료봉에 약 25~30kg의 플루토늄이 포함되어 있으며, 5메가와트 원자로는 열출력과 연간 가동률 70~80%를 고려하면 연간 약 6kg의 플루토늄 생산 능력을 보유한 것으로 판단된다. 1994년 이전 영변 재처리 시설의 사용 후 핵연료 최대 처리 용

---

36 이춘근(2023), p. 226.

37 “북, 원심분리기 20여 개 구입” 『MBN뉴스』 (2007. 6. 13).

38 칸 박사는 서독과 벨기에서 유학하고 1972년부터 네덜란드 암스테르담의 물리동력학연구소(Physical Dynamics Research Laboratry: FDO)에서 연구원으로 일했는데, 당시 FDO는 히로시마에 투하된 핵폭탄과 같은 수준의 농축 우라늄을 이미 만들어내고 있었고, 영국, 네덜란드, 독일 등이 공동 설립한 우라늄 농축합동연구소(URENCO)와 정보교류가 활발했다. 칸 박사는 이 연구소에서 핵무기를 만드는 데 필수적인 원심분리기 제조기술을 독일어에서 네덜란드어로 번역하는 일을 하면서 농축핵심기술을 획득한 것으로 전해지고 있다.

39 “칸 박사 북핵장치 목격설 파장” 『YTN』 (2004. 4. 14).

량은 일일 약 0.38톤이지만 거의 완공직전에 있던 제2공정라인이 완공되면서 영변 재처리 시설의 최대 처리용량은 일일 약 0.7t으로 분석되었다.[40]

1998년부터 4차례에 걸쳐 추진된 과학기술발전 5개년 계획에는 초고속 원심분리기 개발을 비롯하여 핵융합과 관련된 연구들이 포함되었다. 원심분리기 내부 동위원소 분리 해석 등의 고차원 유체역학에 사용하는 방정식인 스톡스 방정식, 증폭형 핵무기와 수소폭탄 제조에 Li6와 중수소를 결합시킨 중수소화리튬(Li6D)을 사용하는 Li6 동위원소 분리 등이 대표적인 예이다.[41]

북한은 1985년부터 1986년 사이에 풍계리 핵실험장의 1번 갱도와 2번 갱도의 굴착을 시작하였고 2003년 9월 1번 갱도의 공사를 완료하였다.[42] 그리고 원자력총국은 2003년에 약 140톤의 알루미늄을 확보하였다. 북한은 1999년부터 2004년 사이 용덕동 고폭실험장에서 40여 차례의 고폭실험을 실시하였으며, 2004년까지 누적된 핵물질량은 플루토늄 약 35kg으로 추정된다.[43]

북한은 2005년 5월 5메가와트 원자로에서 폐연료봉 8,000개를 인출하였고, 같은 해 11월 약 12kg의 플루토늄을 확보하였다. 2006년 제1차 핵실험에 사용한 플루토늄을 포함하면, 2008년까지 누적된 북한의 핵물질량은 플루토늄 약 47kg으로 추정된다.[44] 2006년과 2008년 사이 금창리 고폭실험장에서 약 10여 차례의 고폭실험을 실시하였다.

나 1차 핵실험 이후

북한은 2006년 10월 1차 핵실험을 단행하였고, 불과 몇 개월 후인 2007년 2월 13일 6자 회담에서 영변 핵시설의 폐쇄, 봉인 등에 대한 2.13 합의가 채택되었고 같은 해 10월 3일 영변 핵시설 불능화 등에 관한 10.3 합의에 도달하였

---

40 정영태, 『북한의 핵폐기 가능성과 북·미 관계』 (서울: 통일연구원, 2004), p. 12.

41 이춘근(2023), p. 226.

42 "북한 풍계리 핵실험장 1985년부터 건설, 핵보유 야심 초기부터 선명" 『뉴시스』 (2024. 1. 24).

43 정영태·홍우택·김태우·박휘락·이상민·이호령·조영기, 『북한의 핵전략과 한국의 대응전략』 (서울: 통일연구원, 2014), p. 119.

44 정영태·홍우택·김태우·박휘락·이상민·이호령·조영기(2014), p. 120.

다. 그러나 북한이 2009년 5월 2차 핵실험을 단행한 후 2017년 9월 3일 6차 핵실험을 하였다.

그간 북한은 과학기술발전 3개년 및 5개년 계획을 통해 핵무기 관련 기초 연구를 수행해 왔다. 제3차 과학기술발전 5개년 계획(2008~2012)에서는 이전의 계획과는 달리 핵무기 관련 기초 연구는 핵융합분열 혼성로와 레이저, 대형 병렬컴퓨터 등에 국한된 점을 고려하면 핵무기 기초 연구가 어느 정도 진척되어 온 것으로 볼 수 있다.

2009년 6월 북한은 핵연료 재처리를 완료하였다고 선언하였고, 약 8kg의 플루토늄을 추출하여 누적 플루토늄은 약 55kg으로 평가된다. 2009년 5월 2차 핵실험을 실시한 다음 해인 2010년 11월 북한은 영변의 우라늄 농축시설을 공개하였다. 특히 북한은 2010년 11월 9일~13일 방북한 시크리드 해커 박사 일행에 영변 핵시설 내의 2,000기가 넘는 원심분리기를 보여주었다. 해커 박사에 따르면, 북한은 과거 핵연료 제조공장이었던 곳을 개조하여 우라늄 농축용 원심분리기를 설치 완료하였으며, LWR 실험로를 건설하는 중이었다. 해커 박사의 평가는 당시 북한의 우라늄 농축 프로그램에 대한 미국과 한국의 수준을 크게 넘어선 것이었다.[45] 해커 박사는 원심분리기의 직경을 약 8인치, 높이는 6피트로 평가하였다. 해커 박사에 따르면, 북측 전문가는 우라늄 농축 시설에는 2,000개의 원심분리기가 6개의 캐스케이드[46]로 설치되어 있다고 말하였으나, 원심분리기의 물리적 치수에 대해서는 언급이 없었다고 한다. 이에 대해 헤커 박사는 원심분리기가 파키스탄의 P-1 원심분리기인지를 물었으나 북측 전문가는 원심분리기의 회전자는 철을 함유한 합금으로 제작하였다고 대답하였다고 한다. 이를 토대로 해커 박사는 원심분리기를 P-2 모델로 평가하였고,[47] 북한이

45 문주현, "우라늄농축프로그램의 기술적 타당성 및 잠재적 위험 평가" 『북한학연구』 제7권 제1호(2011), p. 138.

46 동위원소 농축은 원자질량 차이와 같이 미묘한 효과를 이용하기 때문에, 한번에 달성할 수 있는 동위원소의 농축도 증가는 작은 편이다. 이런 문제를 극복하기 위해 수많은 단계로 이루어진 연속적인 농축과정을 거친다. 각각의 농축단계에서는 이전 단계의 농축 생성물을 받아서 더 농축을 시킨다. 이러한 연속적인 농축시스템을 '캐스케이드(Cascade)'라고 부른다.

47 문주현(2011), p. 141.

P-2형 원심분리기 2,000대로 연간 40kg의 고농축우라늄을 생산할 수 있다고 언급하였다.[48]

북한 2013년 약 6~7kTt의 위력에 달하는 3차 핵실험을 실시하고 소형화 및 다종화된[49] 핵실험의 성공을 주장하였다. 따라서 2017년 6차 핵실험에서 보여준 핵폭발 위력은 약 50kT으로 이는 과거 핵실험에 비해 현저히 증대되어 수수탄 시험을 시행한 것으로 평가되고 있다.[50]

표 5 세계 핵분열성 물질 현황

국가	고농축우라늄(HEU)	비민수용 플루토늄 (Non-civilian Pu)	민수용 플루토늄 (Civilian Pu)
러시아	679	128	61.3
미국	565	79.7	8.0
영국	22.6	3.2	115.8
프랑스	30	6	67.7
중국	14.3	2.9	0.04
파키스탄	3.7	0.37	-
인도	4.4	0.6	6.9
이스라엘	0.3	0.9	-

48 "北, 영변에선 우라늄 시설 2배 확장… 강선에선 신형 원심분리기" 『동아일보』 (2024. 10. 5).

49 대한민국 국방부(2022), p. 340.
북한이 주장하는 핵무기 개발에 관한 표준화, 규격화, 소형화, 경량화 및 다종화의 의미는 아래와 같다.
- 규격화: 대량생산이 가능하도록 핵탄두와 그 부품을 규격화하는 것
- 소형화: 핵탄두의 폭발력이 15kT 이하인 무기를 만드는 것
- 경량화: 미사일 탑재를 위하여 핵탄두의 총체적 질량을 가볍게 만드는 것
- 다종화: 해당 군사적 목적을 달성하기 위하여 여러 가지 종류의 핵무기를 만드는 것으로 핵반응 방식에 따라 원자·수소·중성자탄, 파괴력·사거리에 따라 전략·전술·전역핵무기 등으로 구분 가능

50 대한민국 국방부(2022), p. 339.

북한	0.1	0.04	-
기타	15	-	47.6
총계	**1,335**	**220**	**310**

출처: 대한민국 외교부, 『2021 군축·비확산 편람』 (서울: 외교부, 2023), p. 279.

4 김정은 집권 시기: 핵무기 등 운반수단 및 핵무력 정책법

가 준중거리 및 중거리 탄도미사일

북한은 장거리 타격 및 핵무기 등의 투발 능력을 확보하기 위하여 1970년대부터 탄도미사일 개발을 시작하였다. 북한은 1970년대 말 이집트로부터 소련의 스커드 미사일을 구입하고 역설계하는 방식으로 미사일 제조 기반 기술을 확보하였다. 1980년대 중반 사거리 300km의 스커드-B와 500km의 스커드-C 발사에 성공하여 단거리 미사일 기술을 확보하였다. 1990년대 후반에는 사거리 1,300km 노동미사일과 스커드 미사일의 사거리를 연장한 스커드-ER 미사일을 배치하였다.

2007년에는 사거리 3,000km 이상의 중거리 탄도미사일인 무수단(북한명은 화성-10형) 미사일을 시험발사 없이 배치한 것으로 알려졌다.[51] 무수단은 길이 12m, 직경 1.5m로 이동식 및 지상 기반의 액체추진 미사일이며, 사거리는 미국 괌을 타격할 수 있는 수준이다. 무수단은 40여 기 배치된 것으로 알려져 있다.[52]

북한은 1998년부터 인공위성 발사 등을 이유로 장거리 로켓 및 탄도미사일의 시험발사를 시작하였다. 특히 2017년에는 중거리 탄도미사일 화성-12형을 발사하였고, 2019년에는 신형 잠수함발사 탄도미사일 북극성-3형을 시험발사

---

51 통일부(2004), p. 120.

52 장영근, "북한 탄도미사일의 모든 것〈2〉 중거리(MRBM) 및 준장거리탄도미사일(IRBM) 개발" https://www.ifs.or.kr/bbs/board.php?bo_table=News&wr_id=405 (검색일: 2017. 2. 14).

하였다. 2020년에는 초대형 방사포와 다종의 단거리 발사체를 시험발사하였다. 2021년에도 순항 및 탄도미사일을 여러 차례 발사하고, 같은 해 9월에는 화성-8형을 발사하였다.

나 대륙간 탄도미사일

미국, 러시아, 중국 등과 같은 우주강국은 탄도미사일 기술을 우주발사체의 추진체로 사용하였다. 중국은 액체추진방식의 동펑 계열 장거리 탄도미사일을 오래전부터 우주발사체의 로켓으로 사용해 왔으며, 최근에는 고체추진방식의 신형 장거리 탄도미사일도 해상에서 발사하는 우주로켓의 추진체로 사용하기도 하였다.[53] 중국은 2019년과 2020년 서해상에서 창정 11호를 발사하였다.[54] 창정 11호는 DF-31A ICBM을 우주발사체 용도로 전환한 것으로, 해상 발사에 필수적인 콜드론칭이 가능한 고체추진방식의 탄도미사일을 기반으로 제작되었다.

북한은 2017년 대륙간 탄도미사일로 평가되는 화성-14형 및 화성-15형을 시험발사하였고, 2022년에는 '화성-17형', 극초음속 미사일 등 다종의 탄도미사일을 30여 차례에 걸쳐 발사하였다. 유엔 안전보장이사회 전문가패널은 화성-14형, 화성-15형 및 화성-17형 중 하나를 조만간 우주발사체로 전환하여 활용할 것으로 예측하기도 하였다.[55] 북한은 아래와 같이[56] 2022년 시험위성품을 탑재한 화성-17형을 두 차례 발사하였다.

---

53 이춘근, 『중국의 우주굴기』 (서울: 지성사, 2020), p. 57.

54 인민망, 2019. "中 '창정 11호' 로켓 첫 해상발사 성공" http://kr.people.com.cn/n3/2019/0605/c207467-9584918.html (검색일: 2021. 7. 26)

55 UN S/2023/171, p. 200.

56 이우석·정영진, "김정은 시기 북한의 우주정책에 대한 연구 - 국가우주개발 5개년 계획을 중심으로 -" 『항공우주정책·법학회지』 제38권 제2호(2023), pp. 119-147, p. 139.

표 6 위성시험품 탑재 발사체

일 시	발사체	탑재위성	발사장소	비 고
2022. 2.27.	화성-17형 (추정)	위성 시험품 탑재 주장	순안비행장 (평양)	• 국가우주개발국/국방과학원 합동 진행 • 한반도 촬영영상 공개 • 주요 검증과제 - 촬영체계 - 자료전송체계 - 자세조종장치
2022. 3.5.	화성-17형 (추정)		순안비행장 (평양)	• 국가우주개발국/국방과학원 합동 진행 • 주요 검증과제 - 위성자료송수신 - 조종지령체계 - 지상위성관제체계
2022. 12.18.	화성-7형 (추정)		서해위성발사장 (동창리)	• 국가우주개발국 단독 진행 • 수도권 촬영영상 공개 • 주요 검증과제 - 탑재체 우주환경시험 - 자료전송계통 - 지상관제체계

출처: 이우석·정영진, "김정은 시기 북한의 우주정책에 대한 연구 - 국가우주개발 5개년 계획을 중심으로 - " 『항공우주정책·법학회지』 제38권 제2호(2023), p. 139.

북한은 2023년 2월 건군절 열병식에서 고체연료형 대륙간 탄도미사일 화성-18형을 최초로 공개하고 같은 해 4월, 7월 및 12월 세 차례 발사하였다. 화성-18형은 액체연료인 화성-14형, -15형 및 -17형에 비해 사전 연료 주입 없이 기습적인 발사가 가능해 매우 위협적인 무기로 평가되고 있다.

북한은 대포동 2 미사일을 변경한 위성발사체 은하 2호를 2009년에 발사하였으나, 1단 로켓이 한반도와 일본 사이의 수역에 낙하하면서 기술적으로는 실패한 것으로 평가되었다. 2년 후인 2011년 북한은 탄도미사일 및 우주발사체의 발사 요구 성능을 능가하는 이동식 발사대와 발사 타워를 갖춘 서해발사장을 완공하였다. 서해발사장은 미사일 조립 및 시험시설, 발사준비동, 관측동, 로켓엔진 시험장 등을 구비하고 있으며, 무수단리에 소재한 동해발사장의 시설을 능가한 것으로 평가되고 있다.[57]

북한은 2012년 4월과 12월에 장거리 로켓 은하 3호를 각각 발사하였고, 12월의 발사는 인공위성을 궤도에 성공적으로 진입시켰다. 북한은 은하 3호를 우주발사체라고 주장하지만 은하 3호의 기술은 장거리 미사일과 매우 유사한 것으로 분석된다. 위성발사체를 대륙간 탄도미사일로 전환하기 위해서는 재진입체 기술과 핵탄두의 소형화가 필요하다. 이에 대해 북한은 대기권 재진입에 필요한 소재 기술을 확보하였다는 것을 보여주기 위해 2016년 3월 스커드 엔진에서 발산되는 배기가스에 견디는 재진입체 형상의 소재 삭마 특성시험을 공개하기도 하였다.[58] 대륙간 탄도미사일이 장거리 비행을 위해서는 탄두 중량의 최소화가 필요하다. 북한의 핵탄두 소형화의 성공에 대해서 국제사회의 합의된 결론은 없으나, 한미 당국은 북한이 거의 완성 단계이거나 이미 달성했다고 판단한 것으로 알려졌다. 즉 지름 60cm 이내, 무게 400~500kg의 수 킬로톤급 경량 핵탄두를 완성해 실전 배치 단계까지 나아갔다는 것이다.[59]

---

57 장영근, "북한 탄도미사일의 모든 것〈3〉 대륙간탄도미사일(ICBM) 개발," https://www.ifs.or.kr/bbs/board.php?bo_table=News&wr_id=406 (검색일: 2017. 2. 15).

58 대륙간 탄도미사일은 최소 5,500km 이상을 비행하므로 대기권에 재진입하여야 하는데 이 때 재진입체의 선수 부분은 선수충격파(Bow Shock)의 공기가 형성되고, 재진입체의 원뿔면 측면에는 층류(Laminar Flow)의 공기층이 형성되어 수천도(재돌입체의 측면)에서 1만도(재돌입체의 선수부 분)까지의 고온을 견뎌내어야 하고, 고온의 공기가 재진입체에 흡수되는 것을 차단하는 기술이 필요하다.

59 "美하원 정보위장 '北, 핵탄두 소형화 성공... 억지력 개념 죽었다'." 『동아일보』 (검색일: 2023. 6. 6). 마이크 터너 미국 하원 정보위원장은 "(북한의 핵탄두 소형화 성공 주장에 대해) 우리는 그렇게 믿고 있다, 북한과 관련한 (핵) 억지력 개념은 죽었다"고 언급하였고, 마크 피츠패트릭 전 국무부 비확산 담당 부차관보는 "미국이나 러시아 정도에는 이르지 못했지만 자신들이 보유한 미사일에 장착할 정도의 핵탄두 소형화에는 성공했을 것"이라고 언급하였다.

다 동창리 서해위성발사장

북한은 2011년 완공한 동창리 서해발사장을 2013년 말부터 증축에 착수하여 발사대의 높이를 기존 50m에서 67m로 확장하였다. 그리고 평양 내 보통강 구역의 13,770여㎡ 면적에 위성관제종합지휘소를 2015년 건설하였다. 위성관제종합지휘소는 유경호텔로부터 약 2km 거리에 있으며, 300여 명의 연구자가 근무하고 있다.

라 2022년 핵무력정책법 제정

북한은 기존 2013년에 제정된 핵보유국법을 대체하는 핵무력정책법을 2022년 9월 제정하였다.[60] 핵보유국법과 대비되는 핵무력정책법의 주요 특징은 다음과 같다.[61]

첫째, 북한이 2017년 수소폭탄 실험과 화성-14형 및 화성-15형의 시험발사에 성공한 후 '국가 핵무력 완성'을 선언하였는데, 이러한 현실을 반영하여 핵무장 및 '핵보유국' 지위를 기정사실로 했다는 점이다.

둘째, 북한은 종래 핵사용 원칙으로서 전쟁 억제와 응징보복을 강조하였는데, 핵무력정책법은 핵사용의 조건(6조)과 지휘통제권 조항(3조)을 제시함으로써 거의 모든 정치적·군사적 상황에서 핵무기의 선제적·적극적·임의적 사용을 규정하였다.

셋째, 김정은 국무위원장의 유일한 핵무력 지휘권 행사, 북한 지도부 타격 및 핵지휘통제체제의 파괴로 핵지휘 불가능 시 자동적인 핵무기 사용, 즉시 핵사용 명령을 집행하기 위한 경상적인 핵사용 태세 유지 등의 규정으로 인해 의도적인 핵사용뿐만 아니라, 사고·오인으로 인한 핵사용 위험성이 급증하였다.

---

60 전성훈, "김정은 정권의 경제·핵무력 병진노선과 '4·1 핵보유 법령'," https://www.kinu.or.kr/library/10150/contents/6483761 (검색일: 2024. 10. 3)

61 전봉근, 북한 '핵보유국법'과 '핵무력정책법'의 비교 평가와 한국의 대응책 모색, 국립외교원 외교안보연구소, 주요국제문제분석 2022-28,

넷째, 핵무력정책법은 핵무기에 대한 민간 지휘통제권의 수립 및 국가핵무력 지휘기구의 보좌, 핵무기·물질·기술의 안전을 보장하기 위한 핵안보 관리체제, 핵무기·물질·기술의 해외 이전을 금지하는 핵비확산정책을 명시하였다. 북한은 이러한 규정을 통해 국제사회의 우려에 적극 대응하고 책임 있는 핵보유국의 구색을 갖추려고 한 것으로 보인다.

표 7 핵무력정책법과 핵보유국법 비교

	2022 핵무력정책법	2013 핵보유국법
전문 (목표, 임무)	(목표) 책임적인 핵무기보유국으로서 핵전쟁을 비롯한 모든 전쟁을 반대하며 국제정의가 실현된 평화로운 세계 건설을 지향한다. 핵정책을 공개하고 핵무기 사용을 법적으로 규제하는 것은 핵보유국 간 오판과 핵무기의 남용을 막음으로써 핵전쟁 위험을 최대한 줄이는 데 목적을 둔다. (임무) 핵무력은 국가주권, 령토완정, 근본리익을 수호하고, 조선반도와 동북아에서 전쟁을 방지하며, 세계의 전략적 안정을 보장하는 위력한 수단이다.	(전문) 공화국은 침략세력을 일격에 물리치고 사회주의제도를 보위하며 인민의 행복한 생활을 담보할수 있는 당당한 핵보유국가이다. 9. 핵전쟁위험을 해소하고 궁극적으로 핵무기가 없는 세계를 만들기 위해 투쟁하며, 핵군비경쟁을 반대하고 핵군축 국제활동을 지지한다.
핵무력 임무	핵무력은 국가방위의 기본력량이다. 핵무력은 적대세력으로 하여금 공화국과의 군사적 대결이 파멸을 초래한다는 것을 명백히 인식하고 침략과 공격 기도를 포기하게 함으로써 전쟁을 억제하는 것을 기본사명으로 한다. 핵무력은 전쟁억제가 실패하는 경우 적대세력의 침략과 공격을 격퇴하고 전쟁의 결정적 승리를 달성하기 위한 작전적 사명을 수행한다.	1. 핵무기는 미국의 지속적으로 가증되는 적대시 정책과 핵 위협에 대처하여 부득이하게 갖추게 된 정당한 방위수단이다. 2. 핵무력은 공화국에 대한 침략과 공격을 억제, 격퇴하고 침략 본거지들에 대한 섬멸적인 보복타격을 가하는 데 복무한다.

핵 지휘 통제	1) 핵무력은 국무위원장의 유일적 지휘에 복종한다. 2) 국무위원장은 모든 핵무기 관련 결정권을 가진다. 국무위원장이 임명하는 국가핵무력지휘기구는 핵무기 관련 결정과 집행의 전 과정에서 국무위원장을 보좌한다. 3) 핵지휘통제체계가 적대세력 공격으로 위험에 처하는 경우, 사전 결정된 작전방안에 따라 도발원점과 지휘부 등 적대세력을 괴멸하기 위한 핵타격이 자동적으로 즉시 단행된다.	4. 핵무기는 적대적인 다른 핵보유국이 우리 공화국을 침략하거나 공격하는 경우 그를 격퇴하고 보복타격을 가하기 위하여 조선인민군 최고사령관의 최종명령에 의하여서만 사용할 수 있다.
핵무기 사용 원칙; 사용 조건	국가와 인민 안전을 엄중히 위협하는 침략과 공격에 대처하여 최후 수단으로 핵무기를 사용하는 것을 기본원칙으로 한다. 비핵국가가 다른 핵무기보유국과 야합하여 공화국을 반대하는 침략이나 공격행위에 가담하지 않는 한 이 나라들을 상대로 핵무기로 위협하거나 핵무기를 사용하지 않는다. 1) 공화국에 대한 핵무기, 기타 대량살륙무기공격이 감행되였거나 림박했다고 판단되는 경우 2) 국가지도부와 국가핵무력지휘기구에 대한 적대세력의 핵, 비핵공격이 감행되었거나 임박했다고 판단되는 경우 3) 중요 전략적 대상에 대한 치명적 군사적 공격이 감행되였거나 임박했다고 판단되는 경우 4) 전쟁 확대와 장기화를 막고 전쟁의 주도권을 장악하기 위한 작전상 필요가 불가피한 경우 5) 국가 존립과 인민의 생명안전에 파국적인 위기를 초래하는 사태로 핵무기로 대응할 수밖에 없는 불가피한 상황의 경우	5. 적대적인 핵보유국과 야합하여 우리 공화국을 반대하는 침략이나 공격행위에 가담하지 않는 한 비핵국가들에 대하여 핵무기를 사용하거나 핵무기로 위협하지 않는다.

준비 태세	핵무력은 핵무기 사용명령이 하달되면 즉시에 집행할수 있게 경상적인 동원태세를 유지한다.	
핵안보 유지 관리, 보호	1) 공화국은 핵무기의 보관관리, 수명과 성능평가, 갱신 및 페기의 모든 공정들이 행정기술적 규정과 법적 절차대로 진행되도록 철저하고 안전한 핵무기 보관 관리제도를 수립하고 그 리행을 담보한다. 2) 공화국은 핵무기, 관련 기술, 설비, 핵물질 등이 루출되지 않도록 철저한 보호대책을 세운다.	6. 핵무기의 안전한 보관관리, 핵실험 안정성 보장 규정들을 엄격히 준수한다. 7. 핵무기, 핵기술, 무기급 핵물질이 비법적으로 누출되지 않도록 보장하는 보관관리체계와 질서를 세운다.
핵태세 평가	1) 외부 핵 위협과 국제적 핵무력태세 변화를 항시 평가하고 핵무력을 갱신, 강화한다. 2) 핵무기 사용 전략을 정기적 갱신한다.	3. 핵억제력과 핵보복타격력을 질량적으로 강화하기 위한 대책을 세운다.
핵 비확산	책임적인 핵무기보유국으로서 핵무기를 다른 나라에 배비하거나 공유하지 않으며, 핵무기와 관련 기술, 설비, 무기급 핵물질을 이전하지 않는다.	8. 적대 핵보유국과 적대관계가 해소되는 데 따라, 상호 존중과 평등 원칙에서 핵전파방지, 핵물질 안전관리를 위한 국제노력에 협조한다.
핵군축	(삭제)	9. 핵전쟁 위험을 감소하고 궁극적으로 핵무기가 없는 세상을 건설하기 위해 투쟁하며 핵군비경쟁을 반대하고 핵군축을 위한 국제적인 노력을 지지한다.

출처: 전봉근, "북한 '핵보유국법'과 '핵무력정책법'의 비교 평가와 한국의 대응책 모색." 국립외교원 외교안보연구소 주요국제문제분석 2022-28, pp. 8-10.

5 결론

북한의 핵에 관한 실질적인 연구는 1956년 북한과 구소련이 공동으로 설립한 연합 핵연구소인 드부나 연구소에 북한 연구원이 파견되면서 시작되었고, 북한은 구소련의 지원으로 1965년 연구용 원자로인 IRT-2000을 완공 후 구소련의 핵 기술을 점진적으로 습득하였다. 북한은 1974년 9월 국제원자력기구에 가입한 후 1977년 국제원자력기구와 핵 주요 조립시설에 대한 안전조치 협정을 체결하였고, 1985년 핵비확산조약에 가입함으로써 어느 정도는 국제기구의 감시 하에 핵 연구를 수행해 왔다. 그러나 1993년 북한이 핵비확산조약의 탈퇴를 선언 후 북핵 위기가 고조되었고, 2010년 북한은 영변의 우라늄 농축시설을 전격 공개함으로써 그간 북한을 둘러싼 모든 핵 의혹은 사실로 드러났다. 북한은 2006년 1차 핵실험 이후 2017년 9월까지 총 6차례의 핵실험을 실시하였다.

북한의 핵 연구는 내각의 원자력총국 산하에 있는 영변 원자력연구센터와 평양 원자력연구원을 중심으로 수행되며, 김일성 종합대학, 김책 공업대학, 핵물리대학 등에서 인력을 양성하고 있다. 그리고 핵개발의 핵심 시설인 영변에는 반경 70km 내에 3개의 군단급 부대가 주둔해 있다. 북한은 장거리 타격 및 핵무기 등의 투발 능력을 확보하기 위하여 1970년대부터 탄도미사일 개발을 시작한 이래, 2017년 화성-14형 및 화성-15형을 시험발사함으로써 대륙간 탄도미사일 역량을 갖춘 것으로 평가된다. 특히 화성-17형은 우주발사체로 사용된 것으로 추정되고 있다. 북한은 기존 2013년에 제정된 핵보유국법을 대체하는 핵무력정책법을 2022년 9월 제정하면서 핵무장 및 '핵보유국' 지위를 기정사실화하였고, 핵무력정책법은 핵무력 지휘권 행사 등을 규정함에 따라 핵사용의 위험성이 급증할 것으로 평가된다. 북한은 2023년 핵무력정책을 헌법에 반영함으로써 핵무기 및 투발 수단의 연구개발과 고도화를 지속적으로 추진할 것이다.

참고문헌

국문

구본학, "북한 핵문제 전개과정과 해결방안" 『통일정책연구』 제43권 제42호(2015), pp. 1-31.

국립통일교육원, 『2024 북한이해』 (서울: 국립통일교육원, 2024), p. 386.

국방부, 『화·생·방·미사일 얼마나 알고 계십니까?: 대량살상무기(WMD) 문답백과』 (서울: 국방부, 2001), p. 226.

국방부, 『2022 국방백서』 (서울: 국방부, 2023), p. 408.

고유환, "북한 핵보유 요인에 관한 역사-구조적 접근" 『북한연구학회보』 제20권 제1호409호(2016), pp. 63-85.

김강녕, "북한 핵전략의 유형적 특징과 전망" 『한국과 국제사회』 제1권 제2호(2017), pp. 171-208.

김영윤·김학성·박종철·전성훈·조한범·홍관희, 『북한 핵문제와 남북관계의 진로』 (서울: 통일연구원, 2002), p. 191.

김영훈, "북한의 핵개발 실태 심층 분석" 『군사논단』 제44권(1995), pp. 144-176.

남궁영, "북한 핵개발과 미국: 북한의 생존전략과 미국의 세계전략을 중심으로" 『21세기정치학회보』 제13권 제2호(2003), pp. 105-132.

석순용, "탈 냉전기 북한 핵정책의 변화와 지속성에 관한 연구(1992-2015년)" 경남대학교 박사학위 논문(2016).

손문수, "북한 핵정책의 지속성과 변화에 대한 연구(1991~2018)" 영남대학교 박사학위논문(2019).

신인균, "북한 핵개발의 성격 규명과 군사적 대응의 적실성" 경기대학교 박사학위논문(2014).

엄재호, "북한의 핵개발 현황과 그 시각" 『평화연구』 제28집(2003), pp. 151-175.

외교부, 『1995 외교』 (서울: 외교부, 1995), p. 320.

이우석·정영진, “김정은 시기 북한의 우주정책에 대한 연구 - 국가우주개발 5개년 계획을 중심으로 - ” 『항공우주정책·법학회지』 제38권 제2호(2023), pp. 119-147.

이은철, 『북한 핵과 경수로 지원』 (서울: 서울대학교출판부, 1996), p. 192.

이창위, “북핵 문제와 NPT 체제의 재검토-핵 문제에 대한 국제법과 국제정치의 교차 -” 『국제법학회논총』 제62권 제3호(2017), pp. 105-125.

이춘근, 『중국의 우주굴기』 (서울: 지성사, 2020), p. 256.

이춘근·김종선, “북한의 핵 및 로켓 기술 개발과 향후 전망”, 『STEPI Insight』 제22호(2009), pp.1-27.

장영근, “북한 탄도미사일의 모든 것〈2〉 중거리(MRBM) 및 준장거리탄도미사일(IRBM) 개발” https://www.ifs.or.kr/bbs/board.php?bo_table=News&wr_id=405 (검색일: 2017. 2.14).

장영근, “북한 탄도미사일의 모든 것〈3〉 대륙간탄도미사일(ICBM) 개발” https://www.ifs.or.kr/bbs/board.php?bo_table=News&wr_id=406 (검색일: 2017. 2. 15).

전봉근, “북한 ‘핵보유국법’과 ‘핵무력정책법’의 비교 평가와 한국의 대응책 모색” 국립외교원 외교안보연구소, 주요국제문제분석 2022-28.

전성훈, “김정은 정권의 경제·핵무력 병진노선과 ‘4·1 핵보유 법령’” https://www.kinu.or.kr/library/10150/contents/6483761 (검색일: 2024. 10. 3)

최현호, “베일에 쌓인 북한의 핵개발 역사” 『국방과 기술』 제409호(2013), pp. 20-31.

통일부, 『2004 북한개요』 (서울: 통일부, 2004), p. 528.

황지환, “전망이론을 통해 본 북한의 핵 정책 변화: 제 1, 2차 북한 핵 위기의 분석” 『국제정치논총』 제46권 제1호(2006), pp. 79-101.

영문

Alexandre Mansourov, “North Korea’s Road to the Atomic Bomb.” *International Journal of Korea Unification Studies* Vol. 13, No. 4(2004), pp. 21-58.

Donghyun Woo, “The Peaceful Origins of North Korea’s Nuclear Programme in the Cold War Period, 1945-1965.” *The Historical Journal* Vol. 66, Issue 2(2023), pp. 459-479.

Jeffrey Lewis, *The 2020 Commission Report On The North Korean Nuclear Attacks Against The U.S.: A Speculative Novel* (New York : HarperCollins, 2018), p. 304.

Jihwan Hwang, *North Korea, Nuclear Risk-Taking, and the United States: Kim Il Sung, Kim Jong Il, and Kim Jong Un* (Maryland : Lexington Books, 2023), p. 316.

Joswph S. Bermudez JR, *North Korea's Nuclear Future Series: North Korea's Development of a Nuclear Weapons Strategy* (Washington DC ; UN·Korea Institute at SAIS, 2015), p. 18.

Mike Chinoy, Meltdown: *The Inside Story of the North Korean Nuclear Crisis* (New York : St. Martin's Press, 2010), p. 476.

U.S. Central intelligence Agency, *North Korea - USSR: Implication of NPT Accession*, 18 March 1986.

Zafar Khan. "North Korea's Growing Nuclear Threat: Implications for the U.S. Extended Deterrence in the East Asian Region." *International Journal of Korean Unification Studies* Vol. 26, No. 2(2017), pp. 139-166.

09. 북한 비핵화를 위한 도전과 실패[1]

(북한 비핵화를 위한 도전과 실패의 역사)

- 김태현(국방대 전략학부 교수)

목 차

1. 서론
2. 기존의 북한 비핵화 협상 사례 분석
3. 평가: 북한 비핵화의 특징과 한계
4. 북한의 전략과 도전 요소
5. 결론

1 서론

본 연구의 목적은 북한 비핵화를 위한 한국과 국제사회의 정책적 노력과 접근을 역사적으로 분석하고, 한계점과 문제점을 도출하며, 북한 핵 문제에 대한 전망과 함의를 제시하는 데 있다. 미국을 비롯한 국제사회는 1990년대부터 지난 30여 년간에 북핵 문제를 해결하기 위해 다양한 노력을 기울여 왔다. 국제사회는 1994년 제네바 합의로부터 2000년대 초중반 6자 회담을 통한 9.19 공동성명 도출, 2018년 미북 정상 회담을 통한 싱가포르 합의 등 여러 번 비핵화 협상을 통해 의미 있는 합의를 도출하기도 하였다. 하지만, 합의 이행의 구체적인 방식을 두고 비핵화 프로세스는 진전되지 못하고 중단되기를 반복하였다. 북한

1 이 장은 2024년 국방대 안보문제연구소의 연구과제인 "국가 핵대응전략 토대구축을 위한 기반연구"와 2025년 "북한의 사실상 핵보유국 지위 추구를 위한 경로 검토(한국국가전략)"의 일부를 수정보완한 것임.

은 '핵 폐기'를 지렛대로 다양한 정치, 군사, 경제적 상응 조치를 요구하며 한국과 미국 등 협상 당사국과 이해관계자들을 지치게 했고, 협상 피로감이 증가하는 시점에 가서는 비밀리에 핵·미사일 실험을 하거나, 실질적인 핵 폐기 조치를 거부하면서 협상의 판을 흔들고 깨기를 되풀이하였다.

지난 2018~2019년 미북 간 비핵화 협상은 정상 회담과 '탑다운' 방식으로 이루어진 이례적인 시도였음에도 무위로 귀결되었다. 2017년 집권한 트럼프 행정부는 북한을 향해 '최대 압박과 관여' 정책을 구사하였고, 2017~2018년 '코피 작전(bloody nose)'이라 불리는 대북 군사 강압을 가하는 과정에서 북한은 비핵화 협상장으로 나오게 되었다.[2] 김정은의 '비핵화 의지'를 매개로 한 미북 협상은 한국 정부의 한반도 평화 체제 구상과 재래식 군비통제와 선순환적인 관계를 형성하면서 지속 가능한 비핵화 프로세스가 구축될 것이라는 기대감이 나타나기도 했다. 하지만, 김정은의 비핵화 의지는 '일부 핵무기'를 지렛대로 하여 북한이 원하는 대북 제재 해제를 비롯하여 안보적, 경제적 차원의 보상조치와 거래하겠다는 것임이 밝혀지면서 협상은 교착상태에 놓이게 되었다.

2019년 2월 하노이 미북 정상 회담이 결렬된 이후 북한은 비핵화 협상에 미련을 버리고 핵·미사일 능력을 고도화하는 데 집중하였다. 북한은 2019년 5월부터 한국 전역을 타격할 수 있는 단거리 핵 투발 수단을 개발하는 데 매진하였다. 2021년 1월에는 제8차 노동당대회에서 핵무력 강화 노선을 선포하고 전략무기 5대 과업(전술핵무기, 초대형 핵탄두, MIRV, 극초음속 미사일, 고체 ICBM, 핵잠수함 등)을 제시하였다.[3] 북한은 2023년 전술핵탄두를 개발했다고 발표하였고, 다양한 사거리의 탄도미사일과 잠수함 탄도미사일(SLBM), 초대형 방사포를 개발하여 전략화하고 있다. 최근에는 핵잠수함, 수중핵드론, 군사정찰위성, MIRV, 핵지휘통제체계 등 핵무기체계의 고도화와 실전적 핵사용을 위해 전력을 다하고 있다. 2024년 6월에는 북한과 러시아가 군사동맹 조약을 체결하고 10월 이후

---

2 Michael E. O'Hanlon & James Kirchick, "A bloody nose attack in Korea would have lasting consequences(2018. 2. 26)," https://www.brookings.edu/articles/a-bloody-nose-attack-in-korea-would-have-lasting-consequences/ (검색일: 2025. 1. 20).

3 함형필, "북한의 핵능력과 핵전략" 『북한 군사리포트: 북한의 전쟁수행 역량과 전략』(논산: 국방대 안보문제연구소, 2024), p. 15.

부터 북한이 러시아-우크라이나 전쟁으로 1만여 명이 넘는 전투병력을 파병한 것으로 알려졌다.[4] 유럽 전쟁 장기화와 무기거래를 지렛대로 밀착되고 있는 북러 간 군사관계는 북한의 핵역량을 높이고 한반도 안보를 불안하게 하는 변수로 간주된다. 러시아의 핵 및 전략무기 신기술이 북한으로 이전될 경우 북한의 핵무기체계는 미 본토를 직접 타격할 수 있는 전략핵타격 역량뿐만 아니라, 한국을 대상으로 비대칭 확전(asymmetric escalation)을 추구할 수 있는 전술핵타격 역량을 구축하는 데 있어 한걸음 더 가까이 다가설 것이다.

이렇듯, 지난 30여 년간 북한 비핵화 노력은 북한의 핵 및 미사일 고도화를 멈추는 데 사실상 성공적이지 않았다. 최근 2018~2019년 정상 회담 방식으로 진행되었던 미북 간 비핵화 협상 프로세스도 김정은의 '비핵화 진정성'이라는 선의로 포장된 기만행위였다는 평가가 적지 않다.[5] 2000년대 6자 회담까지만 해도 비핵화 협상이 주로 합의 이행을 위한 '검증'을 놓고 신경전이 이루어졌다면, 김정은 시대에 와서는 비핵화 합의 내용 자체를 놓고 협상 당사자가 대립하는 양상으로 변하고 있다. 그것은 김정은 집권 이후 북한의 핵정책 목표가 '핵보유국 지위'를 국제사회로부터 인정받는 데 있음이 확고하다는 점을 반증한다.[6] 지난 30여 년간 북한의 행태와 최근 북한 핵 및 미사일 고도화 상황에서 북한의 비핵화 의지를 바라보는 외부 시선도 회의적으로 변화하고 있다. 2023년 국방대 안보문제연구소에서 실시한 '범국민 안보의식 조사'에서 "북한의 핵 폐기 의사에 대해 '부정적'으로 인식하는 일반 국민이 61.3%, 전문가는 77.0%"로 나타나는 등 한국 국민은 북한의 핵포기 가능성을 전반적으로 부정적으로 인식하고 있다.[7]

---

4 Jim Garamone, "Pentagon says 10K North Korean troops in Kursk Oblast(2024. 11. 4)," https://www.defense.gov/News/News-Stories/Article/Article/3955757/pentagon-says-10k-north-korean-troops-in-kursk-oblast/ (검색일: 2025. 1. 20).

5 John Bolton, The Room where it happened (Manhattan, New York City: Simon & Schuster, 2020).

6 김성배, "북한의 사실상 핵보유국 지위 추구경로 및 고려사항" 『INSS전략보고』 No.256 (2024. 3).

7 국방대학교 안보문제연구소, 『2023년 범국민 안보의식 조사 보고서』 (논산: 국방대학교, 2023).

최근 북러 동맹관계에 기반을 두고 진화하는 북한의 핵능력과 공세적 핵전략은 기존의 비핵화 협상과는 근본적으로 다른 접근을 요구할지 모른다. 갈수록 고도화하는 북한의 핵역량은 국제사회로 하여금 '북한의 모든 핵포기'를 요구하기 어려워질 가능성이 있다. 2024년 IAEA 사무총장의 '북한은 사실상 핵보유국'이라는 발언이나, 미국 조약에서 북한 비핵화와 관련하여 '중간 단계(interim steps)'라는 개념이 나오는 것이 우연으로만 보기 어렵다.[8] 이것은 북한의 '완전한 비핵화'가 비현실적이라는 국제사회의 분위기를 반영한 것으로 보인다. 이러한 배경에서 북한이 고도화된 핵 능력을 토대로 미국을 직접 위협하는 '일부 전략핵'을 협상카드로 제시하며 '제재 완화'를 요구할 시나리오가 진지하게 제기되는 것이 현실이다. 나아가, 북한이 미국과의 '핵군축 협상'을 노리면서 러시아와 중국을 끌어들여 한반도 핵문제를 역내 핵군비통제로 확대하려 할지 모른다는 시나리오도 제기된다. 그렇게 된다면 한국은 미국의 한반도 안보공약이 퇴조함과 동시에, 북한이 '사실상 핵보유국' 지위를 확보하게 될 가능성마저 배제할 수도 없는 것이다.

이러한 배경에서 지난 30여 년간 한국과 국제사회의 북한 비핵화를 위한 노력과 협상 과정을 분석하고, 협상 과정에서 드러난 한계와 도전을 분석하는 것은 향후 북한 핵문제 해결을 위한 접근에 있어 중요한 함의를 가진다. 이에 본 연구는 제네바 합의(1994), 6자 회담(2005), 미북 정상 회담(2018) 등 세 가지 역사적 사례연구를 토대로 북핵 문제의 특징과 한계를 분석하고, 향후 제기되는 도전과 문제점을 전망하고, 그에 따른 정책적 함의를 제시하는 데 중점을 둔다. 북한 비핵화를 둘러싼 국제 환경은 급격하게 변화하고 있다. 유럽 전쟁이 장기화하면서 북러 군사관계가 심화하는 가운데 중동 분쟁의 불씨는 여전히 꺼지지 않고 있다. 2025년 1월 새롭게 출범한 미국 트럼프 행정부는 유럽과 중동 지역 분쟁의 조기종식에 비중을 두면서 안보전략의 중심을 미중 경쟁으로 전환할 것으로 전망된다. 북핵 문제가 미국의 글로벌 전략의 관심권으로 자리잡기까지는

---

8 Kelsey Davenport, "US to focus on Deterring North Korea(April 2024)," https://www.armscontrol.org/act/2024-04/news/us-focus-deterring-north-korea (검색일: 2024. 12. 26).

시간이 걸릴 것이다. 그러는 동안 북핵 문제를 둘러싼 정책적 유동성과 불확실성은 지속될 것이다. 이러한 상황에서, 북한의 입장과 의도를 전망하고 문제를 진단하는 것은 중요한 의미를 가진다.

본 연구의 핵심 내용은 크게 3개의 절로 구성하였다. 우선, 2절에서는 북한 핵문제가 국제사회에서 논란이 된 1990년대 이후 한국과 국제사회의 북한 비핵화 노력을 역사적으로 분석한다. 3절에서는 과거 비핵화 협상의 특징과 한계를 진단한다. 북한 비핵화를 위한 한국과 국제사회의 노력이 반복적으로 좌초한 원인을 북한, 미국, 한국 등 다양한 행위자를 중심으로 분석한다. 중요한 논점으로서 지난 30년간 북핵 문제를 해결하기 위한 국제사회의 비확산 노력이 결과적으로는 불량국가인 북한의 핵능력 고도화를 저지하는 데에는 실패했을 뿐 아니라, 국제적 모범국가인 '한국의 비핵화'에 성공했다는 패러독스를 지적할 것이다. 마지막으로, 4절에서는 북핵 문제에 대한 향후 전망과 함의를 제시한다. 여기서는, 북한이 앞으로 핵·미사일 역량 고도화를 지렛대로 하여 비핵화보다는 '핵보유국 지위'를 확보하는 데 주력할 것이라는 전망을 제시할 것이다.

2 기존의 북한 비핵화 협상 사례 분석

가 1990년대 북핵 협상: 남북한 핵 협상과 제네바 합의

북한 핵 문제가 국제사회에서 본격적으로 불거진 것은 미소 냉전 종식이라는 세계정치사의 지각 변동이 진행되던 시대적 조류와 궤를 같이한다. 1989년 말 유럽 지역에서 변화의 바람이 불면서 동독 정권을 비롯하여 동유럽 사회주의가 도미노식으로 붕괴되고 소련이 몰락할 위기에 처했다. 반세기를 지배했던 동서 이념분쟁이 사라지면서 한국은 소련과 수교를 체결하고 동유럽 국가와 새로운 관계를 모색하자 북한은 세계적으로 고립될 위기에 처하게 되었다. 이렇듯 1990년대 초 세계정치의 대격변 시기에 북한이 비밀리에 핵무기를 개발하고 있다는 정보가 국제사회에 알려지기 시작했다. 북한은 1983~1991년 플루토늄탄 제조를 위해 이미 고폭실험을 수십 차례 실행하였으며, 1993년부터 핵실험 전 단계인 완제품 고폭장치에 대한 실험을 마쳤다는 정황이 미국 정부에 의해 포착되었다.

1990년 남북한 간 핵 협상은 미국의 한반도 비핵화에 대한 전략적 동기와 맞물려 급물살을 탔다. 1991년 9월 미국과 소련이 탈냉전기의 시대적 변화에 따라 전술핵무기 철수와 폐기 선언을 함에 따라 미국은 한반도에 배치된 전술핵무기를 철수한다는 방침을 세우고 남북 간 한반도 비핵화를 위한 협상을 유도했다. 1991년 9월 27일 미국 부시 행정부는 유럽과 한반도에서 전술핵무기를 철수한다고 선언하고, 소련 붕괴로 인해 발생할 수 있는 동유럽 국가와 소련 연방국가의 핵소유 주장을 방지함으로써 세계 핵질서 혼란을 차단하고자 하였다.[9] 미국은 이러한 전술핵무기 철수 방침과 연계하여 남북한 회담을 한반도 비핵화로 연결시키기를 원했다. 미국은 북한 핵개발 사실을 포착하고 남북회담을 통해 '한반도 비핵화' 선언을 유도함으로써 북한 핵무장뿐만 아니라 한국의 핵무장도 원천적으로 차단하려고 한 것으로 해석된다. 1991년 11월 노태우 정부는 미국과 협의를 하고 '비핵화와 평화구축을 위한 선언'을 발표하였다. 여기에는 한국이 핵재처리시설과 농축시설을 보유하지 않겠다는 점, 핵무기 제조, 보유, 저장, 배치, 사용을 하지 않겠다는 내용이 포함되어 있었다. 이와 함께, 북한이 한반도 비핵화에 동참할 것을 촉구하면서 핵시설에 대한 IAEA의 사찰을 수용할 것으로 요구하였다.

미국의 한반도 전술핵무기 철수를 지렛대로 시작된 남북 핵 협상은 1991년 12월부터 1992년 12월까지 크게 두 단계에 걸쳐 이루어졌다. 첫째, 1단계 협상은 1991년 12월 13일 남북한이 기본합의서에 서명하면서 핵 대화가 개시되어 1992년 3월 13일 남북 핵통제공동위원회 출범 직전 시기까지 진행되었다. 협상이 진행되면서 북한은 핵재처리시설 포기, IAEA 핵안전조치협정 체결, IAEA 사찰을 수용하고, 이에 대한 반대급부로 한국은 팀스피리트 훈련을 취소하기로 합의하였다. 남북한은 팀스피리트 훈련 취소, 북한의 핵재처리시설 포기 약속을 포함하여 한반도 비핵화 공동선언에 합의하게 되었다. 둘째, 2단계 협상

9 한용섭, 『북한핵의 운명』(파주: 박영사, 2018), p. 20.

은 남북한이 핵통제공동위원회를 가동시켜 남북 간 상호 사찰에 대한 본회의를 개최했던 1992년 3월 14일부터 1993년 1월까지 진행되었다. 2단계 협상의 핵심은 '상호 사찰'을 합의하는 데 있었다. 한국은 북한의 모든 핵시설에 대한 특별사찰을 북한에 요구하였으나, 북한은 이를 완강하게 거부하였다. 남북 협상에서 상호 사찰에 대한 합의가 진전이 없게 되자, 한국은 북한은 북한의 특별사찰 수용이 이루어지지 않을 경우 1993년 팀스피리트 연합훈련을 재개할 것이라고 압박하였다. 북한은 '선 팀스피리트 훈련 철회, 후 남북한 핵 협상'을 주장하고, 한국은 '선 상호 핵사찰 합의, 후 팀스피리트 훈련 검토'를 주장하면서 이후 남북 협상은 더 이상 진전하지 못했다. 결국, 1993년 1월 팀스피리트 훈련의 재개 선언과 함께 북한은 협상에 참여하지 않았다.

결국, 남북한은 협상을 통해 남북 핵통제공동위원회를 구성하고 이를 통해 한반도 비핵화 공동성명을 도출하는 데까지는 갔으나, 비핵화 합의 이행을 위한 '검증' 방법을 두고 대립하면서 협상은 좌초되었다. 물론, 북한은 IAEA에 북한 핵시설 목록을 신고하였고, IAEA는 사찰관을 파견하여 북한의 신고시설에 대한 사찰을 수차례 실행하긴 하였다. 하지만, 북한의 미신고 시설에 대한 사찰을 하지 못하였을 뿐만 아니라 북한 신고사항과 IAEA 분석 결과 사이에 중대한 불일치가 있음을 확인하고 특별사찰을 요구하였으나, 북한이 끝내 거부하였다. 결과적으로, 북한은 팀스피리트 훈련을 영구히 중단하고 남북 관계개선으로 소련과 동유럽 국가의 붕괴와 변화의 바람이 북한으로 부는 것을 차단하는 데 주된 관심을 가졌던 것으로 평가된다. 그러면서, 북한은 더 이상 주요 핵시설과 연구 능력을 공개하지 않았으며, IAEA 핵 사찰 시에는 북한이 공개할수 있는 시설만을 공개하였다. 이후에도 북한은 비핵화 공동선언을 준수하지 않았다. 북한은 재처리시설을 계속 건설하였고, 플로토늄 재처리도 지속하였으며, 고폭실험도 하였던 것으로 드러났다.

북핵문제 해결을 위한 첫 번째 포괄적 합의로 평가받는 제네바 합의(1994)는 1993년 3월 북한의 NPT 탈퇴로 촉발된 제1차 북핵 위기를 수습하는 과정에서 성사되었다. 1993년 1월 남북 간 대화가 중단된 이후 2월이 되자 북한 핵사찰을 하던 IAEA가 미신고 시설인 핵폐기물저장소에 대한 특별사찰을 북한에 요구하였다. 그러자, 북한은 3월 12일 NPT 탈퇴를 선언하였는데, 미국을 비롯한 국제사회는 북한의 추가적인 돌발 행동과 위기 발전 가능성에 주목하였다. 미국은 NPT를 주도하는 국가로서는 북한 핵 위기 사태를 원만하게 해결해야 한다는 부담감과 책임감을 가지게 되었다. 한편, 북한은 IAEA의 특별사찰 결의를 거부하면서 '핵전쟁연습'으로 선전해온 팀스피리트 훈련을 재개해온 미국과 한국을 비난하고, 미국과의 직접 협상을 통해서만 문제해결이 가능하다는 입장을 표명하였다.

제1차 북핵 위기를 해결하기 위한 미북 간 협상은 크게 세 단계를 거쳐 합의에 도달하게 되었다. 1994년 8월 8일~13일 개최된 제네바 협상에서 미국과 북한은 △ 북한은 현존 핵활동을 동결하고, 미국은 북한에 대해 경수로를 제공키로 합의, △ 양국의 수도에 외교대표부를 설치하고 무역과 투자장벽을 감소시키는 조치를 위함으로써 양국 간 완전한 정치 및 경제적 관계의 정상화 추구, △ 미국은 핵무기의 불위협 및 불사용에 대한 보장을 북한에 제공, △ 북한은 한반도비핵화공동선언을 이행 등에 합의하였다. 이러한 내용을 골자로 하는 8월 합의문에 이어서 10월 21일에는 완전한 제네바 합의가 성사되었다. 제네바 합의에 따르면 △ 북한은 흑연감속로와 관련한 핵시설 동결, IAEA가 동결된 핵시설을 감시, △ 북한은 NPT 회원국으로 남고, IAEA의 핵안전조치협정을 이행, △ 미국은 북한에 200MW급 원자로를 제공할 컨소시엄을 조직, 북한의 흑연감속로 동결로 인해 발생하는 에너지 손실을 보전하기 위한 중유 제공 등이 포함되었다. 제네바 합의는 북한이 흑연감속재형 원자로와 재처리시설 가동을 중단하고 건설 예정인 원자력발전소 2기 건설을 포기하는 대가로 미국 주도의 컨소시엄이 북한에 경수로를 제공하고 경수로 완공 이전까지 대체 에너지인 중유를 북한에 제공하는 것을 핵심으로 담고 있다. 이 과정에서 미국은 북한과 정치, 경제적 관계 개선을 진척해나가기로 하였다.[10]

제네바 합의가 초기에는 잘 작동되는 듯 하였다. 하지만, 북한의 핵개발 의혹이 추가적으로 의심받는 상황에서 북한이 1998년 대포동-1호 장거리 미사일 시험발사를 감행하는 등 한반도 안보가 불안해지면서 제네바 합의체제가 도전

10 한용섭, 『북한 핵의 운명』(파주: 박영사, 2018), pp. 87-88.

받기 시작했다. 이후, 제네바 합의는 2002년 10월 북한의 농축시설 의혹이 불거지자 미북 간 갈등이 점화되면서 폐기 수순으로 접어들었다.

제네바 합의는 북한 핵 문제를 둘러싸고 전쟁 위기까지 갈 뻔했던 한반도 안보 위기를 해소하면서 북한의 현재 및 미래 핵개발을 저지하는 체계를 갖추는 시도였다는 점에서 긍정적인 측면이 있었으나 한계도 적지 않았다. 제네바 합의는 북핵으로부터 가장 큰 위협에 직면했던 한국이 북미 대화에서 배제됨으로써 불완전한 협상으로 남게 되었다. 북한은 처음부터 한국을 배제하고 미국과 직접 대화를 시도하는 '통미봉남' 전략을 구사하였는데, 정작 경수로 건설사업 경비의 대부분은 한국이 부담해야 했다. 또한, 북한은 NPT 탈퇴와 재가입을 협상카드로 활용하였는데 이에 대해 미국이 보상하는 방식으로 인식되어 향후 북한이 NPT체제를 악용하는 선례를 남기게 되었다. 또한, 북한은 IAEA에 신고한 핵시설을 공개하였고 사찰을 허용하였지만, 제네바 합의에서 미국이 북한의 과거 핵개발 문제에 대해서 일정기간 유예기간을 부여했기 때문에 과거에 추출했던 핵물질에 대한 통제 수단과 방법이 없었다. 무엇보다, 북한 핵시설과 핵프로그램에 대해 광범위한 사찰이 필요했으나, 북한의 신고에 의존함으로써 검증이 어렵다는 한계에 봉착했다. 또한, 미북 핵 협상의 이행에 대한 대내외적 환경이 우호적이지만은 않았다. 제네바 합의 이행 속도의 완만함, 북한 추가 핵개발 의혹의 증폭, 북한 미사일 시험발사 이후 미북 협상에 대한 불신 증가, 중국의 유엔안보리에서의 미온적 태도로 인해 북핵 문제가 도전에 봉착하게 되었다. 미국 클린턴 정부와 북한의 적대관계 해소에 합의하긴 하였으나, 부시 정부가 대북 강경정책으로 돌아서자 미북 관계는 악화되면서 제네바 합의 이행도 도전을 받게 되었다. 더욱이, 북한의 김정일 정권이 1990년대에 봉착한 생존의 위기를 극복하기 위한 전략으로서 핵개발을 택하였다는 점에서, 국제사회의 어떠한 협상도 북한으로서는 진정성있는 합의 이행을 전제로 한 것이 아닌 생존 위기를 타개하기 위한 전술적 활용 대상이었던 것으로 평가된다.[11]

---

11 한용섭, 『북한 핵의 운명』(파주: 박영사, 2018), pp. 94-95.

나 2000년대 북핵 협상: 6자 회담

6자 회담은 2003년 북한의 NPT 재탈퇴로 인해 제2차 북핵 위기가 조성되면서 이를 해소하기 위해 구성된 비핵화 국제레짐이다. 북한은 가동이 중단되었던 5MW 원자로에서 핵연료봉을 추출하고 무기급 플루토늄을 확보하기 위해 재처리작업을 시작하였다. 북핵 문제가 심각하게 변하면서 미국은 한국과 일본의 핵무장 가능성을 우려하면서 중국을 설득하기 시작했다. 마침, 미국이 9.11테러 이후 중동지역에서 전쟁을 벌이고 있던 상황에서 '악의 축'으로 지목된 북한은 자신이 미국 선제공격의 다음 표적이 될수도 있다는 불안감을 가질 수 있었다. 이러한 아슬아슬한 불안정 상황을 방치하기 어려웠던 중국이 협상의 중재자로 나서면서 2003년 8월부터 2008년 말까지 미국과 북한 양국과 한국, 중국, 일본, 러시아가 참여하는 6자 회담이 출범하게 되었다.

중국은 북핵 문제가 미북 관계의 문제라는 인식을 가지고 있었지만 한반도뿐만 아니라 지역의 안정과 평화에 영향을 미치는 이슈라고 인식하게 되면서 6자 회담에서 중요한 역할을 담당하게 되었다. 중국은 국제적 핵비확산체제를 유지하는 것이 중국의 안보이익에 기여하고 나아가 국제사회에서 책임있는 대국으로 위상을 확고히 다지는 기회라 생각하고 6자 회담의 의장국으로 참가국들의 이해관계를 중재하고자 하였다. 하지만, 중국은 북한이 합의를 위반하고 핵실험과 미사일 발사 시험을 감행하자 대북제재에 늘 수동적이었다는 점에서 중국의 역할에 한계가 나타날 수밖에 없었다.

2004년 8월 말부터 2008년 말까지 중국 베이징에서 개최된 6자 회담은 크게 3단계로 구분하여 살펴볼 수 있다.

첫째, 1단계는 2003년 8월 1차 회담에서 2005년 9월 19일 '9.19 공동성명' 합의 시기까지이다. 1단계 협상에서 북한은 미국의 제네바 합의 파기 책임을 묻고, 제네바 합의 복원에서부터 6자 회담을 시작해야 한다고 하면서, 경수로 지원사업 재개를 포함한 '에너지 지원 대 북한 핵동결'을 주장하였다. 미국은 북한의 우라늄 농축 개발로 합의가 파탄되었기 때문에 제네바 합의로 복귀는 불가능하다고 하면서 '동결 대 보상'의 논리는 더 이상 불가능하다고 주장하였다. 미국은 북한 우라늄 농축 의혹을 규명할 것과 'CVID(Complete, Verfiable, Irreversible Dismantlement)'를 주장하였다. 여기서, 중재자인 중국은 북한의 안보 우려를 해소하면서 추가 상황 악화를 막고, 의견 조율을 통해 합의 가능한 부분부터 합의할 것을 주장하였다. 한국 정부는 북한 비핵화를 단계별로 이행할수 있는 방법을 고안하고, '9.19 공동성명'에는 비핵화를 위한 기본원칙과 '말 대 말, 행동 대 행동'의 원칙을 반영하였다. 1단계 협상 과정은 도전적이었다. 미국은 CVID 원칙을 양보할 수 없다고 하는 반면, 북한은 '선 에너지 지원, 후 동결'의 입장을 고수하면서 입장 차를 좁히지 못했다. 양보는 미국 측에서 먼저 시작되었다. 2005년 1월 미국 수석대표가 힐(C. Hill)로 교체되면서 미국은 합의 가능한 방법을 모색하기 시작했으며, 북한도 한국과 중국의 설득으로 완강한 입장을 수정하여 '9.19 공동성명'에 합의하기로 하였다.

둘째, 2단계 협상은 9.19 공동성명 직후부터 미국의 방코델타아시아 은행의 북한 불법계좌 동결로 초래된 미북 간 위기 고조로부터 2006년 10월 9일 북한 제1차 핵실험을 거쳐 2007년 2월 13일 '2.13 합의'가 성사되는 시기로 볼 수 있다. 북한은 미국의 불법계좌 동결조치가 9.19 공동성명 이행 의지의 부족이라고 비난하면서 동결에 대한 해제가 이루어지지 않으면 회담으로 복귀는 불가능할 것이라고 주장하였다. 미국은 또다시 북한의 핵폐기가 우선되어야 한다는 주장을 반복하면서 9.19 공동성명은 북한에게 유리한 합의라는 불만을 가지고 있었다. 그러는 과정에서 2006년 7월 북한이 대포동 2호 미사일을 시험발사하였고 유엔안보리는 대북제제 결의안(1695호)을 만장일치로 통과시켰다. 북한은 안보리결의안 1695호에 대해 반발하면서 2006년 10월 9일 제1차 핵실험을 감행하였고, 또다시 유엔안보리는 대북제재 결의안(1718호)을 통과시켰다. 6자 회담에서 진전을 보이지 않게 되자 미국은 그간 거부해왔던 미북 간 직접 접촉을 재개하였다. '선 BDA 문제 해결, 후 회담 재개'를 주장하는 북한의 요구를 받아들여 베를린에서 미북 합의를 체결하게 된다. 미북 간 베를린 회담에서 '9.19 공동성명' 이행을 위한 초기단계 조치라 불리는 2007년 '2.13 합의'를 제5차 회담에서 합의하였다. '2.13 합의'는 9.19 공동성명에 언급된 모든 핵무기와 현존하는 북핵 프로그램의 포기 과정을 동결, 불능화, 신고, 폐기의 4개 단계로 나누고 그중에서 동결이라는 최초단계를 이행하는 것을 말한다. 2.13 합의는 북한의 제1차 핵실험 이후 더 악화되어 가는 북핵 문제를 근본적으로 해결하겠다는 구상이 결여되었으며, 첫 번째 단계 수준에서 겉돌고 있다는 느낌을 주기에 충분했다.

셋째, 3단계는 2.13 합의 이후 2007년 10.3 합의를 거쳐 2008년 미북 간 북한 핵에 대한 보고서 접수와 시료 채취를 둘러싼 논쟁 이후, 북한이 2008년 말 6자 회담 체제 자체를 파탄시켰던 시기까지이다. '2.13 합의' 이후 북한은 60일 이내 핵시설 폐쇄와 IAEA 핵사찰관을 복귀시키기로 했으나 북한은 미국의 BDA계좌 동결 해제가 지체된다고 비판하면서 합의 이행을 지연시켰다. BDA계좌 동결이 해제되자 북한은 2.13 합의 이행을 선언했으며, 7월에는 5MW 원자로, 재처리시설, 핵연료 공장 등 3개 시설에 대한 동결 조치를 하고 IAEA 사찰관을 복귀시켰다. 이와 함께 2007년 7월부터 제6차 회담에서 핵시설 불능화와 핵 프로그램 신고를 위한 구체적 방안이 논의되었다. 미국은 핵시설 불능화를 포함하여 모든 핵관련 시설과 핵물질, 고농축 우라늄 프로그램까지 포함하여 신고하기를 원했다. 북한은 이미 신고한 동결한 대상만 신고목록에 포함하고 영변에서 생산한 플로토늄에 대한 신고로 국한하고자 했다.

9.19 공동성명의 이행을 위한 2단계 조치로서 '10.3 합의'가 체결되어 북한이 2007년 12월 31일까지 핵시설 불능화와 핵 프로그램의 신고를 완료한다는 내용에 합의하였다. 북한이 핵시설 불능화와 신고를 완료할 경우 관련국들이 북한에 100만 톤의 중유를 지원한다는 내용도 반영되어 있었다. 이에 북한은 한, 미, 일, 중, 러 5개국으로부터 중유 약 80만 톤 상당의 에너지와 물자를 제공받았다. 그러자 북한은 2008년 6월 26일 핵시설과 핵물질에 대한 신고서를 중국에 제출하고 그다음 날 '불능화 조치'의 상징적 조치로서 미국의 힐 차관보를 초청하여 5MW 원자로에 딸린 '냉각탑 폭파쇼'를 진행했다. 또한, 2008년 10월 미국은 북한에 대한 대적성국교역법상의 제재조치 적용 면제와 테러지원국 제재조치 해제를 단행하였다.

하지만, 북한은 2008년 11월에 신고한 핵시설에 대한 신고의 정확성 여부를 검증하기 위한 검증을 거부하였다. 2008년 7월부터 2009년 4월까지 미북 간에 불능화 대상, 검증주체와 방식에 대한 협의가 진행되었지만, 북한은 IAEA를 검증 주체로서 거부하였고, 검증대상과 범위를 두고 미북 간 첨예한 입장차가 나타났다. 2009년 미국 오바마 정부는 북한이 '사기극'을 벌였다고 인식하면서 북한에 대한 단호한 입장을 보이기 시작했다. 북한은 2009년 4월 5일 은하 2호 장거리 미사일 시험발사를 단행하고, 4월 16일에는 IAEA 사찰관을 추방하는 조치를 취했다. 2009년 5월 25일 북한이 제2차 핵실험을 단행하자 그로써 6자회담은 완전히 종말을 고하게 되었다.

다 2018~2019년 북핵 협상: 미북 정상 회담

2008년 12월 6자 회담과 9.19 공동성명 이행이 사실상 무산되면서 미국은 협상무용론에 기반을 두고 '전략적 인내' 정책과 대북제재를 통해 북한의 변화를 기대하는 정책을 추진하였다. 김정일이 사망하던 2011년 12월까지 북한 핵문제를 둘러싸고 심각한 위기가 표출되지도, 그렇다고 대화와 협력을 통해 사태해결을 추구하려는 움직임도 감지되지 않았다. 한편, 북한으로서도 김정일이 뇌졸중으로 쓰러진 2008년부터 사망하던 2011년 12월까지는 후계체제를 안정적으로 구축하는 데 몰두하였다. 김정은이 2010년 9월 28일 제3차 당대표자회에서 당중앙군사위원회 부위원장으로 임명되면서 김정일의 공식 후계자로 확정된 이후부터 북한은 후계자 리더십을 확립하는 데 총력을 기울였다. 이 과정에서 2010년 북한의 천안함 폭침 공격과 연평도에 대한 포격 공격을 벌임으로써 한반도의 군사적 긴장이 극도에 달했다.

김정은은 2013년 집권 초기에 내부 권력체계가 완전히 정비되기도 전에 '핵무력 건설'을 김정은 시대를 상징하는 새로운 전략노선이라고 공식 선포하였다. 북한은 2013년 2월 12일 김정은 집권 이후 처음으로 제3차 핵실험을 감행하고, 3월에는 '경제건설 및 핵무력 건설 병진노선'을 전략노선으로 확정하였다.[12]

---

12 "경애하는 김정은 동지께서 조선로동당 중앙위원회 2013년 3월 전원회의에서 하신 보고" 『노동신문』 (2013. 3. 31). 북한은 병진노선의 의의가 "국방비를 추가적으로 늘이지 않고도 전쟁억제력과 방위력의 효과를 결정적으로 높임으로써 경제건설과 인민생활 향상에 힘을 집중할 수 있게 한다는 데 있다"고 주장하였다.

이 노선은 사실상 '핵·미사일 능력 증강'을 국정의 최우선 목표로 설정하고 다른 목표를 이에 종속시킨다는 것을 의미하였다. 이는 곧 한국과 미국 그리고 국제사회와 북한 간의 갈등과 마찰을 확대하고, 북한이 이에 강경대응하는 가운데 한반도 군사 및 외교적 위기를 야기하는 것은 불가피한 결과였다.[13] 나아가, 북한은 2013년 4월 1일, '자위적 핵보유국의 지위를 더욱 공고히 할 데 대하여' 법령을 채택하였고 "핵무력은 세계의 비핵화가 실현될 때까지 공화국에 대한 침략과 공격을 억제, 격퇴하고 침략의 본거지들에 대한 섬멸적인 보복타격을 가하는 데 복무한다"고 명시하였다.[14] 북한은 2016년 1월과 9월에 각각 제4차 핵실험 및 제5차 핵실험을 실시하였다. 2016년 5월 36년만에 개최된 제7차 노동당 대회이자, 김정은이 주재하는 첫 번째 당대회에서 김정은은 "우리는 제국주의의 핵위협과 전횡이 계속되는 한 경제건설과 핵무력 건설을 병진시킬 데 대한 전략적 노선을 항구적으로 틀어쥐고 자위적인 핵무력을 질량적으로 더욱 강화해 나갈 것"이라고 공식화하였다.[15]

김정은은 겉으로는 병진 노선을 내세웠지만 사실상 '핵무력 건설'에 국가적 노력과 자원을 집중하였다. 북한은 핵실험을 2006년 이후 총 6회 단행하였는데, 김정은 집권 이후 2013년 2월 3차 핵실험을 시작으로 2017년 9월 6차 핵실험까지 5년여간 4차례의 핵실험을 집중적으로 실시하였다. 북한은 2006년 이후 2017년까지 여섯 차례의 핵실험을 통해 폭발 위력을 증가하였고, 2017년 9월 3일 제6차 핵실험 직후 ICBM에 탑재할 수 있는 수소탄 시험에 성공했다고 발표하였다.[16] 북한은 다양한 핵 투발 수단을 개발하였다. 북한은 2016~2017년 집중적으로 단거리, 중거리, 장거리 탄도미사일 시험발사를 하였다.[17] 2017

---

13 홍제환, 박형중, 박영자, 김진하, 정은미, "김정은 시대의 북한: 10년 평가와 2022년도 전망" KINU Insight, No. 1(서울: 통일연구원, 2022), p. 5.

14 "자위적 핵보유국의 지위를 더욱 공고히 할 데 대하여(2013. 4. 1)" 『조선중앙통신』 (2013. 4. 1).

15 "제7차 당대회 사업총화보고" 『노동신문』 (2016. 5. 8).

16 "첫 수소탄 시험 성공적 진행" 『조선중앙통신』 (2017. 9. 3).

17 홍민, "북한의 핵-미사일 관련 주요 활동 분석" KINU Insight, No. 1(서울: 통일연구원, 2017); 정보사령부, 『일일 공개정보』(서울, 2012-2022); IISS. The Conventional Military Balance in Korean Peninsula (London: IISS,, 2018).

년 5월 14일 화성-12형을 고각 발사하다가 8월 29일과 9월 15일에는 일본 열도 상공을 통과하여 태평양상으로 실거리 사격을 하였고, ICBM급 사거리를 가진 화성-14형을 2017년 7월 4일과 7월 28일 고각으로 발사하였다. 2017년 11월 29일에는 ICBM급인 화성-15형을 고각 발사한 이후 '국가 핵무력 완성'을 선포하였다.

한편, 북한은 2017년 9월 제6차 핵실험과 11월 화성-15형 발사 이후부터 핵실험과 중장거리 탄도미사일 발사를 중단하였다. 북한은 경제의 구조적 문제 해결과 대북제재 해소를 위해 남북관계 및 대미관계 개선이 필요했던 상황이었다. 한편, 2017년 미공화당 출신의 트럼프(D. Trump)가 집권하면서 미북 간 군사적 긴장이 고조되었고, 트럼프 대통령이 '최대압박과 관여' 정책을 추구함과 동시에 2017년 12월부터 '코피 작전(bloody nose)'이 회자되면서 '한반도 전쟁 위기'가 주목받기 시작했다.[18] 이러한 상황에서, 김정은으로서도 미국과 불필요한 긴장을 만들기보다 대남관계 및 대미관계 개선을 지렛대로 경제발전에도 관심을 가질 필요성이 있었다. 이러한 북한의 노선 변화 조짐은 2018년 초부터 나타나기 시작했다. 김정은은 2018년 1월 1일 신년사를 통해 "진정으로 민족적 화해와 단합을 원한다면 남조선의 … 그 누구에게도 대화와 접촉 내왕의 길을 열어 놓을 것"이라며 대화의사를 내비쳤다.[19]

김정은은 2018년 초반부터 연쇄적으로 한반도 정상외교에 나서면서 비핵화 협상과 관계 개선에 관심을 기울이기 시작했다. 한국 특사단이 2018년 3월 평양을 방문하여 김정은을 만났고 김정은이 남북 정상 회담과 미북 정상 회담에 참여할 의지를 밝혔다. 김정은은 2018년 3월 처음으로 중국을 방문해 북중 정상 회담을 가지고 향후 진행될 남북 정상 회담과 북미 정상 회담의 후원 세력을 확보하였다. 북한은 2018년 4월 노동당 중앙위원회 제7기 3차 전원회의를 개최하여 '사회주의 경제건설 총력집중 노선'을 채택하였다.[20] 한편, 폼페이오(M.

18 Ben Riley-Smith, "Exclusive: US making plans for 'bloody nose' military attack on North Korea(2017. 12. 20)" The Telegraph (2017. 12. 20).

19 "김정은 북한 노동당 위원장의 육성 신년사(2018. 1. 1)" 『조선중앙TV』(2018. 1. 1).

20 "조선노동당 중앙위원회 제7기 제3차 전원회의, 2018. 4. 20" 『조선중앙통신』 (2018. 4. 20).

Pompeo) 미국 중앙정보국 국장은 평양을 방문하여 트럼프 대통령의 의사를 김정은에게 전달하였는데, 북한이 대량살상무기 제거와 남북 간 평화 구축에 나설 경우 대북제재를 해제하고 한국과 일본이 북한에 대규모 투자를 하겠다는 내용이 포함되었다. 이에 대해 김정은은 핵무기의 완전한 폐기, 핵과 미사일 개발 잠정 중단, 미북 정상 회담 개최 등 세 가지 약속을 했던 것으로 알려졌다.[21] 이후 김정은은 트럼프에 친서를 보내 미국의 미북관계 개선 구상에 대해 "완전히 이해했고, 자신감이 생겼다"고 언급했다.[22]

2018년 4월 27일 판문점 남북 정상 회담에서 남북한은 남북관계 발전과 아울러 한반도 비핵화 목표에 합의하였고 이러한 성과는 6·12 싱가포르 북미 정상회담으로 연결되어 한반도 평화체제 구축과 비핵화 협상의 낙관적인 전망을 불러일으키게 하였다. 5월 26일 판문점 통일각에서 열린 남북 정상 회담에서 김정은은 '완전한 한반도 비핵화'를 재차 강조하고 미북 정상 회담을 통해 적대관계를 청산해야 한다는 의지를 내비쳤다. 북한은 미국과의 관계 정상화 및 평화체제 수립을 향한 의미 있는 진전을 이루며, 협상을 통한 한반도 현상 변경, 비핵화 회담을 핵군축 회담으로의 전환을 통한 핵무장 기정사실화를 추진할 수 있는 발판을 마련하고, 제재 해제 및 대북 포위망 해체라는 목표에도 근접할 수 있었던 기대가 있었던 것으로 보인다. 미국과 북한은 2018년 6월 12일 싱가포르 정상 회담에서 △ 새로운 미북관계 수립, △ 한반도에서 항구적이며 공고한 평화체제 구축을 위한 양국의 공동노력, △ 2018년 4월 27일 판문점에서 개최된 남북 정상 회담의 합의사항을 재확인하고 '한반도의 완전한 비핵화'를 위한 노력을 확약, △ 전쟁포로와 행방불명자들의 유해 발굴 진행과 이미 확인된 유해의 즉시 송환 확약 등 네 가지 사항에 합의하였다.[23] 6.12 미북 정상 공동성명

---

21 Pompeo, Mike. Never Give an Inch (New York: Broadside, 2023), pp. 51~54. 장철운, 이춘근, 김상범, 김차준, 진활민, 『북한 비핵화를 위한 전략과 추진과제』 (서울: 통일연구원, 2023), p. 109에서 재인용.

22 "Kim to Trump(2018.4.1.)" 한미저널 통권 10호 (2022.9), p. 86. 장철운, 이춘근, 김상범, 김차준, 진활민, 『북한 비핵화를 위한 전략과 추진과제』 (서울: 통일연구원, 2023), p. 109에서 재인용.

23 "Joint Statement of President Donald J. Trump of the United States of America and Chairman Kim Jong Un of the Democratic People's Republic of Korea at the

은 북한 비핵화를 위한 합의 조건이 포함되었다는 점에서 주목받을 만했다. 북한은 한반도의 완전한 비핵화를 위해 노력하기로 약속하면서 4.27 판문점 선언을 재확인한다고 명기하였다.

2018년 9월에는 남북한이 평양에서 정상 회담을 갖고 '9월 평양공동선언'에 영변 핵 단지의 영구 폐기 의사를 명시함으로써 하노이 북미 정상 회담의 핵심 의제를 도출하였다. 무엇보다, 남북한은 '9.19 군사합의'(판문점선언 이행을 위한 군사분야 합의서)를 도출하여 남북한 간 상호 적대행위 중지, 비무장지대 평화지대화, 서해 NLL일대 평화수역화, 남북교류협력 군사적 보장, 군사적 신뢰 구축에 합의하는 등 초보적 수준의 운용적 군비통제에 공감대를 형성하였다.

하지만, 2019년 2월 북미 간 하노이 정상 회담이 '노딜(No Deal)'로 종결되면서 북한이 추구했던 전략적 계산은 기대했던 대로 실현되지는 않았다. 미국과 북한은 트럼프와 김정은의 '개인적 관계'에 의존한 정상 간 극적인 '빅딜'과 '타결'이라는 희망적 기대에 편향되어 있었다. 그러다 보니 실무 차원에서의 조율과 협의가 정상적으로 진행되지 않았으며, 미국과 북한은 협상 간 상대방의 진의를 탐색하는 단계에서 협상은 좌초되었다. 하노이 회담 결렬의 근본적 문제는 '비핵화' 및 핵사찰에 대한 개념적 정의와 수준, 대북제재 해제의 범위와 순차 등에서 북미 간에 현저한 시각차가 존재했다는 데 있다. 무엇보다, 북한은 '완전한 비핵화'와 '제재 해제'를 등가로 교환할 의사가 없는 반면, 미국은 등가 교환이 가능하다고 믿고 있었다는 점에서 근본적 인식 불일치가 노정되었다. 북한이 인식하는 '비핵화'란 미국의 한국에 대한 핵우산 제공 해제 등을 포함한 '조선반도 비핵화'를 의미하며, '비핵화 협상'은 실질적으로 상호적, 단계적, 부분적인 비핵화, 즉 핵동결이나 핵군축 협상을 목표로 한다고 할수 있다.[24] 북한은 낙

Singapore Summit(2018. 6. 12, Singapore)" https://www.mofa.go.kr/www/brd/m_3973/view.do?seq=367939&srchFr=&amp%3BsrchTo=&amp%3BsrchWord=&amp%3BsrchTp=&amp%3Bmulti_itm_seq=0&amp%3Bitm_seq_1=0&amp%3Bitm_seq_2=0&amp%3Bcompany_cd=&amp%3Bcompany_nm=&page=1 (검색일: 2025. 1. 20).

24 하영선, "북한의 대내외형세 정면돌파전과 대북 4대 복합전략" https://www.eai.or.kr/documents/20200121_all.pdf (검색일: 2025. 1. 20).

후한 영변 핵시설 등에 대한 사찰, 검증, 폐기 등을 대가(이것은 부분적 비핵화를 의미함, 즉 실질적 군축 또는 군비통제)로 대북제재의 실질적 해제를 요구하게 되었으나, 미국은 제재 해제 이전에 비핵화 조치를 이행하는 요구를 하였다. 경제제재 해제 및 대규모 경제 지원이라는 패로 북한의 완전한 비핵화를 추진했던 트럼프 정부와 부분적 양보로 대북제재 핵심부분 해제를 기했던 김정은 정권 간에 의견 불일치가 나타났다고 볼 수 있다. 북한은 한반도 현상 변경 및 핵무장 기정사실화, 경제제재 해제를 필두로 한 대북 국제포위망 돌파, 한반도 문제해결의 주체로서 미국과 대등한 전략적 지위 확보 등에 목표를 두고 협상을 전개해나갔다고 평가할 수 있다.

하노이 북미 정상 회담이 결렬되자 북한은 2019년 4월 시정연설을 통해 연말까지를 협상 시한으로 정하고 여의치 않을 경우 '새로운 길'을 가겠다고 선포하였다. 2019년 10월 스톡홀름 북미 실무 협상은 양측의 입장 차를 노정한 채 성과 없이 종료되었으며, 2018년 본격화한 김정은의 정상외교의 동력도 약화되었다. 북한은 2019년 12월 28일~31일 간 개최된 노동당 중앙위원회 제7기 제5차 전원회의에서 정면돌파전을 새로운 길로 선택하였다. 정면돌파전은 사실상 북미 비핵화 협상에서 기존 입장을 유지하며 미국의 양보를 요구하는 것과 다르지 않은 것으로 평가되었다. 2019년 12월 북한은 '정면돌파전'을 선언한 이후 군사분야에서 '새로운 방위전략'을 강조하면서 국방력을 강화하는 데 집중할 것이라고 밝히고 있어 북한은 전략자산을 강화하면서 대외 핵·미사일 위협을 지속하였다.

3 평가: 북한 비핵화의 특징과 한계

가 기존 핵 협상 과정의 특징

지난 30여 년간 북한 비핵화를 위한 국제사회의 노력은 미북 양자 회담, 다자 회담, 정상 간 탑다운 방식 타결 등 다양한 방식으로 전개되어왔으며, 다음과 같은 몇 가지 특징으로 요약할 수 있다.

첫째, 미국과 북한은 원칙과 방향성을 담은 합의서를 도출하는 데는 부분적으로 성공을 거두기도 하였으나, 합의 이행을 위한 방식을 두고 대립과 갈등을 반복하다가 결국에는 협상이 좌초되었다. 합의를 이행하는 과정은 합의서 채택보다 고도의 노력과 인내가 소모된다. 1994년 제네바 합의, 2005년 9.19 공동성명, 2018년 6.12 미북 정상 공동선언 등 세 차례의 협상과 합의 과정을 들여다 보면 미국과 북한의 협상 착수동기와 중단의 배경이 각각 다르다. 북한 핵개발이 초기 단계에서 성사되었던 제네바 합의는 북한의 '핵동결'에 초점을 두면서 북한을 NPT체제 내에서 관리하는 데 목적을 두고 있었다. 하지만, 이러한 제네바 합의는 북한을 장기간의 협상체제에 결박하지 못하고 비밀리에 핵개발을 추진할 수 있는 여지를 허용하였다. 또한, 2005년 9.19 공동성명은 북한의 모든 핵 폐기와 조속한 비확산체제 및 IAEA 안전조치로의 복귀라는 큰 틀에 합의하면서, 미북관계 정상화·일북관계 정상화·한반도 평화체제·동북아 평화안보 협력의 틀에 대한 기대를 높였다는 점에서는 평가할 만하다. 하지만, 장기적인 로드맵으로 추진되는 비핵화 협상이 미북관계 정상화와 한반도 평화체제와 같은 매우 까다로운 안보이슈와 엮여 있어 협상의 지속성에 영향을 받을 수밖에 없었다. 마지막으로, 2018년 싱가포르 합의도 미북 양 정상 간 2~3차례의 회담을 통해 '탑다운' 방식을 통해 큰 틀에서의 합의를 이룬 것 이외에는 큰 의미를 부여하기 어렵다. 북한은 동시적, 단계적 접근을 기반으로 핵 프로그램과 핵시설의 일부를 협상 카드로 미국의 선제적 비핵화 조치를 요구하였으나, 미국은 북한의 '모든 핵 포기와 폐기'을 먼저 실행해야 한다고 주장함으로써, '비핵화'의 근본적인 개념에서조차도 공감대를 이루지 못한 것으로 평가된다.[25]

둘째, 북한 비핵화 협상은 북핵 폐기와 함께 북한이 요구하는 각종 안보적(정치, 군사), 경제적 상응 조치들이 병행하는 복잡한 프로세스로 진행되었다. 핵심적으로 논의되었던 안보이슈로는 미북관계 정상화, 한반도 평화체제 구축, 경제적 보상, 주한미군 철수, 한미 연합연습 중단 등이었다. 1994년 제네바 합의에

---

25 최용환, 조은정, "한반도 비핵화 담론의 비교검토: 정치적 과정으로서 비핵화" 『INSS전략보고』 No.132 (서울: 국가안보전략연구원, 2021).

서는 북한 핵동결에 따른 경수로와 중유 제공이 핵심적인 보상책이었으나, 이외에도 미북관계 정상화와 한반도 평화체제에 관한 의제도 포함되어 있었다. 이처럼, 비핵화 협상에서 북한이 비핵화에 대한 반대급부로 요구했던 안보·경제적 상응 조치에 대한 접근은 2005년 9.19 공동성명과 2018년 싱가포르 공동성명에도 유사하게 재현되었다. 북핵 협상과 합의, 이행과정에서 북한의 요구 조건이 조금씩 변화하기는 하였으나, 본질에 있어서는 큰 변화가 없었다.

셋째, 비핵화 협상 과정에서 대북 경제적 보상과 대가가 이루어지는 단계에서는 큰 차질이 없다가, 안보 조치에 대한 합의 이행에 있어 이해당자국들의 이해가 첨예하게 대립되어 좌초되는 일이 반복되었다. 현재까지 협상 과정을 볼 때 북한은 단순히 경제지원에 만족하기보다는 '체제안전보장'을 줄기차게 요구할 것으로 보인다. '체제안전보장'과 얽힌 한반도, 지역내 안보이슈는 현실적으로 해결하기 불가능한 사안인데다, 북한이 언제라도 협상의 판을 뒤집기 쉬운 명분이기도 하다. 북한은 안보현안을 빌미삼아 고도로 계산된 군사도발과 협상을 병행하는 이중 접근으로 일관하였다. 북한은 때로는 상대가 받아들이기 어려운 조건을 내걸고, 만족스럽지 못하다고 판단하면 협상장을 박차고 나가며, 기습적인 핵실험과 미사일 도발을 통해 협상 상대의 계산을 복잡하게 만들거나 협상의 판을 깨트릴 수 있다는 위협적 전술을 구사하였다. 북한은 기존 비핵화 협상 과정에서 합의, 합의 이행의 갈등, 파기라는 장기간의 여정에서 진정성있게 비핵화에 임하기보다는 자신의 핵과 미사일 능력을 고도화하고 이를 다시 협상의 카드로 활용하는 행태를 보였다. 북한의 이러한 기만과 속임수가 30여 년간 반복되면서 국제사회는 북한의 '비핵화'에 대한 진정성을 의심하고 있다.

넷째, 지난 30여 년간 북핵 문제 해결을 위한 북한과 국제사회 간 비핵화 협상과정에서 분명해지는 것은 북한의 핵능력이 고도화함에 따라 북한이 요구하는 상응조치의 수준과 범위가 더 증가한다는 점이다. 북한은 1990년대 이후 30여 년간 6차례의 핵실험과 수백 차례의 미사일 발사를 통해 핵미사일 능력을 군사적 실전배치와 전략화의 수준으로 격상시켜 놓았다. 북한의 핵 및 미사일 고도화 수준이 높아짐에 따라 협상에 참여하는 당사 국가들의 태도, 내용, 협상 이행 수준과 기간 면에서 뚜렷한 변화를 보여왔다.

먼저, 1990년대 미북 간 제네바 합의 체제만 하더라도 미국과 북한은 합의 이행에 성의를 보였다. 제1차 북핵 위기 속에 협상장에 나온 북한은 초기에는 적어도 미국 등 국제사회의 요구에 부응하는 모습을 보이는 '성의'를 보였다. 미국이 합의 이행을 위해 1995년 대북 경제제재 완화조치를 발표하고 미북 간 통신연결, 북한 당국의 미국 내 자산동결 해제, 북한산 마그네사이트 수입, 미북연락 사무소 개설 및 경수로 건설 관련 거래 허용 등 미북 간 교류를 개방하는 조치를 취하고, 한·미·일 주도의 '한반도 에너지 개발기구' 발족으로 경수로 건설 사업을 추진하는 등의 성의를 보이자, 북한도 영변의 흑연감속로 동결을 통해 '성의'있는 상응 조치를 이행하였다. 1995년부터 제2차 북핵 위기가 본격화된 2002년 11월까지 KEDO를 통해 북한으로 제공된 중유는 총 356만 톤에 달했으며, 경수로 건설사업도 중단없이 지속되었다.[26] 미북관계 정상화를 위한 협의도 진척되어 2000년 10월에는 조명록이 김정일의 특사로 클린턴 대통령을 예방하고, 올브라이트(M. Albright) 국무장관과 '미북 공동코뮤니케'를 발표하기까지 했다. 올브라이트 국무장관도 평양을 방문하여 김정일을 면담하는 등 미북관계 정상화의 기대감이 커지기도 하였으나, 부시 정권 이후 '제네바 기본 합의'가 흔들리기 시작했다.

한편, 6자 회담에서도 제네바 협상과 유사한 패턴이 반복되었으나 북한의 요구사항은 더 복잡하게 변화하였다. 힘든 협상으로 9.19 공동성명이 채택되기는 하였으나 미국과 북한은 핵폐기와 경수로 지원의 순서를 두고 갈등했다. 갈등이 지속되는 동안 미국 재무부의 BDA계좌 동결 조치로 인해 2005년 11월부터 약 1년간 6자 회담이 개최되지 못하다가 미국의 '해제' 이후에야 비로소 2007년 2.13 합의(9.19 공동성명 이행을 위한 초기 조치)가 성사되었다. 그러나, 2.13 합의에서 북한이 IAEA 감시와 '검증'하에 모든 핵프로그램과 핵시설을 완전하게 신고, 폐쇄, 봉인, 불능화를 거쳐 포기하겠다고 밝혀놓고는 결국 핵신고를 지연시키고, '검증, 감시체제'를 두고 다시 미국과 대립하면서 6자 회담이 교착상태에 빠지게 되었다. 그러다가, 북한은 2007년 10.3 합의(9.19 공동성명 이행을 위한 제2단

---

26 장철운, 이춘근, 김상범, 김차준, 진활민, 『북한 비핵화를 위한 전략과 추진과제』(서울: 통일연구원, 2023), p. 119.

계 조치)에 동의하면서 3개 핵시설 불능화와 핵프로그램의 신고목록을 2007년 12월 31일까지 하겠다고 공약하면서, 이에 대한 상응조치로 미국의 테러지원국 지정 해제와 적성국교역법 적용 종료, 중유 100만 톤 상당의 경제에너지 지원이 합의되었다. 그러나, 북한의 핵신고가 기한을 넘기면서 2008년 6월 26일에 가서야 중국에 핵신고서가 제출되었으며, 미국은 같은 날 북한에 대한 테러지원국 지정 해제와 적성국교역법 종료를 발표하였다. 하지만, 북한은 2008년 7월 '검증 및 감시체제' 수립에 대해 구체적인 방식을 두고 반발하였고, 2008년 9월 22일 IAEA에 영변 핵시설 감시카메라와 봉인 제거를 요구하고, 재처리 시설 재가동 의사를 밝혔다. 이에 다시 미국은 영변 핵시설에 국한해 검증하고 우라늄 농축 프로그램과 핵확산, 핵무기에 대해서는 차후에 검증한다는 분리 검증안을 제시하여 북한과 합의했다. 그러나, 북한은 시료 채취 등 검증과 관련한 핵심사안을 명문화하지 못하겠다고 주장하면서 검증의정서 채택을 거부하였다.

나아가, 2018년 미북 비핵화 협상에서 북한은 핵능력에 자신감을 가지고 '일부 핵'을 지렛대로 안보·경제적 협상을 관철하는 방식으로 태세를 전환했다. 미북 간 2018년 6월 싱가포르 정상회담 이후 미국과 북한은 비핵화 조치와 보상조치의 순서를 두고 대립하였다. 북한은 미북관계 정상화, 종전선언 발표, ICBM 생산 중단을 위한 대출력 엔진시험장 폐기, 미군 유해 추가 발굴 등 미북이 동시에 취해야 할 문제를 제기한 반면, 미국은 북한에 CVID, 핵시설 신고, 검증 등 일방적인 비핵화 조치를 요구하였다. 북한은 단계적, 동시적 방식을 주장하였으나, 미국은 선 비핵화 조치를 요구하였다. 미국은 북한의 실질적인 비핵화 조치가 이루어지기 전까지는 종전선언, 경제제재 해제가 불가하다는 입장을 분명히 하였다. 반복과 갈등을 거듭하다가 폼페이오 국무장관이 2018년 10월 7일 방북했을 때, 북한은 종전선언과 경제제재 해제를 요구했으나, 미국은 영변 핵시설 이외의 핵리스트 일부 제출과 영변 핵시설에 대한 미국 전문가 및 IAEA 사찰을 요구한 것으로 알려졌다. 이에 대해 북한은 종전선언과 같은 미북 간 신뢰 구축 조치가 우선 필요하고, 영변 핵시설에 대해서만 사찰을 위한 실무자 협의를 하자고 제안했기 때문에 무산된 것으로 알려지고 있다.[27] 결국, 2019년 2월 27

27 장철운, 이춘근, 김상범, 김차준, 진활민, 『북한 비핵화를 위한 전략과 추진과제』(서울:

일 하노이에서 열린 2차 미북 정상 회담에서 미국과 북한은 비핵화의 범위와 상응조치를 두고 합의에 도달하지 못하였다. 협상 당시 트럼프 대통령은 대북 경제제재 일부 해제를 준비한 상태에서 김정은에게 핵시설 5곳을 포기하라고 요구하였으나, 김정은은 영변 핵시설 이외의 모든 핵시설 포기는 어렵다고 말한 것으로 알려졌다.[28] 회담 결렬 직후 이용호 외무상은 북한이 2016~2017년 채택된 유엔 대북제재결의안 가운데 민간경제와 민생관련 제재만 미국이 해결한다면 영변 핵시설 전체를 미국 전문가 입회하에 완전히 폐기하고, 핵실험과 장거리 미사일 시험발사 역시 영구히 중지할 수 있다고 제안했으나, 미국은 영변 핵시설 이외의 추가적인 핵시설 폐기를 요구하였다.

나 기존 비핵화 협상의 한계

지난 30여 년간 수차례의 굵직한 비핵화 협상 과정과 협의에도 북한 비핵화가 본격적인 궤도에 오르기도 전에 무산된 가장 큰 원인은 북한의 강한 핵개발 의지에 있다고 해도 과언이 아니다. 북한은 미국이 목표로 하는 CVID에는 애초부터 관심이 없었던 것으로 보인다. 북한 핵문제를 둘러싸고 대화와 협상이 북한의 핵폐기를 위한 '검증' 단계 이전에서 멈추었다는 것은 북한의 핵보유 의지가 그만큼 확고하다는 점을 반증한다. 북한은 1990년대 제네바 협의를 이행해 나가는 과정에서 비밀리에 우라늄 농축을 했다는 의혹을 받게 되고, 2000년대 6자 회담 과정에서도 검증문제를 두고 시간을 고의로 지연시켰으며, 2018년 미북 양자 협상에서는 핵동결, 혹은 일부 핵포기를 거래의 대상으로 내놓는 등 완전한 핵폐기에 대한 진정성을 입증하지 못하였다.

미국을 비롯한 국제사회는 그간 북한 체제의 내구성을 오판하고 핵개발 의지를 과소평가한 것으로 보인다. 여기에는 1990년대 탈냉전기 질서에서 북한이 생존하지 못하고 고립되어 고사될 것이라는 희망적 사고가 적지 않게 작용했다. 그러한 흐름 속에 북한의 대외전략이 일정한 시기 동안 수세적이고 순응적인 태

통일연구원, 2023), p. 129.

28 밥 우드워드 지음, 이재학 번역, 『분노』(서울: 가로세로연구소, 2020), pp. 196-197.

세를 보였다는 점도 서구의 혼란을 부추긴 요인이 되었다. 실제, 1990년대 제1차 북핵 위기 시 미국의 대북 군사강압에 대한 위기 심리가 작동하면서 북한이 협상장으로 나오고, 북한이 미국의 요구에 부응하면서 비핵화 합의를 체결하기도 하였다. 1994년 합의서가 채택되고 2002년 제네바 프로세스가 막을 내리던 약 8여 년간 북한은 대내외적 위기상황에 봉착하면서 '고난의 행군'으로 접어들자 북한 체제의 붕괴 시나리오가 진지하게 거론되었다.[29] 미국과 한국을 비롯한 서구국가는 '북한붕괴론'에 대한 기대와 이에 대한 대응전략까지 본격화되었다.

북한 체제의 생존에 대한 회의적 시각은 2000년대 이후에도 지속되고 있다. 미국과 한국 일각에서는 북한 정권이 봉착한 대내외 환경이 너무 열악하기 때문에 경제지원과 김씨 일가의 존립을 연장하기 위해서라도 북한이 핵무기를 포기할 수 있을 것이라는 거울 이미지식 사고가 작동했다. 적어도 북한 체제의 내구력이 핵무기를 고도화할 정도로 견고하지도 않을뿐더러, 장기간 핵개발을 지탱할 만큼 충분히 공고하지 못할 것이라는 평가가 적지 않았다. 북한 체제의 내구력이 의심받던 시기에는 북한 핵개발이 군사적 용도라기보다 '정치 협상용'에 가깝다는 분석이 오히려 더 설득력을 얻기도 했다. 북한 체제 내구력에 대한 오판과 핵개발 의지에 대한 과소평가는 한국과 미국 정부의 일관성 없는 대북정책으로 연결되었다. 그러는 동안 북한은 비핵화 협상과 핵개발을 병행하면서 30년간의 시간 동안 핵 프로그램을 획기적으로 고도화하여 한국, 일본을 비롯하여 미 본토까지도 위협하는 수준에 이르고 있다.

이 밖에도 북한 비핵화 협상의 한계점은 적지 않게 존재한다. 첫째, 역내에 심화되는 미중 간 전략 경쟁은 북한 핵 문제의 근본적인 해결을 어렵게 만다는 구조적인 한계로 지적되고 있다. 중국의 '북핵 딜레마'를 이해할 필요가 있다. 한반도 북부지역에 대미 완충지대를 유지하기 원하는 중국의 북한에 대한 지정학적 이해는 북핵 문제에 대한 접근을 곤혹스럽게 한다. 중국은 북핵 개발을 반대하면서도 동시에 북중 동맹을 유지해야 하는 딜레마에 놓여 있는 것이다. 이러

29 안경모, "북한 급변사태 논의의 역설: 간과된 변수로서의 북한" 『국제관계연구』제21권 제2호(2016); Joel S. Wit, "Four Scenarios for a Nuclear North Korea" Smart Talk (EAI, 2009. 11. 11).

한 딜레마를 해소하기 위해 중국은 '북핵 문제'와 '북한 문제'를 분리해서 접근하기 시작했다.[30] 이와 연계해서, 중국의 한반도 정책기조가 일관되게 평화와 안정 유지에 있다는 점도 중국이 북한 비핵화에 강력한 영향력을 행사할 수 있음에 '기대'하는 역할을 하지 못하는 이유가 된다. 중국은 2009년 제2차 북핵 실험 이후 북한 비핵화에 대해 비교적 강경한 입장을 견지하였음에도 불구하고 한반도 안정 유지에 위협이 된다고 판단되면 중국은 북한의 도발과 핵개발에 대해 강경한 정책을 택하기보다 위기사태가 확대되지 않는 선에서 무마하는 데 급급한 모습을 보였다. 2010년 천안함 폭침과 연평도 포격 도발과 같이 북한으로 인해 한반도 정세가 불안정해지는 시점에서 중국은 북한을 지원하거나 두둔하는 태도로 일관한 점은 중국의 한반도 안정정책에 대한 기본적인 기조를 반증하는 것이다.[31]

최근 전개되는 역내 지정학적 복합성은 북핵 문제를 더욱 복잡하게 만들고 있다. 유럽 전쟁과 중동 전쟁, 역내 미중 전략경쟁으로 나타나는 국제세력의 진영화와 신냉전적 질서로의 재편은 북한에 생존에 필요한 '기회의 창'이 되는 것으로 인식되고 있다. 북한은 2023년 이후 북러 군사관계를 무기거래에서 출발하여 2024년 조약동맹으로 격상시키고, 유럽 전쟁에 대규모 파병을 함으로써 혈맹의 지위로 성격을 탈바꿈하고 있다.[32] 그러면서 북한은 '신냉전론'과 '지정학적 요충지론'을 내세우면서 미중 경쟁 국면에서 자신의 지정학적 가치를 부각시키면서 북중러의 전략적 연대를 도모하고 북중 간 밀착도 특별히 강조하고 있다. 중국은 아직은 유보적인 입장을 취하면서 '관리' 태세를 취하고 있지만, 한미일 관계가 밀착되는 상황에서 북중관계는 불가피하게 갈등과 협력을 반복하면서 긴밀한 관계로 변하게 될 가능성을 배제할 수 없다.[33] 북한은 미중 갈등의 전

---

30 이춘복, "북한 3차 핵실험 후 중국의 대응과 북중관계: 시진핑 시대 중국의 대북정책은 진화하고 있는가" 『JPI정책포럼』2013-4(제주평화연구원, 2013); 지해범, "북한 핵실험 이후 중국-북한 관계" https://snuac.snu.ac.kr/?u_event= (검색일; 2025. 1. 20).

31 구본학, "미국과 중국의 패권경쟁과 북한의 전략" 『신아세아』 제20권 4호(2013), p. 99.

32 이상준, "북러 조약 체결 이후 북러 관계 밀착의 특징과 영향" 『KDI북한경제리뷰』 (2024).

33 이동률, "북한의 신냉전론에 대한 중국의 인식과 셈법" 『Global NK』(서울: EAI, 2023. 2. 28).

면에 부상한 '대만 문제'에 대해 중국을 두둔하고 미국을 직접 비난하면서, 다른 한편으로는 러시아와의 관계 밀착을 통해 중국의 견제심리를 자극하고 있다.

2022년 이후 러시아-우크라이나 전쟁 장기화로 조성된 유럽지역의 강대국 갈등이 한반도를 둘러싼 '북한-중국-러시아 vs 한국-미국-일본'으로 긴밀하게 결합되면서, 북한은 핵개발의 유리한 전략적 공간을 확보하고 있다. 북한은 한반도, 지역, 세계적 안보문제가 연계된 2024년의 상황을 '자주세력권'과 '패권세력권'의 경쟁으로 인식하고, 두 블록 간의 경쟁상황을 이용하여 핵개발을 고도화하려 한다.[34] 북한의 우선적인 노력은 중국과 러시아를 뒷배로 하여 북한에 대한 '추가 대북제재'를 차단하는 데 있다. 2022년 유엔안보리 결의안에 대한 상임이사국의 거부권 행사는 총 4건이 있었는데, 대북 추가 제재결의안에 대한 중국과 러시아의 거부권이 그중 하나에 해당한다.[35] 안보리는 2017년 유엔결의안 2397호 채택까지는 북한의 대량살상무기에 대해서 강대국 간의 일치된 공감대와 합의를 이루어왔었지만, 2022년 5월 26일 안보리 대북 제재결의안에 대한 표결에서 15개 이상국 중에서 13개 이사국의 압도적 지지에도 불구하고 중국과 러시아의 거부권(veto) 행사로 결의안이 부결되었다. 이것은 안보리 대북 제재결의안이 부결된 최초의 사례이다.[36]

둘째, 북핵 개발로 인한 국제사회의 대북제재가 북한 정책의 변화를 압박할 만큼 충분한 위력을 발휘하지 못하고 있다. 2016~17년 북한의 핵개발과 미사일 개발에 대한 국제사회의 대북제재 레짐은 '유례없이' 강력하고 견고하게 구축되었던 것이 사실이다. 유엔의 대북제재는 2016년 안보리 결의안 2270호 이후부터는 핵 및 WMD 프로그램 개발과 관련하여 특정 집단이나 개인을 표적으로 하는 '스마트 제재'에서 북한 경제의 전반을 타격하는 '포괄적 제재(comprehensive sanction)'로 성격이 바뀌었다. 이 밖에도 미국이 주도하는 서방 국

34 "조선노동당 중앙위 제8기 제11차 전원회의 확대회의 결과(2024. 12. 23-12. 27)" 『조선중앙통신』(2024. 12. 29).

35 https://apnews.com/article/north-korea-missiles-us-china-6ce477f7e6267aba412cd4020f0bd263 (검색일: 2023. 3. 30).

36 외교부, "안보리 대북 제재결의안 부결 관련 대변인 논평" 『외교부 보도자료』(2022. 5. 27).

가들은 북한에 대한 독자적인 제재를 강화하며 대북제재는 이전과 달리 더욱 촘촘하게 형성되어 있다. '포괄적 제재'로 불리는 유엔의 대북제재는 북한 일반 국민을 포함하여 경제 전반에 대한 전면적인 제재조치를 포함하고 있다. 유엔안보리 결의안 2270호 이후 대북제재는 무기 금수, 무역제재, 경협제재, 금융제재, 화물제재, 기타 사치품과 확산 네트워크 제재 등 전방위적으로 북한 경제에 영향을 미치고 있다. 특히, 북한산 무연탄과 철 등 광물의 수출 제재, 그리고 수산물, 직물, 의류 완제품에 대한 수출제재는 북한 경제에 심각한 타격을 주고 있다. 무엇보다, 대북 원유 수출을 연간 400만 배럴로 제한하고 정제유를 50만 배럴로 제한한 것은 북한 경제와 민생에도 심대한 피해를 주는 것으로 평가된다. 또한, 북한 외화 획득의 중요한 원천이 되는 북한 노동자의 해외 송출을 금지하고 2018년까지 송환을 완료하도록 한 조치, 그리고 북한 해역에서의 어획권 판매를 금지한 조치는 북한의 외화 획득 활동에 부정적 영향을 미친 것으로 보인다.[37] 이처럼, 대북제재는 북한 경제에 부정적인 영향을 미치고 있다는 평가가 지배적이다. 유엔 제재 이후 북한의 무역총액은 2016년에 비해 절반 정도로 감소하여 북한 경제에 악영향을 미쳤으며, 산업용 기계류, 전자기기, 운송 수단, 정유 및 원유 등 핵심 품목의 대북 수출이 금지되어 북한의 전반적인 산업 성장률 악화로 이어졌다.[38]

여기서, 중국과 러시아가 대북제재의 빈틈으로 이용되고 있음을 간과할수 없다. 중국과 러시아는 대북제재와 팬데믹이 작동하는 가운데 북한이 현금을 확보하는 데 도움을 주었다. 2023년 4월 백악관에 따르면 북한은 식량 지원과 생필품 지원을 대가로 러시아-우크라이나 전쟁에 무기 지원을 하기로 했다고 지적하였다.[39] 가장 두드러진 분야가 외화 획득을 위한 해외노동자 송출이다. 또한, 유엔 안보리 대북제재위원회 전문가 패널은 2022년 7월부터 2023년 1월까지

---

37 임수호, "대북 경제제재 현황과 남북경협 추진 방향" 『INSS 전략 보고』 (2018. 9), p. 1-5.

38 최장호, "2019년 북중 무역 평가와 전망: 대북 제재와 북한 경제의 상관관계를 중심으로" 『KIEP 오늘의 세계 경제』(세종: KIEP, 2020. 3. 23), pp. 3-5.

39 "North Koreans Trapped in 'State-Sponsored Slavery' in Russia" *The New York Times* (2023. 4. 3).

의 북한 불법 활동을 다루고 있는 2023년 보고서에서 선박을 이용한 북한의 불법 유류 수입이 계속되고 있다고 지적했다. 특히, 보고서에는 북한이 아프리카 등지에 계속 군사 장비를 수출하고 있으며, 지난해에는 사상 최대 규모의 가상화폐 자산을 훔치고 있다고 분석하였다.[40] 2017~2022년까지 500명의 탈북자 인터뷰를 기초로 작성된 보고서에 따르면, 2022년 8월 북한은 러시아에 체류하고 있는 북한 노동자들 가운데 일부를 돈바스 지역에 파견할 준비를 하고, 11월에는 러시아가 점령한 우크라이나 동부지역 재건사업에 파견할 노동자 선발을 마친 것으로 알려졌다.[41] 북한은 국제사회의 감시를 피하려고 노동자들을 여러 곳으로 분산하여 파견하려는 것으로 보인다.[42]

셋째, 비핵화 협상에서 한계 중 하나는 북한이 한반도 군사긴장 조성을 비롯한 각종 '벼랑끝 전술'과 변칙적인 협상전략을 구사하며 협의 이행의 안정성이 도전받았다는 점이다. 2000년대 6자 회담에서 드러났듯이 북한은 핵실험과 미사일 실험을 번갈아 가면서 협상의 틀을 근본적으로 깨트릴 위기를 조성하고, 협상을 유리하게 끌어가려는 전술을 구사하며 협상당사자들에게 시련을 주었다. 비핵화 협상이 진행되지 않았던 김정은 집권 초기에 북한은 아예 노골적으로 핵개발을 추진하고 능력을 과시하였다. 사실상 비핵화 협상이 깨어진 2008년부터 협상이 재개되었던 2018년까지 약 10여 년간 북한은 핵과 미사일을 노골적으로 개발하는 데 집중하였다. 김정은은 노골적으로 핵과 미사일을 고도화하는 데 총력을 집중하고, 2017년에는 미국 트럼프 정부에 직접적으로 도전하기에 이르렀다. 북한은 완전한 합의가 이루어지지 않은 협상과정에서, 그리고 합의 이행을 위한 구체적 방식을 둘러싼 갈등과정 등 장기간의 비핵화 프로세스의 각종 허점과 취약점을 이용하여 핵과 미사일 능력을 지속적으로 고도화하는 한편 협상에 유리한 고지를 점령하기 위해 군사긴장을 높이는 전략을 취하였다.

---

40 UN Security Council. *S/2023/171: Letter dated 3 March 2023 from the Panel of Experts established pursuant to resolution 1874(2009) addressed to the President of the Security Council* (UNSC, 7 March 2023).

41 "北, 우크라이나 동부 러시아 점령지에 노동자 송출 준비 중" 『Daily NK』 (2022. 10. 19).

42 "러시아 점령지역 파견 노동자 2차 선발 추가 모집…송출은 아직" 『Daily NK』 (2022. 11. 18).

북한은 지난 30여 년간의 비핵화 협상 경험을 통해 '협상과 도발'이라는 고도의 계산된 전략적 접근으로 한국과 미국의 대응의 초점을 흐리게 만들고 쟁점을 물타기하면서 비핵화 과정을 복잡하게 만드는 노하우를 축적한 것으로 보인다.

다 한국 안보에 대한 도전과 문제점

지난 30여 년간 북한 핵 문제 해결을 위한 국제 핵비확산 레짐은 정상적으로 작동하지 않았다. 북한의 핵과 미사일은 더욱 고도화되었고, 한국의 안보는 더욱 악화되었다. 북한은 상황이 불리해지면 협상에 임하면서 장기 협상의 취약성을 틈타 핵과 미사일을 비밀리에 고도화시켰다. 협상이 중단되면 북한은 국제사회의 시선을 고려하지 않고 아예 노골적으로 핵능력 고도화를 위해 질주하였다. 김정은 집권 이후부터는 대내외적 전략환경 변화를 틈타 권력 안정화를 꾀하면서 핵개발을 국가전략노선으로 내걸었으며(2012~2017), 미국과 군사갈등이 고조되는 상황에서 한국의 대북정책을 지렛대로 비핵화 협상에 임하기도 하였다(2018~2020). 하지만, 북한은 다시 핵무기 중심의 국방력 강화노선을 내걸며(2021~현재) 핵·미사일 개발의 끈을 놓치 않고 있다.

결과적으로, 지난 30여 년 넘게 지속되어온 비핵화 레짐은 북한의 핵개발을 멈추지 못하였으며 한반도 안보를 더욱 복잡하게 만든 측면이 있다.

첫째, 국제 비확산 체제가 배태한 북핵 패러독스가 있다. 그간 국제사회의 북한 비핵화 노력은 결론적으로는 한반도 핵불균형을 초래하였다. 미국의 비확산 정책이 북한 핵개발을 막는 데에는 사실상 실패하면서, 동맹국(한국, 일본, 대만)의 핵무장을 차단하는 데에는 성공한 것으로 보인다. 국제 비확산 체제 유지에 책임있는 역할을 수행해야 하는 중국과 러시아의 태도는 더 문제가 되고 있다. 중국과 러시아는 북한 비핵화를 해결하는 데 있어 미국책임론을 부각하면서, 비핵화 문제를 역내 미국의 영향력 축소를 위한 지렛대로 활용하는 정치적 계산에 더 관심을 두는 것처럼 보인다. 이처럼, 북핵 문제를 두고 국제 비확산 체제가 정상적으로 작동하지 않으면서 북한은 사실상 고도의 능력을 가진 핵무장국가가 되었으나, 비확산 체제를 준수하는 모범국가 한국은 북한의 핵위협에 노출되어 미국의 확장억제에 의존해야 하는 '핵인질' 국가로 내몰리고 있다.

국제 비확산 체제의 비정상적인 작동은 국제규범에 대한 국가행위자의 인식에 부정적인 영향을 미친다. 한국과 같은 모범국가들에 대해서는 안보적 보상이 이루어져야 하며, 북한과 같은 불량국가는 처벌을 받아야 비확산 체제의 지속가능성이 보장될 것이다. 하지만, 북한 핵개발이 사실상 방치되면서, 한국의 안보 불안이 커지는 기형적인 상황이 초래되면서 국제 비확산 체제는 심대한 도전에 직면할 수 있다. 2023년 한국은 북핵 위협에 대한 국민 불안을 완화하기 위해 한미 핵협의그룹(NCG), 일체형 확장억제와 핵작전 지침 등을 마련하여 미국 핵우산의 실효성을 높이는 조치를 취하고 있으나, 북한의 핵공격에 대한 국민의 불안을 완전히 해소하는 데에는 충분하지 않을 것으로 보인다.

둘째, 북한 비핵화 협상 과정에서 상응 조치로서 북한이 요구해왔던 안보 및 경제 현안들은 한국의 안보 이익을 심대하게 침해하였다. 북한은 비핵화 협상 과정에서 한국을 무시하면서 미국과 직접 소통하는가 하면, 전술적으로 필요하다 판단되면 한국의 중재자 역할을 눈감아 주기도 했다. 하지만, 미북 직접 협상이 진행되는 과정에서 북한은 한국의 군사 안보적 위상을 두고 미국과 직접적으로 거래하려고 시도하기도 했으며, 이에 부응하여 미국은 트럼프 1기 행정부에서 한미 연합연습을 일방적으로 중단시키는 등 한국 정부와 사전 협의 없이 일방적으로 한국의 군사태세에 위험을 유발하기도 하였다. 2018~2019년 미국의 트럼프 행정부 시기 미북은 정상 간 '탑다운' 방식의 협상을 통해 '북핵 문제'와 '한반도 안보'를 두고 일괄 타결, 혹은 일괄 거래하려는 인상을 주었다는 점은 한국 안보에 치명상을 입힐수 도 있다는 트라우마를 남겼다. 검증되지 않은 '불안정한' 비핵화 협상의 시도는 한반도 안보 상황은 물론이며, 역내 불안정성을 부추기는 요인이 된다. 북한 비핵화 협상에서 필연적으로 등장하게 되는 한반도와 역내 안보질서와 관련한 의제들은 한국의 안보위상을 심대하게 약화할 수 있다.

셋째, 지난 30여 년간의 비핵화 협상 체제는 결과적으로는 한반도 평화체제 정착과 통일정책을 더 멀어지게 하는 하는 패러독스를 초래하였다. 지난 수차례의 비핵화 협상에서 남북한이 목표로 하던 한반도 비핵화와 평화체제 구축은 협상이 진행되는 과정에서 더 불안정해지고 더 요원해지는 까다로운 의제라는 점이 확인되었다. 표면적으로만 보면 북한 비핵화 협상 과정에서 한반도 평화체제와 장기적 통일문제가 남북한이 공동으로 지향했던 궁극적인 목표로 보이지만, 그것이 과연이 공동 목표였는지, 아니면 수단이었는지는 보다 면밀한 평가가 필요하다. 분명한 것은 기존의 북한 비핵화 협상체제는 한국이 추구해오던 다양한 형태의 대북정책과 통일정책 옵션을 더 비현실적으로 만들게 되었다는 점이다.

4 북한의 전략과 도전 요소

가 북한의 전략

북한은 수 차례에 걸쳐 비핵화 협상을 통해 마치 핵무기를 포기할 것처럼 국제사회를 속여왔지만, 결과적으로 '핵보유국 지위'를 기정사실화하려는 목표를 포기하지 않은 것으로 보인다. 국제사회에서 공식적인 '합법적 핵보유국'은 P5로서 이들은 NPT체제(1970년)가 구축되기 이전에 핵실험을 완료했던 국가들이다. 북한은 NPT체제에서 핵보유국 지위를 인정받지 못하기 때문에 국제 핵비확산 체제와 미국 안보전략의 구조적인 취약점을 겨냥하여 '사실상 핵보유국' 지위를 확보하기 위해 다양한 정치, 외교, 군사적인 노력을 전방위적으로 전개하고 있다. 북한이 강력한 대북제재를 받으면서도 핵을 포기하지 않는 것은 조금만 더 밀어붙이면 인도와 파키스탄과 같이 NPT체제 밖에서 '사실상 핵보유국'의 지위를 확보할 수 있을 것이라는 기대를 갖고 있기 때문이다.

북한이 노리는 사실상 핵보유국(De facto Nuclear Weapon State)이란 "국제 핵비확산 체제하에서 NPT 내 공인된 핵보유국은 아니지만, 권위있는 인정 주체(P5 국가)로부터 핵무기의 기술적 완성도와 생존성, 제재 불필요성에 대해 '외교적 인정'을 획득함으로써 국제사회에서 핵보유국과 '사실상' 동일한 법적 권한과 의무를 가지는 핵무장 국가"라고 정의할 수 있다. 이것은 '합법적 핵보유국(Nuclear Weapon State)'과 대비되는 개념으로서,[43] NPT체제 외부에서 핵을 보유하고 있

43 Claire Mills, "Overview: Where are all the world's nuclear weapons?" *Commons*

는 이스라엘, 파키스탄, 인도와 같은 핵무장국가를 지칭한다. 반면, 핵실험과 투발수단 실험을 수차례 했음에도 불구하고 국제사회로부터 법적, 정치적으로 핵보유국으로 '인정'받지 못하는 북한은 '단순 핵능력국가'(Nucelar Capable)로 취급받고 있다.[44] 중요한 것은 '사실상 핵보유국'의 지위가 단순 핵능력국가와 달리 정치적 위상에서 확연한 차이를 보이기 때문에 북한은 사실상 핵보유국 지위를 인정받기 위해 노력하고 있다는 점이다. 인도, 파키스탄, 이스라엘과 같은 핵무장국은 법적으로는 핵보유국이 아니지만 이미 수십 년간 암묵적으로 핵보유국으로 인정받아왔다. 이들은 NPT체제 외부에서 핵무기를 '사실상 인정'(de facto recognition)을 받은 '사실상 핵보유국'로서, 이들은 합법적 핵보유국만 누릴 수 있는 정치적, 법적 특권을 유사한 수준에서 누리고 있다.[45] '법적 관점'에서도 인도와 파키스탄은 국제사회의 일원으로 손색없이 활동하고 있으며, 핵보유국이외에는 확대되지 않는 핵관련 권한과 보호조치가 허용되고 있다. 이처럼, '사실상 핵보유국'의 지위는 '권력 정치'와 '법의 지배'의 관점에서도 합법적인 효과를 발휘한다고 볼수 있다.[46]

'사실상 핵보유국'은 비공식적 교류를 넘어서 공식적 국가 행위자로서 인정받을 수 있다는 의미로 이해할 수 있기 때문에 북한이 단순히 핵무기의 '기술적 조건'을 충족했다고 해서 사실상 핵보유국의 '인정 문턱(recognition threshold)'을 넘을 수 있는 것은 아니다. '사실상 지위의 인정'은 핵무기의 기술적 조건뿐만 아니라 미국을 비롯한 NPT체제의 공인 핵보유국인 P5로부터 '외교적 인정'을 획

Library Research Briefing (House of Commons, 28 July 2022). 비확산체제(NPT)가 작동하는 세계에서 법적 의미에서 '합법적(de jure) 핵보유국(NWS, Nuclear Weapon State)'이란 1967년 1월 1일 이전에 핵폭발을 실행했던 국가로 규정된다. 첫 번째 핵실험을 감행했던 시점을 기준으로 미국(1945년), 러시아(1949년), 영국(1952), 프랑스(1960년), 중국(1964)이 이에 해당 된다.

44 Mills, "Overview: Where are all the world's nuclear weapons?" (28 July 2022).

45 Asan Institute for Policy Studies, *ASAN Nuclear Forum Session Sketch: De Facto Nuclear Weapons and the NPT Regime 2* (2013).

46 Priyadarshi Nagda, A Study of the Concept of De Facto and De Jure Recognition of Government in Public International Law, *Int'l J. Res. & Dev* (May 2017), p. 158.; Rohan Mishira, "A Nuclear Recognition Threshold" Columbia Law Review, Vol. 120, No. 4 (May 2020), p. 1045.

득해야만 한다. 세부적으로, 북한은 핵무기의 초보적 기술적 문턱뿐만 아니라 적의 핵공격을 흡수하고 반격할 수 있는 '생존 가능한 2격 능력', '국제사회의 비난과 제재를 견딜수 있는 내구력', '미국을 비롯한 기존 핵보유국으로부터의 외교적 인정과 관계 개선' 등 적어도 4단계의 인정 문턱을 넘어서야 한다.[47]

북한은 핵보유국 지위를 확보하기에 아직은 적지 않은 도전과 한계에 직면한 것으로 평가된다. 우선, 북한이 핵무기의 기술적 문턱은 넘어선 것으로 보이지만, '핵보복력의 생존성'은 아직 명백하게 입증하지 못한 것으로 보인다. 북한이 미국 본토에 대해 '생존성 있는 2격 능력'을 보유했는지 의문시된다. 북한이 사거리에 있어서 ICBM급 미사일 개발에 성공한 것으로 보이지만, 투발 수단에 탑재할 수 있는 핵탄두를 성공적으로 생산했다는 결정적인 근거는 아직 없다. 북한은 재진입 기술 확보를 검증할 실거리 사격을 하지 않았다. 현재, 북한의 확증보복(assured retaliation) 전략은 핵공격을 통해 적의 핵공격으로 인해 발생한 피해와 손실을 훨씬 넘어서는 피해를 입힐 수 있는 치명적 반격 능력을 요구하지만, 북한의 핵전력은 압도적 핵능력을 갖춘 미국의 공격에 대한 억제력이 불충분한, 소위 '취약성의 골짜기'(valley of vulnerability)를 통과하는 것으로 평가된다.[48] 무엇보다, 북한은 여전히 체제 내적 불안정 가능성을 완전히 해소하지 못한다는 점도 사실상 핵보유국 지위를 인정받는 데 큰 걸림돌이 되고 있다. 또한, 북한은 국제제재의 문턱에 걸려 국제사회로부터 배타적인 관계에서 벗어나지 못하고 있다. 2016년 유엔안보리 결의안 2270호 이후부터 국제사회의 대북제재는 북한 경제 전반을 타격하는 '포괄적 제재'로 성격이 변화하여 북한 체제에 치명적인 충격을 가하고 있다. 북한은 장기간 대북제재로 수출입이 전면 중단된 상황에서 미중 전략경쟁, 러시아-우크라이나 정세, 북러 관계 밀착 등 급변하는 세계정세를 틈타 국제 제재의 연대망을 무력화하기 위해 사력을 다하고 있다. 하지만, 미국이 주도하는 국제연대망의 전열은 큰 틀에서 유지되고 있어 공고한

---

47 Rohan Mishira, "A Nuclear Recognition Threshold" Columbia Law Review, Vol. 120, No. 4 (May 2020), p. 1069.

48 황일도, "북한의 장기 핵전력구조 전망: 이론적 해석 및 해석사례" 『정책연구시리즈 2022-05』(서울: 국립외교원 외교안보연구소, 2023), p. 21.

대북제재 레짐이 근본적으로 훼손되지는 않고 있다. 더욱이, 북한은 미국으로부터 '외교적 인정'을 확보하는 단계로 진입하지 못하고 있다. 북한은 인도와 파키스탄과 마찬가지로 '사실상의 지위'를 획득하기 위해서 미국의 인정 문턱을 넘어야 한다는 점을 명확히 인식하고 있다. 이러한 점에서, 북한은 2006년 1차 핵실험 이후 6자 회담에 참여하였고, 2018-2019년 미북 협상을 통해 부분 비핵화를 지렛대로 대북제재 완화를 시도하고, 사실상 핵보유국 지위를 인정하라는 의도를 내비쳤다. 하지만, 아직까지는 미국을 비롯한 국제사회는 북한과 정상적인 외교관계의 기회를 제공하지 않고 있다.

북한이 핵무기의 기술적 문턱을 넘기고도 외교적 인정 문턱에서 좌초하는 근본적인 이유는 인도, 파키스탄과 달리 북한의 핵무장이 미국에 직접적인 위협으로 인식되기 때문이다. 북한은 미국의 대북 적대시 정책을 구실로 미국을 직접 위협하는 핵능력을 고도화해놓고, 다른 한편으로 미국으로부터 '인정'을 받으려고 하는 상황이라 할 수 있다. 또한, 이스라엘, 인도, 파키스탄은 미국 관점에서 '대체할 수 없는' 지전략적 가치가 있지만, 북한은 미국에 있어 '대체 불가한' 지전략적 가치를 가진다고 볼 수 없다. 미국은 중국견제를 위해서라면 일본과 한국을 활용하는 것만으로도 충분할 수 있기 때문이다. 또한, 북한은 미국이 추구하는 핵 비확산 체제의 수호에 역행하는 국가로서 미국의 안보전략에 최대의 걸림돌로 작용한다. 북한은 중국과 파키스탄의 핵기술 지원을 받아왔으며, 북한의 미사일 기술을 파키스탄과 이란에 제공한 의혹도 받고 있다. 이러한 구조적 조건이 미국의 인정을 어렵게 하는 요인으로 평가된다.[49]

이러한 상황을 정확히 인식하는 북한은 인도와 파키스탄의 경로를 답습하기보다는 자신이 공식 천명한 대로 '정면돌파전'을 구사하는 것으로 평가된다. 북한은 미 본토 핵타격 역량을 고도화하여 공포심을 유발하고, 대미 압박을 통해 '핵 군비통제' 경로를 통해 핵보유국 지위를 기정사실화하는 데 비중을 둔 것으로 평가된다. 북한의 핵보유국 지위를 확보하기 위한 전략은 핵보복력의 생존성 강화, 대북제재 무력화, 핵군비통제 협상 등 세 가지 노력선으로 수렴되는 것으

49 이장욱, "북한의 '사실상 핵보유국 지위 획득 가능성 연구: 기존 사실상 핵보유국 사례를 토대로" 『글로벌정치연구』 제10권 2호 (2017년 12월), pp. 71-72.

로 보인다. 첫째, 생존성 있는 2차 공격력의 강화이다. 북한은 인도와 파키스탄과 달리 미국을 직접 타격할 수 있는 장거리 핵타격 능력을 구축하는 것을 포기하지 않고 있다. 북한은 현재 ICBM의 대기권 재진입 기술을 확보하고, 핵 확전의 신뢰성을 높이기 위해 전술핵의 실전 능력을 높이는 데 집중하고 있다. 북한 정권은 조기에 후계 권력세습을 구축하여 내적 불안정성을 불식시키고, 확고한 핵 통제력과 비확산 의지를 과시하면서 '안정적이고, 책임 있는 핵국가'라는 점을 선전하는 데 주력하는 것으로 보인다. 둘째, 대북제재를 무력화하기 위한 노력을 지속하는 것이다. 북한은 유럽 전쟁, 중동 전쟁, 역내 미중 경쟁의 심화되는 국제정세를 이용하여 대북제재를 무력화하는 데 노력을 집중하고 있다. 특히, 북한은 미중 전략경쟁의 심화와 러시아-우크라이나 전쟁 장기화로 느슨해진 제재 연대망과 북러 간 군사밀착의 통로를 이용하여 대북제재를 무력화하는 데 사력을 다하는 것으로 보인다. 셋째, 북한은 핵보유국 지위를 인정받기 위한 외교적 관여에 관심을 두고 있다. 앞으로, 북한이 가장 역점을 두는 것은 군비통제 협상, 한반도 위협과 긴장의 고조, 북한의 지전략적 가치의 제고를 통해 미국을 압박하는 것이 될 수 있다. 북한은 2025년 새로 출범한 트럼프 2기 행정부에 적지 않은 기대를 걸면서, 미국과 '비핵화 협상'을 통해 대북제재 해제와 미북관계 개선을 노릴 것으로 전망된다. 이미 트럼프 2기 행정부가 비현실적인 비핵화 목표를 접고 미 본토를 위협하는 전략핵무기를 동결 및 포기하는 대가로 대북제재를 완화할 수 있다는 시나리오가 적지 않게 제기되어 왔다. 나아가, 북한은 과거에 실패했던 비핵화 협상을 넘어서 핵군축 협상의 경로를 통해 '사실상 인정'을 추구할 가능성이 있다.

나 전략적 접근과 한국 안보에 대한 도전

북한의 핵보유국 지위 확보를 위한 전략적 접근은 동맹전략과 적대전략으로 가시화되고 있다.

첫째, 북한의 동맹 전략이 러시아에 집중하고 있다. 2022년 이후 러시아-우크라이나 전쟁의 장기로 인한 북러 군사협력 밀착, 대만을 둘러싼 미중 경쟁 격화, 중동지역의 하마스 무장세력의 긴장조성으로 북한은 외교적 고립을 탈피하고 대북제재에서 벗어날 수 있는 전략적 공간이 확대되고 있다. 북한은 대미 관계의 결핍요소가 심화할수록 러시아에 대한 전략적 접근을 강화하는 것으로 보인다.[50] 북한은 러시아에 탄약, 무기 지원과 파병으로 냉전 종식 이후 가장 밀접한 북러 관계 형성에 성공하였다. 북한은 북러관계의 통로를 이용하여 대북제재 무력화, 추가 대북제재 차단, 사실상의 핵보유국 지위를 위한 외교적 인정 등을 확보하려하는 것으로 보인다. 북러 군사 밀착은 세계 안보와 한반도 안보를 연계시켜 강대국의 지전략적 계산을 복잡하게 만들었으며, 북러 핵동맹은 한미동맹의 대북 확장억제에 심대한 영향을 미친다. 북한은 러시아에 실질적인 전쟁지원을 대가로 ICBM 실전배치에 필요한 대기권 재진입기술과 유도기술, 핵추진잠수함 개발에 대한 기술이전을 받을 수 있을 것으로 전망된다. 최근 러시아는 안보리 제재를 대놓고 무시하고, 러시아 외무장관이 "북한에 적용되는 '비핵화'의 용어는 의미를 상실했다"라고 주장하는 등 북한을 DNWS로 인정하는 듯한 행보를 과시하고 있다.[51] 이에, 2024년 12월 미국 유엔대사는 "러시아가 북한 핵 프로그램을 수용하는 데 근접하고 있다. 러시아가 한반도 비핵화에 대한 수십 년간의 약속을 뒤집고 있다"고 우려하였다.[52] 러북 관계의 초밀착으로 인해 북한의 지정학적 가치가 상승하는 가운데, 러시아뿐만 아니라 중국이 북한의 핵보유국 기정사실화의 통로로 이용될 수도 있다. 북한은 중국을 핵보유국 지위 획득을 위한 통로 활용하여, 대북제재 무용론과 미국책임론, 핵보유 현실의 인정과 기정사실화 등을 요구할 가능성이 있다.[53] 북한은 미중 경쟁에서 중국의 대미국 A2/AD전략에 기여할 것이라는 점을 확고히 하면서, 최근 러북 관계의 밀착으로 중국의 대북영향력 축소 우려를 이용하여 북한을 두둔하는 방향으로 유

50 국가안보전략연구원, "러북 정상회담 결과 평가 및 대 한반도 파급 영향" 『INSS전략보고』 (June 2024).

51 "러 외무, 북 비핵화는 종결된 문제…북핵 결의안 거부" 『연합뉴스』(2024. 9. 27).

52 Michelle Nicholas, "US alarmed Russia close to accepting nuclear-armed North Korea" Reuters (2024. 12. 19).

53 박병광, "북한의 핵보유국 지위 획득을 위한 대중국 접근 전략 및 시사점" 『INSS 전략보고』 No.280 (July 2024), p. 8.

도하려 할 수 있다.

둘째, 대미 전략으로서 북한은 미국과의 핵군축 협상과 관계 개선의 기회를 창출하는 데 목표를 둘 것으로 전망할 수 있다. 2025년 트럼프 2기 행정부의 초기에는 유럽과 중동지역 전쟁 종식에 우선순위를 두는 것으로 보이지만, 시간이 지나면서 북미 간 비핵화 협상 재개에도 관심을 가질 것이라는 전망이 나오고 있다. 미국은 북러 관계 밀착에 성공한 북한과의 비핵화 협상이 실효적 이익을 거두기 어렵다는 점을 고려하여 당장에는 협상에 나서기 쉽지 않아 보인다. 하지만, 트럼프는 2025년 1월 21일 취임 직후 북한을 '핵국가(nuclear power)'라 지칭하고,[54] 이어서 김정은을 '영리한 사람(smart guy)'라고 칭찬하는 등 김정은과 대화와 협상할 수 있다는 의사를 내비쳤다.[55] 2025년 초반까지는 미국의 대북 정책과 비핵화 정책이 명확한 윤곽을 드러내기 어렵겠지만, 북한은 '비핵화'는 불가능하다고 간주하면서 미국을 향해 '핵군축 협상'을 제기할 가능성이 적지 않다. 미국이 동의할 경우 북한은 대북제재 해제나 완화를 요구할 것이고, 그렇게 되면 북한의 핵무기를 사실상 인정하는 결과가 초래될 수 있다. 여기서, 북한은 트럼프 2기 행정부가 북핵 동결의 대가로 대북 경제제재의 일부를 완화하는 것을 골자로 하는 거래를 추구할 수 있다. 미국도 미국에 직접적 위협이 되는 일부 핵무기·ICBM 등의 폐기와 대북제재 완화 또는 해제를 맞교환할 가능성도 완전 배제하지 못한다. 핵동결을 대가로 대북제재를 완화하는 것은 북한의 미래 핵을 유보하는 대가로 현재 핵을 용인하겠다는 것으로, 이것 또한 사실상 북한을 핵보유국으로 인정하는 결과를 초래한다.

지난 비핵화 협상에서 명백하게 드러났듯이, 미북 간 핵 협상은 한미관계에 적지 않은 부담이 될 수 있다. 북한은 핵보유국 지위 확보를 위한 핵 협상과 연계하여 한반도 안보 구도를 북한에 유리하게 조성하려 할 것이다. 지난 2018년 트럼프 1기 행정부에서처럼 비핵화 협상 과정에서 북한이 요구하는 전략무기와

---

54 Saul Loeb, "Trump calls North Korea a 'nuclear power' drawing a rebuke from Seoul" NBCNEWS (2025. 1. 21).

55 Shweta Sharma, "Trump says he will try to resume relationship with 'smart guy' Kim Jong Un" The Independent (2025. 1. 23).

주한미군 철수, 확장억제 무력화, 한미 연합연습 중지 등이 가시화될 경우 한국의 대북 억제력은 심대하게 약화될 것이다. 미북 협상을 추진하면서 한국의 안보 자산과 방위자산을 북미 간 거래의 수단으로 전락시켜 동맹 확장억제의 심각한 약화를 초래한다면 문제는 더욱 심각해질 수 있다. 북한 비핵화 협상이 '핵군축'으로 변질되어 한미 간 합의한 NCG가 북한과 거래 수단으로 전락할 가능성도 우려된다. 미국 확장억제에 대한 신뢰성이 약화하면 국내 여론이 흔들리면서 핵 기반 동맹으로의 진화를 목표로 하던 한국 정부와 군이 치명적 타격을 입을 가능성이 있다. 북미 핵 협상 과정에서 한국의 배제, 북한 핵위협의 고도화와 대남 위협의 지속, 미국의 확장억제력에 대한 신뢰성 약화 등으로 한국 국민의 불안이 지속될 경우 한국 내 자체 핵무장 여론이 더욱 커지면서 한미 간 마찰이 노정될 수 있다.

셋째, 대남 전략 차원에서 북한은 공세적 군사전략을 취할 것으로 보인다. 북한의 이러한 군사전략 가능성이 한국 안보에 당면한 우선적인 도전요소로 볼 수 있다. 북한은 한반도의 군사적 긴장을 높이거나 대남 군사도발을 통해 '핵확전' 위험을 높여 대화와 협상의 기회를 만들어 내는 데 주안을 둘 수 있다. 핵확전 위험을 과시한 이후 군사긴장 완화를 위해 마련되는 '대화'는 결국에는 핵군축으로 연결될 가능성이 크기 때문이다. 북한은 '핵 확전' 위험을 과시하기 위해 전술핵무기를 내세워 대남 핵 공격 역량 강화에 주력할 것으로 보인다. 북한이 전술핵을 중심으로 대남공격 역량을 집중 건설하는 것은 핵 문턱을 낮추려는 시도와 연관된다.[56] 북한은 2023년 12월 공식화했던 '적대적 두 국가관계', '영토평정', '무력통일'론을 더욱 거세게 몰아부칠 것으로 보인다.[57] 북한은 이미 핵무력정책법(2022)과 핵무력정책의 헌법 반영(2023), 2국가론(2024)을 통해 대남 핵공격에 대한 심리적 문턱을 제거하였고, 공세적 핵전략을 '제도화'하였다.[58] 2024년 들어 김정은이 강조하는 2국가론과 영토평정 전략은 한반도 핵전쟁 위

---

56 "조선노동당 제8기 제6차 전원회의 보고(2022. 12. 26-31)" 『조선중앙통신』(2023. 1. 1).

57 "김정은 제8기 9차 전원회의(2023. 12. 31)" 『조선중앙통신』(2023. 12. 31).

58 "북핵 문제의 의의와 경과, 우리 정부의 입장과 북핵 문제 해결방안" 대한민국 외교부 공식 홈페이지, https://www.mofa.go.kr/www/wpge/m_3972/contents.do (검색일: 2024. 8. 19).

기를 고조시켜 핵군축 협상을 끌어내려는 의도로 해석할 수 있다.[59] 이러한 점에서, 북한은 전술핵 공격으로 '초강도 타격'을 가하고 전쟁주도권을 장악하여 영토 완정을 달성하겠다는 의도를 더 강력하게 피력하며 공포심을 강화할 것으로 보인다.[60] 북한에 있어 한국의 '핵 인질화'와 '위험 지대화'는 현상 변경의 기회를 창출하는 강압적 지렛대로 작용할 개연성이 있다.

5 결론

북한 비핵화를 위한 우리의 노력은 적지 않은 도전의 역사적 경험을 가지고 있다. 1990년대 북핵 문제가 국제사회에 불거진 이후 여러 차례의 정치적 협상과 합의를 해놓고도 이행을 두고 번번히 비핵화 프로세스는 결실을 맺지 못하였다. 앞으로 북핵 문제는 더욱 도전적일 것으로 보인다. 북한의 핵 및 미사일 능력은 2019년 이전보다 획기적으로 고도화되었으며, 북한의 핵자신감도 더욱 커지고 있는 상황이다. 북한은 인도와 파키스탄과 같이 NPT체제 외부에서 '사실상 핵보유국 지위'를 인정받는 데 목표를 두고 있는 것으로 보인다. '사실상 핵보유국'의 지위는 핵능력을 과시한 이후 협상이나 밀약을 통해 강대국의 묵인을 받는 경로로 주어지는 것으로 북한은 결정적 변수가 미국이라는 점을 명확히 인식하는 것으로 보인다. 따라서, 북한은 핵실험과 투발 수단 시험을 공개적으로 감행한 이후 핵보유국 지위를 확보했던 인도, 파키스탄과 유사한 경로를 참고하되, 자신의 여건과 상황에 맞는 추구전략을 구사하는 것으로 평가된다. 실제 2019년 미북 간 비핵화 협상이 노딜로 끝난 이후에도 북한은 핵을 결코 포기하지 않을 것이며 핵보유국 지위를 인정할 것을 강력하게 요구해왔다. 그러한 점에서 북한은 앞으로도 핵무기를 포기하지 않고 핵보유국 지위를 '사실상 인정'하라고 미국을 비롯한 국제사회를 전면적으로 압박할 것으로 전망된다.

---

59 『조선중앙통신』(2024. 1. 16).

60 "2023년 북한의 전군지휘훈련" 『조선중앙통신』(2023. 8. 31).

북한은 비록 핵무기의 기술적 문턱은 통과하였지만, 2격 능력의 생존성, 대북제재의 완화, 외교적 관계 형성에 있어서 여전히 핵보유국 지위를 향한 인정문턱은 여전히 넘지 못하는 상황이다. 북한은 미 본토 핵타격 역량을 고도화하여 공포심을 유발하고, 대미 압박을 통해 '핵 군비통제' 경로로 핵보유국 지위를 기정사실화하는 데 관심을 두고 있다. 이를 위해 북한은 핵보복 능력의 생존성 강화, 국제제재의 무력화, 핵군축 협상이라는 세 가지 노력선에 총력을 집중할 것으로 보인다. 이러한 노력선은 단계적이 아니라 병행적으로 진행될 것이며, 이를 구현하기 위해 북러 관계, 대미 전략, 대남 전략을 공세적으로 밀어부칠 가능성이 있다.

이러한 상황에서 북핵 문제에 직면한 우리의 전략은 현실적이고 냉철한 계산에 기반을 두고 수립해나갈 필요가 있다.

첫째, 북한의 핵보유국 지위 확보 전략에 대해 한미는 '완전한 비핵화'의 원칙하에 일관되고 장기적인 포괄적인 대응전략을 수립하고 추진해야 한다. 북한의 DNWS 추구 전략에 대응함에 있어 가장 중요한 것은 어떠한 경우라도 북한을 핵보유국으로 인정하지 않겠다는 원칙과 기조를 한미가 흔들림 없이 고수하는 데 있다고 볼 수 있다. 미국의 일관성 있는 비핵화 정책과 대북 관여 정책만이 한국의 안보 불안을 해소하고, 역내 핵 도미노를 막을 수 있으며, 국제 핵비확산체제의 틀을 유지할 수 있다. 또한, 북한이 핵보유국 지위를 추구하는 데 있어 가장 높은 인정 문턱으로 간주되는 대북제재와 외교적 고립화 정책을 지속적으로 유지해야 한다. 이 과정에서 간과해서 안될 것은 한반도 정세의 안정적 관리이다. 북한은 필연적으로 군사 긴장을 유발하고 핵확전 위험을 극단적으로 과시하려 할 것이다. 한국과 미국은 북한의 도발적 군사 긴장의 함정에 빠져서는 안된다. 한미는 북러 동맹을 견제하고 대북 군사억제력을 철저하게 유지해야 하며, 한미일 안보협력을 차질없이 지속해야 한다. 북러 군사동맹 심화로 파생될 수 있는 여러 가지 부작용에 대해 한미는 공동으로 대응할 수 있는 역량과 전략을 준비해야 한다. 또한, 한미는 북한의 뒷배가 되는 러시아와 중국이 북한의 핵보유국 기정사실화 정책으로 기울지 않도록 적극적인 강대국 외교를 전개해야 한다. 북한이 핵보유국으로 사실상 인정될 경우 미국도 불가피하게 한국의 핵무장을 '묵인'할 수밖에 없는 상황이 될 것이라는 점을 러시아와 중국에 분명히 알릴 필요가 있다. 실제, 최근 수년간 국내 여론조사에서는 '독자 핵무장'을 지지하는 응답이 60~70% 수준으로 유지되고 있다는 점을 주목할 필요가 하다. 2024년 10월 '중앙일보&동아시아연구원'(EAI) 여론조사에 따르면 일반국민의 71.4%는 "북한이 핵을 포기하지 않을 경우 한국은 핵무장을 해야한다"고 응답하였다. 주목할 점은 이러한 조사 결과가 2023년 한국과 미국이 한미 핵협의그룹(NCG), 일체형 확장억제, 핵작전 지침 등을 마련하여 미국 핵우산의 실효성을 높이는 조치를 취하는 과정에서 나온 것이라는 점이다. 이것은 미국의 보장조치가 북한의 핵공격에 대한 한국 국민의 불안을 해소하는 데에는 충분하지 않다는 점을 시사한다.

둘째, 우리의 북핵 대응전략은 억제 우선의 대응체계 및 전략의 구축에 우선순위를 두어야 한다. 현실적으로, 북한 핵위협은 고도화되고 있으며, 북러 군사관계가 밀착되는 등 한국의 안보역량이 상대적으로 취약해지는 상황에서, 장기간의 비핵화 협상을 통해 위협을 감소하는 접근에 주안을 두기보다는 '힘의 균형'을 구축하여 한반도의 전략적 안정성을 높이는 방향으로 접근할 필요가 있다. 무엇보다, 북한의 실질적인 핵위협에 대해 국민을 안심시킬수 있는 군사안보적 차원의 대응전략 수립과 역량 구축에 방점을 두고, 자강과 동맹의 역량 강화에 집중해야 한다. 이를 위해, 미국 트럼프 2기 행정부와도 일관성 있게 핵확장억제의 실효성 강화를 위한 정책을 추진해야 하며, 한미 간 협의 강화, 군사적 운용의 제도화 수준을 심화할 필요가 있다. 나아가, 한국의 전략사 창설을 비롯하여 재래식 억제전략의 치명성과 신뢰성을 제고하기 위한 군사력 운용과 건설면에서의 다각적인 노력을 기울여야 한다. 북핵의 실존적 위협에 대한 우리의 군사적 노력이 선행된 가운데, 북한 체제의 변화와 비핵화를 위한 협상의 길을 열어두고 위협을 감소시키는 노력이 병행되어야 한다.

셋째, '불안정한 비핵화 협상'에서 비롯되는 위험분산 전략이 요구된다. 앞으로도 북핵 문제는 필연적으로 한반도 안보 및 역내 안보질서와 밀접하게 연계되어 있다는 점에서, 북한이 핵 협상에서 요구하게 될 다양한 정치, 경제, 군사, 외교적 상응 조치에 대한 준비가 필요하다. 북한이 비핵화를 지렛대로 일관되게 주장해왔던 주한미군 철수, 전략자산 전개 등 핵 확장억제의 중단, 한미 연합연습의 중지 등 한국의 안보이익을 심대하게 훼손할 가능성에 대해 철저히 대비해야 한다. 북한이 일부 핵을 포기하는 대가로 대북제재 완화를 요구하는 등 핵보유국 지위의 기정사실화를 노리거나, 한미 확장억제체제의 약화 등을 비롯하여 핵군축 협상으로 변화를 모색할 가능성에 대하여 한국의 특단의 대응전략을 준비할 필요가 있다. 미국 확장억제 신뢰성 약화로 인한 국민의 불안감이 증가하고 독자 핵무장에 대한 여론이 비등해질 것으로 전망되는 가운데, 국민적 여론을 대미 협상과 대주변국 외교의 지렛대로 활용하는 접근도 필요하다. 한반도 평화체제 구축에 대한 현안이 제기될 가능성이 있는바, 이로 인해 파생될수 있는 다양한 이슈들을 점검하여 대응방안을 마련해야 한다.

마지막으로, 북핵 문제가 장기화할 사태에 대한 접근전략도 필요하다. 장기적으로, 한국의 북핵 문제 해결에 대한 접근은 북한 체제의 변화를 유도하는 방향으로 정치, 외교, 경제, 군사적 수단과 방법을 포괄적으로 투사할 필요가 있다. 다시 말해, 북한 체제 변화를 강압하거나 유도할 수 있는 다양한 방책의 효과가 북한 체제 변화라는 효과로 연결될 때까지 국제적 연대망을 강화해나갈 필요가 있다. 예를 들어, 대북제재의 큰틀이 훼손되지 않도록 중국과 러시아의 일탈 행동을 관리해야 한다. 그러한 점에서 북한 체제 내부로부터의 변화를 유도하기 위한 다양한 인지적 차원의 노력을 기울일 필요도 있다.

북한 핵 문제는 비단 군사적 수단뿐만 아니라 정치, 경제, 외교 등 다방면의 국력 수단을 동원하여 포괄적인 방식으로 해결을 추구해야 한다. 북핵 문제 해결을 모색하는 과정에서 간과하면 안될 것은 어떠한 일이 있더라도 한국민의 생명과 안위가 위태로워져서는 안된다는 점이다. 그러한 현실적인, 실용적인 관점하에 북핵 문제가 포괄적인 대북전략과 연계될 때 비로소 해결의 실마리를 찾을 수 있을 것이다.

참고문헌

1차 사료

"경애하는 김정은 동지께서 조선로동당 중앙위원회 2013년 3월 전원회의에서 하신 보고" 『노동신문』 (2013. 3. 31).

"김정은 제8기 9차 전원회의(2023. 12. 31)" 『조선중앙통신』(2023. 12. 31).

"러시아 점령지역 파견 노동자 2차 선발 추가 모집…송출은 아직" 『Daily NK』 (2022. 11. 18).

"北, 우크라이나 동부 러시아 점령지에 노동자 송출 준비 중" 『Daily NK』(2022. 10. 19).

"제7차 당대회 사업총화보고" 『노동신문』 (2016. 5. 8).

"조선노동당 중앙위원회 제7기 제3차 전원회의, 2018. 4. 20" 『조선중앙통신』 (2018. 4. 20).

"조선노동당 제8기 제6차 전원회의 보고(2022. 12. 26-31)" 『조선중앙통신』(2023. 1. 1).

"첫 수소탄 시험 성공적 진행" 『조선중앙통신』 (2017. 9. 3).

"North Koreans Trapped in 'State-Sponsored Slavery' in Russia" *The New York Times* (2023. 4. 3).

국문

구본학, "미국과 중국의 패권경쟁과 북한의 전략" 『신아세아』 제20권 4호(2013).

국방대학교 안보문제연구소, 『2023년 범국민 안보의식 조사보고서』 (논산: 국방대학교, 2023).

국가안보전략연구원, "러북 정상회담 결과 평가 및 대 한반도 파급 영향" 『INSS전략보고』(June 2024).

김성배, “북한의 사실상 핵보유국 지위 추구경로 및 고려사항” 『INSS전략보고』 No.256(2024. 3).
박병광, “북한의 핵보유국 지위 획득을 위한 대중국 접근 전략 및 시사점” 『INSS 전략보고』 No.280 (July 2024).
밥 우드워드 지음, 이재학 번역, 『분노』(서울: 가로세로연구소, 2020).
안경모, “북한 급변사태 논의의 역설: 간과된 변수로서의 북한,” 『국제관계연구』 제21권 제2호(2016).
외교부, “안보리 대북 제재결의안 부결 관련 대변인 논평” 『외교부 보도자료』 (2022. 5. 27).
이동률, “북한의 신냉전론에 대한 중국의 인식과 셈법” Global NK (서울: EAI, 2023. 2. 28).
이상준, “북러 조약 체결 이후 북러 관계 밀착의 특징과 영향” 『KDI북한경제리뷰』 (2024).
이장욱, “북한의 ‘사실상 핵보유국 지위 획득 가능성 연구: 기존 사실상 핵보유국 사례를 토대로” 『글로벌정치연구』 제10권 2호 (2017년 12월).
이춘복, “북한 3차 핵실험 후 중국의 대응과 북중관계: 시진핑 시대 중국의 대북정책은 진화하고 있는가” 『JPI정책포럼』 2013-4(제주평화연구원, 2013).
임수호, “대북 경제제재 현황과 남북경협 추진 방향” 『INSS 전략 보고』 (2018. 9).
장철운, 이춘근, 김상범, 김차준, 진활민, 『북한 비핵화를 위한 전략과 추진과제』(서울: 통일연구원, 2023).
정보사령부, 『일일 공개정보』(서울, 2012-2022)
지해범, “북한 핵실험 이후 중국-북한 관계” https://snuac.snu.ac.kr/?u_event= (검색일; 2025. 1. 20).
최용환, 조은정, “한반도 비핵화 담론의 비교검토: 정치적 과정으로서 비핵화” 『INSS전략보고』 No.132 (서울: 국가안보전략연구원, 2021).
최장호, “2019년 북중 무역 평가와 전망: 대북 제재와 북한 경제의 상관관계를 중심으로” 『KIEP 오늘의 세계 경제』(세종: KIEP, 2020. 3. 23).
하영선, “북한의 대내외형세 정면돌파전과 대북 4대 복합전략” https://www.eai.

or.kr/documents/20200121_all.pdf (검색일: 2025. 1. 20).

한용섭, 『북한핵의 운명』 (파주: 박영사, 2018).

함형필, "북한의 핵능력과 핵전략" 『북한 군사리포트: 북한의 전쟁수행 역량과 전략』(논산: 국방대 안보문제연구소, 2024).

홍민, "북한의 핵-미사일 관련 주요 활동 분석" KINU Insight, No. 1(서울: 통일연구원, 2017).

홍제환, 박형중, 박영자, 김진하, 정은미, "김정은 시대의 북한: 10년 평가와 2022년도 전망" KINU Insight, No. 1 (서울: 통일연구원, 2022).

황일도, "북한의 장기 핵전력구조 전망: 이론적 해석 및 해석사례" 『정책연구시리즈 2022-05』(서울: 국립외교원 외교안보연구소, 2023).

영문

Asan Institute for Policy Studies, *ASAN Nuclear Forum Session Sketch: De Facto Nuclear Weapons and the NPT Regime 2* (2013).

Claire Mills, "Overview: Where are all the world's nuclear weapons?" *Commons Library Research Briefing* (House of Commons, 28 July 2022).

IISS. *The Conventional Military Balance in Korean Peninsula* (London: IISS,, 2018).

Jim Garamone, "Pentagon says 10K North Korean troops in Kursk Oblast(2024. 11. 4)" https://www.defense.gov/News/News-Stories/Article/Article/3955757/pentagon-says-10k-north-korean-troops-in-kursk-oblast/ (검색일: 2025. 1. 20).

Joel S. Wit, "Four Scenarios for a Nuclear North Korea" *Smart Talk* (EAI, 2009. 11. 11).

John Bolton, *The Room where it happened* (Manhattan, New York City: Simon & Schuster, 2020).

Kelsey Davenport, "US to focus on Deterring North Korea(April 2024)" https://www.armscontrol.org/act/2024-04/news/us-focus-deterring-north-korea (검색일: 2024. 12. 26).

Michelle Nicholas, "US alarmed Russia close to accepting nuclear-armed North Korea" Reuters (2024. 12. 19).

Michael E. O'Hanlon & James Kirchick, "A bloody nose attack in Korea would have lasting consequences(2018. 2. 26)" https://www.brookings.edu/articles/a-bloody-nose-attack-in-korea-would-have-lasting-consequences/ (검색일: 2025. 1. 20).

Pompeo, Mike. *Never Give an Inch* (New York: Broadside, 2023).

Priyadarshi Nagda, A Study of the Concept of De Facto and De Jure Recognition of Government in Public International *Law, Int'l J. Res. & Dev* (May 2017).

Rohan Mishira, "A Nuclear Recognition Threshold" *Columbia Law Review*, Vol. 120, No. 4 (May 2020).

Saul Loeb, "Trump calls North Korea a 'nuclear power,' drawing a rebuke from Seoul" *NBCNEWS* (2025. 1. 21).

Shweta Sharma, "Trump says he will try to resume relationship with 'smart guy' Kim Jong Un" *The Independent* (2025. 1. 23).

UN Security Council. *S/2023/171: Letter dated 3 March 2023 from the Panel of Experts established pursuant to resolution 1874(2009) addressed to the President of the Security Council* (UNSC, 7 March 2023).

IV 한국의 대응 전략

10 21세기 재래식 전력에 의한 맞춤형 억제 전략(노영구)

11 한 · 미 맞춤형 억제 전략(설인효)

12 한국의 대북 핵억제 · 대응 전략(배학영)

13 글로벌 핵질서 동요와 한국 핵정책의 새로운 모색(박영준)

10. 21세기 재래식 전력에 의한 맞춤형 억제 전략

- 노영구(국방대 전략학부 교수)

목 차

1. 서론
2. 냉전 이후 억제 전략의 변화와 무기체계의 첨단화
3. 핵 보유 국가와의 전쟁 사례 - 욤키푸르, 카길 전쟁을 중심으로
4. 21세기 한국의 재래식 군사력의 증강과 전략적 의미
5. 결론

1 서론

핵무기는 그 엄청난 파괴력으로 인해 이 무기의 출현 이후 전쟁은 새로운 차원으로 접어든 것으로 이해되어 왔다. 그러나 엄청난 파괴력으로 인해 핵을 보유한 국가에 대해 일방이 핵 선제 공격으로 공격하더라도 상대방의 핵 보복 능력을 제거할 수 없었던 핵무기는 실질적인 전쟁 수행에 활용될 수 있는 무기로 존재하기보다는 1945년 최초 개발 직후인 8월 일본에 대한 두 차례 공격 이후 실제 사용된 사례는 없다. 핵무기는 실질적인 공격 무기라기보다는 전쟁 억지의 수단 또는 외교적인 흥정의 수단으로 주로 사용되어 왔으므로 핵 전쟁 수행과 관련된 논의는 전적으로 추상적이고 이론적인 차원에서 이루어져 왔다.

이에 더하여 급속하고 혁신적인 군사 기술 발전으로 인해 핵무기와 맞먹는 최근의 재래식 무기의 파괴력은 제한적인 핵탄두의 파괴력과 비슷할 정도가 되었다. 또한 신형 핵무기 중 저위력 핵무기는 그 파괴력이 재래식 무기와 크게 차

이 나지 않을 정도가 되어 전쟁 상황에서 사용할 수 있게 되었다. 이로 인해 전략적 억제에서 핵무기가 매우 중요한 역할을 하는 것은 분명하나, 현대 억제의 가장 큰 특징은 비핵 능력과 비군사적 요소가 억제 수단을 구성하는 비중이 냉전 이전 시기에 비해 훨씬 커졌다는 점이다. 이에 더하여 지난 수십년 동안 재래식 전쟁과 핵전쟁을 구분하는 이른바 핵저지선이 재래식 무기와 핵무기에 의해 위협을 받는 것이 사실이다.

군사기술 혁신에 따른 재래식 무기의 치명도의 강화와 다양한 위력의 핵무기 개발 등은 이제 핵무기의 개발과 보유 및 운용을 절대시하고 하고 이를 바탕으로 구사하는 기존의 전략은 그 효용성에 대해 회의를 갖게 한다. 즉 재래식 무기의 효용성에 대한 재인식이 필요하게 되었다. 이에 더하여 첨단의 재래식 무기 개발 이전에도 핵무기를 가진 국가와의 전쟁에서 비핵 국가가 승리를 거두거나 타격을 준 전쟁 사례도 적지 않다는 점을 기억할 필요가 있다. 즉 핵무기를 절대시하던 20세기 후반의 여러 전쟁에서도 쌍방이 핵무장을 한 경우에도 재래식 전력에만 의존하여 제한전을 치르거나, 심지어 재래식 전력을 가진 세력이 오히려 핵 무장 국가에 대해 우위를 가진 사례가 있다는 사실은 핵 전력만이 아닌 첨단의 재래식 전력에 대한 재인식이 필요하다.

이 글에서는 군사기술 혁신과 냉전 해체 이후의 새로운 안보환경의 변화로 인해 21세기 전쟁 억제에서 다양한 수단이 요구되는 상황을 고려하여 기존의 억제 전략과 다른 새로운 억제 전략의 대두와 그 내용을 정리하고자 한다. 아울러 욤키푸르 전쟁, 카길 전쟁 등 20세기 후반의 전쟁에서 보이는 핵 보유 국가 간의 전쟁과 비핵 국가와 핵 보유 국가 간의 전쟁에서 보이는 핵 무기 억제와 재래식 무기의 운용의 유용성을 정리하고 21세기 들어 본격적으로 나타고 있는 한국의 첨단 재래식 전력 증강이 북한 핵 무장에 대한 맞춤형 억제 전략에서 가지는 의미 등을 서술하고자 한다.

2 냉전 이후 억제 전략의 변화와 무기체계의 첨단화

냉전 시기 서구 진영의 최대 적대국은 소련 하나뿐이었다. 소련에 대한 전략적 억제는 미국이 소련에 대한 2격(second strike)을 보장할 만큼의 다양하고 상당한 핵무기 종류와 규모를 유지함으로써 달성되었다. 이는 억제를 유지하기 위해 필요한 핵무기의 수량과 종류를 논의하는 방식으로 다루어졌다. 이러한 논의와 노력이 효과가 있었다는 것은 냉전 기간 동안 냉전 기간 동안 초강대국 간 군사적 충돌이 없었기 때문에 억제가 성공적이었다고 평가되었다. 따라서 1990년대 초 탈냉전 초기에는 냉전 시대 억제의 기본 원칙을 그대로 적용하려는 경향이 있었다. 냉전 이후의 안보환경 변화는 억제 전략의 변화를 불가피하게 되었다. 가장 중요한 변화는 미국과 그 동맹국들이 더 이상 하나의 거대한 위협에만 초점을 맞출 수 없게 되었다는 점이다. 그 이전에는 주목되지 않았던 북한이나 걸프전 이전의 이라크와 같은 소규모 지역 도전자들이 등장하였다. 이로 인해 억제 전략이 수행되는 방식이 변하게 되었는데, 냉전 시기에는 억제 개념을 어떻게 소련에 적용할 것인가에 있어 군사적 위협의 성격이 핵심적이었다. 이에 비해 탈냉전 시기에는 군사적 위협의 성격보다 도전자와 특정 맥락에 대한 구체적인 정보가 훨씬 더 중요해졌다. 따라서 특정한 상대방에 대한 맞춤형 억제의 수립이 필요해졌다.

맞춤형 억제라는 용어가 미국의 공식 문서에 등장한 것은 2006년 4년주기 국방검토보고서(Quadrennial Defense Review, QDR)에 이르러서이다. 이 보고서에서 미국 국방부는 '모든 상황에 동일하게 적용되는 억제 개념에서 보다 맞춤화된 접근 방식으로 전환을 계속하고 있다고 언급하고 미래의 군사력 국가 및 비국가적 위협 모두를 억제할 수 있는 완전히 균형 잡힌 맞춤형 능력을 제공할 것이다'라고 언급하였다. 그해 말에 발표된 미 국방부의 『억제작전 합동운용개념(Deterrence Operations Joint Operating Concept, JOC)』에서도 특정 상황에서 특정 적대국의 인식과 이에 따른 결정 계산 방식이 근본적으로 다르기 때문에 미국의 억제 노력은 맞춤화된 특성을 구비해야 한다고 언급하였다.

2006년의 미국의 『억제작전 합동운용개념』에서는 보다 좁게 정의된 군사적 능력을 넘어 억제에 작용하는 더 폭넓은 비군사적 요소를 포함하고 있었다. 실제 미군은 이 개념이 발표된 전후 전략적 억제 개념을 확장하여, 최초로 신 삼축체계(New Triad) 개념에 핵전력, 재래식 전력 그리고 외교적, 경제적, 정보적 수단을 포함시켰다. 실제 페인(Payne)은 "어떤 경우에는 비군사적 접근 방식이 억제에 가장 적합할 수 있으며, 다른 경우에는 재래식 군사 옵션이 적절하고 유리할 수 있다. 또 다른 경우에는 핵 위협 옵션이 억제를 위해 필요할 수 있다"고 언급한 것을 통해 알 수 있다. 즉 21세기에 들어서면서 냉전 기간 전략적 억제의 기반을 이루었던 폭격기, 대륙간 탄도미사일, 잠수함 발사 탄도미사일이 구성하는 기존의 삼축체계를 대신하여 새로운 삼축체계에서는 우선 기존의 공세적 타격체계와 함께 향상된 장거리 재래식 타격 역량을 포함시켰다. 나머지 두 축은 미사일 방어체계인 능동 및 수동 방어체계와 공격 및 방어 전력을 유지하기 충분한 연구 개발 및 산업 인프라를 의미하는 반응적 인프라로 구성된다. 즉 재래식 전력이 재래식 전력으로부터 핵 대응으로 이어지는 확전 사다리의 하위 단계 수단으로 작용하던 것이 아니라 그 자체로 전략적 억제 역할을 할 수 있게 되었다. 특히 재래식 무기의 가치는 적이 전장에서 승리를 달성할 최고의 기회를 차단하는 능력에 있다. 즉 적이 신속히 공격하여 상대방이 대응할 시간을 갖기 전에 전술적 목표, 예를 들어 영토 점령 등을 달성하는 것을 막는 데 재래식 전력의 역할이 가장 크다.

재래식 전력이 신 삼축체계의 하나로 등장하게 된 것은 군사기술의 혁명적 변화에 따라 재래식 무기체계의 치명적인 능력이 확보된 것과 밀접한 관련을 가진다. 재래식 무기의 능력 확대에 따라 전략적 억제를 가능하게 되었다. 1970년대 후반 소련의 군사 관계자들은 당시까지 미국과 나토 동맹국에 대해 소련과 바르샤바 조약국의 절대적인 전력 규모는 3배 이상으로 추정하였으나 컴퓨터의 군사적 운용, 위성 감시, 장거리 미사일 등의 군사 기술 발달로 인해 재래식 전략 균형이 서방으로 급속히 전환될 가능성을 우려하였다. 실제 1970년대 후반 미국은 소련에 비해 수적으로 열세인 함선, 전차, 항공기 등의 플랫폼을 만드는 것이 아니라 플래폼의 전투 효율성을 배가시키기 위한 지원 기술 개발에 노력하였다. 이를 실현할 수 있는 주요 기술로는 지휘, 통제, 통신, 컴퓨터 및 정보 처리(C4I), 스텔스 또는 저가시성, 정밀 유도, 정보·감시·정찰(Intelligence, Surveillance, Reconnaissance, ISR) 등이었다. 이 기술은 1991년 1월 발발한 걸프전을 통해 그 효율성이 확인되었다.

걸프전 직후 본격화된 북핵 위기에서 북한의 핵 위협을 억제하기 위한 다양한 논쟁이 나타났다. 당시 미 국방장관 레스 애스핀(Les Aspin)은 북한의 핵 위협과 관련하여 강화된 깊은 지하 (핵)시설의 위치를 식별 및 타격할 능력, 대량살상무기(WMD)를 탑재한 이동식 미사일을 식별 및 타격할 능력, 그리고 적의 핵전력에 대한 대군사 공격에서 잔존한 적 미사일을 방어할 능력을 포함시켰다. 여기서 아군의 핵전력으로 반드시 적의 핵전력을 공격하는 것이 억제에 기여하는 지에 대한 의문을 제기하였다. 따라서 핵전력만이 아닌 재래식 전력 등의 다른 무기 체계의 억제 수단으로의 능력과 의미를 재인식하게 된다.

예를 들어 스마트 폭탄은 초당 1천피트, 약 300미터의 속도로 지하 벙커를 뚫고 들어가 1천분의 1초만에 500파운드의 폭약을 터뜨려 적이 은닉한 화학무기와 생물학무기 등 대량살상무기를 파괴할 수 있다. 나노기술에 기반하여 인간처럼 생각하고 보고, 반응할 수 있는 로봇 병사는 미국 육군 전투력의 하나로 준비되고 있다. 또한 기존의 핵탄두 장착 대륙간 탄도미사일처럼 세계 어디에든지 1시간 이내에 목표를 타격할 수 있는 초음속 미사일도 개발되어 속속 배치되고 있다. 이처럼 재래식 무기의 정밀도와 파괴력이 기하급수적으로 증가되면서 새로운 전쟁의 시대로 접어들고 있다.

특히 21세기 들어 새롭게 등장하는 극초음속 무기체계는 매우 주목된다. 극초음속 무기 체계는 마하 5보다 더 빠른 속도로 비행하는 무기로, 극초음속 활강비행체(HGV: Hypersonic Glide Vehicle)와 극초음속 순항미사일(HCM, Hypersonic Cruise Missile)로 크게 분류된다. 극초음속 활강비행체(HGV)는 탄도미사일의 추진력을 이용하여 고고도-극초음속 영역에 도달한 후 미사일에서 분리된 후 극초음속을 유지하며 활강하되 물수제비와 같은 스키핑 비행을 함으로써 요격을 힘들게 만든다. 극초음속 순항미사일(HCM)은 로켓 또는 항공기에 탑재되어 발사된 후 마하 5 이상의 스크램제트 엔진 등 자체 추진력을 이용하여 극초음속으로 순항 비행하여 목표를 타격하는 미사일이다. 스크램 제트엔진은 램재트 엔진의 특별한 형태로 비행체가 극초음속으로 비행하는 동안에도 연료가 계속 점화될 수 있는 특성을 가지고 있다. 기존의 로켓 엔진이 평균 400초 정도 추진하는 것에 비해 스크램제트 엔진은 50분 내외의 시간 동안 추진할 수 있다. 비교적 예측 가능한 비행경로를 따르는 기존의 탄도미사일과 달리 극초음속 순항미사일은 로켓 부스터에서 분리된 후 회피 기동을 하여 비행경로와 탄착지점을 예측하기 어렵고, 저고도로 비행하기 때문에 탐지와 방어를 어렵게 만든다. 극초음속 순항미사일은 빠른 속도와 함께 정확성도 매우 높아 재래식 탄두를 장착하는 경우에도 그 전략적 의미는 매우 크다.

3 핵 보유 국가와의 전쟁 사례 - 욤키푸르, 카길 전쟁을 중심으로

1) 욤키푸르 전쟁(1973)

1967년 6월 제3차 중동전쟁에서 단 엿새 만에 시나이 반도와 골란고원을 장악한 이스라엘은 이 지역을 상실한 이집트와 시리아에게 이스라엘의 인정과 항구적인 평화협정 체결, 이 지역의 비무장지대화를 조건으로 두 지역을 반환하는 것을 비밀리에 제안하였다. 그러나 이집트와 시리아 등 아랍 8개국은 그해 9월 수단의 하르툼에서 열린 정상회의에서 단박에 거부하였다. 그러자 이스라엘은 이 지역을 본격적으로 자국 영토로 합병하는 절차에 착수했고 이에 반발한 이집트는 시나이 반도의 반환과 이 지역에서 이스라엘군의 철수를 요구하며 소련의 지원을 받아 이스라엘과 무력 충돌을 벌였다. 이집트와 이스라엘이 대치하는 수에즈 운하 일대에서 두 나라 군대는 수 년 동안 국지전을 벌였다. 이 국지전 기간 동안 이집트는 주요 수입원인 수에즈 운하가 폐쇄되면서 경제적 손해가 막심하였고, 이스라엘 역시 소모전으로 겪는 지속적인 출혈에 점점 재정적인 압박을 받고 있었다.

이스라엘은 1948년 건국부터 비밀 핵개발을 시작하였다. 이스라엘의 최초 핵무기는 1966년 말 또는 1967년 초에 완성된 것으로 알려져 있다. 1966년 가을에 네게브 사막 지하에서 핵폭탄 모형을 가지고 실험을 하였고 이를 통해 전문가들은 이때 이스라엘은 수소(水素)폭탄과 중성자탄(中性子彈)을 개발하고 있었다고 본다. 1967년 6월 전쟁 때는 이스라엘이 두 개 정도의 핵폭탄을 보유하고 있었다. 핵 폭탄 보유와 3차 중동전을 통해 시나이 반도와 골란고원이라는 완충 공간을 확보하게 된 이스라엘은 이전과 달리 공세적인 군사전략에서 방어적 군사전략으로 전환되게 된다. 완충 공간의 확보로 인해 여유를 가지게 된 이스라엘은 공세적 군사전략 채택에 따른 과도한 군사비 지출로 인한 재정의 어려움에서 벗어나기 위해서라도 방어적 전략으로의 채택은 불가피한 것이다. 이스라엘은 인구가 적고 국토면적이 좁아 안보정책에서 예산과 지리적 제약을 받았다. 1967년 6월 전쟁에서 일방적으로 승리한 이후 국방비를 삭감하기 시작하였다. 이스라엘의 방어적 군사전략의 채택은 수에즈 운하 건너편의 대규모 방어선인 바레브선을 건설로 나타났다. 6월 전쟁 이후 이스라엘은 점령지 시나이 반도를 확실히 장악하기 위하여 1968년 참모총장 바레브(chaim Bar-Lev)가 운하 동쪽에 모래방벽을 설치하기 시작한 것에서 기원한 것으로 1973년 완성되었다. 원래는 관측 및 조기경보용이었지만 임무의 점진적인 확장을 통해 사실상의 고정된 방어선으로 바뀌었다. 이스라엘은 이 방어선을 이집트군이 돌파하는 데 24시간 또는 48시간이 소요될 것으로 예상하고 있었다.

핵무장으로 인해 생존의 절대 불안감에서 벗어남에 따라 이스라엘 내부에서 재래식 군사력의 감축의 요구가 나타난 것은 자연스러운 것이다. 핵무장에 따른 재래식 군사력의 감축은 대부분의 국가에서 핵개발 추진의 동인의 하나였다. 1945년 핵개발 이후 미국은 핵무기가 전쟁을 방지하는 데 가장 유용하다는 주장이 나타나 재래식 전력의 급격한 감축을 추진한 미국의 사례는 그 대표적이다. 1950년대 중반 아이젠하워 행정부는 침략 행위가 전 세계 어디서 발생하든지 이에 대해 대규모 핵 보복을 준비하겠다는 입장을 발표하였다. 부족한 재래식 전력을 핵전력으로 보완하겠다는 제한 핵 전쟁 수행에 대해 미국에서 논의되기도 하였다.

핵개발에 따른 절대 안보의 확보와 이로 인한 재래식 전력의 감축과 방어적 전략의 채택은 제한된 재정을 가진 국가의 경우 매우 합리적인 선택으로 보인다. 그러나 인접한 비핵 국가는 핵무기를 개발한 적대국에 대해 위협을 느끼게 되고 이를 해결하기 위해 신속하고 압도적인 군사력 건설과 공세적인 운용으로 의도하는 정치 군사적 목표를 달성하기 위해 진력하게 된다. 이집트는 과거 전쟁에서 드러난 그들의 약점을 극복하기 위하여 대대적으로 군을 개혁했다. 사회 계층에 따라 장교와 사병을 구분한 과거의 방식을 버림으로써 군 내부에 존재하던 위화감을 제거했다. 6월 전쟁의 교훈을 살려 수도 카이로 일대의 방공 미사일 체제를 대폭 강화하고 야전 방공 체계를 일신하였다. 또한 이스라엘과의 대규모 전차전에 대비하여 전차뿐만 아니라 대전차 화기를 크게 보강했다. 또한 수에즈 운하를 쉽게 도하할 수 있는 신형 부교와 장비를 갖추고 각종 훈련, 즉 부교 설치, 도하, 요새 파괴 훈련 등을 쉴 새 없이 반복했다.

결국 1973년 10월 6일 이집트와 시리아는 이스라엘을 동시에 기습 공격하여 바레브 선을 돌파하여 수에즈 운하 일대를 완전 장악하고 골란고원의 주요 지역을 확보하는 등 주요 군사적 목표를 달성하였다. 이스라엘군은 거의 붕괴 직전까지 가며 이스라엘이라는 국가 자체의 존망위기가 오자 핵무기 사용을 준비하기도 하였다. 그러나 미국의 만류와 대규모 원조를 바탕으로 전세를 역전시킬 수 있었다. 그렇지만 전쟁 초반 이집트군의 공격으로 이스라엘이 입은 피해는 실로 어마어마했고 전쟁과 군사력을 통해 평화와 안전을 확보할 수 없다는 사실을 인식하였다. 이 전쟁에서 선전한 이집트는 전쟁 이후 캠프 데이비드 협정을 통해 이스라엘과 평화협정을 맺고 외교적 승인을 하고 시나이 반도를 반환받았다. 즉 비핵 국가였던 이집트가 핵 국가인 이스라엘에 대해 치명적이고 결정적인 전투를 통해 정치적인 목적을 온전히 달성한 것이다.

욤키푸르 전쟁은 핵무기의 확보로 자신감이 생긴 이스라엘이 재래식 전력의 감축과 소극적 전략의 채택으로 나아갔고 이는 결국 이집트에게 전장의 주도권을 상실하게 되는 원인이 되었다. 즉 핵 군사력의 확보가 반드시 전쟁의 승리와 국가안보를 절대적으로 보장해주지 않는다는 것을 상징적으로 보여준다. 아울러 적이 전장에서 신속하게 결정적인 목표를 탈취하고 궁극적인 승리를 달성하는 이른바 기정사실화 전략을 무력화시키는 데 핵전력은 오히려 그다지 역할을 하지 못한다는 것을 보여준다. 핵무장을 추구하는 동안 국방비의 핵전력 우선 구축에 따른 재래식 전력의 증강 지체와 방어적 전략의 채택, 그리고 핵무장 국가의 인접 국가의 급격한 전력 증강과 결정적이고 신속한 제한전의 추구에서 핵무장 국가는 오히려 위기에 처할 수 있음을 알 수 있다. 대부분의 역사적 사례에서 핵무장 전후의 핵 의존적 전략과 재래식 군사력의 정체 등이 나타나는 시기 분쟁에서 대부분의 핵무장 국가가 비핵 국가에 대해 우위를 점하지 못한 것은 이를 잘 보여준다.

핵무장 초기 일어난 전쟁에서 비핵 국가에 대해 핵무장 국가가 고전을 면치 못한 기타 사례로는 1950년 발발한 한국전쟁에서 미군이 핵 군사력 우선 구축을 시도함에 따라 감축된 재래식 군사력으로 북한군의 공격을 저지하지 못한 것이 이를 잘 보여준다.

2) 카길전쟁(1999)

카길전쟁은 1990년대 후반 인도 북부의 카길이라는 지역에서 1999년 5월부터 6월까지 발생한 인도 파키스탄 간의 무력 분쟁이다. 이 전쟁은 핵을 가진 두 나라가 대규모로 충돌한 최초의 전쟁으로 평가되고 있다. 1971년 인도 파키스탄 전쟁 이후 두 국가 간에는 소규모 국경 충돌은 계속되었지만 정규군이 충돌하는 전쟁은 없었다. 그러나 1990년대 카슈미르 지역에서 파키스탄의 지원을 받는 분리주의자들의 테러 활동과 1998년 두 나라의 핵실험으로 인해 인도, 파키스탄의 긴장이 증가되었다. 이러한 상황에서 두 나라는 정치적 필요에 의해 1999년 2월 라호르 선언을 통해 전략 미사일 발사 시험의 사전통보, 핵실험에 대한 모라토리움 지속, 핵과 안보 관련 이슈에 대한 대한 대화 등 신뢰구축 조치를 합의하였다.

정치외교적 합의에도 불구하고 파키스탄 군의 일부는 은밀히 군사훈련을 받으며 전쟁을 준비하고 있었다. 1999년 2월부터 파키스탄의 군대와 준군사집단은 무자헤딘의 복장을 하고 통제선 내의 인도 영토로 침투시켰다. 이들 병력은 명목상 준군사조직인 북부 경보병대 소속이었지만, 실질적으로는 파키스탄 육군이 지휘하였으며, 중대 규모의 특수부대도 참전하였다. 파키스탄 군의 작전 목적은 카슈미르와 북부 카길 지역 일대를 점령하여 이 지역에서 국경선 재협상을 인도에게 강요하기 위한 목적이 있었다. 아울러 1998년 5월 인도의 5번째 핵실험에 대응하여 파키스탄은 5월 하순 6차례의 핵실험을 실시하여 전 세계에 자신들의 핵능력을 보여주었다. 파키스탄은 자신이 확보한 핵 능력으로 인해 인도가 핵전쟁으로 위기가 증가될 수 있는 위험을 무릅쓰고 쉽게 반격하지 못할 것이라고 전략적으로 판단한 것으로 보인다. 그러나 인도는 재래식 전력을 활용하여 강력한 반격을 실시하게 되어 파키스탄의 판단이 오판이었음을 보여주었다.

인도가 침투한 파키스탄 병력의 존재를 발견한 것은 3개월이 지난 그해 5월이었다. 파키스탄 군 병력이 침투한 지역은 히말라야 산맥 인근의 고원 지대로 평균 해발고도가 3천에서 5천미터에 달하고, 영하권의 추위가 계속되는 곳이었으므로 겨울에는 경계하기가 어려웠다. 인도는 5월 25일부터 파키스탄 군을 격퇴하기 위한 군사작전을 실시했다. 전쟁 초반 파키스탄 군이 점령한 고지대는 북부 카슈미르로 이어지는 유일한 1번 고속도로와 인접했으며, 덕분에 접근해 오는 인도 군을 포격으로 손쉽게 제압할 수 있었다. 초전에 패배한 인도는 5월 하순부터 7월 초까지 2만 명에 달하는 보병과 공군의 전투기 및 대규모 포병 지원을 통한 지속적인 화력 지원으로 점차 전세가 역전되었다. 인도의 강력한 반격으로 파키스탄에 의해 점령당한 대부분의 고지들이 7월 초에는 인도 군에 의해 탈환되었다. 7월 4일 파키스탄 정부가 병력 철수를 선언하고 7월 하순까지 통제선 후방으로 철수가 마무리되었다.

당초 파키스탄은 인도와 전쟁을 하게 되면 주요 강대국들이 핵전쟁을 방지해야 한다는 명목으로 적극 개입하여 인도에게 자신의 점령을 용인하도록 강요할 것으로 판단하였다. 그러나 국제사회가 파키스탄을 침략자로 규정하고 비난하는 목소리를 내어 더 이상 전쟁을 지속하기 어려웠다. 심지어 인도 견제라는 명목으로 협력해 온 중국마저도 파키스탄에 대해 지지하지 않았다. 이에 더하여 대규모 인도 해군 함대가 파키스탄 인근의 아라비아해 북부로 진입하여 상황에 따라 파키스탄의 최대 항구인 카라치를 봉쇄하거나 해상교통로의 차단을 할 수 있음을 보여주었다.

카길전쟁에 대해 핵무기를 가진 국가들이 핵전쟁에 따른 공멸을 피하기 위해 서로 전면전쟁은 자제하지만, 그보다 낮은 수준의 무력 충돌이 발생할 가능성은 오히려 높아진다는 국제정치학의 이른바 '안정-불안정의 모순 현상'(stability-instability paradox)의 사례로 볼 수 있다. 즉 핵을 가진 나라들끼리의 전쟁은 제한전의 성격을 가질 수밖에 없다는 것을 이 전쟁이 증명한다고 할 수 있다. 이 전쟁 중이던 1999년 5월 20일 파키스탄의 나와즈 샤리프 총리는 국방대학교에서 그들의 핵태세를 설명하면서 '신뢰적 최소억제'를 채택하고 있음을 밝혔다. 구체적으로 인도의 공격으로 영토의 상당 부분을 점령 당하거나 파키스탄 군이 심각한 피해를 입은 경우에는 핵무기를 사용할 수밖에 없다고 밝힌 것이다. 이처럼 카길전쟁 기간 중 파키스탄은 핵무기의 적극적인 사용 의지를 표명하였지만 전쟁에서 밀리던 상황에서 파키스탄은 인도에 대해 핵 위협을 가하지 못하였다. 결국 핵을 가진 나라들끼리의 전쟁은 제한전의 성격을 띨 수밖에 없다는 것을 증명한 셈이고 인도의 재래식 전력에서 뒤진 파키스탄은 결국 전쟁에서 철수할 수밖에 없었던 것이다.

이상의 두 전쟁 사례에서 보듯이 일방이나 쌍방이 핵무장 국가 사이의 전쟁의 경우에도 충돌의 범위나 방식의 변화를 통해 전시에 핵을 아예 사용하지 못하거나 핵 사용의 가능성을 최소화시키고 확전되지 않도록 하는 것을 확인할 수 있었다. 아울러 국제적인 개입과 압박 등도 핵 보유국의 핵무기 사용을 제한하고 확전을 방지하였다. 심지어 2022년 발발하여 최근까지(2025) 계속되고 있는 러시아-우크라이나 전쟁에서도 러시아가 핵무기 최다 보유국으로 러시아 푸틴 대통령의 수차례 핵 위협이 있었을 뿐만 아니라 러시아의 군사 독트린이 적의 재래식 공격에 의한 위협 상황에서도 전술핵무기의 사용 가능성을 일상적으로 열어놓고 있었음에도 불구하고 실제 핵 사용은 이루어지지 않았다. 이는 전쟁 교착 이후 양 국가 모두 추가적인 확전을 시도하지 않았고 미국 등 나토도 러시아를 자극하는 무기 공급의 최소화 등을 통해 제한 전쟁을 추구한 것과 관련이 있다.

4 21세기 한국의 재래식 군사력의 증강과 전략적 의미

북한의 핵 능력이 점차 증가함에 따라 한국의 대응능력과 정책방향에 대한 관심 역시 높아지고 있다. 한국은 북핵 위협에 대응하기 위한 차원에서 2017년 확장억제협의체를 발족시키는 등 한미 간의 확장억제 협력을 강화하였다. 또한 비핵 무기에 의한 자체적인 억제력 발전을 위해 재래식 전력의 증강을 추구하였는데, 2012년 킬체인(Kill Chain)과 한국형 미사일방어체계(Korean Air and Missile Defense, KAMD)에 이어 2016년 대량응징보복(Korea Massive Punishment and Retaliation, KMPR)을 추가하여 이른바 '한국형 3축체계'를 완성하였다. 문재인 정부의 출범과 함께 한국형 3축체계는 '핵·WMD 대응체계'란 명칭으로 변경되었으나 윤석열 정부 이후 3축체계라는 용어는 다시 환원되었다. 이를 통해 대량보복전략은 미국에게 의존하고, 발사된 북한의 핵미사일은 한미 연합 미사일 방어체계로 막고 북한의 핵공격이 임박할 경우에는 한국의 첨단 재래식 전략으로 선제 대응한다는 체계가 만들어졌다. 또한 북한이 핵공격을 가할 경우에는 보유하고 있는 탄도, 순항미사일과 특수부대 등으로 북한의 전략적 목표를 응징한다는 개념이 완성되었다.

시기별 명칭 변화와는 달리 내용적 측면에서 전력증강 사업은 지속적으로 추진되어, 국방예산은 2025년에는 60조 원을 돌파하였다. 2021~2025 국방중기계획 재원규모는 약 300.7조 원으로 한국은 2020년대 중반까지 재래식 전력의 획기적 성장을 기대할 수 있게 되었다. 구체적으로 한국 군은 감시와 정찰, 전략 표적에 대한 정밀타격을 위한 군정찰위성, 중고도 정찰용 무인항공기(MUAV), 차기 잠수함, 장거리 공대지유도탄, 신형 미사일과 전투기 등을 확보하고 한국형 미사일방어체계 구축을 위해 탄도탄조기경보레이더, 장거리 지대공미사일(L-SAM) 등을 2025년 현재 확보 중에 있다.

한국의 재래식 전력 증강은 북한 핵 위협을 재래식 전력으로 억지하겠다는 입장이다. NPT 회원국으로서 자체적 핵무장을 하기 어려운 한국이 아무런 군사적 준비 없이 북핵 위협에 노출되는 것은 어려운 상태에서 재래식 전력 증강은 불가피한 측면이 있는 것으로 보는 것이 일반적이다. 일부에서는 한국의 재래식 증강은 전략 환경의 변화에 능동적으로 대처하기 위해 전략적 자주성을 확보하고자 하는 노력으로 보기도 한다. 그러나 21세기 억제 전략에서 중요한 수단인 신 삼축체계에서 핵전력 및 재래식 전력이 중요한 물리적 수단이 됨을 고려한다면 한국의 재래식 전력은 새로운 위상을 갖게 된다.

한국과 미국은 2011년부터 한국의 재래식 능력과 미국의 핵 및 재래식 능력의 통합 운용을 토대로 북한에 대한 억제력 발휘를 위한 한미 공동의 맞춤형 억제 전략을 발전시켰다. 즉 한미는 한국의 증강된 재래식 군사력이 북한의 도발을 억제하는 데 매우 중요한 역할을 담당할 수 있다는 점을 주목한 것이다. 이는 21세기 들어 확인된 재래식 군사력의 억제 전략에서의 위상 강화와 관련이 있다. 동 전략은 크게 3단계 대응방안을 포함하는데 1단계로 북한이 핵무기 또는 대량살상무기를 사용하겠다고 위협할 경우, 미국은 전략폭격기, 핵잠수함, 재래식 정밀타격, 미사일 방어전력 등을 한반도와 그 주변 지역에 전개하거나 무력시위를 한다. 2단계는 만약 북한의 핵공격 또는 대량살상무기 공격 징후가 식별되면, 한미는 정밀유도무기 등을 사용하여 북한의 핵무기와 대량살상무기를 선제적으로 타격한다. 동시에 미국 핵전력에 대한 준비태세를 상향조정한다. 마지막 3단계로 만약 북한이 핵무기를 사용하여 한국을 공격할 경우에는 한미 최고통수권자의 협의 하에 핵무기 사용을 포함한 단호한 대응조치를 취하도록 한다. 즉 핵공격 전단계인 제2단계까지 정밀유도무기 등 첨단 재래식 전력은 전략 자산의 전개를 통한 무력 시위와 함께 선제적 타격 수단으로 중요한 역할을 담당하게 된다.

특히 첨단의 재래식 전력은 향후 북한이 핵전력을 고도화하여 제2격 능력을 충분히 확보할 경우에도 전략적 억제 수단으로 더 큰 의미를 가진다. 21세기 재래식 무기의 발전으로 인해 상대의 핵심 정치, 군사표적 중에서 재래식 무기로 파괴하기 어렵고 반드시 핵무기로 타격하여야 하는 대상이 존재하지 않게 되었다. 예를 들어 가장 파괴하기 어려운 핵심 표적인 지하 방호시설의 경우 정밀한 스마트 폭탄이나 극초음속 무기체계로 충분히 파괴 가능하므로 반드시 핵심 시설에 대해 핵무기에 의존해야 하는 것은 아니게 되었다.

또한 핵 능력을 고도화한 북한은 미국과의 핵전쟁과 같은 고강도 분쟁이나 직접적인 충돌은 회피하여 안정성은 유지되지만 핵 능력을 통한 자신감을 바탕으로 정치적 목적을 달성하기 위해 한국에 대한 강압 전략을 구사하거나 국지도발 등 저강도 분쟁을 확대할 가능성이 커진다. 이 경우 강력한 재래식 능력이 구비되어 있지 않다면 다양한 영역에서 고조되는 위기에 적절히 대응하기 어려울 것이다. 한국의 재래식 전력이 치명적이고 충실할 경우 저강도의 도발에 즉각적으로 대응하고 미국 본토에서 제공되는 거부 및 보복 억제 능력을 보완함으로써 미국의 한반도 확장억제력의 신뢰성을 제고하게 된다.

한국의 재래식 거부 및 보복능력은 미국의 핵사용 문턱 아래에서 이루어지는 북한의 핵도발에 대응할 추가적인 대응수단을 제공함으로써 북한의 오판을 방지하게 된다. 북한은 미국의 핵사용 의지가 전략적 고려사항과 핵금기 규범에 의해 제약받을 수 있다는 점을 이용하여, 미국의 핵보복이 이루어지지 않는 수준에서 핵도발을 할 수 있다. 따라서 한미는 낮은 수준의 핵도발에 대응할 재래식 거부 및 보복능력이 준비되어 있어야 한다. 한국의 첨단 재래식 전력은 이러한 역할을 수행하는 데 최적의 수단이며, 이는 미국 확장억제의 신뢰성 제고에 중대한 의미를 갖는다. 만약 북한의 1차 핵공격에 대해 한국의 재래식 전력이 거부 및 응징보복을 제공할 수 있다면, 미국이 즉각적으로 핵보복을 결심할 필요성을 낮추고, 북한이 재차 핵도발을 할 경우 미국이 확실히 핵보복을 실행할 명분과 의지를 제공하여 결국 핵도발을 단념하게 된다.

이에 더하여 한국의 첨단 재래식 전략은 북한의 재래식 군사력에 압도적인 능력을 보임으로써 재래식 군비 경쟁을 포기하도록 하는 데에도 기여할 수 있다. 흥미로운 점은 북한이 경제적으로 어려웠던 1990년대 초 본격적인 핵개발에 나서면서 재래식 군사력 강화 및 정비를 위한 재원 확보가 어렵게 되었다. 남북한 군사력 균형이 북한에 유리하게 전개되었던 1990년대 초반 이전까지와 달리 한국의 군사력이 점차 북한을 능가하게 되면서 이제는 상당한 우위를 점하게 되었다. 북한은 그동안 미사일을 강화하고 및 장사정 포병 등의 전력을 유지하고 일부 기갑 전력을 보완하는 수준에서 군사력을 정비하는 데 불과하였고 이제 그 격차는 메우기 어려운 단계에 접어들었다. 북한이 핵 군사력을 확보 유지하는 과정에서 재래식 군사력 대신 핵 군사력 건설에 대량의 군사비를 지출하고 이를 유지하고 방호하기 위해 재래식 군사력을 재배치하게 됨에 따라 이전의 공세성을 유지하는 데 한계가 분명해졌다. 아이러니하게 북한의 핵 군사력 확보 및 강화는 재래식 군사력의 약화로 나타나고 이는 결국 남북한의 군비강화 노력에서 재래식 분야는 남한의 우위로 결정짓는 계기를 마련한 결과로 나타났다. 덧붙여 북한 핵개발에 대한 국제제재로 인해 북한 경제는 그동안 매우 어려운 상황에 상황에 빠졌고 이는 북한의 군사력 증강에 중요한 장애로 작용하였음을 기억할 필요가 있다.

5 결론

2020년대 들어 한국 사회의 일각에서는 북한의 핵 능력 강화에 따라 자체 핵 보유론이나 핵 공유론, 미국의 전술핵무기 재반입 등의 논의가 매우 상당히 광범위하게 나타나고 있다, 이는 북한 핵을 더 이상 협상이나 제재를 통해 저지하지 못하게 된 상황에서 이를 견제할 수 있는 수단은 오직 핵 이외에는 없다는 엄중한 현실을 대응하기 위한 것이라고 할 수 있다. 심지어 핵 보유로 인해 남북한의 군사력 균형에 대역전이 일어나 북한의 전력이 한국의 4배 수준에 달한다는 주장마저도 나타나고 있다. 이는 달리 생각한다면 핵 이외에 다른 수단을 찾지 못한 것에서 나타난 심리적 좌절이나 대안 부재의 결과라고 할 수 있다. 그러나 한반도의 군사력 균형에서 이러한 심각한 불균형이 나타나고 있는지에 대해 신중한 접근이 필요하다. 현재의 군사 기술의 발달에 따라 스마트 폭탄 등 다양한 형태의 첨단 재래식 무기 이외에 저위력 핵무기의 출현 등 핵억제 수단이 매우 다양하게 나타나고 있다.

또한 자체 핵무장의 경우 경제의 대외 의존도가 높고 천연 자원이 부족한 한국의 입장에서는 국제적인 고입과 경제제재로 인한 어려움 등 예상되는 피해는 매우 심각하다. 미국의 전술핵 반입의 경우에도 한반도에서 남북한의 핵무기 균형을 이룰 수 있는 장점이 있지만 한반도 비핵화에 대한 위반으로 북한 핵을 사실상 인정하는 것과 같을 뿐만 아니라 유사시 북한의 우선 공격목표가 되는 등 문제점이 더욱 크다. 따라서 기본적으로 21세기 나타난 맞춤형 억제 전략에서 새로운 대응 체계로 부상하고 있는 첨단 재래식 전력의 충실화 및 경제, 정치 등의 새로운 대응 수단에 대한 준비를 충분히 확보하는 것이 중요할 것이다. 다만 그동안 북한의 핵 능력 고도화에 대한 한국의 구체적인 대응 전략과 군사력 건설이 다소 늦게 시작된 것은 아쉬운 점이라 할 수 있다.

향후 핵을 통한 기존의 억제 수단 이외에 군사기술의 개발을 통한 다양한 억제 수단의 확보와 적극적인 억제 전략의 마련, 전쟁 예방을 위한 위험의 사전 제거, 그리고 필요할 경우에는 핵 방호를 위한 시설의 확보 등을 충실히 할 필요가 있을 것이다. 더 나아가 핵무장보다는 한국의 비확산 정책 고수의 대가로 미국의 확장억제력을 제고하고 아울러 자체적인 다양한 억제 수단의 확보, 더 나아가 국민에 대한 비핵 정책의 효율성과 정당성을 인식시키는 노력 등도 요구된다.

참고문헌

국문

김우상, 『신한국책략Ⅱ, 동아시아 국제관계』, 나남, 2008.

김정섭, 2015 『한반도 확장억제의 재조명: 핵우산의 한계와 재래식 억제의 모색』, 『국가전략』 21-2.

김정섭, 2021 『핵전략의 내재적 딜레마와 북핵 대응전략의 선택』, 『국가전략』 27-2.

데이비드 퍼트레이어스·앤드루 로버츠(허승철·송승종 옮김), 2024 『컨플릭트, 1945년부터 가자 전쟁까지, 전략은 어떻게 진화했는가』, 책과 함께.

박휘락, 2018 『북핵억제와 방어』, 북코리아.

장영근, 『북한 핵미사일 대응을 위한 한국형 3축 체계의 효용성』, 『연세대 항공우주력 연구총서』 16.

장용, 2020 『전시 북한의 핵무기 사용 억제를 위한 군사전략 연구』, 합동참모대학.

찰스 W.케글리(오영달 등 옮김), 『세계정치론-경향과 변환』, 한티미디어, 2010.

한용섭, 2024 『핵비확산의 국제정치와 한국의 핵정책』, 박영사.

함형필·이만석, 『한국의 재래식 전력의 한반도 억제태세 기여와 역할: 확장억제 신뢰성 제고를 중심으로』, 『국가안보와 전략』 제22권 2호, 2022.

영문

Keir A. Lieber and Daryl G. Press, “The New Era of Counterforce” International Security, Vol. 41, No. 4 (2017).

Ian Bowers and Henrik Hiim, “South Korea, Conventional Capabilities, and the Future of the Korean Peninsula” *War on the Rocks*, February 11, 2021.

Elinor C. Sloan, *Modern Military Strategy* 2nd Edition, (Routledge, 2016).

11. 한·미 맞춤형 억제 전략[1]

- 설인효(국방대 전략학부 교수)

목 차

1. 서론: 대북 핵 억제의 본질과 억제 체제의 구성
2. 미국의 핵전략과 확장억제 전략
3. 맞춤형 억제 전략의 등장과 발전
4. 북핵 억제와 대응 체계의 발전 방향

1 서론: 대북 핵 억제의 본질과 억제 체제의 구성

1) 대북 핵 억제의 본질

북한의 핵 및 미사일 위협을 억제하는 것은 세계 핵 비확산 체제(Non-Pproliferation Treaty, NPT)를 벗어나 불법적으로 핵을 추구하고 있는 북한을 비확산 체제를 준수하는 한국이 억제해야 하는 문제라 규정할 수 있다. 세계 대다수의 국가는 1967년 당시까지 핵을 보유하고 있는 미국, 소련, 중공, 영국, 프랑스를 제외하고 핵을 보유하지 않는 것이 세계 군사질서의 안전과 안정성에 더 유리하다는 점에 합의했다. 핵 비확산 체제는 주권평등에 반하는 불평등한 체제이나 핵 확산 시 초래될 위험과 비교할 때 불평등을 감수하는 것이 더 바람직하다는 판단이다.[2]

---

1 이 장은 2024년도 국방대학교의 재원으로 "교육학술 참고서지 발간 연구"의 지원을 받아 수행된 연구를 발전시켜 작성하였음.

2 핵 확산은 충분한 통제력을 갖지 못한 국가의 핵 보유를 초래하거나 핵 보유국 간 전쟁

북한은 1993년 NPT에서 탈퇴한 후 수차례의 핵실험을 강행했고 불법적으로 핵 보유를 추구하고 있다. 반면 한국은 이를 준수하며 핵을 보유하고 있지 않고 향후 지속적으로 NPT를 준수해 나갈 것임을 반복적으로 천명해 왔다.[3] 따라서 북핵 억제 문제는 본질적으로 NPT를 준수하는 한국이 NPT를 탈퇴하여 불법적으로 핵 보유를 추구하는 북한을 억제하는 문제인 것이다.

핵은 핵으로만 억제할 수 있는지, 재래식 전력으로도 억제할 수 있는지에 대해서는 이론적 논쟁이 존재한다.[4] 그럼에도 불구하고 핵의 강력한 파괴력을 고려할 때 핵을 통한 억제가 필요하다는 시각이 지배적이며 따라서 한국의 재래식 전력에 더해 미국이 보유한 핵을 더하여 북한의 핵 위협에 억제, 대응하고 있다. 핵무기는 핵으로만 억제할 수 있는지 입증된 바는 없으나 확실한 억제를 위한 불가피한 선택인 것이다.

확장억제란 미국의 보유한 핵전력과 첨단 재래식 전력, 미사일 방어 등의 억제력을 한반도로 확장하여 북한의 핵 및 미사일 위협을 억제하는 것을 일컫는다. 미국은 한미동맹에 기초하여, 또한 세계 비확산 질서를 준수하는 한국을 보호하기 위하여 불법적 핵 추구를 지속하고 있는 북한을 억제하는 데 미국의 핵전력이 가진 억제력을 동원하고 있다. 그러한 점에서 확장억제는 한미관계, 한미동맹만으로 환원할 수 없는 비확산 체제의 일부로서의 속성도 가지고 있다. 이 점에 대해서는 이하에서 보다 자세히 설명한다.

2) 대북 핵 억제 체제의 구성

이상의 분석에서 볼 수 있는 바와 같이 북한의 핵을 억제하는 체제는 한국의 재래식 군사 능력과 함께 미국이 제공하는 확장억제로 구성된다. 따라서 북핵

가능성을 높이기 때문이다. 핵 비확산을 둘러싼 다양한 논쟁과 쟁점에 대해서는 다음을 참조할 것. 장동희, “국제 핵 비확산 체제의 맹점 및 개선방안 - 이란 및 북한의 경험을 중심으로” 『국제법학논총』 제63권 4호, 2018.

3 가장 최근 사례는 2023년 5월 워싱턴 선언(Washington Declaration)이다. 워싱턴 선언의 전문은 대한민국 대통령실 보도자료에서 확인할 수 있다. (https://www.president.go.kr/newsroom/press/C8pBYSLx, 검색일: 2024. 5. 7.)

4 김정섭, “한반도 확장억제의 재조명: 핵우산의 한계와 재래식 억제의 모색” 『국가전략』 제21권 2호, 2015.

억제를 강화하는 노력은 한국의 자체 재래식 역량의 발전, 미국의 확장억제 강화와 양자를 효과적으로 통합하는 노력의 세 가지 노력선으로 구성됨을 알 수 있다.

먼저 한국의 첨단 재래식 전력이다. '핵은 핵으로만 막을 수 있다'라는 시각이 일반적이기는 하지만 재래식 전력의 억제 효과가 전무한 것은 아니다. 특히 고도의 정밀성을 보유하고 있는 첨단 재래식 전력의 경우 상당한 수준의 억제 효과를 갖는 것으로 평가된다. 특히 북한과 같이 최상위 지배층의 핵 사용 권한과 같은 군사적 결정권을 독점하는 정치체제의 경우 이들을 정밀 타격할 수 있는 능력은 광범위한 지역을 파괴하는 만큼의 억제 효과를 발휘할 수도 있다.[5]

3) 확장억제의 딜레마와 미국의 핵전략

동맹에 대한 미국의 안보 공약이나 세계 군사 질서 주도국으로서 핵 비확산 질서 유지를 위한 미국의 의지를 고려할 때 미국이 제공하는 확장억제의 신뢰성, 즉 북한이 핵을 사용할 경우 미국은 핵을 포함한 가용한 모든 자산을 동원하여 이에 대해 보복할 것이라는 사실의 신뢰도는 매우 높다. 그럼에도 불구하고 확장억제에는 극복되기 어려운 근본적인 딜레마가 존재한다.[6] 즉 자국이 직접 핵 공격을 당하지 않은 상태에서 동맹의 안전을 위해 실제로 핵 등 상응 또는 압도하는 전력을 사용할 것인지 100% 확신하는 것은 어렵다는 것이다. 냉전기 프랑스가 자체 핵을 보유하는 과정에서 드골 대통령이 한 것으로 알려진 질문, 즉 '파리를 지키기 위해 뉴욕을 위험에 처하게 할 수 있는가'를 제기하지 않을 수 없는 것이다.

미국은 전 세계 많은 동맹국들에게 확장억제를 공약하고 있다. 만일 어느 한 동맹국에 대한 확장억제 제공에 실패할 경우 다른 모든 국가들도 미국의 확장억제 공약을 신뢰하지 못할 것이다. 나아가 이들 국가들은 자체 핵무장을 추구

5 김정섭, 2015.

6 확장억제의 역사와 이론적, 정책적 쟁점에 대해서는 다음을 참고할 것. 손한별, "핵확장억제의 역사와 쟁점: 미국의 대유럽 확장억제 사례와 함의" 『한국군사』 제15권 15호, 2024.

하여 미국이 주도해 온 세계 비확산 질서는 근본적 위기에 처할 수 있다. 이러한 점을 고려할 때 미국이 확장억제 공약을 지킬 것이라는 믿음의 신뢰성은 높다고 할 수 있다.

그럼에도 불구하고 실제로 동맹을 상대로 적의 핵 공격이 가해졌을 때 상응하는 확장억제 역량을 미국이 제공할 것인가를 100% 확신하기는 어렵다. 이 경우 미국 역시 핵전쟁에 연루될 가능성이 높기 때문이다. 즉 국가의 사활적 이익을 희생할 각오를 해야 한다는 점이다. 요컨대 확장억제 공약을 지킴으로써 확보되는 국가이익도 크지만 그 이행으로 인해 희생될 수 있는 국가이익 역시 매우 크다. 여기에는 또한 각각의 경우에 확률이 적용되어 일관된 평가를 하기 어렵다.

미국이 제공하는 확장억제 공약을 100% 신뢰하기는 어렵다. 여기에는 위에서 살펴본 바와 같이 근본적인 한계가 존재한다. 즉 누구도 100%라 말하기는 어렵다. 그러나 적의 입장에서 생각해보자. 미국이 확장억제를 제공할 확률이 50%, 나아가 20%에 불과하다 해도 미국의 동맹을 상대로 핵 공격을 할 수 있을까? 핵을 사용하는 국가의 입장에서도 국가의 생존을 건 선택이기 때문에 확장억제의 신뢰성이 100%가 아니라 해도 강력한 억제력이 작용한다는 점에 주목할 필요가 있다.

상술한바 북한의 핵과 미사일 위협을 효과적으로 억제하기 위해서는 핵심 노력선의 하나로 미국이 제공하는 확장억제의 신뢰성을 점검하고 강화하려는 노력이 필요하다. 기본적으로 확장억제 전략은 미국 핵전략의 일부이며 한 구성요소이다. 동맹을 대상으로 한 확장억제 전략은 궁극적으로 미국의 핵 사용 전략을 포함하게 될 것이기 때문이다.

따라서 확장억제 강화를 위해서는 미국 핵전략 전반에 대한 분석과 이해가 반드시 선행되어야 한다.[7] 미국의 핵전략은 다양한 요소를 고려한 산물이며 핵강대국과의 경쟁을 포함한 전략의 논리와 정책적 관점 하에서 진화, 발전되어 왔다. 확장억제 전략의 이해는 이와 같은 핵전략 전반의 이해를 반드시 필요로 한다.

7 설인효, “미국의 핵전략과 맞춤형 확장억제정책의 이해” 『국방논단』 제1488호, 2013.

2 미국의 핵전략과 확장억제 전략

1) 세계 핵질서와 미국의 핵전략

세계 핵질서의 근간은 초강대국 간에 형성되어 있는 전략핵균형이 작용하고 있다.[8] 냉전기 미국과 소련, 현재 미국과 러시아 사이에는 어느 한 쪽도 '제1격 능력(furst strike capability)'을 갖추지 못하는, 즉 양자 모두 상대에 대해 '제2격 능력(second strike capability)'을 보유하고 있는 전략 핵균형이 기본적으로 유지되고 있는 것이다. 즉 어떤 국가도 상대를 향해 핵 선제 공격을 가해 전멸시킴으로서 상대의 보복 능력을 제거할 수 없는 상태이다.[9]

먼저 '제1격 능력'이란 선제 핵 공격을 통해 상대의 핵 보복 역량을 완전히 파괴할 수 있는 능력을 말한다. 이러한 능력을 보유할 경우 핵 선제 공격으로 핵전쟁에서 승리하는 것이 가능하다. 반면 '제2격 능력'이란 상대의 핵 선제 공격에도 불구하고 상대에게 반격을 가하여 상대가 감당할 수 없는 피해를 초래할 수 있는 능력을 말한다. 예컨대 핵 선제 공격을 당했음에도 불구하고 상대 국가의 70% 이상을 파괴할 능력을 갖춘다면 상대는 선제 핵 공격을 감행하지 못할 것이다.

냉전기 미소, 현재의 미러 간 관계는 양자 모두 서로에 대해 제2격 능력을 갖추고 있고 그 결과 제1격 능력을 갖추지 못하고 있는 상태이다. 이와 같이 양자 모두 서로에 대해 제2격 능력을 갖추고 있는 상태를 '전략핵균형'이라고 한다. 어느 한 편도 상대에 대해 핵공격을 감행할 수 없는 상태를 말한다. 이를 또 '상호확증파괴(Mutually Assured Destruction, MAD)'라 하기도 한다. 서로를 완전히 파괴할 수 있는 능력을 양자 모두 갖춰 핵전쟁을 할 수 없는 상태이다. 이는 결과적으로 매우 안정적이고 평화로운 상태라고 할 수 있을지 모르나 사실은 양자 모두 서로를 완전히 파괴할 능력을 나누어 갖고 있는 상태로 '매우 비정상적인

---

8 미소 냉전기의 초강대국 간 전략핵균형에 대해서는 다음을 참조할 것. 박건영, "핵무기와 국제정치: 역사, 이론, 정책, 그리고 미래" 『한국과 국제정치』 제27권 1호, 2011.

9 김재한, "핵과 초강대국의 평화" 이상우, 하영선 공편 『현대국제정치학』(서울: 나남, 1992), p. 187.

상황(MAD)'이라는 뜻도 내포한다.

미소, 미러 양국의 핵 역량은 시대와 시점에 따라 다소 달랐지만 대체적 균형은 지속되고 있으며 양국 사이의 전략핵무기 감축을 위한 노력도 지속되어 왔다. 핵무기의 개발뿐 아니라 보유 및 유지 관리에도 천문학적 비용이 드는 것으로 알려져 있다. 따라서 전략핵균형을 유지하는 데 충분한 수준의 핵전력을 넘어서는 핵무기 보유는 비효율적이고 불필요한 예산의 낭비가 될 수 있다. 따라서 미소, 미러 양국은 전략핵무기 감축을 위한 노력을 이어오고 있다.[10]

1967년 국가들은 당시까지 핵을 보유하고 있던, 미국, 소련, 중공, 영국, 프랑스를 제외한 국가들의 핵 보유를 금지하는 것이 세계 군사질서의 안정성과 안전에 더 유리하다는 데 인식을 같이하고 핵 비확산 체제를 출범시켰다.[11] 이와 같은 핵 비확산 체제는 핵 보유 5대 강대국의 영향력과 강압의 결과이기도 하나 논리적으로 볼 때 실제로 핵 비보유국들이 자발적으로 동의한 결과이기도 하다. 즉 반확산론자와 확산론자 사이의 논쟁에서 반확산론자들이 승리한 결과이다.

세계 비확산 질서는 일견 매우 불평등한 조약인 것처럼 보인다. 그러나 다음과 같은 점을 고려할 때 국제사회의 합의를 이해할 수 있다. 5개국을 제외한 나머지 국가들에게 핵이 확산될 경우 더 많은 국가들이 핵 보유를 시도할 것이다. 그러한 확산 과정에서 핵전쟁이 발생할 확률이 기하급수적으로 증대될 것이기 때문이다. 먼저 핵 확산 과정에서 핵무기에 대한 통제와 관리 능력을 보유하지 못한 국가가 핵 보유를 시도할 가능성이 존재한다. 둘째로 더 많은 국가가 핵을 보유할수록 핵전쟁의 가능성이 높아지는 것은 불가피하다. 특히 핵 확산이 전개되는 과정에서 핵전쟁이 발생할 가능성이 높다. 이미 핵을 보유한 국가가 자신의 잠재 적이 핵을 보유하기 전에 핵 공격을 가해 그 가능성을 차단하려 할 수 있기 때문이다.

---

10 냉전기 및 탈냉전기 미소, 미러 간 핵군축 노력에 대해서는 다음을 참조할 것. 이진욱, "미국과 러시아 간 핵 군축협상 의의와 영향요인에 관한 연구" 『한국군사학논총』 제24권, 2022.

11 이만석, 함형필, 『미국의 핵전략』 (서울: 플래닛미디어, 2024) Ch. 5. 핵군비통제 전략의 기원과 교훈; 김정호, "핵 비확산 체제와 북한의 핵전략 변화: '거짓 협박'에서 '핵 비확산 체제의 취약점 공략'까지" 『한국동북아논총』 제28권 3호, 2023.

반대로 기존의 핵보유국들은 1) 핵실험 금지를 통해 더 이상의 핵전력 발전을 중단하고, 2) 상호 간에 핵 군비 통제를 통해 핵전력을 줄여나가며, 3) 선제 불사용 원칙(no first use) 선언을 통해 핵 비보유 국을 상대로 핵을 사용하지 않을 것임을 선언한다는 도덕적 의무가 부여되었다. 즉 핵 보유국들도 비보유국들의 핵 보유를 불가능하게 하면서 세계 군사 질서에서 핵의 역할과 비중을 축소시켜 나가고 궁극적으로 핵을 철폐하겠다는 의지를 나타내는 것이다.[12]

먼저 추가 핵실험을 금지하여 핵무기의 질적 발전을 추구하지 않는다. 둘째로 주요 핵 보유국 간 핵무기를 상호 줄여나가는 노력을 지속한다. 마지막으로 핵 비보유국을 상대로 선제 불사용 원칙을 선언하여 전장에서 핵무기가 가지는 군사적 효과를 최소화한다.

핵 비보유국을 상대로 한 선제 불사용 원칙의 선언도 의미하는 바가 적지 않다.[13] 핵 선제 불사용이란 핵무기를 상대의 핵공격에 대한 보복 용도로만 사용한다는 의미이다. 이는 첫째 핵 비보유국을 상대로는 핵 사용을 감행하지 않는다는 의미이다. 즉 핵 보유국과 비보유국 사이의 전쟁은 핵이 없는 재래식으로만 진행될 것이다. 그렇다면 핵 비보유국들도 굳이 핵무기 보유를 시도할 필요가 없어질 수 있다.

둘째로 핵 보유국 간의 전쟁에서도 핵의 선제 사용은 불법화되며 핵무기는 이러한 불법적 사용의 대응 무기로만 활용되어 전 세계적으로 핵전쟁의 가능성은 더욱 낮아진다. 다만 이러한 선제 불사용 원칙의 채택 및 선언 역시 국가의 정책에 맡겨져 있을 뿐 법적 의무로 부과되고 있지는 못하다. 그러나 핵보유국들이 이러한 원칙을 스스로 지키기 위해 노력하지 않을 경우 비핵보유국들의 핵 보유 노력은 증대될 것이다.

이상에서 기술한 핵 보유국들의 의무는 법적 의무의 성격을 띠는 것은 아니다. 그러나 이러한 의무가 완전히 무의미한 것은 아니다. 주요 핵 보유국들이 이

---

12 이는 핵 비확산조약상의 법적 의무가 존재함을 의미하는 것은 아니다. 당시 핵 비확산론자들의 논의에 나타난 논리적 근거들을 말한다.

13 핵 선제 불사용 원칙의 내용과 전략적 함의에 대해서는 다음을 참조할 것. 김보미, "북한의 핵선제불사용(No First Use) 선언의 배경과 의미" 『전략연구』 제23권 3호, 2016.

상의 의무를 등한시하고 핵의 역할을 증대해 나갈 경우 비확산 체제는 위기를 맞게 될 것이기 때문이다. 따라서 주요 핵 보유국들은 핵무기가 부각되고 그 역할이 확대되는 것에 유의하며 적어도 선언적 정책에서 핵의 역할을 제한하고 축소하는 입장을 취하고 이다.

2) 미국 핵전략의 결정요인과 역사적 전개과정

미국의 핵전략은 다양한 요인에 의해 결정된다.[14] 미국의 핵전략을 결정하는 가장 중요한 첫 번째 요인은 핵을 보유한 초강대국 사이의 핵전력 규모와 성능, 역량이다. 냉전기의 역사를 보면 미국의 핵전략은 소련과의 핵 경쟁에서 일정한 우위와 열세를 겪었고 이는 미국 핵전략 변화의 추동 요인이 되었다.

두 번째로 주요 잠재적 적성 국가와의 재래식 전력 균형도 미국의 핵전략 변화에 영향을 미치는 중요한 요인이 되어왔다. 미국 역시 재래식 전력의 열세를 핵으로 만회하고자 한 바 있으며 미국의 적대국들 역시 자신들이 재래식 전력의 열세에 있을 때 핵을 활용하여 이를 만회하고자 했다. 즉 미국과 잠재적 적국 사이의 재래식 군사력 균형도 핵전략 변화에 영향을 주는 요인이다.

미국의 핵전략은 또한 세계 핵 비확산 질서 유지를 중요한 고려 요인으로 하면서 전개되어 온 것을 확인할 수 있다. 특히 미국은 핵 확산과 핵의 불법 유통으로 인한 테러리스트들의 핵무기 획득을 중요한 군사위협으로 평가해 왔다. 마지막으로 미국의 핵전략을 결정하는 또 다른 원인으로 기술의 변화 및 핵과 핵통제 메커니즘의 현대화다. 기술의 발전과 변화는 미국의 핵전략, 핵무기에 대한 접근법을 변화시킨 요인으로 작용해 왔다.

이상과 같은 결정 요인에 따라 역사상 최초로 핵이 사용된 제2차 세계대전 이후 미국의 핵전략은 변화의 과정을 거쳐왔다. 미국과 소련 사이의 핵 균형에 따라 미국의 핵전략은 대량보복전략에서 시작하여 유연반응전략으로 변화해 왔다. 최초 핵 사용 이후 미국은 소련이 핵을 보유할 때까지 절대적 핵 우위를 바탕으로 소련을 압도하고자 했다. 어떠한 소련의 공격에도 압도적인 핵 공격,

---

14 이만석, 함형필, 2024, Ch. 2. 핵전략의 태동, Ch. 3. 핵전략의 신뢰성 논쟁.

즉 대량보복을 다짐함으로써 소련의 공격 시도를 차단, 억제하고자 했다.[15]

소련이 핵을 개발한 후 미국 역시 핵 사용 위협을 쉽게 사용할 수 없게 되었으며 핵 우위를 점하기 위한 기술 및 수량 경쟁이 치열하게 진행되었다. 미국의 근소한 핵 우위가 유지되었던 기간을 '상대적 핵 우위기'라 칭하며 미국은 제한적 방식으로 핵을 사용하여 소련에 대한 재래식 열세를 극복하고자 했다. 냉전 직후 상당 기간 동안 유럽에서는 소련이 주도하는 바르샤바 조약기구에 대해 미국과 북대서양조약기구(NATO)가 수적 열세하에 있었기 때문이다.

미국과 소련 사이의 핵 경쟁은 결국 앞에서 살펴본 전략핵균형으로 귀결되게 된다. 그러나 미소 간 전략핵균형이 달성된 후에도 미국과 소련은 핵 우위를 확보하기 위한 경쟁, 미사일 방어를 둘러싼 경쟁 등을 지속했으며 냉전 후반기가 되면서 전략핵무기 감축을 위한 노력을 시작하고 일정한 합의에 이르게 된다. 특히 양국 간 전략핵균형을 불안정하게 만드는 중거리 핵전력을 금지하는 중거리핵협정(INF)는 일련의 전략핵무기 감축 협정과 함께 양국 간 전략적 안정성 유지에 기여하게 되었다.

주요 핵 보유국 사이의 재래식 군사력 균형이 미국을 포함한 핵 보유국의 핵전략에 미치는 영향을 잘 보여주는 사례가 탈냉전기 세계 핵질서의 전개 과정이다. 기본적으로 탈냉전기 동안 미국은 재래식 전력의 압도적 우위를 유지해왔다. 러시아를 비롯한 어떠한 국가도 재래식 군사력에 있어서 미국에게 도전할 수 없었다는 것은 주지의 사실이다.

이러한 재래식 우위의 상황에서 미국의 핵전략은 세계 군사질서와 미국의 안보, 군사전략에서 핵의 역할을 최대한 축소하는 것이다. 핵과 관련된 미국의 전략은 다른 국가들의 핵 사용 및 핵 확산을 막는 것이었다. 재래식 군사력만으로도 세계 군사질서를 장악할 수 있었던 미국에게 있어서 우려 사항은 핵을 사용하여 미국의 재래식 우위를 무효화시키는 시도이다. 탈냉전 이후 2010년대 초까지 미국의 최대 우려 사항은 테러 집단이 핵무기를 보유하여 미 본토에 대한 자살적 공격을 감행하는 것이었다.[16]

---

15 김재한, 1992, p. 197.

16 신성호, "부시와 오바마: "핵 테러"에 대한 두 가지 접근" 『국가전략』 제15권 1호, 2009.

나아가 러시아, 중국 등 잠재적 적국이 미국에 비해 상대적으로 열세인 재래식 군사력을 핵의 억제력으로 만회하려 할 경우가 문제였다. 따라서 미국은 핵의 역할을 최소화하면서 핵 비확산 및 핵 안전 강화, 핵의 역할 축소 등을 점진적으로 추진해 나갔다. 오바마 대통령의 '핵 없는 세상(nuclear free world)' 정책은 단지 개인적 신념의 산물만이 아니었다. 이는 미국의 군사전략적 이익을 반영한 것이었다.

이와 같은 미국의 노력에 전면으로 도전한 것은 러시아다. 러시아는 나토의 동유럽 확대에 반대해 왔으며 유럽에서의 군사적 우위를 확보하기 위해 전술핵 사용 위협을 활용해 왔다. 러시아는 2010년대 초부터 미국과 나토의 미사일 방어를 우회할 수 있는 중단거리 미사일 전력을 개발, 배치해 왔으며 2014년 크림반도 사태에서 핵 사용 위협으로 나토의 개입을 차단했다.[17]

2022년 2월 발발한 우크라이나-러시아 전쟁은 러시아의 핵전략을 잘 보여준다. 러시아는 자국이 불리한 국면마다 전술핵 사용 위협을 다양한 방식으로 시현하며 이의 전략적 효과를 활용하고자 했다. 이를 통해 러시아는 미국과 나토의 직접적 개입을 막고 있으며 이들 국가들의 우크라이나에 대한 지원을 제한하고 있다. 시간에 지남에 따라 미국 및 서방 국가들의 우크라이나에 대한 지원은 강화된 바 있으나 이들이 우크라이나가 러시아 영토를 직접 공격할 수 있는 전력의 제공에는 대단히 신중했다는 사실을 확인할 수 있다.

3) 미국의 핵전략 하 확장억제 전략

확장억제는 세계 핵질서의 핵심적 구성 요소의 하나인 핵 비확산 체제를 보장하는 주요 수단 중 하나이다.[18] 미국은 단지 동맹 조약의 의무로서뿐 아니라 세계 핵질서 유지를 위해 한국에 대한 확장억제를 제공하고 있다. 핵 비확산 체제를 불법적으로 위반한 북한으로부터 한국을 지켜 북한의 핵을 무효화하고 한국의 독자 핵무장을 막는 것이다.

---

17 정상혁, "러시아 하이브리드 전쟁의 군사적 분석: 크림반도 군사작전을 중심으로" 『군사연구』 제149권, 2020.

18 설인효, 2013, p. 2.

한국에 대한 확장억제 제공 실패 시 이는 미국의 동맹공약 이행 실패뿐 아니라 핵 비확산 체제 수호 실패로 받아들여질 것이며 추가적인 핵 확산을 초래할 가능성이 높다. 세계 최대의 핵 보유국 중 하나이며 핵 비확산 체제를 주도하고 있는 미국은 주요 조약 동맹국들에게 확장억제를 제공하고 있다. 핵심 동맹국인 한국에 대한 미국의 확장억제가 실패할 경우 이들 동맹국들은 독자 핵무장의 필요성을 절감하게 될 것이며 나머지 잠재적 핵 보유 추구 국가들 역시 비확산 체제의 약화 또는 붕괴의 신호로 받아드릴 가능성이 높다. 이러한 점에서 세계 비확산 체제의 존재와 중요성을 고려할 때 미국이 제공하는 확장억제 공약의 신뢰성은 매우 높다고 평가할 수 있다.

상술한바 확장억제 전략은 미국 핵전략의 일부이다. 확장억제를 제공하는 국가에게 핵 공격이 발생할 경우 미국의 핵을 사용할 가능성이 높기 때문이다. 따라서 확장억제 전략은 미국의 전반적 핵 사용 전략과 긴밀히 연계되며 그 일부를 구성한다. 확장억제 전략에도 미국이 핵 사용 시 고려하는 요인들이 영향을 미친다.

탈냉전기 미국은 압도적인 재래식 우위 하에서 핵의 역할 축소를 추구해 왔다. 미국의 관심은 핵을 사용하는 것이라기보다 다른 핵 보유국이 핵 사용 또는 그 위협으로 재래식 열세를 극복하고 미국에게 도전하는 상황이다. 또는 테러리스트 그룹에게 핵 확산이 이루어져 미 본토 내에서 핵테러가 발생하는 상황이다. 이러한 상황의 방지를 위해 세계 군사질서에서 핵의 역할을 축소시켜 나가야 한다. 적어도 미국이 핵의 역할을 확대하여 잠재적 적국의 핵 사용을 자극하거나 핵 확산을 초래하는 상황을 만들어서는 안 되는 것이다.

미국은 2000년대 후반부터 이전에 사용하던 '핵우산(nuclear umbrella)'이란 용어 대신 '확장억제'를 사용하고 있다.[19] 확장억제란 핵무기뿐 아니라, 첨단 재래식 무기, 미사일 방어 등 모든 수단을 동원하여 억제력을 제공하는 것으로 규정된다. 이는 기본적으로 핵의 역할을 최대한 축소하려는 미국의 핵전략 변화로부터 연유한 것으로 볼 수 있다. 즉 동맹 보호를 위한 핵 억제에 있어서도 핵의 역할을 가급적 최소화 하고 핵 이외의 수단을 활용하고자 하는 것이다.

---

19 김정섭, 2015, p. 10.

확장억제 개념은 탈냉전기의 핵 및 세계 군사질서의 다양한 상황을 반영한 것이기도 하다. 첫째, 탈냉전기의 핵 억제는 냉전기 소련과 같은 핵 강대국이 아닌 북한과 같은 불법적 핵 추구 국가들을 대상으로 하는 것이었다. 이들 국가들의 제한적 핵 능력은 미사일 방어를 통해서도 충분히 억제 가능할 것으로 인식되었다. 더불어 첨단 과학기술을 활용한 재래식 전력의 효과성 증대로 이러한 전력을 효율적으로 사용할 경우 제한된 핵 능력을 가진 국가는 억제가 가능할 것으로 인식되었다.

4) 확장억제 전략의 입체적 결정 요인

확장억제 전략은 다양하고 다면적인 고려 요인이 작용되어 결정된다고 할 수 있다. 확장억제는 세계 비확산 질서를 주도하고 있는 미국이 불법적 핵 보유 추구 국가 북한을 억제하여 동맹국 한국을 보호하는 수단 중 하나이다. 이는 기본적으로 북한이 핵 사용을 고려하지 못하도록 억제하는 것을 목표로 한다.

동시에 중요한 것은 한국을 안심시키는 것이다. 상술한바 확장억제에는 고유한 딜레마가 존재한다. 미국이 과연 자국이 아닌 동맹국의 보호를 위해 핵 사용의 위험을 감수할 것인가? 따라서 북한의 핵 사용을 억제하는 것보다 한국 국민을 안심시키는 데 더 많은 노력이 필요할 수도 있다.

한국에 대한 확장억제 제공에는 다른 요인들도 작용한다. 먼저 한국을 제외한 다른 미국 동맹국들이다. 한국에 대한 확장억제 강화 시 이들 국가들도 확장억제 공약 강화를 요구할 수 있다. 각 국가마다 경험하는 핵 위협에는 차이가 존재할 수 있으나 잠재적으로 확장억제 강화 요구의 가능성은 늘 존재한다. 더욱 중요한 것은 중국 및 러시아와 같은 핵 보유 국가들이다. 미국이 북핵 억제를 위해 한국에 대한 확장억제 제공을 강화할 경우 이들 국가들은 동북아 지역의 핵 균형에 대한 위협으로 인식한다. 또는 이러한 위협 인식을 이유로 자신들의 핵 능력 강화를 정당화하고자 할 수 있다. 따라서 미국은 확장억제 강화가 이들 국가들의 핵 능력 강화를 자극하거나 이들에게 명분을 제공하는 것이 되지 않도록 유의한다.

미국의 확장억제 전략을 동맹 보호의 수단만으로 이해되어서는 안 된다. 확장억제 정책 결정 시 미국이 고려하는 다양한 요인을 이해할 필요가 있다. 더불어 확장억제 강화에 대해 미국이 느끼는 부담을 충분히 이해할 필요가 있다. 그렇지 못할 경우 미국의 확장억제 강화 노력을 불필요하게 저평가할 수 있기 때문이다.

다른 국가에 대한 확장억제 제공은 본질적으로 미국의 핵 사용 가능성을 내포한다. 미국 또는 미국의 동맹국을 핵으로 위협하는 국가들은 미국의 핵 보복을 피하고 억제하기 위해 미국을 상대로 한 핵 보복능력을 갖추고자 한다. 북한이 대륙간 탄도미사일을 보유하고자 하는 것은 바로 이러한 이유이다.

그 결과 한국에 대한 미국의 확장억제 제공은 미국이 북한에게 핵 보복을 당할 수 있는 위험의 감수를 요구한다. 뿐만 아니라 북한에 대한 핵 공격은 중국과 러시아의 오인 또는 다양한 전략적 이유로 이들 국가들과의 핵전쟁으로 비화할 가능성마저 갖는다. 확장억제 공약을 강화할 때 미국은 본질적으로 이러한 부담과 위험을 감수할 수밖에 없다.

이상과 같은 다양한 요인에 대한 고려로 인해 확장억제에 대한 미국의 기본적인 접근법은 '계산된 모호성(calculated ambiguity)'으로 귀결되고 있다. 즉 명확한 기준을 밝혀 특정 상황에서 미국의 핵 사용을 강제하기보다 실제 상황 발생 시 유연한 선택이 가능한 형태로 남겨두는 것이다. 예컨대 확장억제 공약 이행 범위에 대해 명확한 입장을 밝혀두지 않음으로써 미국의 책임을 경감시키는 형태를 취하고 있다.

이렇게 유지되고 있는 '모호함'은 의도된 것이고 전략적으로 계산된 것이다. 특정 상황에서 미국의 핵 사용 전략을 확정해 둘 경우 확장억제 공약의 신뢰성은 극대화될 수 있다. 다만 실제 상황 발생 시 이 공약을 지키지 못하면 확장억제 공약의 신뢰성은 완전히 붕괴하게 될 것이다. 더불어 확장억제 공약 상의 주요 의무를 확정해 두면 미국이 피하고자 하는 부작용 역시 확정된다. 미국은 계산된 수준의 모호성을 유지하는 것을 통해 긍정적 효과를 극대화하고 부정적 효과는 완화하고자 하는 것이다.

상술한바 미국이 보유한 핵전력 사용에 대해 공약하는 것은 매우 부담스럽고 본질적으로 불가능에 가까운 일이다. 미 국민의 생명과 안전을 담보로 한 공약을 다른 국가에 제공하는 일이기 때문이다. 잘 계산된 범위에서 확장억제 공약상의 표현 수준을 조정하여 일정한 모호성을 유지하고 다른 방식, 예컨대 전략자산의 전개 등을 통해 모호성을 보완하는 것이 최대의 전략적 효과를 거둘 수 있는 방법이 될 수 있다. 이것이 계산된 모호성인 것이다.

억제는 본질적으로 심리적 과정의 산물이다. 억제는 실패하기 전까지 제대로 작동하고 있는지 증명하기 어렵다. 계산된 모호성은 전략에 대한 공약을 다양한 해석이 가능한 상태로 남겨두는 것이다. 이후 다른 방식을 통해 공약의 신뢰성을 강화해 나가는 것이라 할 수 있다. 성공적으로 운영될 경우 긍정적 효과는 극대화하면서 부정적 효과는 최소화할 수 있는 여지가 있는 것이다.

계산된 모호성은 확장억제의 본질적 한계를 노출하고 심화시키는 요인으로 비판받기도 한다. 확장억제는 자신이 보유한 전력으로 자기 자신이 아닌 다른 존재를 보호하는 것이다. 전력의 사용이 초래하는 잠재적 위협을 고려할 때 이와 같은 조치가 실제로 이행될 것인가에 대한 의문이 남는다. 확장억제 공약에 모호성이 존재할 경우 이러한 한계는 더욱 부각될 수밖에 없다.

확장억제 전략의 결정 요인과 구조적 본질을 이해하지 못할 경우 계산된 모호성은 상대방의 '의지의 부재'로 오인될 수 있다. 이러한 오인과 오해는 동맹의 불신과 약화로 이어질 수도 있는 것이다. 미국의 확장억제 전략이 계산된 모호성의 범위를 넘어서기 어렵다는 점에 대한 이해를 바탕으로 확장억제를 평가할 필요가 있는 것이다.

3 맞춤형 억제 전략의 등장과 발전

확장억제는 한 국가가 가진 핵전력의 억제력을 확장하여 다른 국가에게 보호를 제공하는 것이다. 즉 또 다른 핵 위협으로부터 해당 국가를 보호하기 위하여 핵의 억제 효과를 활용하는 것이라 할 수 있다. 따라서 확장억제는 억제 제공국, 억제 수용국, 억제 대상국의 세 국가가 기본적으로 관계하게 된다.

확장억제의 핵심은 물론 잠재적 핵 사용 국가의 핵 공격을 억제하는 것이다. 그러나 확장억제의 더 중요한 측면은 보호를 받는 국가의 국민을 안심시키는 것이다. 앞서 살펴본 바와 같이 확장억제는 상대국가의 보호뿐 아니라 세계 핵 확산 질서를 수호하는 역할도 한다. 만일 보호 받는 국가의 국민을 충분히 안심시키지 못한다면 그 국가는 결국 핵 보유를 시도하게 될 것이며 세계 비확산 질서 전반에 불안정을 초래할 것이다.

세계 비확산 질서를 유지하는 과정에서 불법적 핵 보유국이 등장할 수 있지만 이러한 핵 위협으로부터 비확산 질서 내 핵 보유를 인정받은 국가들이 비확산 질서 준수 국가를 보호하지 못한다면 비확산 질서는 붕괴할 것이다. 따라서 확장억제 제공국의 중요한 임무 중 하나는 확장억제를 제공받는 국가가 충분히 안심하도록 하는 것이다. 즉 핵 위협 국가가 충분히 억제되고 있다는 점을 알리고 이해시킬 필요가 있는 것이다.

일반적으로 위협을 가하는 적국을 억제하는 것에 비해 보호받는 국가를 안심시키는 것이 더욱 어려운 일로 알려져 있다.[20] 영국 국방장관 힐리의 이름을 딴 '힐리 공식(Healey Theorem)'에 따르면 적을 억제하는 데 5%의 노력이 든다면 국민 안심에 95%의 노력 필요하다. 즉 적을 억제하는 것과 국민 안심에 서로 다른 수준의 노력이 필요하다는 것을 의미한다.

맞춤형 억제 전략이란 동맹국 안심을 위해 필요한 사항을 동맹과 적극적으로 소통하여 맞춰 나간다는 것을 의미한다. 즉 확장억제의 제공과정에서 억제 대상국의 특성과 함께 보호받는 국가의 특성과 요구를 확인하고 충분히 수용하여 확장억제 체제를 구축한다는 관점이다. 동일 또는 유사 무기체계가 적용된다 해도 어떤 국가의 핵 위협을 누구를 위해 억제하느냐에 따라 상당히 다른 노력이 필요하다는 인식이다.

맞춤형 억제 전략은 북한에 대한 효과적 억제와 한국 국민에 대한 안심을 목표로 한반도 상황에 최적화한 한미 공동의 대북 억제 전략으로 제시된 전략개념이다. 과거 확장억제는 '핵우산'이란 개념으로 주로 사용되었고 냉전기 소련의

20 Evan Braden Montgomery, Extended Deterrence in the Second Nuclear Age, CSBA Report, 2016.

핵 위협으로부터 유럽 국가들을 보호하는 것이 핵심이었다. 북한이 NPT를 탈퇴하고 한국에 대해 실질적 핵 위협을 가하게 됨에 따라 새로운 확장억제 전략의 필요성이 제기되었다. 유럽에 대한 소련의 위협과 한국에 대한 북한의 위협은 성격이 다르기 때문이다. 즉 맞춤식의 접근이 필요하다는 것이다.

한미 양국이 맞춤형 억제 전략에 합의함으로써 미국이 양자 동맹국과 맺은 최초이자 유일한 확장억제 관련 조약으로 기록되었다.[21] 맞춤형 억제 전략은 억제 대상 측면에서 북한의 핵뿐 아니라 기타 WMD를 포괄하고, 범위에 있어서 전시뿐 아니라 평시 위협 단계부터 사용 단계까지를 포괄하는 모든 위기 상황을 대상으로 한다. 억제 수단으로는 미국이 보유하고 있는 외교, 정치력까지 모든 수단을 총동원하여 효과적인 억제를 달성하는 것을 핵심으로 한다.

맞춤형 억제 전략은 일반적인 핵 사용 국가로부터의 위협이 아닌 한반도의 상황과 북한 정권 지도부의 특성을 반영한 억제 전략이다. 또한 이 전략은 북한에 대한 군사적 분석 뿐 아니라 한국 정부 및 국민과 끊임 없는 소통을 통해 발전되는 전략으로 기획되었다. 즉 한반도 상황에 최적화된 한미 공동의 대북 억제 전략인 것이다.

맞춤형 억제 전략은 2013년 박근혜 정부 출범 후 북핵 위기 고조가 있었으며 이에 대한 대응 모색 과정에서 제시되었다. 2013년 2월 북한은 박근혜 정부의 출범을 앞두고 3차 핵실험을 감행했다. 이는 2006년, 2009년에 이은 세 번째의 핵실험으로서 그 폭발력이 컸고 북한 주장에 따르면 고농축 우라늄을 사용하는 등 북한의 핵 위협이 실질화했음을 보여주는 상징적 사건이었다.[22]

이처럼 북핵 위기 현실화가 임박한 시점에서 기존과 다른 수준의 대북 억제 체제 수립이 요구되었다. 북한이 보유한 핵전력이 실체화됨에 따라 북한의 군사 모험주의 등장 가능성이 커졌으며 한국 국민의 우려가 크게 증대된 것이다. 즉 세 차례의 핵실험으로 한반도 군사력 균형이 급격히 변화한 것은 아니지만 북한이 자신이 보유한 핵의 전략적 효과를 과신할 경우 군사 모험주의로 흐를 가능

21 권혁철, "한·미, 북핵 대응 '억제전략' 10년 만에 개정…핵공유는 아니다" 『한겨레』 2023. 11. 14.

22 하도형, "북한의 3차 핵실험과 한반도 통일" 『성균차이나브리프』 제1권, 2호, 2013.

성은 커졌다. 핵을 보유한 북한에 대해 충분히 반격하지 못할 것이라 상정할 경우 보다 쉽게 도발을 결정할 수 있을 것이기 때문이다.

상술한바 잠재적 핵 사용 국가를 억제하는 것보다 보호를 제공받는 국민을 안심시키는 것이 더 어려운 일이다. 특히 북한은 핵 억제가 작용한다는 점이 입증된 소련과 같은 강대국과는 다른 성격을 갖는다. 예컨대 소련의 경우 자신의 핵 선제 공격에도 불구하고 생존한 미국의 핵전력이 소련의 상당 부분을 파괴할 수 있다면 선제 공격 자체를 시도하지 않는 합리성을 갖는 행위자로 인식되었다. 소련은 그런 위험을 감수하는 것보다 현재의 위치에 만족하는 것이 훨씬 합리적이다. 현재와 같은 위상을 갖추고 국가 발전을 이룩하는 과정에서 이 정도 수준의 합리성을 갖추고 있을 것이라는 점은 쉽게 가정할 수 있다.

그러나 북한 독재정권은 다르다. 독재자가 의사결정을 독점하고 장악하고 있어 합리적 정책결정에 대한 의심과 논란이 존재한다. 국가의 내적 안정성도 취약하여 죽기살기식 핵 공격으로 나설 가능성도 완전히 배제할 수 없었다. 따라서 북한에 대한 핵억제, 확장억제는 과거 소련을 상대로 한 억제 전략과 동일할 수 없다. 또한 이러한 상황에서 한국 국민을 안심시킬 수 있는 방안의 체계적인 발전의 필요성이 인식되었다.

오바마 행정부는 핵 없는 세상을 주창하며 세계 군사질서 및 미국의 핵전략에서 핵의 역할을 축소해 나가기 위해 노력해 왔다.[23] 탈냉전기 동안 미국은 재래식 전력에 있어서 압도적 우위에 있었고 따라서 미국의 전략적 이익은 핵까지 동원하여 군사력을 강화하기보다 핵을 사용하여 미국에 대한 재래식 열세를 만회하려는 세력들의 도전에 대응하는 것이었다. 요컨대 탈냉전기 동안 핵의 역할을 축소하는 것이 미국의 국가이익이었다.

상술한바 핵 비확산 체제는 당시 핵을 보유하고 있던 강대국들과 국제사회 일반이 합의한 것이었다. 핵 보유국의 경우 핵을 활용하여 전략적 이익을 얻을 수 있는 이점도 있지만 핵을 앞세울 때 비밀리에 핵 보유를 추구하는 국가들이 늘게 되고 최종적으로 자신들의 핵 독점권이 약화 되고 통제할 수 없는 혼란이

23 박원곤, 설인효, "오바마 행정부의 외교·안보전략 평가와 신행정부 대외전략 전망" 『평화연구』 제24권 2호, 2016.

발생할 가능성도 커진다. 소련이 붕괴된 상황에서 미국은 핵을 전면에 내세우기보다 미국의 안보에서 핵의 역할을 축소하여 다른 국가들이 핵 사용 또는 그 위협을 이용하여 미국에게 도전할 가능성을 줄이고자 했던 것이다.

이와 같은 전략적 기조하에서 미국은 '핵우산'이라는 용어보다 '확장억제'라는 용어를 사용하여 동맹국의 보호에 있어서도 핵의 역할을 축소하고자 하였다. 확장억제는 '핵우산'보다 확대된 개념으로 핵뿐 아니라 첨단 재래식 전력, 미사일 방어, 정치, 경제, 외교적 수단의 총체를 활용하는 것으로 정의되기 때문이다. 즉 핵의 억제력을 유지하되 유일한 수단이 아니라 여러 수단 중 하나로 유지하는 것이다.

이와 더불어 고려된 것이 핵의 억제력을 최대한 발휘하기 위한 최적의 조합을 모색한다는 개념이다. 즉 적에 따라 억제 전략의 최적 조합을 찾고, 특히 보호를 제공받는 국민들의 안심을 보장하기 위한 다양한 정책을 모색하고자 했다. 이를 위해 미국의 핵 능력을 바탕으로 일방적으로 억제력을 투사하기보다 확장억제를 제공받는 국가의 입장에서 무엇을 위협으로 인식하고 어떠한 추가적 조치를 원하는지에 대해 충분히 청취하며 확장억제 체제를 '진화적으로 발전'시켜 나가는 것이 맞춤형 억제 전략의 핵심이다.

북한의 핵 위협이 증대하는 상황에서 핵을 전면에 내세워 북한을 억제하기보다 새로운 전략 구상의 일환으로 맞춤형 억제 전략이 제시되었다. 즉 확장억제의 신뢰성은 핵 역량이나 의지의 일방적 표명보다 보호받는 국가와의 진솔한 소통을 통해 강화될 수 있다는 접근법을 취한 것이다. 확장억제를 제공받는 국가의 입장에서 어떠한 강화를 요구하는지 정확히 듣고 이에 대해 소통하며 강화시켜 나가는 새로운 전략적 접근법을 표명했다.

이와 같은 접근법에서는 어떻게 동맹의 의견을 청취하고 이를 주기적으로 반영할 수 있는가가 중요하다. 핵과 관련된 정책은 고도의 비밀성을 유지하기 때문에 이는 매우 어려운 과업이다. 핵 관련 정보는 미국 내에서도 최소한의 인원만이 접근할 수 있으며 그 통제권 및 발사 권한은 군 통수권자인 미 대통령이 독점한다는 사실은 잘 알려진 일이다. 따라서 이와 같은 특수한 상황 속에서 가능한 최대한 동맹의 희망과 요구를 반영할 수 있는 수단과 방식을 찾는 작업이 요구되었다. 맞춤형 억제 전략의 제기와 발전은 이러한 과정이라 정리할 수 있을 것이다.

위에서 기술한바와 같이 맞춤형 억제 전략은 기본적으로 고정된 전략이라기보다 상황에 따라 지속적으로 변화하고 진화하는 전략이 될 수밖에 없을 것이다. 각 상황과 맥락에 맞는 최적의 억제체제를 모색해 나가는 과정에서 변화가 불가피하기 때문이다. 무엇보다 먼저 맞춤형 억제 전략이 지속적으로 진화했던 원인은 북한이 제기해 온 핵 관련 위협이 지속적으로 고조되었기 때문이다.

더불어 맞춤형 억제 전략은 상황 변화에 따라 확장억제를 제공받는 국가의 인식에 따라 전략을 유연하게 발전시켜 나가는 개념이므로 지속적인 변화, 진화를 해왔다. 예컨대 한미 관계의 변화, 새로운 기술의 발전, 남북 관계의 변화 및 북한의 행태 등은 한국의 정책 당국자 및 국민의 인식을 변화시킬 수 있는 요인이며 이에 따른 억제 체제 강화가 요구된다. 더불어 시간이 경과함에 따라 양측의 한반도 상황 및 상호 이해가 증진, 변화하고 이는 추가적인 발전과 진화의 필요성을 제기하게 된다.

그러나 역시 맞춤형 억제 전략 진화의 가장 중요한 요인은 북한이 제기하는 위협의 진화, 발전이다. 북한은 맞춤형 억제 전략이 제기된 이후에도 지속적으로 핵 및 미사일 위협을 고조해 왔다. 특히 북한이 새로운 수준의 위협을 제기할 경우 확장억제에 기반한 대북 억제 체제는 도전을 받게 된다. 이러한 북한의 역량 강화에 부응하는 새로운 진화가 요구된다.

더불어 현 체제가 이렇게 새로이 제기된 위협에 충분히 대응할 수 있는지 주기적으로 점검하고 빈틈은 없는지 확인해야 한다. 동일한 체제라도 이를 운영하고 특히 정책 결정을 최종 확정할 인원들이 새로운 상황에 대해 이해하고 신속하고 효과적인 결정을 내릴 수 있는지도 주기적으로 확인, 점검해야 한다. 이와 같은 모든 과정이 맞춤형 억제 전략의 진화, 발전의 과정에 해당한다.

2010년대 처음 등장한 이후 맞춤형 억제 전략은 한미 간의 지속적인 소통을 통해 발전, 진화해 왔다. 이 과정을 통해 한반도 상황에 대한 미국의 이해와 인식, 한국 국민의 우려에 대한 미국의 이해와 인식이 심화하였다. 이는 매우 중요하다. 고도의 기밀 속에서 핵전력을 운용하는 미국이 한국의 상황과 한국 국민의 정서를 이해하고 보다 효과적인 방식으로 북한 핵을 억제하고 한국 국민에게도 확신을 줄 수 있게 되었기 때문이다.

이 기간에 다수의 한미 외교, 국방 당국으로 구성된 협의 기구가 구성되었으며 정기적인 모임이 이루어졌다. 특히 확장억제정책위원회(EDPC, Extended Deterrence Policy Committee)는 매년 1회 확장억제 도상훈련(TTX, Table Top Excercise)을 실시하여 한미 간 정책 공조를 강화했다.[24] 도상훈련이란 현실성 있는 가상의 시나리오를 준비하고 전문가 또는 정책 결정자들이 해당 상황에 대한 대응 방안을 모색하는 연습방식을 의미한다.

한미 확장억제 정책 발전의 일환으로 도상훈련을 시행했다는 것은 보다 현실적인 상황 하에서 확장억제의 작동 여부를 확인하고 개선사항을 발견하며 정책 이행의 숙달도를 높였다는 것을 의미한다. 특히 이 기간 동안 한국이 시나리오를 작성하고 한미 참석자가 함께 해결 방안을 모색하는 방식도 시행했던 것으로 알려진다. 이를 통해 한국이 우려하는 상황, 시나리오는 무엇이며 현재의 체계가 이러한 우려를 해소하는 데 충분한지를 점검했다고 볼 수 있다.

맞춤형 확장억제 전략하에서 미국이 일방적으로 선언하거나 발표하는 핵우산과 달리 한국의 의사를 적극적으로 반영하여 한미가 공동으로 합의하여 발전시켜 나간다는 특징을 가진다. 그러한 점에서 맞춤형 억제 전략은 가장 진보된 확장억제 전략이라 할 수 있다. 한국과 미국은 한미동맹의 강력한 신뢰를 기반으로 맞춤형 억제 전략 체계 발전에 함께 노력해 왔다. 따라서 맞춤형 억제 전략은 한미 간 소통을 강화하고 최적의 억제 태세를 갖추는 방향으로 진화해 왔다고 할 수 있을 것이다.

맞춤형 억제 전략은 출발 시점부터 한미 양국의 소통을 강조하여 긴밀한 대화를 발전시켜왔다. 한미 장관 간 한미안보협의회(SCM)와 같이 기존에 존재하는 한미 양국의 소통 채널을 통해 지속적인 메시지를 발신함과 동시에 위에서 언급한 바와 같이 다양한 확장억제 관련 협의 기구를 발전시켜왔다. 이를 통해 북한을 효과적으로 억제함과 동시에 확장억제에 대한 한국 국민의 확신과 안심을 강

24 함형필, 이만석, "한국의 재래식 전력의 한반도 억제태세 기여와 역할: 확장억제 신뢰성 제고를 중심으로" 『국가안보와 전략』 제22권 2호, 2022.

화해 왔다.

이와 같은 협의 기구 중 핵심은 한미 양국의 주요 관료와 전문가가 참여하는 1.5트랙 회의를 통해 구체적 상황과 시나리오하에서 확장억제 대응 역량을 발전시켜 나갔다는 것이다. 다만 이와 같은 활동들은 일반에 공개되지 않고 상당 기간 동안은 비밀리에 진행되었다. 핵 억제와 관련된 내용들은 기본적으로 고도의 비밀일 뿐 아니라 자세한 사항이 노출될 경우 억제되어야 하는 대상, 북한에게 역이용될 수도 있기 때문이다. 그 결과 상당 기간 동안 맞춤형 억제 전략의 핵심인 한미 간 협의체 및 그 활동은 전문가 및 국민 일반에 널리 소개되지 않은 상태로 남아 있었다.

한미 간의 핵우산 또는 확장억제의 전개과정을 개관해 보면 1978년 미국은 제11차 한미안보협의회(SCM)에서 '핵우산' 제공을 최초로 약속했다. 2006년 제38차 한미안보협의회에서는 공동성명을 통해 한국에 대한 미국의 '확장억제 공약'이 최초로 문서로 공식화되었다. 또한 2009년 한미안보협의회 공동성명에서는 '확장억제 수단'이 구체적으로 명시되는 등 공약의 구체성이 확보되었다.

2013년 한미안보협의회에서는 한미 양국이 '맞춤형 억제전략(TDS, Tailored Deterrence Strategy)'에 합의, 서명했음을 선포하게 된다. 핵우산 보장에서 확장억제 제공으로 전개되어 온 한반도 억제 체제가 본격적으로 맞춤형 억제 전략으로 발전된 것이다. 이렇게 2013년 10월 선포된 한미 맞춤형 억제 전략은 지속적인 진화 과정을 거쳐 발전되면서 2022년 8월 공식적으로 개정의 과정을 거친다.

상술한바 맞춤형 억제 전략을 발전시켜 온 과정은 구체적으로 공개되지 않았다. 그러나 그 동안 맞춤형 억제 전략은 한미 간 합의한 전략서 내용에 따른 수행 체계의 효율성을 증진하기 위해 꾸준한 발전을 이루고 다수의 하부 지침서도 발전시켜 온 것으로 보인다. 이와 같은 발전을 기반으로 한미는 북한의 위협 심화에 대응하여 전략의 내용을 전반적으로 개선한 새로운 전략서에 합의한 것이다.

국방부 블로그에 게재된 개정된 맞춤형 억제 전략도 기본적으로 북한의 핵 사용 위협 시, 핵 사용 임박 시, 핵 사용 시의 전략으로 구성된다. 먼저 핵 사용 위협 시 미국의 전략자산 및 재래식 증원전력이 신속히 전개하여 북한에게 한미동맹의 결의와 의지, 능력을 직접적으로 현시하며 한국 국민의 안심도 도모한다. 이와 함께 미사일 요격체계도 한반도에 추가로 전개된다.

더 나아가 북한의 핵 사용이 임박한 것으로 판단될 경우는 정밀유도무기에 의한 대북 선제 타격이 준비된다. 적의 공격이 임박한 경우라도 공격 이전에 미리 타격하는 것은 정당한 자위권이 될 수 없으며 국제법상 전쟁범죄가 발생할 위험이 존재한다. 그러나 일반적 재래식 무기가 아닌 핵 공격이 임박한 것으로 판단될 경우 이를 허용하면 국가안보의 심각한 위해가 발생하기 때문에 선제 타격이 제한적으로 허용된다.[25]

이와 함께 미 핵무기에 의한 북한 핵전력에 대한 타격이 준비된다. 북한은 자신들의 핵 자산에 대한 선제 타격이 시작되면 대규모 핵 공격을 준비할 가능성이 높다. 따라서 첨단 재래식 전력에 의한 선제 타격은 반드시 상대의 추가적 핵 사용을 억제할 수 있는 강력한 핵 수단에 의해 뒷받침될 필요가 있다. 한미동맹의 합의된 확장억제 전략으로서 이러한 맞춤형 억제 전략을 공표할 경우 북한은 선제 타격을 당하는 경우에도 추가적 핵 사용을 망설이게 될 것이다. 나아가 최초 핵 사용이 이러한 결과를 초래할 수 있다는 점을 명확히 인식시켜 애초에 핵 사용 자체를 억제하는 것이 이러한 맞춤형 억제 전략의 목표라 할 것이다.

마지막으로 북한이 실제로 핵을 사용할 경우 한미 군 통수기구는 핵우산을 포함한 확장억제를 작동시킨다. 즉 핵, 재래식 무기 등 모든 응징 수단을 적용하여 북한에 대한 응징보복을 가한다. 이와 같은 강력한 보복 수단의 존재와 이를 실행할 한미의 결단은 실제로는 북한이 핵 사용을 하지 못하도록 하는 수단이 된다. 북한은 핵 사용이 무의미할 정도의 보복을 당할 것이라 확신할 경우 실제로 핵 사용을 단념하게 될 것이기 때문이다.

이처럼 동맹은 북한의 핵 사용 위협이 시작되는 시점부터 실제로 핵 사용을 시도하는 시점까지 전 과정에 걸쳐 북한의 핵 사용을 억제하는 강력한 대응 전략을 발전시켜 왔다. 이 전략은 내부적으로 지속적으로 재검토되고 세부적인 이행사항을 발전시켜왔다. 또한 북한의 신장된 핵능력 및 태세를 고려하여 2022년 전면적 개정을 단행한 것이다.

---

25 송승종, “선제적 자위권의 정당성에 관한 연구: 유엔헌장 제2조 4항과 제51조의 해석을 중심으로” 『국가전략』 제21권 4호, 2015.

2023년 4월 한미동맹 70주년을 맞은 한미 정상은 워싱턴에서 정상회담을 열고 워싱턴 선언을 채택, 발표하였다. 이 선언을 통해 확장억제 강화와 관련된 다양한 사안들이 발표되었다. 특히 한미 간 핵 관련 협의와 확장억제의 혁신적 강화기제인 핵협의그룹(Nuclear Consultative Group, NCG)의 신설이 선언되었다.

핵협의그룹은 맞춤형 억제 전략의 진화적 발전의 정점에서 탄생한 확장억제 관련 협의기구이다. 본 협의체를 통해 미국은 확장억제 관련 계획을 한국에게 주기적으로 공유한다. 한국은 미국의 확장억제 계획 관련 의사결정 과정에 참여하여 충분한 협의를 할 수 있는 권한을 갖는다. 본 협의체는 한미 양자가 참여하는 상설협의체로 차관보급이며 연 4회 개최된다. 일반적으로 확장억제 관련 협의체는 고위급일수록 유의미한 것으로 평가되나 핵협의그룹은 차관보급으로 하였다. 이는 실무 수준에서 수시 협의가 가능하도록 한 것으로 보인다.

워싱턴 선언을 통해서는 한반도에 대한 전략자산의 정례적 전개도 합의되었다. 미국은 자신이 보유한 모든 핵 역량을 동원해 한국에 대해 확장억제를 제공할 것을 다시 한 번 확인하면서 구체적 수단으로 전략핵잠수함을 포함한 전략자산의 전개 빈도 증대를 선언했다. 이를 통해 북한을 억제할 뿐 아니라 한국 국민이 안심할 수 있도록 하는 가시적 조치라 할 수 있다.

이와 함께 핵억제 적용을 원활하게 하기 위한 연합교육, 훈련 강화도 선언되었다. 이러한 교육을 통해 유사시 미국의 핵전력과 한국의 재래식 전력을 유기적으로 활용할 수 있는 방안을 개발, 기획하고 반복적 연습, 훈련을 통해 실행력을 제고해 나간다. 양국 간 범정부 도상 시뮬레이션도 도입할 것임을 밝히고 있다. 이는 과거 양국 국방부 및 군 당국 간에 시행하던 도상훈련을 범정부 차원으로 확대하고자 하는 것으로 보인다. 점증하는 북핵 위협 대응을 위해 군사적 수단만이 아닌 모든 수단을 유기적으로 활용하고자 하는 것이다.

이와 동시에 한국은 미국의 확장억제를 신뢰하고 핵 비확산 체제를 준수해 나갈 것을 다시 확인했다. 미국은 핵협의그룹 신설과 전략자산 정례적 전개 등 중요한 조치를 취하면서 이를 바탕으로 한국의 확장억제에 대한 신뢰를 재확인하고자 했다고 볼 수 있다. 문서를 통한 선언으로 한국은 핵 비확산 체제 준수의지를 다시 한번 표명하게 되었다.

워싱턴 선언은 다음과 같은 점에서 기존의 확장억제를 능가하는 혁신적인 진전으로 평가될 수 있다. 첫째, 미 대통령 수준에서 문서화된 형식으로 확장억제 보장을 선언했다는 점이다. 기존에 한미 국방장관 간 공동성명인 '한미안보협의회' 공동성명은 선언된바 있으나 양국 정상 간의 공동성명은 최초이다. 이는 특히 핵에 대한 궁극적 통제권이 미 통수권자인 대통령에게 있다는 점에서 이는 특별한 의미를 갖는다. 더불어 미국이 한국에 대한 확장억제 제공 의무를 대통령의 문서를 통해서 보장함으로써 그 실행력의 신뢰성은 한층 제고되었다고 할 수 있다.

둘째, 양국 간 협의체에 '핵'이라는 용어를 직접 사용한 것은 처음이다. 미국이 확장억제를 제공한다 해도 핵과 관련된 사항을 공유하는 것은 여전히 부담스럽다. 핵보유국으로서 미국은 자국의 핵 사용이 전략 핵전쟁을 유발하는 최악의 시나리오를 고려하지 않을 수 없다. 확장억제의 제공으로 동맹을 보호하고 세계 비확산 체제를 유지하는 것은 미국의 중요한 국익이나 이를 위해 자국 국민의 생명을 위태롭게 할 수는 없다.

따라서 확장억제 관련 협의체에도 '핵'이라는 용어를 쓰는 것은 간단한 일이 아니다. 그동안 한미 간 협의체는 '확장억제정책위원회(EDPC, Extended Deterrence Policy Committee)', '억제전략위원회(DSC, Deterrence Strategy Committee)', '한미 확장억제전략협의체(EDSCG, Extended Deterrence Strategy Consultation Group) 등 '확장억제' 또는 '억제'라는 용어만을 사용해 왔다. 협의체 자체에 '핵'이란 용어를 포함한다는 것은 한미 양국이 핵과 직접 연관된 사항들을 논의한다는 것을 의미한다. 이는 양국 간 확장억제 관련 협력이 획기적으로 진전되고 있음을 의미하는 것이다.

셋째, 핵협의그룹 자체는 차관보급이나 양국의 국가안전보장회의(NSC)가 그 발전을 주도해 나가고 있다는 것이다. 즉 양국의 대통령실이 핵협의그룹의 발전을 주도해 왔다는 것이며 이는 확장억제 정책과 전략이 양국 대통령의 의지를 반영하여 획기적으로 발전할 수 있는 계기가 마련되었다는 점을 의미한다.

마지막으로 미국의 핵전력과 한국의 첨단 재래식 전략의 통합적 활용을 발전 방향으로 제시하고 있다는 점이다. 상술한바 워싱턴 선언은 핵 억제 적용에 관한 연합 교육과 훈련 강화를 명시하고 있다. 또한 선언 마지막 부분에 새롭게 창설되는 한국의 전략사령부와 미 전략사령부 간 도상훈련을 실시할 것임을 명시하고 있다. 즉 미 핵전력과 한국의 재래식 전력의 유기적 적용을 통해 시너지 효과를 발휘하게 될 것임을 보여주고 있다.

한미 핵협의그룹은 2023년 4월 워싱턴 선언 이후 7월 18일에 1차 회의를 개최하였다. 특히 이 회의는 양측 국가안보회의 구성원을 대표로 하고 있으며 기존보다 높은 수준에서 북핵 억제 문제를 다루게 되었다. 즉 핵협의그룹 자체는 차관보급이나 이의 초기 회의를 양국 국가안보회의가 주도함으로써 단기간 내에 획기적인 발전을 이룰 수 있는 기반이 마련되었다.

워싱턴 선언을 통해 핵협의그룹이 신설되었으나 이를 통해 확장억제를 얼마나 발전시킬 수 있을 것인가는 앞으로의 활동 여부에 달려 있다. 이를 양국 대통령실이 주도한다는 점은 그러한 의미에서 함의하는 바가 크다. 7월 1차 회의에서도 상당히 중요한 논의들이 이루어진 것으로 보인다.

먼저 한미 양측은 북한의 핵 미사일 관련 정보 공유 체계를 점검하고 이를 더욱 발전시키기 위한 방안을 논의하였다. 향후 미국의 핵전력과 한국의 첨단 재래식 전력 사이의 원활한 작전을 위해 더욱 중요해지는 것은 정보의 공유이다. 또한 북한이 더욱 기습적이고 비대칭적 방식으로 핵을 사용할 수 있는 투발수단과 운영 방식을 개발하고 있는 시점에서 한미 양국 간 정보 교류는 그 중요성을 더 하고 있다.

두 번째로 합의된 것은 향후 핵협의그룹을 통해 핵전력의 운용과 관련된 사항을 공동으로 기획하고 연습한다는 것이다. 물론 이는 한반도에 제공되는 확장억제에 동원되는 핵전력에 한정된 사안일 것이나 이 역시 획기적인 합의라 할 수 있다. 상술한바 핵과 관련된 사항은 극도의 비밀이며 핵전력의 운용에 관한 사항은 다른 나라와 공유하기 어렵기 때문이다. 핵협의그룹에서 논의할 사항의 수준과 한계를 예측하기 어렵지만 확장억제를 강화하려는 한미 양국의 확고한 의지를 보여주는 의미가 크다 하겠다.

한미 양국은 또한 핵 문제와 관련한 한미 정상 간 채널 운영에 관해서도 합의했다. 핵의 사용은 미 대통령의 고유 권한이다. 따라서 확장억제와 관련하여 한미 대통령 간 소통은 무엇보다 중요하다. 미 대통령의 의사결정에 영향을 미칠 수 있는 가장 중요한 의사소통 수준은 양국 대통령의 직접 소통이다. 동맹국의 수반으로서 양국 대통령 사이의 소통은 원활한 편이라 할 수 있다. 그러나 확장억제를 전제로 보다 신속하게 소통할 수 있는 채널을 확보해 두는 것은 확장억제가 실제로 작동할 것이라는 믿음을 주는 데 기여하는 조치로 판단된다.

양 정상 사이의 핵 문제와 관련된 소통이 갖는 또 다른 의미는 핵 EMP 상황과 같은 특수한 상황에서도 가능한 소통 채널을 구축하는 것을 의미하기 때문에 더욱 뜻 깊다. 북한이 핵을 사용할 경우 동반되어 발생하는 EMP 효과로 인해 일반적인 소통 수단은 모두 마비될 가능성이 높다. 그러나 응징적 억제 시행을 위해서는 이 상황에서 신속한 핵 사용을 통한 보복이 필요하다.

혹자는 이미 핵 공격을 당한 상황에서 핵 보복 여부가 과연 중요한가 의문을 제기할 수도 있다. 그러나 이는 억제의 원리를 이해하지 못한 것이다. 응징적 억제란 핵 공격에 대한 보복으로 최초 공격보다 압도적인 피해를 가할 수 있다는 위협으로 애초에 핵 사용 자체를 억제하는 개념이다. 이를 위해 핵 공격 시도 상대가 핵 보복능력을 보유하고 있음을 보여주는 것이 중요하다. 핵 피격과 같은 극단적 상황하 양국 대통령의 채널 확보는 이러한 의미를 갖는 조치로 확장억제의 신뢰성과 억제력을 신장시키는 조치라 할 것이다.

양국은 또한 차관급 상설 협의체가 분기별로 정례회를 가질 것에도 합의했다. 차관보급인 핵협의그룹에서 수시로 긴밀한 협의를 진행하고 차관급에서 분기별로 합의된 사항을 점검, 이행의 동력을 확보하고자 하는 것으로 보인다. 이 역시 핵협의그룹을 통한 확장억제 정책 강화를 보장할 수 있는 바람직한 시스템으로 보인다.

상술한바 확장억제 체제의 체계적 발전을 위해서는 실무 수준에서의 수시 협의가 필수다. 해당 분야의 전문성을 가진 차관보 수준에서 정책을 지속적으로 개발, 발전시켜 나가야 하는 것이다. 그러나 확장억제 정책의 실효성 확보를 위해서는 고위 관료의 관여가 필수다. 차관보급 분기별 회의를 통해 이러한 실행력을 확보하고 매년 1회 개최되는 장관급 한미안보협의회를 통해 최종 점검한다면 확장억제 정책 발전 체계는 실효성과 실행력, 구체성을 모두 확보할 수 있을 것이다.

2023년 7월 1차 회의 이후 한미 양국은 동년 12월 제2차 회의를 미 워싱턴 DC에서 개최하여 한층 진전된 합의에 이르렀다.[26] 제2차 회의에서 한미는 2024년 중반까지 핵전략 기획, 운용에 관한 가이드라인을 수립하고 일체형 확장 억제 체제 구축을 결의하였다. 이에는 핵 관련 민감 정보 공유 방식, 정보 공유에 대한 보안 체계 구축, 핵 위기 시 협의 절차와 체계, 위기 상황 시 양국 정상 간 보안 인프라 구축 및 실시간 커뮤니케이션 채널 가동 문제 등을 포함할 예정이다.

한미는 또 워싱턴 선언에서부터 제시되었던 바와 같이 한반도에 적용 가능한 미국의 핵전력과 한국의 비핵전력 간 합치 및 운용 개념 구체화를 지속하기로 하였다. 이는 소위 '재래식, 핵 통합(CNI, Conventional Nuclear Integration)' 개념에 입각한 한미 핵 대응체계 구축을 목표로 하는 것으로 북한의 전술핵 위협이 본격화되고 있는 상황에서 매우 유의미한 발전방향이라 할 수 있다. 북한의 입장에서 북한의 핵 보복 상황에 비해 한국의 첨단 재래식 전력에 의한 보복은 더욱 신뢰성 높은 조치로 인식된다. 한국은 직접적 피해 당사자이기 때문이다.

한국의 첨단 재래식 전력에 의한 공격과 미국의 핵 보복이 유기적으로 연계될 경우, 즉 재래식, 핵 통합 체계가 성공적으로 구축될 경우 확장억제의 실효성과 효과성은 크게 강화된다. 북한은 특정한 방식으로 핵을 사용할 경우 미국이 핵으로 보복하지 못할 것이라 판단할 수 있다. 그러나 이 경우 한국의 첨단 재래식 전력으로 보복할 것은 확실하다. 이때 북한이 추가로 대응하면 다음 상황에서는 미국의 보복이 확실시 된다. 군사적 분쟁의 수준상 이미 핵으로 보복하는 것이 불가피해졌기 때문이다. 그 결과 북한은 애초에 공격 시도 자체를 하지 못하게 되는 것이다.

한미는 또한 자유의 방패(UFS) 훈련 등 한미 연합훈련 시에 핵 작전 시나리오를 포함시켜 나갈 것으로 합의했다. 이와 같이 대표적인 연합훈련 시에 핵 작전을 실제로 연습해 봄으로써 유사시 북한에 대한 핵 대응 역량을 강화할 수 있으며 이는 북한에 대해 강력한 억제력으로 작용할 것이다. 실전적 훈련과 연습을

---

26 이윤재, "한미 핵협의그룹(NCG) 1, 2차 협의 내용" 『연합뉴스』 2023. 12. 16.

실시해 온 한미 간 대규모 연습의 일환으로 핵 시나리오까지 시험할 경우 북핵에 대한 억제력은 크게 강화될 것으로 기대된다.

2024년 6월 국방부는 제3차 한미 핵협의그룹의 공동언론성명을 발표했다.[27] 제3차 회의는 서울에서 개최되었으며 조창래 국방정책실장과 나랑(Vipin Narang) 미 국방부 우주정책차관보 대행이 공동주재했다. 공동언론성명은 이와 함께 한미 국가안보회의, 국방, 외교, 정보, 군사당국 관계자들이 폭넓게 참여했음을 밝히고 있다.

이번 회의에서 한미 당국은 그동안의 성과를 평가하면서 2년여에 걸쳐 추진해 온 결과물로서 '신뢰할 수 있고 효과적인 동맹의 핵 억제 정책 및 태세를 유지하고 강화하기 위한 동맹의 원칙과 절차'에 관한 '공동지침 문서' 검토를 완료했으며 '한미가 함께하는 일체형 확장억제 협력을 강화할 수 있는 공고한 토대를 마련'할 것이라는 데 동의했다고 밝혔다. 또한 NCG 대표들은 한반도상 한미 핵 및 재래식 통합 방안의 공동기획과 공동실행을 논의하고 한국의 첨단 재래식 전력을 미국의 핵 작전에 통합하는 것이 동맹의 억제 및 대응 역량을 실질적으로 강화함을 재확인했다고 밝혔다.

이와 함께 한미 대표는 2024년 5월 한국의 범부처 관계관들이 제2차 핵억제 집중교육 과정을 이수했으며 그 결과 한반도와 역내 핵 억제 적용에 관한 전문성을 제고했다고 평가했다. 또 NCG 임무 연습을 위한 범정부 시뮬레이션, 국방, 군사 당국 간 도상 훈련(TTX)을 계속 확대해 나가는 데 합의했으며 미 전략자산 전개의 가시성 증진 방안을 논의했다고 밝혔다. 즉 북한에 대한 억제 강화와 함께 한국이 확장억제의 신뢰성을 확인할 수 있도록 하는 다양한 방안을 모색하고 있는 것이다.

2024년 7월 11일 한미 양 정상은 '한반도 핵억제 핵작전 지침'을 채택했다.[28] 이 지침은 NCG 3차 회의에서 한미 양 대표가 검토를 완료한 공동지침 문

---

27 대한민국 국방부, "제3차 한미 핵협의그룹 공동언론성명" 『대한민국 정책브리핑』, 2024. 6. 10.

28 선경철, "한미정상, 한반도 핵억제 핵작전 지침 공동성명 채택" 『대한민국 정책브리핑』, 2024. 7. 11.

서를 의미한다. 워싱턴 선언에서 합의한 NCG가 지속적인 실무협의와 각종 도상 훈련, 3차에 걸친 차관보급 회의를 통해 발전시킨 문서를 최종적으로 양 정상이 채택한 것이다. 상술한바 핵 사용에 관한 최종 권한이 미 대통령에 있는 만큼 정상 수준의 공동성명 채택은 가장 강력한 확장억제 보장으로서의 의미를 갖는다. 더불어 양 정상이 워싱턴 선언 합의 후 3차례에 걸친 공식 협의를 통해 이와 같은 문서를 발전, 채택했다는 것은 한미 양측의 가장 강한 형태의 의지를 표명한 것이라 평가할 수 있을 것이다.

본 지침은 특히 미국이 보유한 핵 자산 중 일부를 한반도 임무에 특별 배정하는 내용을 포함한 것으로 알려졌다. 즉 북한이 핵무기를 사용할 경우 미국이 핵으로 보복한다는 점을 보다 명확히 하면서 세계 각지에서 다양한 사태가 발생하는 가상적 상황하에서도 북한을 억제하기 위한 핵전력이 항상 준비되어 있다는 점을 시사한다. 더불어 한반도에 직접 배치되어 있지는 않지만 한반도에서의 사용을 가정한 핵 자산을 상시적으로 배치하고 운용의 준비 태세를 갖춘다는 것은 확장억제의 신뢰성을 한층 강화하는 의미를 갖는다.

한미 양측은 또 정상 수준에서 한국의 첨단 재래식 전력과 미국의 핵전력의 통합적 운용 역량을 지속적으로 발전시켜 나가는 데 합의했다. 윤석열 대통령은 '모든 범주의 한국 역량이 한미동맹 연합방위태세에 기여할 것'이라 밝혔고 바이든 대통령은 '한국에 대한 확장억제 공약 이행을 위해 모든 범주의 미국 역량으로 뒷받침'할 것이라 말했다. 이러한 형태의 합의는 확장억제의 개념적 범주 내에서 가장 강력한 합의의 토대가 이루어진 것으로 평가되며 향후 지속적 발전의 가능성이 담보되었다고 할 수 있다.

4 북핵 억제와 대응 체계의 발전 방향

1) 탈냉전기 미국의 핵전략 변화와 재래식-핵 통합

미국은 1990년대 냉전 붕괴 후 재래식 절대 우위 하에서 국가안보에서 핵 사용을 줄이고 국제 안보 질서에서 핵의 비중을 낮추려고 했다. 재래식 전력에 있어서 압도적인 미국은 핵을 적극적으로 활용하기보다 핵을 앞세워 미국의 재래식 우위에 도전하는 국가들을 제어하고 핵 확산을 막는 것이 안보이익이기 때문이다. 즉 오바마 행정부의 핵 없는 세상 프로젝트는 이념적으로 뿐 아니라 미국의 전략적 이익에도 부합하는 것이었다.

잘 알려진 바와 같이 이러한 사고는 민주당의 핵심 전략 중 하나이며 당시 바이든 부통령이 추진한 것이기도 하여 현재도 유효한 것으로 판단된다. 그 결과 미국의 핵전략은 핵무기의 사용을 상대의 핵 사용을 억제하는 전략 수준의 역할에 한정하는 것을 기본으로 하고 있다고 할 수 있다. 즉 핵과 재래식의 이원화를 통해 전쟁의 수행은 재래식 전력을 활용하고자 했다. 그 결과 재래식 전쟁을 수행하는 전구사령관과 핵 등 전략자산을 운용하는 전략사령관의 역할은 분리, 이원화되어 있었다.

이러한 상황에서 러시아는 핵 위협을 적극적으로 활용, 유럽에서 미국 및 북대서양조약기구(나토)에 대한 재래식 열세를 극복하고자 노력했다. 나토의 확장과 동진에 반발해 온 러시아가 미국과 나토가 주도하는 질서에 도전하고자 했던 것이다. 러시아는 미국의 미사일 방어를 우회하는 미사일(이스칸데르 등)을 적극적으로 개발하면서 전술핵 탄두 수를 크게 확대해 갔다.

러시아가 전략핵을 사용할 경우 파국적인 핵전쟁으로 이어질 수밖에 없다. 그러나 폭발력을 줄인 전술핵은 상대의 핵 보복을 유발하지 않을 수 있다는 기대를 가능하게 한다. 따라서 사용 가능성이 높아 상대에 대한 일정한 억제력이 발휘된다.

2010년경 이후 러시아가 지속적으로 제기해 온 전술핵 위협에 대응하기 위해 미국 역시 전술핵의 억제 효과를 통해 대응하는 전략을 발전시키기 시작했다. 즉 재래식/핵 이원화 기조를 재래식/핵 통합 기조로 변경하여 전술핵의 유연한 사용을 통해 상대의 전술핵 사용에 대응, 억제하고자 하는 것이다. 2014년 러시아는 크림반도 사태 시 전술핵 사용 위협을 가한 바 있으며 이후 미국은 이에 대응하기 위한 방안을 모색해 왔고 결국 재래식/핵 통합으로 핵전략의 패러다임을 변화시키게 되었다.

미국은 트럼프 행정부 시기인 2018년 발간한 핵태세검토보고서(NPR)에서 (전술)핵을 재래식 무기에 적극적으로 통합하여 군사작전 시 전술핵을 유연하게 사용하는 전략적 발전을 추구해 나갈 것을 선언했다.[29] 이를 재래식/핵 통합(CNI, Conventional- Nuclear Integration) 전략이라 지칭한다. 2022년 바이든 행정부 하에서 발간된 핵태세검토보고서에서는 재래식/핵 통합 분야에서 많은 발전이 있었으며 지속적으로 발전을 추구해 나갈 것이라 선포했다.[30]

2018년 핵태세검토보고서 발표 후 미국 내 씽크탱크들은 재래식/핵 통합 개념에 입각한 작전 개념과 관련된 다수의 보고서들을 산출해 왔다. 특히 이러한 보고서들은 대만 사태 발생 시 우크라이나 전쟁에서 푸틴이 했던 방식과 같이 시진핑이 핵 사용 위협을 앞세워 미국의 개입을 저지할 수 있다는 점에 대한 우려를 제기했다. 미국이 탈냉전 시기 핵전략 개념을 변경하여 재래식-핵 통합을 적극적으로 추진해 나가는 것은 러시아, 중국 등 전술핵 위협을 활용하고자 하는 국가들의 군사 모험주의를 억제하는 효과를 가져올 것이 기대되었다.

반면 이러한 핵전략의 변화는 실제 전장에서 핵 사용 가능성을 높이고 전 세계적 핵질서의 불안정성을 증대시킬 위험을 내포하고 있었다. 탈냉전기 동안 미국이 핵의 역할을 축소하고자 했던 것도 이처럼 세계 안보에서 핵이 부각되는 상황을 피하기 위한 것이었다. 러시아 같은 국가들이 핵을 전면에 내세우면 이러한 위협과 잠재적 위협에 대응하기 위해 핵 보유를 추구하는 국가들이 늘 경우 핵전쟁의 발생 가능성도 높아지게 될 것이다.

한편 이와 같은 미국의 핵전략 변화를 확장억제에 어떻게 적용하여 대북 핵억제 태세 강화에 활용할 것인가는 중대한 문제이다. 앞에서 살펴본 바와 같이

29 Department of Defense, Nuclear Posture Review, 2018.

30 Department of Defense, Nuclear Posture Review, 2022.

미국의 확장억제 전략은 핵전략의 하위 요소이기 때문이다. 미국에게 동맹의 의무로 확장억제 강화를 요구할 뿐 아니라 변화하는 핵전략에 대한 치밀한 분석을 바탕으로 확장억제를 강화할 수 있는 기회를 적극적으로 활용해야 하기 때문이다.

2022년 2월 우크라이나 전쟁 발발 후 집중적으로 이루어진 대만 사태에 대한 워게임 결과 사태 진행 중 다양한 시점에서 제한 핵전쟁 또는 핵 사용 위협이 대두될 가능성이 크다는 점이 식별되고 있다.[31] 그 결과 미국은 중국이 전술핵 위협을 가할 때 이에 상응하는 전술핵 대응이 가능하다는 점을 보여 중국의 핵 사용 위협을 억제, 저지하면서 재래식 전투 수행을 통해 중국의 대만 침공 및 점령을 저지하고자 할 것으로 보인다. 즉 우크라이나 전쟁과 같이 핵 사용은 억제되면서 재래식으로 전투가 진행되는 상황을 만들고자 하는 것이다.

앞서 언급한 바와 같이 미국은 2010년 이후 러시아의 전술핵 사용 위협에 주목해 왔으며 이에 대한 대응 방안을 폭넓게 논의해 왔다. 특히 2014년 크림반도 사태를 계기로 적극적인 대응 방안 모색에 나서게 되었으며 2018 핵태세 검토보고서 이후 구체화 단계에 들어가 있는 것으로 보인다. 이미 다수의 공개된 연구보고서에서 미국이 전술핵을 활용해 재래식 작전에서 우위를 차지하기 위한 전략들이 제시되고 있으며 이를 구현하기 위해 필요한 새로운 핵탄두, 전력 체계들이 제시되고 있다.

2) 사례: 대만 사태 시 전술핵 사용 억제

미국은 러시아가 2014 크림반도 사태나 2022년 우크라이나 전쟁에서 그랬던 것과 같이 중국 역시 대만을 침공하며 미국의 군사개입을 억제하기 위해 전술핵 사용 위협을 가할 가능성이 높은 것으로 보고 있다. 대만 사태 시 미국의

---

31 Joel Wuthnow et al., *Crossing the Strait: China's Military Prepares for War with Taiwan*, National Defense University Press, 2022. 8; Mackenzie Eaglen & John Ferrari, "Conventional Deterrence and Taiwan's Independence" A Journal of Strategic Airpower and Spacepower, 2022. 8; Oriana Skylar Mastro & Sungmin Cho, "How South Korea Can Contribute to the Defense of Taiwan" The Washington Quarterly, 2022. 10; Mark F. Cancian etc., *The First Battle of the Next War: Wargaming a Chinese Invasion of Taiwan*, CSIS Report, 2023. 1.

대응에 관한 연구보고서를 통해 미국의 구상하는 재래식-핵 통합 전략의 대체적 내용을 파악할 수 있다. 미국은 중국 등의 적성국이 전술핵 사용 위협을 통해 미국의 군사개입을 억제하고자 할 경우 전술핵을 사용한 비례 대응으로 상대의 시도를 억제하는 개념을 발전시키고 있는 것으로 보인다. 이와 같은 사례는 북핵 억제를 위한 확장억제에도 적용될 여지가 있어 주목된다.

중국이 전술핵 위협을 가할 경우 미국 역시 비례적 전술핵 사용 위협을 가해 중국의 핵 사용을 억제한다는 것인데, 여기서 비례적 대응이란 다음과 같다. 먼저 중국이 민간 영역과 분리된 순수 군사표적, 예컨대 미국의 항공모함을 상대로 전술핵 공격을 가할 경우 미국 역시 순수 군사표적인 해군 함정을 상대로 전술핵을 사용한다. 다만 2~3배의 피해를 발생시키도록 한다. 미중 항공모함 사이의 전력 격차 고려 시 항공모함 2척 이상에 추가적으로 첨단 구축함을 상대로 핵 공격을 가한다는 것이다.

중국이 이에서 더 나아가 주일미군 기지나 괌의 미군 기지를 공격하면서 민간인 피해는 발생시키지 않는 경우 미국 역시 중국 연안 해군 기지 등 민간인 피해가 발생하지 않는 군사기지를 역시 2~3배 수준으로 전술핵 타격을 가한다. 중국이 만일 민간 지역에 대한 피해까지 발생시키면 미국 역시 이에 상응하여 민간 지역을 포함한 2~3배의 비례 보복을 가한다.

이와 같은 작전을 통해 미국이 전달하고자 하는 전략적 메시지는 명확하다. 중국이 핵을 사용하면 반드시 핵으로 대응한다. 중국이 발생시킨 피해의 2~3배의 피해를 발생시킨다. 그러나 그 이상으로 분쟁을 확대하고 악화시킬 의지는 없다. 즉 핵으로 대응 보복을 하면서도 전략핵전쟁으로의 확대 의사는 없다는 점을 명확히 한다는 것이다.

미국이 이와 같은 핵전략을 채택하고 다양한 방식으로 이를 중국에게 전달할 경우 중국은 결국 전술핵을 사용할 수 없을 것이다. 어떠한 방식으로 전술핵을 사용해도 결국 미국을 압도하지 못하고 더 큰 손해를 감수해야 할 것이기 때문이다. 또한 전술핵 사용이 억제될 경우 실제 대만 침공 자체도 억제될 가능성이 크다.

한편 이와 같은 핵전략을 구현하기 위해서는 미국의 핵전력과 태세의 조정을 추구해 나가야 한다. 즉 유사시 전구에 전략핵잠수함을 투입해 전략핵억제뿐 아니라 전구사령관의 작전 하에서 전술핵을 유연하게 사용하는 전략을 시행할 것으로 예상된다. 즉 전구사령관이 전구 작전의 일환으로 신속하게 전술핵을 사용할 수 있도록 전환해 나가는 것이다. 이를 통해 중국의 전술핵 사용 위협에 효과적으로 대응하는 것이 가능해질 것이다.

3) 미국의 핵전략 변화에 따른 확장억제 강화 방향

한국은 미국의 확장억제와 별도로 2013년경부터 재래식 전력에 바탕한 한국 독자적 3축 체제를 발전시켜 왔다. 한국의 재래식 3축 체제는 그 완성도를 높이기 위한 노력을 지속해 나가야 한다. 정부와 국방부는 북핵 위협 대응을 최대의 안보 과제로 규정하고 한국형 3축 체제 강화에 집중적 투자를 해 나갈 것이라는 방침을 밝힌 바 있다.

특히 선제 타격 개념인 Kill Chain의 경우 실시간 감시정찰 및 지휘통제, 결심체계 구축이 요구된다. 이와 같은 역량을 구축되지 못할 경우 이는 '신화(myth)'에 불과할 수 있다. 더불어 북한은 고체연료 발사체 개발, 호수 내 발사, 기차를 이용한 발사 등 다양한 방식을 통해 킬체인을 우회하는 방식을 개발하고 있다. 북한의 모든 발사체가 이러한 우회 능력을 보유하고 있는 것은 아니나 핵의 치명성을 고려할 때 선제 타격은 반드시 요구되는 능력인 만큼 우선적인 개발과 역량 강화가 필요한 분야라 할 수 있다.

한국형 미사일방어 역시 아직 실전화되기 위해서는 지속적인 투자가 필요하다. 한국형 미사일방어와 미국이 운영하는 싸드(THAAD) 및 팩3(PAC-3) 체계가 연동되어 다층 방어망을 구성하는 것이 중요하다. 이를 통해 미사일방어의 성공 확률을 획기적으로 높여 적이 애초에 발사를 시도하지 못하도록 할 수 있기 때문이다. 따라서 미측 자산과의 상호운용성을 강화하면서 조기에 한국형 미사일방어를 완성해 나가는 것이 중요하다.

그러나 선제 타격과 미사일방어에는 태생적 한계가 존재한다. 북한은 이러한 체계를 우회하기 위한 방법과 수단을 지속적으로 개발하고 있기 때문이다. 예컨대 잠수함 발사 미사일의 경우 선제 타격을 하기도 미사일방어를 적용하기도 쉽지 않다. 타격 지점뿐 아니라 방향을 사전에 예측하기 어려워 미사일 방어 적용을 위한 레이더 운용이 제한되기 때문이다.

따라서 궁극적으로 강력한 응징적 억제의 기반을 강화해야 할 것이다. 응징적 억제란 적이 공격할 경우 더 큰 피해를 가해 공격 자체가 무의미해지고 그 결과 공격의 시도를 단념하도록 하는 억제 개념이다. 최근 국방부가 공개하고 있는 소위 '괴물 미사일'로 알려지기도 한 현무 5의 경우 이러한 역할을 수행해 줄 것으로 기대된다. 북한이 핵을 사용할 경우 지하 깊은 곳에 은신해 있는 적 지도부뿐 아니라 평양 등 북한의 주요 지역에 대해 응징보복을 가할 것임을 선포할 경우 북한으로서도 핵 사용에 상당한 부담을 느낄 수밖에 없을 것이다.

앞서 살펴본 재래식-핵 통합은 바이든 행정부 하에서 추진되고 있는 통합억제 전략의 일환으로 추진되어 나갈 것으로 전망된다. 통합억제란 미국이 보유한 전 역량, 동맹 및 우방국 역량 등을 통합적으로 활용해 나가겠다는 전략 개념이다. 모든 역량을 통합할 때 단순합 이상의 시너지 효과가 발생하기 때문이다. 이는 미군의 핵심 작전 개념으로 부상하고 있는 다영역 작전 개념에서도 쉽게 확인할 수 있다.

기존에 사실상 별개로 분리되어 존재하던 재래식 전력과 핵전력도 통합적 방식의 운영을 통해 시너지 효과를 극대화하고자 한다. 앞서 살펴본 대만 사태 시 대응 개념에서 볼 수 있는 바와 같이 '전술핵 사용 위협'을 활용하여 미국의 군사개입을 차단하거나 억제하려는 세력에 대한 대응 개념으로 활용될 것이 예상된다. 이와 함께 동맹에 대한 확장억제에도 적용될 잠재성을 포함하고 있다.

미국은 향후 동맹과의 협력을 통합적 수준으로까지 발전시켜 나가고자 한다. 이를 통해 발생하는 시너지 효과로 미국의 상대적 쇠퇴 및 동급의 경쟁자들의 도전에 대응하기 위해서이다. 미국의 국방예산은 미국의 전 세계에서 수행해야 하는 임무에 비해 부족하다. 미국은 동맹 및 우방국들의 참여와 역할을 확대하면서 통합적 수준의 협력으로 협력의 시너지를 극대화하고자 한다.

재래식과 핵의 통합적 활용 시 기대되는 시너지 효과는 동맹에 대한 확장억제에도 적용될 수 있다. 특히 한국과 같이 강력한 첨단 재래식 전력을 보유한 동맹국에 대해서는 그 효과가 더욱 클 것으로 기대할 수 있다. 즉 미국 자체의 재래식 전력과 핵전력을 유기적, 통합적으로 운용하는 것과 같이 한국의 첨단 재래식 전력과 미국의 핵전력을 통합적 방식으로 운용할 경우 북한의 핵 및 미사일 위협에 효과적으로 대응할 수 있다.

전술핵 사용 위협을 가해 미국의 개입을 막고자 한다는 점에서 북한이 제기하는 핵 위협은 러시아, 중국의 핵 위협과 유사하다. 위에서 분석한 바와 같이 미국은 재래식 전쟁 수행 중 전술핵의 유연하고 통합적 사용을 통해 이러한 위협을 충분히 억제할 수 있다고 보고 있다. 따라서 이러한 작전 개념을 한반도에 적용하는 경우 북한의 핵 및 미사일 위협을 억제하는 것은 불가능하지 않다.

일부 전문가는 북한이 미 본토를 타격할 능력을 보유했기 때문에 확장억제를 통해 북한을 억제하는 것은 어렵다고 주장한다. 그러나 미국은 러시아, 중국 등 북한에 비해 월등한 핵능력을 가진 국가들도 억제할 수 있다고 보고 있다. 따라서 확장억제를 통해 북한을 억제하는 것은 불가능하지 않으며 얼마나 통합적인 체제를 수립하고 발전시켜 나가느냐가 중요하다.

이미 언급한 바와 같이 미국이 러시아, 중국의 전술핵 위협 억제를 위해 미국 역시 전술핵 전력을 적극적이고 유연한 방식으로 사용하려는 전략은 전술핵 사용을 배경으로 공세적 핵전략을 표방하는 북한에게도 적용이 가능하다. 2023년 워싱턴 선언을 통해 한미 양국은 이미 이 방향으로의 발전에 합의하고 발전을 진행시켜 나가고 있는 것으로 보인다. 중요한 것은 향후 재래식 핵 통합 관점을 한반도 상황에 맞게 발전시켜 나가고 한미 간의 상호운용성을 증진해 나가는 것이다.

기존 확장억제의 주요 수단인 전략핵폭격, 대륙간 탄도미사일(미니트맨 3), 전략핵잠수함 등을 넘어 미국의 전술핵과 한국의 첨단 재래식 전략을 통합적으로 활용하는 전략을 발전시켜 나가야 한다. 이는 미국의 핵전력과 태세, 특히 인도태평양 지역과 동북아에 전개 가능한 핵전력 및 태세를 조정, 발전시켜 나갈 것을 요구한다. 미국은 현재 중국의 핵전력 증강을 견제하기 위해 노력하고 있는 만큼 이러한 발전은 큰 문제 없이 진전될 것으로 기대된다.

그러나 확장억제의 틀 내에서 동맹의 재래식 전력과 미국의 핵전력을 통합적으로 운용하는 것은 결코 쉬운 일이 아니다. 핵전력은 국가의 군사 자산 중 가장 철저한 비밀 하에 운용되는 자산인 만큼 미 핵 자산의 운용과 한국의 첨단재래식 전력의 유기적 통합을 이루는 것은 쉽지 않은 일이기 때문이다. 한미 양국은 워싱턴 선언 이후 수립된 핵협의그룹을 통해 이와 같은 작업을 추진하기 위한 준비를 진행해 왔으며 특히 3차례의 협의 후 양국 정상이 '핵억제 핵작전 지침'에 합의하기에 이르렀다. 문제는 이러한 지침하에 어떻게 더욱 효과적인 대북 억제체제를 구축해 나가느냐이다.

이하에서는 '재래식 핵 통합' 관점을 적용하여 현행 확장억제를 어떻게 개선할 수 있으며 이 경우 어떠한 점에 유의해야 하는지 하나의 방안을 제시하고자 한다.[32] 현재의 확장억제의 경우 미국의 전략핵무기에 의해 북한의 핵 및 미사일 위협을 억제하는 것을 핵심으로 하고 있다. 미국의 핵태세검토보고서 등에 명시된 선언 공약에 따르면 '북한이 핵을 사용하고 북한 정권이 생존할 수 있는 시나리오는 없다'인바 즉 어떠한 방식이든 핵을 사용할 경우 정권 붕괴를 가져올 수 있을 정도의 대량의 핵 보복을 가할 것이라는 경고다. 유사시 한반도에 출격해 온 주요 전략 자산을 살펴봐도 같은 사실을 확인할 수 있다.

이 경우 북한이 폭발력이 상대적으로 약한 전술핵을 제한적 방식으로 사용할 경우 미국이 핵을 사용하지 않고 보복할 가능성이 존재하며 북한이 이를 인식할 경우 군사적 모험주의가 방조될 가능성 존재한다는 문제점이 있다. 현재 준비된 미국의 핵 보복 전력들이 북한의 핵 사용에 비해 지나치게 과도하여 핵을 사용하기보다 첨단 재래식 전력 등 다른 수단으로 대응할 가능성이 있다. 북한은 첫 핵 사용 후 추가적인 핵 사용 위협을 가하면서 다양한 군사작전을 시행할 수 있다고 가정할 수 있다. 군사모험주의가 만연할 가능성이 존재하는 것이다.

기존에 미국이 제공하는 확장억제의 주요 수단은 핵 3축 체계(nuclear triad)에 의한 수단들이다. 즉 지상발사 전략핵무기, 전략폭격기에 의한 핵폭탄 투하, 전략핵잠수함으로부터 발사되는 핵전력의 세 가지 종류이다. 이 중에서도 특히 지상발사 미니트맨 3와 전략폭격기가 주로 동원될 것으로 이해되어 왔다. 북한이

32 이하의 내용은 저자와 국방대학교 전략학부 손한별 교수가 공동 집필한 논문의 내용에 기반하여 이를 요약하여 제시한 것임을 밝혀둔다. 설인효, 손한별, "미국의 확장억제 강화방안: 북한 전술핵 위협과 한미 통합 핵억제를 중심으로" 『국가안보와 전략』 2023.

고강도 국지도발을 감행하고 이에 대해 한국이 대응할 시 전술핵 사용을 위협하는 경우 현재의 확장억제 체제에는 대응에 한계가 존재한다. 북한이 실제로 미국의 핵 보복이 없을 것이라 믿고 전술핵을 사용할 수 있다고 가정해야 하기 때문에 북한의 고강도 도발에 대해 한국이 강력히 대응하기가 어렵게 될 수 있기 때문이다.

남북 간 우발적 충돌, 또는 북한이 우리 측에서 먼저 공격을 감행했다고 상황을 조작하는 소위 '가짜 깃발 작전'을 시행하여 분쟁이 시작될 경우 재래식 대응과 재대응이 이루어지면서 분쟁이 격상될 것이다. 이때 북한이 고강도로 재래식 공격 수준을 높이며 이에 대해 한국이 대응할 경우 전술핵을 사용할 것이라 위협하는 상황을 가정해보자. 북한의 핵전략을 상정해 볼 때 전술핵을 제한적 방식으로 사용하면 현재 준비된 미국의 핵 보복 전력이 북한 전술핵에 비해 지나치게 강하여 미국이 보복을 하지 못할 것이라 상정할 수 있고 따라서 전술핵을 실제로 사용할 가능성이 존재하며 그 결과 한국은 충분한 대응을 주저할 수밖에 없다.

향후 상황 전개 및 한미 간 억제태세에 대해 관찰한 후 북한이 실제로 위와 같은 결론을 내린다면 북한은 소위 군사 모험주의에 빠지게 될 가능성이 존재한다. 일단 분쟁이 시작되면 어떠한 경우에도 전술핵 위협을 내세워 적어도 패배를 피할 수 있으며 나아가 고강도 도발 후 한국이 제대로 대응하지 못하는 상황을 연출하여 소위 한반도 군사 주도권을 확보할 수 있다고 믿게 될 것이기 때문이다.

한국의 대규모 재래식 보복능력 구비 및 미국의 전술핵 타격능력 결합으로 이러한 빈틈을 메워야 한다. 재래식 핵 통합의 관점을 적용하여 한국의 재래식 타격능력과 미국의 전술핵 보복능력을 촘촘하게 통합적으로 활용할 경우 북한의 전술핵 사용을 총체적으로 억제하는 것이 가능하기 때문이다. 특히 한국의 재래식 대량보복 역량은 확장억제 고유의 문제인 소위 한미 간 '디커플링 문제'와 무관하게 한국이 스스로 타격을 결정할 수 있는바 확장억제의 근본적 문제를 해소하는 효과적인 방안이 될 수 있기도 하다.

한국의 재래식 대량보복에 대해 북한이 다시 전술핵으로 맞대응한다면 미국의 전술핵 보복이 불가피한 상황이 되며 총체적으로 북한은 핵 사용을 감행할 수 없게 된다. 이상과 같은 한국의 대량응징보복(KMPR), 미국의 전술핵, 미국이 전략핵의 통합으로 이어지는 대북 억제체제를 구축하는 것은 미국이 추진하고 있는 재래식 핵 통합, 통합억제 전략을 한미동맹 및 대북 억제에 적용한 것이라 할 수 있다. 즉 '한미 통합 핵억제'라 규정할 수 있는바 일정 단계 이후 이 개념하에 발전시켜 나가야 한다.

미국이 발전시키고 있는 재래식-핵 통합 개념에 입각한 핵전략과 새로운 핵탄두, 이에 적합한 발사체를 대한반도 확장억제에 적용할 경우 북한의 전술핵 사용을 효과적으로 막는 것이 가능하다. 특히 미국의 전술핵과도 비례적이지 않은 저강도 전술핵 사용에 대해 한국의 재래식 대규모 보복 공격을 가할 경우 북한은 보다 높은 수준의 전술핵 사용을 감행할 것이며 이에 대해 미국의 전술핵 보복이 가해질 것이다. 중요한 점은 북한도 그렇게 예상하게 될 것이라는 점이다.

그 결과 북한은 결국 실제로 전술핵 사용, 나아가 고강도 재래식 도발도 감행할 수 없는 상태가 된다. 특히 대규모 재래식 보복 공격의 경우 그 상용권한을 한국이 보유하고 있다는 점에서 확장억제의 고유한 딜레마를 극복할 수 있는 기제가 될 것이다. 확장억제의 경우 미국이 자기 자신이 아닌 동맹을 보호하기 위해 핵자산을 가동할 것인가에 대한 의문이 존재하며 이것이 억제를 약화시킬 잠재적 위험으로 작용한다. 이에 반해 재래식 핵 통합 하에 구축될 한미 통합 핵억제는 한국이 최초의 대규모 보복을 결정하기 때문에 이와 같은 억제의 빈틈이 발생하지 않는다는 장점이 있다.

한미 통합 핵억제 전략이 중요한 또 다른 이유는 미국이 관심과 자원을 투입하여 강력히 추진해 나갈 동기가 발생할 수 있기 때문이다. 미국은 대중국 억제를 위해 재래식 핵 통합 억제를 발전시키고 있는바 북한을 명분으로 만약의 상황에 대비한 대중국 억제를 발전시킬 수 있다는 점을 인식하게 될 것이다. 한반도에 적용되는 대북 억제가 대만 억제에 직접 적용되는 것은 아니다. 미국이 대만에 적용하고자 하는 전력을 한반도에 확대 적용하는 개념이다.

즉 다음과 같은 단계로 워싱턴 선언 상에 표시된 확장억제를 발전시켜 나가야 한다. 한국의 재래식 전력과 미국의 핵전력 사이의 통합적 운용이 필요함을 제기해야 한다. 워싱턴 선언을 계기로 이는 이미 시작된 것으로 볼 수 있다. 다음으로 인도 태평양 지역에서 미국이 제공할 수 있는 핵전력이 다양 다종화되고 있으며 북한의 전술핵에 비례적으로 대응할 수 있는 전술핵 전력을 발전시켜 나가고 있음을 피력해야 한다.

한미 학자들의 연구를 통해 향후 북한이 제기하는 전술핵 위협에 대해 한국의 재래식 대량 응징보복과 미국의 전술핵, 미국의 전략핵 확장억제의 결합이 필요함을 지속적으로 피력해 나가야 한다. 북한의 전술핵 위협이 고도화되는 상황이 발생할 경우 한미 국방장관 간 SCM을 통해 한국의 재래식 역량과 미국의 확장억제를 '통합 억제' 개념에 입각하여 발전시켜 나갈 것임을 공식 선포하는 단계가 도래할 수 있다. 한미 간 대북 억제 전략을 기존의 4D 개념에서 '한미 통합 핵억제 전략'으로 공식 변경하고 한미 정부는 '한미 통합 핵억제 전략'이 미국이 추진해 나가고 있는 '통합 억제'의 가장 성공적이며 높은 완성도를 보여주는 사례가 된다는 점을 집중적으로 부각해야 할 것이다.

이상의 내용은 세계 핵질서 변화 하에서 최근 미국 핵전략의 새로운 패러다임으로 부각되고 있는 재래식 핵 통합의 관점을 대북 핵억제 체제에 적용하는 방안을 하나의 사례로서 제기한 것이다. 재래식 핵 통합은 현재에도 활발히 논의되고 있으며 이상에서 제시한 방식 외에도 다양한 방식으로 발전시켜 나가야 할 것이다. 중요한 점은 확장억제의 강화 및 발전에 있어서 세계 핵질서 변화와 미국의 핵전략 변화, 이를 활용한 대북 억제 체제 강화 방안을 우리 스스로 모색해 나가야 한다는 것이다.

참고문헌

국문

권혁철, "한·미, 북핵 대응 '억제전략' 10년 만에 개정…핵공유는 아니다" 『한겨레』 2023. 11. 14.

김보미, "북한의 핵선제불사용(No First Use) 선언의 배경과 의미" 『전략연구』 제23권 3호, 2016.

김정섭, "한반도 확장억제의 재조명: 핵우산의 한계와 재래식 억제의 모색" 『국가전략』제21권 2호, 2015.

김정호, "핵 비확산 체제와 북한의 핵전략 변화: '거짓 협박'에서 '핵 비확산 체제의 취약점 공략'까지" 『한국동북아논총』 제28권 3호, 2023.

김재한, "핵과 초강대국의 평화" 이상우, 하영선 공편 『현대국제정치학』(서울: 나남, 1992), p. 187.

대한민국 국방부, "제3차 한미 핵협의그룹 공동언론성명" 『대한민국 정책브리핑』, 2024. 6. 10.

박건영, "핵무기와 국제정치: 역사, 이론, 정책, 그리고 미래" 『한국과 국제정치』 제27권 1호, 2011.

박원곤, 설인효, "오바마 행정부의 외교·안보전략 평가와 신행정부 대외전략 전망" 『평화연구』 제24권 2호, 2016.

반종빈, "[그래픽] 2023년 국방부 '한국형 3축 체계' 강화" 『연합뉴스』 2023. 1. 11.

선경철, "한미정상, 한반도 핵억제 핵작전 지침' 공동성명 채택" 『대한민국 정책브리핑』, 2024. 7. 11.

설인효, "미국의 핵전략과 맞춤형 확장억제정책의 이해" 『국방논단』 제1488호, 2013.

손한별, "핵확장억제의 역사와 쟁점: 미국의 대유럽 확장억제 사례와 함의" 『한국군사』 제15권 15호, 2024.

송승종, "선제적 자위권의 정당성에 관한 연구: 유엔헌장 제2조 4항과 제51조의 해석을 중심으로" 『국가전략』 제21권 4호, 2015.
신규진, "美 전략핵잠 수주내 한반도 전개… '워싱턴 선언' 실행 나선다" 『동아일보』 2023. 4. 28.
신성호, "부시와 오바마: "핵 테러"에 대한 두 가지 접근" 『국가전략』 제15권 1호, 2009.
윤상호, "꼬리 아닌 머리부터 제거… 軍 "평양이 지도서 사라지게 응징" 『동아일보』 2016. 9. 12.
이만석, 함형필, 『미국의 핵전략』 (서울: 플래닛미디어, 2024)
이윤재, "한미 핵협의그룹(NCG) 1, 2차 협의 내용" 『연합뉴스』 2023. 12. 16.
이진욱, "미국과 러시아 간 핵 군축협상 의의와 영향요인에 관한 연구" 『한국군사학논총』 제24권, 2022.
장동희, "국제 핵 비확산 체제의 맹점 및 개선방안 - 이란 및 북한의 경험을 중심으로" 『국제법학논총』 제63권 4호, 2018.
정상혁, "러시아 하이브리드 전쟁의 군사적 분석: 크림반도 군사작전을 중심으로" 『군사연구』 제149권, 2020.
주재현, "美 핵전략자산 韓에 정례배치 합의…김태효 "핵무장 필요 없을 수준", 『서울경제』 2023. 7. 18.
하도형, "북한의 3차 핵실험과 한반도 통일" 『성균차이나브리프』 제1권, 2호, 2013.
함형필, 이만석, "한국의 재래식 전력의 한반도 억제태세 기여와 역할: 확장억제 신뢰성 제고를 중심으로" 『국가안보와 전략』 제22권 2호, 2022.

대통령실 보도자료
(https://www.president.go.kr/newsroom/press/C8pBYSLx, 검색일: 2024. 5. 7.)
국방부 블로그
한미 억제전략위원회(DSC)의 맞춤형 억제전략 설명자료
(https://m.blog.naver.com/mnd9090/222851932966, 검색일: 2024. 5. 25)

영문

Department of Defense, Nuclear Posture Review, 2018

Department of Defense, Nuclear Posture Review, 2022.

Evan Braden Montgomery, Extended Deterrence in the Second Nuclear Age, CSBA Report, 2016.

Joel Wuthnow et al., Crossing the Strait: China's Military Prepares for War with Taiwan, National Defense University Press, 2022. 8.

Mackenzie Eaglen & John Ferrari, "Conventional Deterrence and Taiwan's Independence" A Journal of Strategic Airpower and Spacepower, 2022. 8

Mark F. Cancian etc., The First Battle of the Next War: Wargaming a Chinese Invasion of Taiwan, CSIS Report, 2023. 1.

Matthew Kroenig, Deterring Chinese Strategic Attack: Grappling with the Implications of China's Strategic Forces Buildup, Atlantic Council Report (Washington DC: Atlantic Council, 2021.11).

Oriana Skylar Mastro & Sungmin Cho, "How South Korea Can Contribute to the Defense of Taiwan" The Washington Quarterly, 2022. 10.

12. 한국의 군사적 핵억제·대응 전략[1]

- 배학영(국방대 전략학부 교수)

목 차

1. 서론
2. 한국형 북핵 대응체계의 이론적 배경
3. "한국형 3축체계" 개념
4. 북한의 이격능력(SSBN) 대응방안
5. 발사의 왼편 개념 및 발전방향
6. 결론

1 서론

핵무기의 개발과 사용은 20세기 중반 국제 질서를 근본적으로 변화시키며, 군사적 패러다임의 전환을 이끌었다. 제2차 세계대전 말기부터 미국과 소련 간의 냉전 시기에 이르기까지, 핵무기는 상호확증파괴(MAD: Mutual Assured Destruction)와 같은 억제 전략이 중심축으로 자리 잡았다. 이러한 전략은 핵보유국 간 전쟁을 억제에 기여했으나, 동시에 군사 전략의 복잡성을 높이고 국제적 긴장을 증폭시키는 요인으로 작용하였다. 오늘날 이러한 억제 이론은 여전히 유효하지만, 새로운 국제 안보 환경에서 한계를 드러내고 있다. 특히, 북한과 같은 신흥 핵보유국의 등장과 이들의 비대칭적 도발은 전통적인 핵억제이론의 적용 가능성을 재검토하게 만들었다.

1 이 장은 2024년도 국방대학교의 재원으로 "교육학술 참고서지 발간 연구"의 지원을 받아 수행된 연구를 발전시켜 작성하였음.

북한의 핵개발은 단순히 군사적 수단의 강화를 넘어 정치적 협상력을 높이고 한미동맹의 약화를 시도하는 도구로 사용되고 있다. 김정은 정권은 전술핵과 전략핵을 포함한 다각적인 핵전력 증강을 통해 한국의 재래식 억제 전략을 무력화하려 하고 있다. 이에 따라 한국은 북한의 핵과 미사일 위협을 효과적으로 억제하고 대응하기 위해 고유한 군사적 전략 체계를 발전시켜 왔다. 이 중 대표적인 전략과 전력이 '한국형 3축 체계'이다.

한국형 3축 체계는 킬체인(Kill Chain), 한국형 미사일 방어(KAMD), 대량응징보복(KMPR)의 세 가지 핵심축으로 구성된다. 이 체계는 응징적 억제(deterrence by punishment)와 거부적 억제(deterrence by denial) 이론에 기반하여 설계되었다. 응징적 억제는 북한의 지도부와 핵심 시설에 대한 보복 능력을 강조하며, 적이 공격을 감행할 경우 치명적인 피해를 받을 것이라는 메시지를 전달하여 도발을 사전에 차단하는 전략이다. 반면 거부적 억제는 북한의 공격 성공 가능성을 원천적으로 차단하여 공격 의도를 약화시키는 데 중점을 둔다. 예를 들어, 킬체인은 북한의 핵미사일 발사 징후를 사전에 탐지하고 이를 선제적으로 타격하여 위협을 무력화하는 체계이며, KAMD는 다층 미사일 방어 시스템을 통해 발사된 미사일을 공중에서 요격하는 시스템이다. 마지막으로 KMPR은 북한의 핵 사용에 대한 응징적 대응으로서, 북한 지도부와 핵심 시설을 대상으로 한 대량응징보복 작전을 통해 억제력을 확보한다.

그러나 이러한 3축 체계도 북한의 급속한 군사 기술 발전에 대응하는 데 한계를 노출하고 있다. 북한의 SLBM(잠수함발사탄도미사일)과 같은 신형 투발 수단은 기존의 억제 3축체계에 기반한 전략을 무력화할 가능성을 높이고 있다. 또한, 북한의 핵 능력은 단순한 물리적 위협을 넘어 심리적·정치적 도발로 이어지고 있으며, 이를 억제하기 위한 한국의 군사적 대응이 재검토되고 있다.

이러한 배경에서 최근 주목받고 있는 개념이 바로 '발사의 왼편(Left of Launch)'이다. 이는 적의 미사일 발사가 이루어지기 전에 사이버 공격, 전자전과 같은 비물리적 수단을 활용하여 위협을 무력화하는 개념이다. 발사의 왼편은 북한의 미사일이 발사되기 전에 이를 교란하거나 무력화함으로써 도발을 차단하고, 추가적인 피해를 방지하는 것을 목표로 한다. 이 3축체계의 물리적 억제와 달리 사이버전, 전자전, AI 기반 기술 등 첨단 과학기술을 적극적으로 활용하는 점에서 혁신적인 전략으로 평가받고 있다.

한국은 이러한 발사의 왼편 개념을 포함하여 기존의 군사적 대응 체계를 보완하고, 신기술을 적용한 새로운 전략 방향을 모색하고 있다. 이는 북한의 핵과 미사일 위협을 효과적으로 차단하고, 한반도의 안정을 유지하기 위한 핵심적인 논의가 될 것이다.

본 장은 다음과 같은 순서로 논의를 전개할 것이다. 우선, 한국형 3축체계의 이론적 배경과 구성 요소를 분석하고, 각각의 전략적 의미와 한계를 논의할 것이다. 이어서 북한의 SLBM과 전술핵 위협 등 새로운 군사적 도전에 직면한 현황을 점검하며, 위협 대응에 필요한 선제적·비재래식 대응 방안을 살펴볼 것이다. 마지막으로, 발사의 왼편 개념을 중심으로 새로운 전략적 접근법을 제시하고, 이를 구현하기 위한 정책적 방향과 기술적 과제를 제안함으로써 장을 마무리할 것이다.

2 한국형 북핵 대응체계의 이론적 배경

핵억제이론(Nuclear Deterrence Theory)은 한 국가가 핵무기의 사용 위협을 통해 적국이 군사적 공격을 시도하지 못하도록 막는 전략적 개념이다. 이 이론의 근본적인 목표는 핵무기를 보유한 국가가 상대방이 자국을 공격할 경우, 그에 상응하는 치명적인 보복이 뒤따를 것이라는 신뢰성 있는 메시지를 전달하여 공격을 사전에 억제하는 것이다. 핵억제이론은 20세기 냉전 시기 동안 미국과 소련 간의 상호 핵 보유를 바탕으로 크게 발전했으며, 오늘날까지도 여전히 중요한 군사전략으로 활용되고 있다. 어떠한 구체적 전력으로 북핵을 억제할 것인가에 도달하기 이전에 그 근원인 억제의 메커니즘에 관해 이야기 해보고자 한다.

우선 핵억제의 정의 및 핵억제의 보편성과 특수성에 관한 이야기이다. 핵억제는 크게 세 가지 차원에서 억제의 메커니즘을 설명하며 정의될 수 있다. 첫째,

상대 행동을 중심을 중심으로 정의하면 상대로 하여금 특정 행위(여기서는 핵무기 사용)을 실행에 옮기지 못하도록 강제하는 것으로 의지를 제거하는 데 목적이 있다.[2] 둘째, 인식을 중심으로 하면 억제자(deterrer)가 피억제자(deterred)의 인식(perception)에 영향을 미치는 전략적 행위로 억제자의 행위보다 그 행위를 인식하는 것에 더 무게를 둔 해석도 있다.[3] 셋째, 손익계산의 합리성을 중심으로 하면 상대가 특정 행동을 할 경우, 선택에 따른 기대이익이나 편익을 계산하는 방식 혹은 기댓값을 조정시켜 상대가 하고자 하는 행동이 이익이 안되도록 판단하게 하는 것이다.[4]

기본 개념과 구조로 두 가지 주요 전략을 포함한다. 첫째는 보복 위협을 통해 적의 행동을 저지하는 처벌형 억제이다. 이는 상대가 공격할 경우, 보복으로 인한 치명적인 손해가 따를 것이라는 신뢰성 있는 위협을 전달함으로써 전쟁을 막으려는 방식이다. 이와 함께 거부형 억제는 상대방의 목표 달성을 어렵게 만들어 공격 의도를 저지하는 방식이다. 예를 들어, 상대방의 핵미사일을 발사했더라도 이것이 목표지점에 도달하기 전에 요격하는 것이다.

위에서도 언급이 되었지만 이러한 억제를 달성하기 위한 보편적인 메커니즘(억제의 보편성)은 다음의 두 가지(응징적 억제, 거부적 억제) 개념이다.

첫째, 응징적 억제(deterrence by punishment)는 상대의 인구밀집지역, 산업시설 등 대가치 표적(counter-value target)에 대한 확증보복(assured retaliation)을 위협함으로써 사전 억제(Pre-war deterrence)를 목표로 한다. 예를 들어 1960년대 냉전시기 핵균형을 이루게 된 미·소는 이러한 논리에 기초해 상호확증파괴(MDA: Mutual Assured Destruction) 전략을 추구하였고, 억제가 작동되어 핵전쟁을 방지하고 전략적 안정을 달성하였다. 우리나라의 대북한 대표적 개념은 KMPR이다.

---

2 Paul, Thazha V., Patrick M. Morgan, and James J. Wirtz. 2009. *Complex Deterrence Strategy in the Global Age*. Chicago: University of Chicago Press, p. 160; Quackenbush, Stephen L. 2011. *Understanding General Deterrence: Theory and Application*. New York: Palgrave Macmillan, p. 2.

3 Oneal, John R. "The Rationality of Decision Making during International Crises" *Polity*. Vol. 20, No. 4: 598-622, pp. 598-599.

4 Morgan, Patrick M. 2003. *Deterrence Now*. Cambridge: Cambridge University Press, pp. 11-13.

둘째, 거부적 억제(deterrence by denial)는 상대로 하여금 자신의 행동(여기서는 핵공격)이 성공하지 못할 것이라는 판단을 강요해 공격을 억제한다. 이것이 실패할 경우, 피해의 최소화(damage limitation)를 통한 전쟁 중 억제(intra-war deterrence)를 목표로 한다. 따라서 수행 방식 또한 대군사 타격(counter-force strike), 미사일 방어 등 상대의 군사력을 무력화하는 데에 초점이 맞추어져 있다. 전자의 경우 상대의 핵 사용 징후가 명백한 상황에서 선제 타격(preemptive strike)를 통해 무력화시키거나 대군사 표적(counter-force target) 위주의 제한전을 수행하여 종전을 모색하고, 후자의 경우 공격해 오는 상대의 미사일을 공중에서 요격하는 형태를 취한다. 우리나라의 대표적인 개념은 Kill-chain, KAMD이다.

위의 두 보편적 원리는 핵 확전에 대한 상반된 메시지를 담고 있다.[5] 응징적 억제는 핵 확전 자체를 방지하고자 핵무기를 사용할 경우 보복하겠다는 의사를 전달하는 반면 거부적 억제는 적의 핵 사용을 가정하고 그 피해를 최소화하면서 확전을 통제하고자 하는 메시지를 담고 있다.

응징적 억제 개념을 구현하기 위해 핵을 가진 나라는 핵무기를 사용하는 것을 원칙으로 하고, 거부적 억제의 경우는 재래식 위주로 사용하나 핵무기를 포함하기도 한다. 미국의 경우 "No First Use" 정책을 버리고 "Counter Force Target" 정책을 통해 핵을 재래전력에 대한 응징에도 사용하겠다고 선언하였다.

두 개의 개념 중 어느 하나가 완벽하게 상대방의 핵 사용을 억제하지 못한다. 예를 들어 KAMD의 경우 북한의 핵미사일을 100% 방어할 수 없다. 90%의 방어율을 자랑한다고 해도 결국 10% 핵 미사일를 방어할 수 없다. 그러므로 핵무기를 사용하는 입장에서는 한 발의 미사일만 성공하더라도 전략적 목표를 달성하기 때문에 핵무기를 사용할 충분한 인센티브가 있다. 또한, 응징적 억제도 북한의 공격에 대한 충분한 응징을 할 수 있는 능력보유, 이를 잘 전달하는 능력, 그렇게 사용하겠다는 의지 등을 갖추어야 하는데, 이는 인지의 영역으로 검증이 쉽지 않다.

---

5 김정섭, 2021. "핵전략의 내재적 딜레마와 북핵 대응전략의 선택" 『국가전략』 제27권 2호; 황일도. 2017. "북한의 ICBM 보유 이후 한국의 대응: 1960년대 유럽 사례의 함의" 『주요국제문제분석』 2017-39, pp. 15-17.

그래서 결국 대부분의 국가가 이 두 개의 개념을 모두 적용한 핵억제 전략과 능력을 구비하고 있고, 우리나라도 이 두 개념을 적용해 거부적 억제를 위한 Killchain, KAMD, 응징적 억제를 위한 KMPR의 개념과 능력을 모두 발전시키고 있다.

이러한 핵억제는 보호의 대상(자신을 보호하는가 아니면 다른 국가에 대해 행사하는가)에 따라 크게 두 가지(직접적 억제, 확장적 억제) 방법이 있다. 직접적 억제(Direct Deterrence)는 한 국가가 자국을 방어하기 위해 적국의 공격을 억제하는 방식이다. 반면, 확장적 억제(Extended Deterrence)는 자국뿐 아니라 동맹국을 방어하기 위해 핵 보복을 통한 억제를 시도하는 전략이다. 미국이 한국이나 일본과 같은 동맹국에게 확장적 억제를 제공하는 사례가 대표적이다. 이 경우, 미국은 핵무기를 통해 자국뿐 아니라 동맹국도 보호한다는 신호를 보내어, 적국이 동맹국을 공격하지 못하게 억제한다.

위의 두 가지 개념과 능력은 핵을 가진 국가에 대해 보편적으로 적용되는 것이나 제2차 핵시대에 들어서면서 위의 보편성에 추가하여 특수성이 필요하게 되었다. 제2차 핵시대는 미·소간 초강대국 핵 경쟁에 지배되던 시대와 달리 핵 양강체제가 종식되고 독립적인 핵 의사결정 주체들이 등장한 시대를 일컫는다.[6] 제1차 핵 시대와 달리 행위자가 증가하면서 안정과 균형이라는 목표를 달성하기가 더욱 어려워졌다.

특히, 새로운 행위자들 대다수가 지역적 불안정 및 강대국과의 경쟁 등으로 위기상황에 있고, 열세를 극복하고자 핵무기에 지나치게 의존하고 있어 다양한 핵 사용 시나리오를 상정할 수 있다. 새롭게 등장한 핵보유국은 기존의 미·소와는 다른 가치체계로 인해 대가치 표적을 대상으로 확증보복의 메커니즘 작동을 어렵게 만들었다. 제2차 핵시대에는 비대칭적 행위자들의 각각의 특수한 위협인식을 감안한 인식의 틀에서 보편적 억제 전략을 구사해야 한다.

이러한 제2차 핵시대 대북 억제 전략은 새로운 접근이 필요하다. 북한은 무엇에 의해 억제되는가, 한반도에 최적화된 억제 논리는 무엇인가, 그 억제 논리를 구현할 최적의 전력은 무엇인가에 답하고자 한다.

---

6 Gray, Colin S. 1999. *The Second Nuclear Age*. Boulder: Lynne Rienner.

북한의 전략목표 최우선순위는 최고지도자의 정치적 생존이라는 점에서 억제 논리로 응징적 억제가 적합하며, 수단으로는 한국의 독자 억제 개념인 대량응징보복(KMPR)을 핵심으로 미국의 확장억제와 전략적 연계가 필요하다.

억제의 목표·방법·수단이다. 목표는 북한 최고지자도자의 정치적(물리적) 제거이다. 방법은 최고지도자의 정치적 생명을 노리는 응징적 억제이다. 지금은 응징적/거부적 억제 방법을 병행하여 발전시키고 있으나 북한 지도부를 향한 응징적 억제 강조가 필요하다. 여기서 응징의 대상은 기간시설, 북한 일반 시민이 아닌 최고지도자 혹은 지도자의 정치적 생명의 근간(북핵능력 등)에 초점을 맞추어야 한다. 미국의 확장억제는 북한이 전술핵을 사용했을 때 담보하기가 어려우므로 이를 보완하기 위한 재래전력에 의한 대량 응징·보복 능력 필요한 것이다.

수단은 한국의 재래무기와 미국의 핵무기의 전략적으로 연계해야 한다. 재래식·핵 전력의 열세에 처한 김정은은 전술핵무기 사용 위협 또는 제한적인 사용을 통해 확전 결의를 과시하고 재래전력비의 열세를 타계하려 할 것이다. 다시 말해, 북한의 핵 확전 개념은 전술핵을 사용으로 미국의 확장억제 작동의 모호성을 높임과 동시에 핵 확전 의지를 과시할 것이다. 또한, 군사적으로는 한국의 첨단 전력(현무계열의 고위력 탄도탄, 이지스 전투함, F-35, 미군의 증원전력 등)으로 야기되는 열세 극복을 위해 핵무기를 주요 집결지, 전략무기운용기지, 지원시설(군공항, 항만 등)에 사용할 것이다. 북한의 전술핵 사용 시 미국이 전략핵을 통한 보복을 주저하는 전략적 공백을 채울 우리의 재래식 대량응징보복 개념과 수단의 발전이 필요하다.

이스라엘과 헤즈볼라 전쟁에서 이스라엘이 보여주는 지도부에 대한 응징은 하나의 모델이 될 수 있다. 나스랄라를 겨냥해 레바논 수도 베이루트 교외 다히예 소재 헤즈볼라 지휘 본부에 80t가량의 폭탄을 퍼부은 후 초토화된 현장 모습이 팔레스타인 '쿠드스 뉴스 네트워크'(2024.9.29. QNN)를 통해 공개됐다. 이러한 재래전력으로 지휘부를 "응징"할 수 있는 능력의 구비가 필요하다.

3 "한국형 3축체계" 개념

1) 한국의 3축체계 정의와 연혁

북한의 핵개발에 대응하여 우리 군은 북한 핵·미사일 방어를 위한 개념·작전·전력을 발전시켜왔다. 현재 현 정부의 군사적 대응의 핵심 개념이 "한국형 3축체계"이다. 국가 차원의 연합방위를 근간으로 북한의 핵·미사일을 억제하는 전략은 "한·미 맞춤형 억제 전략"[7] 및 "4D체계"[8]를 들 수 있다. 이를 전략과 개념에서 구체적인 작전적 수준으로, 연합방위에서 한국 군 단독의 작전개념으로 구체화한 것이 한국형 3축체계이다. 다시 말해, 한·미 동맹 차원의 북핵 억제 노력인 '한·미 맞춤형 억제 전략'과 '4D체계'와는 별도로, 우리 군 독자의 북핵 대응 전략이 바로 "한국형 3축체계"라고 할 수 있다. 이는 시기에 따라 적의 핵 공격임박 시, 핵 공격 도중, 그리고 핵 공격 이후의 3가지로 나뉠 수 있다. 이러한 시간순의 개념은 처음부터 완성된 형태로 나온 것은 아니다. 한국형 3축체계의 3개의 개념이 순차적으로 나온 연역은 아래와 같다.

- 2009년 북한이 처음으로 핵실험을 하였을 때 북한의 핵·미사일 공격을 방어하기 위해 한국형미사일방어체계(KAMD)[9] 개념이 처음 나오게 되었다.
- 2010년 천안함 폭침, 연평도 폭격 등의 도발을 거치면서 응징적 억제를 할 수 있는 개념으로 2012년 킬체인(Kill-chian) 개념이 나오게 된다.

---

7 2013년 10월 제45차 한·미안보협의회의(SCM: Security Consultative Meeting)에서 기존의 확장억제를 '맞춤형 억제'로 발전시켰다. 맞춤형 억제는 북한이 핵으로 위협하는 상황부터 직접 사용하는 핵전 상황에 대응하는 군사·비군사적 대응방안을 포함한다. 이 가운데 군사적 대응방안은 미국이 지원하는 핵전력, 재래식 전력은 전략표적타격, 압도적 대응 그리고 한국형 미사일 방어로 이루어진다.
이흥석, "맞춤형 억제 신뢰성 제고: 한·미의 능력과 의지를 중심으로" 『국제관계연구』 제26권 제1호, 2021.

8 '4D'란 탐지(Detect)·방어(Defense)·교란(Disrupt)·파괴(Destroy)라는 4단계 작전의 첫 글자를 딴 것으로, 한·미 연합작전에 적용되는 개념이다.

9 KAMD는 공중에서 날아오는 적의 미사일이 표적에 닿기 전에 이를 무력화시키는 작전이다. 통상 미사일 방어는 적 미사일의 비행단계에 따라 상승-중간-하강의 3단계로 나뉘어 수행된다. 지금까지는 하강의 종말단계에서의 방어 능력만을 보유하였으나 SM-3의 소요 반영으로 중간 비행단계에서의 요격능력도 보유하게 될 예정이다.

- 2016년 2차례의 핵실험(4, 5차)을 연속으로 강행하면서 9월 9일 북한 5차 핵실험 직후[10] 대량응징보복(KMPR)[11] 개념이 공개되었다. KMPR 작전개념은 평양을 몇몇 구역으로 나눠 핵무기 사용 징후 등이 감지되면 전쟁지휘부가 숨은 장소를 고위력의 재래식 무기로 폭격하여 무력화하는 것이 핵심이다.
- 2016년 10월 위의 3가지 작전형태를 모아 독자적 북핵 대응 전략으로 만든 것이 "한국형 3축체계"이다. 이 개념을 구현하기 위한 전력발전 계획이 발표되었고, 3가지 축(킬체인(Kill-chain), 한국형미사일방어체계(KAMD), 대량응징보복체계(KMPR))의 능력을 2020년대에 갖출 것을 천명하였다.[12]

2) "한국형 3축체계" 개별 개념 및 능력

위에서는 한국형 3축체계의 전체적인 개념과 연역을 알아봤다면 여기서는 한국형 3축체계의 각각의 개념 및 능력에 관해 이야기해 보고자 한다. 북한의 미사일 능력을 고려 시 우리나라 전 국토가 북한의 핵·미사일 공격 위협에 노출되어 있다. 이러한 위협적인 상황에 대응하기 위한 군사적 대응책이 "한국형 3축 체계"이다. 이는 3단계로 구성되고 이것이 "3K"의 개념이다.

'한국형 3축체계'는 '킬체인(Kill Chain)', '한국형미사일방어(KAMD: Korea Air and Missile Defense)', '대량응징보복(KMPR: Korea Massive Punishment and Retaliation)'으로 구성된다.

---

10 북한 핵실험 경과

구분	1차	2차	3차	4차	5차	6차
일자	2006.10.9	2009.5.25	2013.2.12	2016.1.6	2016.9.9	2017.9.4
규모	3.9	4.5	4.9	4.8	5.0	5.7
폭발력	1kt	2~6kt	6~7kt	6kt	10kt	50kt 이상
핵탄두	플루토늄	플루토늄	우라늄	증폭핵분열탄 추정	증폭핵분열탄 추정	수소탄

출처: 대한민국 국방부, 『국방백서 2020』, 2021, 표 p. 295를 저자가 일부 보완

11 북한의 핵 공격 시 응징보복으로 적을 초토화하는 군사작전이다. 북한이 핵무기로 공격할 경우 동시·다량·정밀타격이 가능한 미사일 전력과 특수작전부대 등을 운용하여 북한 전쟁지도부를 포함한 지휘부를 응징보복하는 개념이다.

12 국방부, "북핵·미사일 대응 '킬체인·KAMD·KMPR' 조기 구축" 『뉴스핌』, 2016.10.18.

(Kill-chain 단계) 북한의 핵을 탑재한 미사일 등이 발사되려는 징후가 있을 경우 발사원점 및 지원체계를 타격하여 위협을 선제적으로 제거하는 개념이다. '킬체인(Kill Chain)'은 북한의 핵·미사일 관련 지휘·발사·지원체계, 이동식 발사대 등 핵심표적을 신속·정확하게 탐지하여 사용 징후가 명백한 경우 발사 전에 제거하는 공격체계이며, 이를 통해 '거부적 억제' 개념을 구현한다. 이를 위해 발사 이전 단계부터 적극적으로 탐지·교란할 수 있는 능력을 강화하고, 북한 전지역의 고정·이동 北 핵·미사일에 대한 신속한 감시정찰과 초정밀 타격을 위한 개념과 능력을 발전해 가고 있다.

이는 유사시 북한의 핵·미사일 사용 징후가 명백히 식별된 경우, 자위권 차원에서 단호하게 대응할 수 있는 강력한 군사적 대응개념이다. 특히 '동맹의 포괄적 미사일대응(4D) 전략'과 연계하여 북한의 핵·미사일 체계를 발사 전·후 신속하게 교란 및 파괴할 수 있는 작전수행체계로 북한의 핵·미사일 위협을 억제·대응한다.

특히, 핵·미사일 사용 징후를 조기에 파악하는 것이 무엇보다 중요하다. 북한의 핵심표적과 핵·미사일 위협 등에 대한 상시 감시능력을 위해 감시정찰 및 우주 무기체계를 이용하여 영상·신호정보 획득과 정보융합을 실시하고 있다.

또한, 지상·해양 및 공중 기반의 신호정보 수집체계를 활용하여 북한의 미사일 발사 징후를 탐지하고 있으며, 북한의 신호정보를 보다 조기에 탐지하기 위해 백두체계 등 신호정보 수집체계를 적극활용하고 있다. 아울러, 위성 및 항공정찰 자산 등을 통해 획득된 다양한 영상정보를 신속하고 정확하게 융합 및 분석하고 전쟁지도부의 실시간 의사결정을 지원하기 위해 AI 등 첨단기술을 활용한 다출처영상융합체계를 활용하고 있다.

(KAMD 단계) 발사된 미사일 등을 다층적 미사일방어체계를 이용하여 공중에서 요격하는 "한국형미사일방어체계(KAMD)"이다. 현재는 제한적 다층방어체계에서 탄도궤적이 아닌 변칙적 궤적의 미사일도 방어할 수 있는 복합 다층방어체계로 발전 중이다.

'한국형 미사일 방어(KAMD)'는 우리 측으로 발사된 다양한 미사일을 조기에 탐지 및 요격하고, 피해 최소화를 위해 경보를 전파하는 복합 다층방어체계를 말하며, 킬체인(Kill Chain)과 함께 '거부적 억제' 개념을 구현한다. 기존의 수직적(고도) 차원에서 수평적(거리) 차원으로 미사일 방어개념을 확장하고, 능력 강화 측면에서는 미사일 조기탐지와 다층화된 요격능력으로 요격률을 높이고 있다.

북한은 활공 및 공력비행 등 기존의 탄도미사일과는 다른 형태의 변칙기동 미사일을 개발하고 있으며, 다종의 미사일을 혼합사격하는 등 우리의 미사일방어체계에 대한 혼란을 조성하기 위한 전술을 구사할 것으로 예상된다. 북한의 전술에 효과적으로 대응하기 위해 기존의 수직적 차원의 방어개념을 수평적 차원으로 확대하여 원거리에서 순차적으로 방어함으로써 미사일 요격 확률을 높였다. 또한, 미사일과 장사정포 혼합공격에 대비한 수도권 복합방어 작전체계를 발전시키고, 독자 개발한 지상기반 상·하층 방어체계 레이더를 효율적으로 통합(네트워크화)운용하고 있다.

핵·미사일 낙탄, EMP(Electro Magnetic Pulse) 피해 등의 최소화를 위한 방호능력과 태세도 지속해서 발전시켜야 한다.

미사일 조기탐지를 위해 탄도탄 조기경보 레이더 및 이지스함을 추가 전력화하여 한반도 전역에 대한 탄도탄 조기탐지능력을 강화하고 있다. 아울러 저고도로 비행하는 미사일을 신속히 탐지하며, 발사원점 식별을 통한 공격작전의 즉응성 향상을 위해 우주 기반의 조기경보 위성 체계를 활용 증강 중에 있다.

이러한 전천후 미사일 조기탐지 능력 확보 노력과 함께 탄도탄 방어 지휘통제 능력의 강화를 위한 탄도탄 작전통제소 및 통합체계 발전도 병행하여 탐지체계와 방어체계를 유기적으로 운용하고 있다.

단계적으로 복합 다층방어체계 구축을 추진 중이다. 이를 위해 우선 기존 패트리어트의 성능개량 및 요격미사일을 확충하고, 국내 기술로 개발한 미사일 요격체계인 천궁-II를 전력화하는 등 수도권 및 핵심시설에 대한 하층 방어체계를 강화하고 있다. 또한, 종말단계 상층요격능력을 갖추기 위해, L-SAM 전력화 및 성능개량을 추진함으로써 종말단계 상하층 다층방어체계를 구축해 가고 있다.

특히, 북한의 미사일·방사포의 혼합사격에 대한 동시 대응능력 확보를 위해 한국형 아이언돔인 장사정포 요격체계를 조기 전력화하여 복합 다층방어체계를 구축해 나갈 예정이다. 이처럼 국내 기술로 개발한 미사일 방어체계 구축을 통해 독자적인 복합 다층방어능력 확충을 추진하는 한편, 한미 연합방위체제 하에서 주한미군의 미사일방어체계와의 상호운용성을 강화하여 동맹의 대응능력도 지속 발전시키고 있다.

(KMPR 단계) 북 핵·미사일이 직접적인 피해를 야기한 경우 보복으로 평양 및 주요 지점을 핵이 아닌 고위력 재래식 화력으로 타격하여 김정은을 포함한 북한군 수뇌부를 제거하고 이들의 은거지와 주요 시설을 신속히 파괴, 제압하는 것이다.

'대량응징보복(KMPR)'은 북한이 핵·WMD를 사용할 경우 우리 군의 고위력·초정밀 타격 능력 등 압도적인 전략적 타격능력으로 전쟁지도부와 핵심시설 등을 응징·보복하는 체계를 말하며, 이를 통해 '응징적 억제' 개념을 구현한다. 이를 위해 우리 군은 전략적 능력을 활용하여 북한의 핵 사용 억제태세를 강화하는 한편, 북한 전쟁지도부와 핵심시설에 대한 고위력·초정밀 타격 능력을 발전시키고 있다.

북한의 핵 사용 억제·응징보복을 위해 미사일 사거리 증가, 위력증대, 대량사격 등 압도적 타격 능력을 강화 중이다. 현재 보유하고 있는 고위력 탄도미사일, F-35A 스텔스기 및 잠수함과 같은 은밀 침투·타격 수단 등의 전략적 능력을 활용하여 북한의 핵 사용 억제태세를 강화하고 있다. 북한의 핵·WMD 사용 시 압도적인 전략적 타격능력으로 응징·보복하는 능력을 구비하고 발전시키고 있다.

특히, 파괴력이 증대된 다양한 미사일을 전력화하여 작전적 효율성과 융통성을 강화하고 있으며, 대량사격 등 압도적 타격능력을 강화하기 위해 북한 전 지역에 대한 타격이 가능한 지상·해양·공중 고위력 미사일을 보유하고 있다. 아울러 갱도 및 건물파괴가 가능하도록 파괴능력을 강화하고, 핵심표적에 대한 정밀타격 능력을 보유하고 있다.

위의 3단계로 북한의 핵·미사일에 대응하는 군사적인 기능은 변함이 없으나 이를 대표하는 용어는 정부의 기조에 따라 차이가 있다. 이명박 정부와 박근혜 정부에서는 "3축체계"라는 용어로 표현이 되었다. 그러나 문재인 정부에서는 남북관계 개선의 기조에 따라 "핵·WMD(대량살상무기) 대응체계"로 이름을 바꾸었다. 구체적인 3개의 작전개념도 일축 '킬 체인'(Kill Chain)은 '전략표적 타격'으로, 이축 '한국형미사일방어체계'(KAMD)는 '한국형미사일방어'로, 삼축 '대량응징보복'(KMPR)은 '압도적 대응'으로 대체된다. 선제타격의 의미가 포함된 "킬체인", 보복의 의미 있는 "대량응징보복" 등 용어를 변경한 것이다.[13]

북한의 핵·미사일 위협에 대해 강경한 기조를 가진 윤석열 정부에 와서는 반전되어 "현 정부 110개 국정과제"에 "104. 북 핵·미사일 위협 대응능력의 획기적 보강"에서 "한국형 3축체계 능력 확보"를 명시하고 있다. 국방부 차원에서는 『2022년 국방백서』에 북한을 우리의 적으로 적시하고 '한국형 3축체계' 용어를 명시하여 북한의 핵·미사일 위협에 군사적 대응 수단이 3축체계라는 것을 강조하였다.[14]

윤석열 정부는 "국방혁신 4.0"의 하나로 북한의 핵·미사일 위협에 대응하기 위한 기존의 3축체계 개념을 4차 산업혁명시대의 기술과 접목한 강화를 제시하였다. 이러한 노력을 단계별로 실시할 계획이며 현재까지의 목표연도와 최종상태, 단계별 추진목표 정립 로드맵은 표와 같다.

표 1 국방부 단계별 한국형 3축체계 발전 로드맵[15]

구분	1단계('22~'27년)	2단계('28~'32년)	3단계('32년 이후)
기반체계 단계별 목표·중점	• 北 전지역 감시·정찰 필수능력 확보 • 신속한 다출처 정보 융합 및 결심지원 능력 구비	• 北 전지역 실시간 전천후 감시·정찰 능력 확충 및 AI 기술 적용 통합 C4I 체계 구축	• 억제권역 감시·정찰 능력 확대, AI 기반 지능형 통합 C4I 체계 발전
Kill Chain 단계별 목표·중점	• 北 전지역 감시·정찰 및 물리적·비물리적 타격 능력 확보 • 한측 단독 및 연합의 작전수행체계 완비	• 北 미사일 발사전 파괴·교란능력 강화 • 한국군의 연합작전 주도 및 AI 기술 적용 결심 능력 강화	• 전방위 전략적 위협에 대한 감시·정찰·타격능력 확충 • 킬웹 (Kill Web) 개념 적용 및 억제권 작전 수행 능력 확보

13 "'한국형 3축체계' 명칭, 역사속으로 사라진다" 『한겨레』, 2019.1.10.

14 국방부, 『국방백서 2022』, 2023.

15 국방부, "힘에 의한 평화구현: 2023년 주요업무 추진계획" 2023.1.11. 등을 참고하여 저자 작성.

KAMD 단계별 목표·중점	• 국가·군사 주요자산 방어 및 수도권 다층 방어 능력 확보 • 한·미 연합 미사일방어 작전 및 훈련체계 발전	• 한반도 주변지역 탐지, 수도권·핵심시설 복합 다층방어 능력 보강 • 한국군의 연합 미사일방어 지휘통제능력 강화	• 수직·수평적 복합다층 방어능력 확보 • 전방위 미사일 위협 대비 미사일방어 작전수행 체계 발전
KMPR 단계별 목표·중점	• 北 전지역 지하·갱도 전쟁지도부·핵심시설 파괴 및 능력 확보 • KMPR 시행체계 발전	• 北 추가핵심시설 파괴 능력 확충 • 한국군 주도의 한·미 연합 압도적 대응 및 한측 단독의 KMPR 수행체계 강화	• 北 전쟁지도부·핵심시설 파괴 능력 유지·강화 • 전방위 위협에 대한 전략적 타격능력 확충

4 북한의 이격능력(SSBN) 대응방안

기존의 육상기반의 다양한 북 핵·미사일 위협뿐 아니라, 잠수함에서 발사되는 SLBM의 위협이 증가하고 있다. 이는 잠수함인 SSBN이라는 수중에서 활동하는 플랫폼에서 운용되어 탐지·추적·무력화가 어려운 특징을 가진다. 또한, 우리의 응징·보복에도 살아남아 이격을 할 수 있는 능력을 보유하게 됨으로 맞춤형 대응 전략이 필요하다.

1) 단계별 대응 개념 및 작전 노드 분석

북한이 SSBN을 운용하는 단계는 크게 3단계(정박단계, 이동단계, SLBM 발사단계)이다. 이 3단계 운용개념을 중심으로 대응방안에 대한 고민이 필요하다. 위의 3단계를 기준으로 단계별 대응 개념과 방법이 상이하므로 단계별 분리하여 핵심 노드 및 작전개념을 생각해야 한다.

표 2 작전 노드 분석 및 주요 작전개념

북한 SSBN 작전 노드		대상 핵심 노드	대응 개념
정박 단계	① 핵탄두 및 미사일 이동 및 탑재 단계	핵탄두 개발·생산·보관 장소 북 최고사 지시에 의거 핵탄두 이동경로 탄체결합 및 잠수함 탑재 장소 등	지상표적 공격
	② SLBM 잠수함 작전기지	잠수함 기지 내 SLBM 탑재 잠수함 기지 대기 전력 및 작전지원 시설, 대피로 등	잠수함 작전기지 공격
이동 단계	③ 모기지 이탈, 안전수역에 대기	잠수함 기지를 출항한 SLBM 탑재 잠수함이 대기 가능한 구역으로 북한 잠수함 기지 인근 방공망, 해안포 등 지원세력이 인접해 상대적으로 안전한 해역	대잠작전 위주의 발사대기 및 가능 해역 탐색 및 공격
	④ SLBM 수중발사 가능해역 이동	북한 방공망을 벗어난 SSBN의 생존성 및 SLBM 공격 성공 가능성을 고려한 잠수함 대기 해역	
SLBM 발사 단계	⑤ SLBM 발사 지시 전달체계	해양에서 공격 대기 중인 잠수함에 SLBM 발사지시를 전달하기 위한 지휘소 및 통신체계	지상표적 공격
	⑥ 발사된 SLBM	방어체계의 탐지 및 요격 대상이 되는 잠수함으로부터 발사된 SLBM	SLBM 요격

위의 단계별로 SSBN을 운용할 때 이를 구현하기 위해서 단계별 탐지 및 타격계획은 아래와 같다. 발사 이전에 무력화하는 것이 가장 효과적이기 때문에 최대한 SLBM이 발사되기 이전에 무력화하는 것을 목표로 한다.

표 3 단계별 SSBN 탐지 및 타격 요구능력

	탐지	타격
정박단계	• 정박 중인 SLBM 탑재 잠수함 24시간 감시능력	• 북한 육상방공망을 회피하여 항 내 잠수함 타격능력
이동단계	• 잠항한 SLBM 탑재 잠수함 포착 시 접촉 유지 및 식별능력	• 잠항한 잠수함 타격능력
SLBM 발사단계	• 해중에서 발사된 SLBM 조기 탐지 및 식별능력	• SLBM 중간비행단계 및 종말단계 요격능력

2) 시나리오별 단계적 대응 방향

위에서는 북한의 SSBN의 단계별로 운용개념 및 이에 대응하기 위한 우리의 능력까지 보았다. 그렇다면 북한이 SSBN을 단계적으로 운용할 때 우리의 능력으로 대응하는 개념은 어떻게 될 것인가? 위에서 분석한 가장 가능성 높은 방책과 가장 위험한 방책별로 제시하고자 한다.

표 4 각 시나리오 단계별 대응 방향

구분	가장 가능성 있는 방책 (Most Likely Scenario)		가장 위험한 방책 (Most Dangerous Scenario)
	모기지 근해 활동 및 발사	관할해역 내에서 활동 및 발사	주변국과 관할해역 중간선 및 태평양에서 발사
정박 단계	• 위성을 활용해 육상에 정박한 잠수함의 위치정보 수집 • 훈련·수리·구수적재·SLBM 탑재 여부 등 확인으로 현재 SSBN의 작전 가능성 추정 및 판단 가능 • 미식별 여부 확인으로 작전·훈련 여부 판단		
이동 단계	• 모기지 근해에 수중을 탐지 및 감시할 자산 없어 NLL 이북 활동 시 탐지 어려움	• 미국의 잠수함 감시자산으로 획득한 정보 공유	• 대한민국 및 일본의 관할해역을 지나가야 하므로 일본의 대잠전력과 협력하여 전략 대잠전 실시

SLBM 발사 단계	• KAMD 전력을 이용해 SLBM 차단	• 일본과 협조하여 한반도로 향하는 SLBM 요격 • 태평양으로 발사된 SLBM에 대해서는 초기 탐지 정보 공유(일본, 미국 등)	• 한반도로 오는 SLBM에 대해 일본 및 미국으로부터 초기 탐지 정보 수신 및 대비

5 발사의 왼편 개념 및 발전방향

1) 필요성

한반도에서 북한의 핵이 이슈가 된지도 1차 핵실험을 기준으로 20년 가까이 되어간다. 그동안 북한 핵에 대한 다양한 군사적 억제 및 대응방안에 대해 논의가 있어왔다. 현재는 한·미 간의 공동대응 개념은 4D 개념을 채택하고 재래식 전력을 중점적으로 대응하는 개념은 3K 개념 위주로 발전하였다.

정치적으로 북한의 비핵화 측면에서도 답보상태이기는 하지만, 군사적으로도 핵을 가지고 있지 않은 우리가 북한의 핵을 억제하고 대응하는 것에 많은 한계를 가지고 있다. 매년 국방부 예산을 보면, 3축체계 강화를 위해 막대한 예산을 배정하고, 이를 구현하기 위한 전력들이 속속 전력화되고 있지만 재래식 전력으로 북핵에 대응한다는 한계에 봉착하고 있다.

그래서 일부 강경한 학자는 핵무장론을 주장하기도 한다.[16] 하지만 핵무장은 군사적 측면뿐 아니라 미국이 주도하는 비확산체제(NPT)와 국제질서 등 군사적 대응 이상의 정치적 문제가 있고, 에너지 분야에서 핵공급이 되지 않아 경제적으로 어려움을 겪을 수 있어 대안이 되지 못한다.

그렇다면 어떠한 것이 대안이 될 수 있을까? 지금의 재래식 무기의 업그레이드 수준의 3축체계의 발전에서는 그 대답을 찾기가 쉽지 않다. 그렇다면 획기적인 개념의 전환이 필요하다. 새로운 군사적 수단이 우주, 전자기스펙트럼, 사이

16 박용수, “한국의 핵무장 가능성” 『아세아연구』 제65권 제2호(통권 제188호), 2022.

버 영역으로 확대되고, 각 영역 간의 교차승수(Cross Domain Synergy)에 대한 개념이 군에서 주목을 받는 상황에서 이를 북핵대응에 적용하는 것이 필요하다.

특히, 북한의 핵이 발사되기 이전에 이를 무력화할 수 있는 능력을 갖게 된다면 가장 이상적일 것이다. 그러나 이러한 개념을 구현하기 위해 기존의 재래식 수단을 사용하면 전쟁으로 바로 이어진다는 단점을 보완할 수 있는 수단의 개발이 필요하다. 그래서 본 글에서는 발사의 왼편(Left of Launch)의 개념에 대해 논의하고 그러한 개념을 구현하기 위한 다양한 비물리 수단에 관해 이야기해 보고자 한다.

2) 사례와 발사의 왼편 수단의 의의

표 5 2017년 북한의 미사일 도발과 실패 사례

February 11, 2017	North Korea test-fired a Pukkuksong-2missile over the Sea of Japan. This was the first launch of the new medium-range ballistic missile.[17]
March 6, 2017	North Korea launches four ballistic missiles from the Tongchang-ri launch site in the northwest. Some flew 620mi (1,000km) before falling into the Sea of Japan.[18]
April 4, 2017	North Korea test-fired a medium-range ballistic missile from its eastern port of Sinpo into the Sea of Japan.[19]
April 15, 2017	North Korea test-fired an unidentified land-based missile from the naval base in Sinpo but it **exploded almost immediately after the take off.**[20]

17 "North Korea says test of new nuclear-capable Pukkuksong-2 missile a success" Sydney Morning Herald. February 13, 2017.

18 Global, IndraStra. "NEWS | North Korea Launches 4 Ballistic Missiles, Further Instability Assured" IndraStra, April 22, 2017.

19 "North Korean missile fired ahead of US-China summit" BBC News. April 5, 2017.

20 "North Korea's attempted missile launch explodes on liftoff, U.S. officials say" ABC News. April 16, 2017.

April 28, 2017	North Korea test-fired an unidentified missile from Pukchang airfield. The missile, believed to be a medium-range KN-17 ballistic missile, **faltered and broke apart minutes after lift off.**[21]
May 13, 2017	North Korea test-fired a Hwasong-12 missile from a test site in the area of Kusong. The missile, later revealed to be an intermediate range ballistic missile, [49] **traveled 30 minutes**, reached an altitude of more than 2,111.5km, and flew a horizontal distance of 789km (490mi), before falling into the Sea of Japan. Such a missile would have a range of at least 4,000, reaching Guam, to 6,000km.[22]
May 21, 2017	North Korea test-fired another Pukkuksong-2medium-range ballistic missile from Pukchang airfield, which traveled approximately 500km (310mi) before falling into the Sea of Japan. The missile landed about 350km (220mi) from North Korea's east coast.[23]
May 29, 2017	North Korea fired a short range ballistic missile into the Sea of Japan. It traveled 450km.[24]
June 8, 2017	North Korea fired several missiles into the Sea of Japan. They are believed to be anti-ship missiles. The South Korean military said the launches show the reclusive regime's "precise targeting capability."
June 23, 2017	North Korea tested a new rocket engine that could possibly be fitted to an intercontinental ballistic missile. This engine was later believed to be for the second stage of the Hwasong-15, first flown later in 2017.

21 "North Korea test-fires ballistic missile, U.S. and South Korea confirm" CBS News. Archived from the original on April 29, 2017.

22 "North Korea fires missile from test site, U.S. officials confirm" CBS News. May 13, 2017.

23 "North Korea fires second ballistic missile in a week" CNN. May 21, 2017.

24 Kim, Jack; Park, Ju-min (May 29, 2017). "North Korea fires Scud-class ballistic missile, Japan protests" Reuters. November 8, 2021.

July 4, 2017	North Korea tested its first intercontinental ballistic missile(ICBM) named Hwasong-14 on July 4.] It launched from the Panghyon Aircraft Factory 8km southeast of Panghyon Airport. It was aimed straight up at a lofted trajectory and reached more than 2,500km into space. It landed 37 minutes later, more than 930km from its launch site, into Japan's exclusive economic zone.
July 28, 2017	The 14th missile test carried out by North Korea in 2017 was another ICBM launched at 23:41 North Korea time (15:41 GMT) from Chagang Provincein the north of the country on July 28, 2017. The missile's reentry vehicle (RV) was seen by people in Japan as it entered the atmosphere and landed near the northern most Japanese island, Hokkaido. Analysis later revealed that the **RV broke up on re-entry**; further testing would be required.
August 26, 2017	North Korea test-fired three short-range ballistic missiles from the Kangwon Provinceon August 26. Two travel approximately 250 kilometers in a northeastern direction and one **explodes immediately after launch.** [79]
August 29, 2017	On August 29, 2017, at 6AM local time, North Korea launched a ballistic missile over Northern Japan. [80] The missile's short and low trajectory and its break up into three pieces is consistent with the **failure** of a heavy post-boost vehicle. [81]
September 15, 2017	North Korea launched a ballistic missile on September 15 from Sunan airfield. It reached a height of 770km and flew a distance of 3,700km for 17 minutes over Hokkaido before landing in the Pacific.
November 28, 2017	North Korea launched an ICBM from the vicinity of Pyongsong at 1:30pm EST/3:00am Pyongyang time. The rocket traveled for 50 minutes and reached 2,800 miles (4,500km) in height, both of which were new milestones. Based on satellite imagery, some experts believe that North Korea may now be able to fuel missiles horizontally, shortening the delay between when a missile becomes visible to when it can be launched. **The rocket is believed to have broken up on re-entry into the atmosphere.**

미국은 2013년 북한의 핵실험 며칠 후 캘리포니아·알래스카의 미사일 요격 부대 확대 방침을 발표하는 동시에 'Left of launch' 프로그램을 공개했다. 이는 사이버 및 전자기스펙트럼 공격 등으로 적 지휘부, 미사일 통제 컴퓨터, 센서, 통신망 등을 교란·파괴해 미사일을 발사 전에 무력화하는 개념이다. 마틴 뎀프시(Martin Dempsey) 당시 미 합참의장은 이 프로그램에 대해 악성 소프트웨어, 레이저, 신호 교란을 의미하는 '사이버전과 에너지·전자 공격'이란 표현을 썼다.

2017년 3월 뉴욕타임즈는 북한이 2016년 무수단 미사일을 총 8번 발사했는데, 7번 실패한 원인이 미국의 사이버 및 전자전 공격이라고 보도한 바 있다. 위의 표와 같이 2017년은 총 16회를 발사하였는데 이중 7회는 원인을 알 수는 없지만, 발사 이후 바로 폭파하거나 그 이후 원하는 목표지점에 탄착하지 못하고 폭발을 하였다. 다양한 추측이 있지만 뉴욕타임즈 보도와 같이 미국의 발사의 왼편 작전이 아닌가 하는 의심이 든다.

이러한 상황에서 우리 국방부도 '발사의 왼편(Left of Launch)' 작전을 2023년 국방부 연두 업무보고에서 공식화하였다.[25] 국방부는 사이버 공격과 통신망 교란 등의 방법을 활용해 미사일이 발사 직후 폭파되도록 하는 미군의 방식을 연구할 전망이다. 이러한 한국형 발사의 왼편 개념 및 능력발전은 물론 한·미 연합연습과 연계하여 연합·합동 미사일 타격 훈련을 강화하고, '발사전 타격' 개념을 보다 구체화할 계획이다.

이렇게 한국 군은 한국형 3축체계를 기본 북핵 대응 군사전략으로 채택하고 있으나, 이를 더욱 발전시켜 발사 이전에 다양한 수단(특히, 비운동 또는 비물리 수단)을 동원하여 사전에 차단하는 개념을 발전시키고 그에 따라 능력을 발전시킬 계획이다.

3) 개념과 수단

그렇다면 북한 핵에 대응하기 위한 발사의 왼편은 어떠한 개념이고, 어떠한 수단으로 그 개념을 구현할까? 우선 개념이다. 미사일 발사를 준비 → 발사 →

25 국방부, ""힘에 의한 평화 구현": 2023년 주요업무 추진계획", 2023.1.11.

상승 → 하강으로 나눌 때 '발사'보다 이전 단계인 '준비' 단계에 공격을 가한다는 의미에서 '발사 직전 교란'이라고도 하며, 발사보다 왼쪽에 있는 준비 단계에 공격을 가하기 때문에 '발사의 왼편'이라고도 한다. 반대로 '발사의 오른편(Right of launch)'은 발사 이후 요격과 이후의 응징·보복을 포함하는 작전개념이다.

수단은 비물리(Non-Kinetic) 무기체계를 이용한 작전개념이 발전하였다. 다양한 영역의 능력을 통합하여 발사전에 적의 미사일 능력을 무력화하는 것이다. 이러한 논의는 러시아 핵무기체계의 발전으로 인해 위협을 느끼는 유럽과 미국 위주로 발전을 하게 되었다. 러시아의 이스칸데르 등의 발전된 다양한 미사일이 NATO의 영토에 공격이 가능한 상태에서 NATO 국가들도 신뢰성 있는 방어를 위해 Left of Lauch 개념발전이 필요하게 된 것이다.

이러한 논의는 북한의 3차 핵실험과 다양한 투발수단의 발사시험, 다양한 핵무기 운용 플랫폼의 발전으로 더욱 촉진되었다. 최근에는 Left of Launch의 수단적인 측면에서의 개념 및 전력의 발전과 병행하여 대상에 있어서도 그 스펙트럼을 넓혀가고 있다. 예를 들어, 핵무기가 아닌 최근 큰 위협이 되고 있는 드론의 경우에도 Left of Launch의 개념이 적용되어 드론이 발사되어 활동하기 이전에 비물리적 수단으로 무력화한다는 개념이다. 또한, 그 스펙트럼은 왼편의 더 멀리까지 확장되어 초기에 핵무기체계를 갖지 않도록 하는 비확산 영역까지 확장되고 있다.

수단적인 측면에서 크게 두 가지로 나눌 수 있다. 물리적 수단과 비물리적 수단이다. 물리적 수단은 대부분이 현재의 3축체계의 킬체인에 포함이 되는 개념이다. 그래서 대부분 현재의 Left of Launch의 수단을 언급할 때는 3축체계 내의 물리적인 수단을 제외한 비물리적 수단을 말한다. 대표적으로 사이버 공격과 전자전 공격이 있다.

사이버전 관점에서 보면, 군 내의 사이버사령부나 정보기관들이 평시부터 확보해 놓은 공격 루트를 통해 악성코드를 이용하여 핵무기체계를 무력화하는 것이다. 사이버 공격 등의 방법을 활용해 미사일 발사 전 혹은 직후에 실패하도록 만드는 작전으로, 미사일 발사 자체를 막거나 엉뚱한 곳에 떨어지도록 만든다.

특히, 사이버 공격수단이 주요 수단이 될 것인데, 물리적 공간에서 표적이 식별되면 바로 발사할 수 있는 것과는 달리 사이버 작전에서는 평시에 표적을 공격할 수 있는 루트를 찾아내고 끊임없이 유지하거나 막혔을 때 대안을 찾는 노력이 필요하다.

예를 들어, 표적으로 가는 다양한 루트를 탐색하다가 PC3→PC5→PC7의 루트를 확보를 했다고 가정을 하자. 이러한 루트는 매우 임시적인 루트이다. 만일 PC3, PC5, PC7 중 한 개라도 없어지는 다양한 이유로 접근이 불가하면 또 다른 루트를 찾아야 하기 때문이다. 이러한 작전은 평시에 끊임없이 이루어져야 하고 이러한 개념은 사이버전에서 "Resilence"가 되는 것이다. 이러한 평시 작전의 어려움 외에도 북한 폐쇄망에 대한 정보수집 능력과 폐쇄망 침투를 위한 접근로 확보 능력, 핵무기 투발 시스템에 대한 취약점 발굴 능력, 취약점 발굴을 위한 핵심 무기체계 등이 제한점이다.

전자전 관점에서 보면 군 내에 전자전을 수행하는 콘트롤타워는 존재하지 않는다. 하지만 각 항공 플랫폼, 함정 플랫폼, 대대 단위 전투부대에서 각각에 적합한 EA(전자전 공격), ES(전자전 지원), EP(전자전 방어)를 실시하고 있다. 예를 들면 함정의 경우 함정용 전자전 장비인 소나타(SONATA: Sea Operation system for Navy Acquisition & Tactical Attack)를 통해 독립함정이 EA, ES, EP의 모든 전자전 기능을 수행하고 있다. 그러나 우리 군은 아직은 전자전 공격보다는 전자전 방어나 전자전 지원에 더 무게를 두고 작전을 수행하고 있다. 그래서 앞으로 북한의 핵무기체계에 대한 전자전 공격을 통한 무력화는 개념과 능력에 있어서 많은 발전이 필요하다.

수단(능력)적인 측면에서 보면 우선 북한이 핵 투발 수단에 의해 발사되기 전에 핵과 관련된 능력을 무력화하거나 감소시키는 모든 능력을 말한다. 이를 다시 두 가지 개념으로 나누면 핵무기를 개발하는 단계와 발사직전의 단계로 구분이 가능하다. 큰 두 개의 개념의 스펙트럼을 하나의 전구(Campaign)으로 보고 우리가 기울여야 할 노력선(line of effort)이 어떻게 되는지 살펴보도록 하겠다.

발사의 왼편 작전을 수행하기 위해 핵무기의 개발에 필요한 다양한 단계와 능력을 어떠한 개념에 따라 무력화해야 할 것인가? 앞서 설명한 것과 같이 크게

2개의 개념적 분류를 통해 개발단계에서 핵무기가 만들어지지 않게끔 하는 작전영역과 발사직전에 핵무기가 발사되지 않도록 하게 하는 영역으로 나눈다.

우선, 개발단계에서는 핵개발 의지, 핵개발 자금확보, 핵무기 공급망, 핵무기 설계단계, 핵무기 조립단계로 나눌 수 있다. 첫째, 핵개발 의지는 핵무기를 개발하는 것이 북한에게 여러 가지 측면에서 도움이 되지 않는다는 인식을 심어 주는 것이다. 이러한 수단은 인지전 측면에서 다양한 수단(외교, 언론, 법률 등)을 사용할 수 있다. 이 때 사이버 공간을 활용하면 많은 이점이 있을 것이다.

둘째, 핵개발 자금확보이다. 북한은 대부분의 무역을 중국에 의존하고 있고, 그 외에는 가상화폐 거래소와 국제 금융거래망, 현금자동입출금기(ATM) 시스템에 대한 해킹을 통해 불법 자금 창출을 지속하고 있는 것으로 알려있다. 북한의 이러한 불법적인 방법을 통해 자금을 확보하고 이러한 자금이 북한의 핵개발에 이용되는 것을 막을 필요가 있다.

셋째, 핵무기 설계단계이다. 핵무기 설계란 핵무기가 폭발하도록 하는 물리, 화학, 공학의 집적 과정이다. 핵분열과 핵융합에 따라 설계의 방법이 다르기는 하나 모두 고도의 물리, 화학, 공학적 지식과 노하우가 필요하다. 이러한 설계를 하고 실험을 할 수 있는 인력, 장비, 프로그램 등의 반입을 방지하여 핵무기 개발을 차단 또는 지연시킬 수 있다.

넷째, 핵무기 조립단계이다. 조립은 핵탄두, 미사일, 발사체계, 발사체 운용 플랫폼 등 다양한 핵무기 관련 무기체계를 조립단계에서 무력화하는 것을 의미한다. 예를 들어 핵탄두의 경우 임계 질량 이상을 달성하는 방법에는 두 가지가 있다. 두 개의 임계 질량 이하의 물질을 하나로 결합하거나, 임계 질량 이하의 물질을 임계 질량에 이르도록 압축하는 것이다. 이는 매우 정교하게 조립하는 방법으로 이러한 조립이 잘되지 않도록 하여 핵무기의 신뢰성을 낮추는 방안이다.

다음으로 발사직전 단계의 작전개념이다. 이미 핵무기와 핵 투발 수단에 대한 개발이 완료되고 발사가 임박한 상황에서 우리가 취할 수 있는 대응수단에 관한 개념이다.

첫째, 표적식별단계이다. 북한이 핵무기를 발사하기 위해서는 우리에게 가장 치명적인 표적을 탐지 및 식별해야 한다. 물론, 전략적 수준에서 핵무기를 운용할 때는 전략적 고정표적을 대상으로 운용하므로 표적 식별이 크게 중요하지 않을 수 있다. 하지만, 그렇다 하더라도 전략핵의 효과성을 높이거나, 전술핵의 효율성을 높이기 위해 표적식별단계는 꼭 필요한 단계이다. 이때 표적의 정확한 식별이 어렵도록 북한의 다양한 탐지 장비에 대해 교란 작전을 하는 것이다.

둘째, 핵물질 및 핵무기가 저장고에 저장된 단계이다. 핵무기는 크게 두 가지 저장고에 저장이 된다. 우선 생산시설에서 핵물질을 저장하거나 완성된 핵탄두를 발사장으로 이동하기 전에 임시저장하는 시설이 있다. 또한, 발사장에서 발사 직전에 저장하는 시설에 보관되는 경우가 있다. 우선 생산시설에 보관은 상대적으로 오래 보관하는 장소로 이에 대한 성능을 저하시켜 많은 양의 핵물질 및 핵탄두를 보관하지 못하게 하거나, 발사장의 핵탄두 저장소의 능력을 저하시켜 생산시설에서 바로 발사장으로 옮겨야 하는 상황을 만들어 발사전 탐지가 가능하게 한다.

셋째, 운용수단에 대한 무력화 단계이다. 핵무기를 운용하는 것은 다양한 수단이 이용된다. 대표적인 것이 TEL, SLBM 탑재 잠수함, 기차, 저수지의 수중 발사장치 등이다. 이러한 핵무기를 운용하는 플랫폼의 제작 단계에서 성능을 저하시키거나, 이러한 핵무기 운용 플랫폼의 기동 시 근 실시간으로 탐지가 가능한 ISR 능력을 보유함으로써 이들을 발사 직전에 무력화하는 체계를 갖추는 것이 필요하다. 이는 비물리적 능력과 동시에 물리적 능력의 보유도 필요하다.

넷째, 투발 수단이다. 핵탄두를 직접적으로 목표지점까지 투발하는 수단을 말한다. 대표적인 것으로 미사일이 있지만, 그 외에도 핵가방 등 다양한 수단을 동원할 수 있다. 그래서 북한의 미사일의 생산단계에서 개발 못 하게 한다. 만약 개발하였더라도 미사일의 오작동이나 핵가방을 운반하는 인원에 대한 심리전 등을 통해 실제 핵무기가 우리의 영토에 폭발하지 않도록 하는 것이 목표이다.

표 6 발사의 왼편 개념 및 능력

단계		개념	능력 (물리수단, 비물리수단)
개발단계	핵개발의지	• 북한에게 핵무기 개발이 북한에게 도움이 되지 않는 것으로 인식시키는 것 • 핵을 개발하려고 하는 의도 및 다양한 시도가 서방의 제재 등을 통해 북한의 경제 및 사회에 악영향을 미친다는 인식 필요	• 사이버 상 다양한 미디어를 이용한 원하는 메시지를 원하는 대상에게 전파 하는 능력
	자금확보	• 핵무기체계 개발은 많은 자금이 필요한 사업임 • 이러한 자금을 확보하기 위해 다양한 수단을 동원. 그중 특히 온라인 상에서 가상화폐 해킹 등을 수행하고 있음	• 북한의 온라인 상 불법 자금확보 동향 파악 및 차단 능력
	공급망	• 핵개발 의지가 생겼더라도 자체 개발이 제한되는 만큼 다양한 공급망을 이용해 개발할 가능성이 높음 • 핵무기체계 개발과 관련된 다양한 공급망의 통제를 통해 개발의지를 실현할 원료 및 원자재를 공급망을 차단	• 북한으로 들어가는 다양한 물품을 해상에서 차단하는 능력(PSI) • 중국으로부터 육상으로 들어가는 물품 감시 능력
	개발단계	• 실제 개발을 하기 위해서는 긴 단계를 거치며, 각각의 단계에서 제한사항을 만들 필요가 있음	• 설계단계에서 필요한 여러 프로그램 및 인력 수급을 차단하는 능력
	표적식별	• 핵무기를 발사 및 유도하기 위한 다양한 기반체계 무력화 • 위성을 통한 목표지점 탐색, 및 유도무기의 경우 유도 할수 있는 체계	• 위성을 포함한 북한의 다양한 ISR 능력을 이용한 우리의 주요 핵심표적을 탐지하는 것을 방지하는 능력 • 북한이 발사체 유도를 위해 운용하는 위성기반 유도체계 무력화 능력

발사단계	핵무기저장고	• 두 가지 경우가 있음. 생산시설 옆에 일시적 저장을 위한 저장 • 핵무기의 생산 후에 발사를 전제로 발사 플랫폼 근처에 저장 • 작전적으로는 두 번째 저장고가 주 타겟이 될 것임	• 생산시설 옆 저장고에서 발사장으로 이동하는 수단 무력화 • 저장시설 저장 조건을 맞추는 다양한 부대시설 오작동으로 저장능력 상실 시키는 능력 • 발사직전 저장고에서 발사장으로 이동 저지 능력
	운용수단	• 핵무기 발사 플랫폼은 다양하게 있을 수 있음 • 고정식 발사대, 이동식 발사대(TEL), 열차, 화물차, 잠수함, 저수지 내의 잠수 발사장치 등 • 발사 전 발사 플랫폼의 무력화 필요	• 다양한 발사 플랫폼(TEL, 잠수함 등) 무력화 능력 • 사전 발사 플랫폼까지 도달 경로 개척을 통한 발사직전 루트를 통한 무력화
	투발수단	• 핵무기를 목표지점까지 운반할 수 있는 수단의 사전 차단 • 액체연료의 경우 액체 주입 시기 판단	• 주로 미사일의 생산 및 조립단계에서부터 무력화할 수 있는 방안 및 수단 구축 능력

북한이라는 직접적이고 구체적인 위협이 존재하는 우리가 어떠한 개념을 가지고 어떠한 능력을 가져야 하는가에 대한 구체적인 논문은 없다. 외국의 사례와 이론적인 수준에서 우리도 발사의 왼편의 능력을 가져야 한다는 주장은 있지만, 구체적으로 어떠한 능력을 어떻게 가져야 한다는 내용은 없는 것이다. 앞으로 더욱 구체화된 능력과 작전개념은 발전되어야 한다.

4) 발사의 왼편 사례

(가) 이스라엘의 오차드 작전(Operation Orchard)

2007년 9월 6일 새벽, 이스라엘은 시리아가 북한의 도움을 받아 건설 중이던 핵시설을 폭격하였다. 이스라엘은 이러한 폭격을 수행하기 위하여 사전에 사이버 전자전 활동을 통해 시리아의 방공망을 무력화하였고, 고작 20분(00:40-01:00)만에 사상자 없이 시리아의 핵시설을 파괴하였다. 작전에 결정적이었던 사이버, 전자전의 요소는 다음과 같다.

첫째, 악성코드를 활용한 정보 탈취이다. 2006년 12월, 이스라엘 정보기관인 '모사드'는 런던의 한 호텔에 투숙 중이던 시리아 원자력 위원회 책임자인 "이브라힘 오스만"의 방에 잠입하여 정보를 탈취하였다. 오스만이 외출한 사이 요원들은 노트북에 저장된 핵시설에 관한 자세한 정보를 확인하는 것은 물론, 북한의 관료와 함께 찍은 사진을 확보하면서 북한과의 커넥션에 대한 직접적인 증거를 확보하였다. 요원들은 노트북에 트로이 목마를 설치하여 획득한 정보를 모두 탈취하여 이를 기반으로 정보활동을 수행하였다.

둘째, 이스라엘은 전자파 공격을 통하여 방공망을 무력화하였다. 전자정보수집기(ELINT) 등을 활용하여 공중에서 지상으로 전자파 공격을 함으로써[26] 시리아의 방공망을 무력화하였다. 시리아 방공망은 중앙 집권화 및 전용 HF 및 VHF 통신망에 의존[27]하고 있었기에 전자전 공격에 더욱 취약하였다.

셋째, 이스라엘은 수테르(Suter) 방공망 공격 시스템[28]을 활용하여 시리아의 방공망을 조작·교란하였다. 시리아의 레이더 화면에는 갑자기 수백 대의 적기가 나타났다가 이내 아무것도 없는 상태로 돌아가는 것처럼 조작되어 시리아 측이 이를 단순한 기술적 오류로 판단하게 하였다. 이로 인해 시리아는 공격을 받고 있다는 사실조차 알지 못했다.

이외에도 이스라엘은 오랜 기간 독자적인 정보활동을 통하여 시리아를 감시하고 증거를 수집하였다. 인간정보(HUMINT)를 활용하여 시리아가 북한으로부터 핵 물질로 추정되는 물질을 인계받는 증거[29]를 수집하기도 하였으며, 특수부대를 시리아군으로 위장하여 핵시설 주변 토양을 확보하여 결정적인 증거를 확보하기도 하였다. 또한 2007년 6월 10일에 발사된 오페크 7호 정찰 위성을 활용하여 시리아의 핵시설을 지속적으로 감시하였다. 발사 전 교란이라는 측면에

---

26 박동휘, 「사이버전의 모든 것」(서울: 플래닛미디어, 2022), p.224.

27 "U.S. Electronic Surveillance Monitored Israli Attack On Syria, Middle East Transparent, 2007.11.22., https://middleeasttransparent.com/u-s-electronic-surveillance-monitored-israeli-attack-on-syria/.

28 박동휘, 2022, p.224.

29 고든 토마스, 「기드온의 스파이 2」 (서울: 예스위캔, 2010), p.286.

서 이러한 치밀한 정보활동과 기타 여건조성작전이 반드시 수반되어야 함을 알 수 있다.

(나) 이란의 RQ-170 센티넬 나포 사건

2011년 12월 4일, 미국은 RQ-170 센티넬 드론을 활용하여 이란 영공에서 정찰 임무를 수행 중이었다. 그러나 이란 국경으로부터 140마일 떨어진 지점에서 드론에 대한 통제력을 잃었고, 되찾을 수 없었다. 미국은 이러한 사실을 최초에는 부인하였으나, 이내 오바마 대통령은 그러한 사실을 인정하였다. 해당 항공기는 CIA의 비밀 임무를 수행하던 중 나포된 것[30]으로, 미국은 중요한 작전상 기밀이 이란에 유출될 수 있는 중대한 사안이었다. 미국은 공식적으로 이란에 드론 반환을 요구하였으나 이란은 미국의 요청을 거절하고, RQ-170을 역설계할 의사를 밝혔으며 이내 2012년 4월, 드론 내의 모든 데이터를 추출하는 데 성공했다고 주장[31]하였다.

이란은 2011년 12월 8일, 나포한 드론을 영상으로 공개하였다. 해당 영상에서 이란 혁명수비대 준장 아미르 알리 하지자데(Amir Ali Hajizadeh) 장군은 RQ-170 드론이 이란의 군사 시스템에 의해 최소한의 데미지로 획득되었다고 주장하였으며, 영상 내 미상의 나레이션으로 "정교한 전자 공격"을 통하여 최소한의 피해로 드론을 획득할 수 있었다[32]고 소개하였다. 실제로 드론이 오작동에 의해 추락했다고 보기에는 드론이 파손된 정도가 극히 미미했기에 이란의 이러한 주장은 타당성이 있어 보인다.

추후 이란의 한 기술자는 RQ-170의 GPS 항법 시스템에서 발견된 보안상 취약점을 해킹하여 드론을 나포할 수 있었다고 주장[33]하기도 하였다. 통신에 노

---

30 "Iran Shows Video It Says is of U.S. Drone", The New York Times, 2011.12.8., https://www.nytimes.com/2011/12/09/world/middleeast/iran-shows-us-drone-on-tv-and-lodges-a-protest.html.

31 "Iran 'Building Copy of Captured US Drone' RQ-170 Sentinel", BBC News, 2012.4.22., https://www.bbc.com/news/world-middle-east-17805201.

32 고든 토마스, 2010, p.286.

33 "Iran hijacked US drone, claims Iranian engineer", NBC News, 2011.12.16., https://www.nbcnews.com/id/wbna45685870.

이즈를 넣음으로써 통신 링크가 끊긴 RQ-170은 자동 조종 모드로 전환하여 모(母)기지인 아프가니스탄으로 복귀하려 했으나, 이란은 "스푸핑" 기술을 통하여 드론의 GPS 좌표를 재구성하고, GPS 시스템에 거짓 좌표를 입력하여 이란에 착륙하도록 유도하였다는 것이다.

이란은 이렇게 획득한 미국의 드론으로부터 군사 기밀은 물론, 드론 자체를 역설계하여 자체적인 드론을 생산할 수 있었다. 드론 생산에 아주 많은 비용이 드는 데 반해, 저렴한 비용으로 막대한 이익을 얻었다고 할 수 있다.

이는 핵무기와 직접적인 연관이 없어보이지만, 핵무기를 운용하는 플랫폼(항공기, 무인기, 함정 등)에 같은 개념을 적용하여 교란을 할 수 있다. 또한, 핵탄두를 직접 목적지까지 운반하는 미사일의 작동원리가 무인기와 유사함으로 GPS 교란 등을 이용하여 핵탄두가 목표지점을 벗어나 떨어지게 할 수도 있다.

(다) 미국의 발사의 왼편 전략 사례(무수단 미사일)

김일성의 104번째 생일이던 2016년 4월 15일을 시작으로, 북한은 핵탄두 탑재가 가능한 무수단 중거리 탄도미사일(Intermediate-range Ballistic Missile, IRBM) 시험발사를 총 8번 시도하였지만 7번은 발사 자체가 되지 않거나, 발사 직후 폭파되면서 실패하였다. 실패율이 무려 88%에 달했다. 북한은 하나의 미사일에 대하여 이렇게 많은 시험발사를 한 적이 없으며 수많은 시험발사를 통해 지속적으로 기술적인 발전을 이루었던 북한에게는 이례적인 일이었다.

표 7 무수단 미사일 발사 일지

날 짜	내 용
2016.4.15.	1차 발사 실패, 수초 만에 공중 폭발
2016.4.28. (오전)	2차 발사 실패, 수초 만에 추락
2016.4.28. (오후)	3차 발사 실패, 수 km 비행 후 공중 폭발
2016.5.31.	4차 발사 실패, 발사와 함께 이동식 발사대에서 폭발
2016.6.22. (새벽)	5차 발사 실패, 150km 가량 비행한 뒤 공중 폭발

2016.6.22. (오전)	6차 발사, 고각 1413.6km 고도로 약 400km 비행
2016.10.15.	7차 발사 실패, 발사 직후 공중 폭발
2016.10.20.	8차 발사 실패, 발사 직후 공중 폭발

유일하게 성공한 발사로 평가받는 6차 발사를 제외하고는 모두 발사 직후 폭발하거나 공중에서 폭발하였으며, 발사 직후 폭발하면서 이동식 발사대(TEL) 및 인명피해가 발생하기도 하였다. 하루에 두 차례 미사일 발사를 진행했던 날짜가 두 번이나 있다는 것을 감안하면 북한 역시 적지 않게 당황한 것으로 보인다.

원인을 알 수 없는 잇따른 미사일 발사 실패의 원인은 2017년 3월, 미 뉴욕타임즈의 보도를 통하여 어느 정도 알려지게 되었는데, 미국이 사이버전자전 공격을 통하여 북한의 미사일 발사를 저지하였다는 것이다. 북한은 이것이 정확히 미국의 소행인지 알 수 없었던 것으로 추정된다. 또한 즉각적으로 미국에 항의한다거나 별도의 군사적 조치가 없었음을 보았을 때 평시에도 북한의 미사일을 억제하기 위하여 충분히 활용될 수 있다는 점을 알 수 있다.

(라) 북핵 대응의 함의

발사의 왼편 전략을 구비하는 것은 또 다른 억제력을 가진 것과 같다. 발사의 오른편, 즉 비행하는 미사일을 요격하는 전통적인 미사일 방어시스템은 요격에 실패한 경우, 상대방이 의도하는 피해에 노출될 수 있다는 측면에서 완전한 생존성을 담보하기가 어렵지만, 미사일 발사 자체를 불가하게 만드는 발사의 왼편 전략은 성공하기만 한다면 생존성을 완전히 보장할 수 있다.

특히, 기존의 미사일방어체계로 방어가 어려운 극초음속 미사일을 개발하고 있는 북한의 위협으로부터 자유롭기 위하여 이러한 전략의 개발은 필수적이다. 또한 발사 이전에 교란 작전을 시도할 수 있고, 실패 시 요격을 할 수 있기에 두 번의 기회를 활용할 수 있다는 측면에서 억제력을 재고할 수 있다. 위 사례를 통하여 도출해낼 수 있는 함의는 다음과 같다.

첫째, 공세적인 정보활동이 요구된다. 핵무기의 발사징후를 정확히 포착하고 북한의 네트워크망에 물리적으로 접근할 수 있어야 한다. 발사 이전 교란을 하는 것이기 때문에 적의 미사일 발사징후를 포착하는 것은 필수적이다. 이를 위해 한미 연합 공조체제를 유지하는 가운데 독자적인 감시자산을 지속적으로 확보해야 한다. 이는 3축체계 중 하나인 킬체인(Kill Chain)을 위해서도 필수적이라 할 수 있다. 또한 이스라엘이 시리아의 핵개발 증거를 수집했듯이 필요하다면 인간정보를 활용하여 북한의 네트워크망에 접근할 수 있는 다양한 경로를 확보할 수 있어야 한다. 망이 물리적으로 분리되어있는 폐쇄망의 특성상 취약점을 식별하고 접근할 수 있는 경로를 찾아내는 것은 매우 어려울 것이다. 그러나 발사의 왼편 전략을 수행하기 위해서는 반드시 수반되어야 하는 활동이라고 할 수 있다.

둘째, 방어에 치중되어있는 현재의 전자전 능력과 수단을 공세적으로 발전시켜야 한다. 이스라엘은 전자전 공격으로 시리아 방공망을 무력화하였으며, 이란은 RQ-170 드론의 통신을 차단하였다. NC3 체계는 수많은 전자 장비와 통신장비로 구성되어 있다는 측면에서 이를 차단할 수만 있다면 작전의 효과성은 더욱 증대될 것이다. 또한 송운수는 전자전 방식으로 무선 네트워크에 접속한 뒤 이를 통하여 사이버 공격을 할 수 있다는 "사이버전자전" 개념을 제시하였는데, 이는 폐쇄망에 접근하는 또 다른 경로로 활용될 수 있다.

셋째, 공격의 주체가 누구인지, 그 공격의 방식이 어떠한지 알 수 없다는 측면에서 발사의 왼편 전략은 가치가 있다. 북한이 7회의 미사일 발사 실패를 경험하는 과정에서 내부적인 사정은 구체적으로 알 수는 없지만, 언론에 공개되기 전까지는 기술적인 결함으로 추정될 수밖에 없었다. 미국이 그랬듯이, 평시에도 이러한 전략을 적에게 보여주고, 이외에도 얼마든지 적의 미사일 발사를 교란할 수 있는 수단이 있다는 점을 적에게 지속적으로 인지시킨다면 궁극적으로 적은 미사일 발사를 포기할 수밖에 없을 것이다.

발사의 왼편 전략은 북한이 핵을 개발하고 유지하는 데 드는 비용과 비교한다면 훨씬 저렴하다. 사이버, 전자전의 중요성이 증대되는 만큼 북핵 무기에 대응하기 위한 수단으로서 반드시 확보되어야 한다.

5) 발사의 왼편 전력발전 방향

앞에서 기술한 발사의 왼편 작전의 개념은 “개발단계”와 “발사직전”단계로 나눌 수 있다. 이 두 단계에서 북한의 핵능력을 무력화시키기 위한 능력은 같은 것도 있고 다른 것도 있다.

첫째, 공통능력이다. 이 두 단계에서 우리가 가져야 하는 공통의 능력은 북한의 망에 접속할 수 있는 경로 개척 및 유지 능력이다. 평시에 북한이 핵무기를 개발하기 위한 여건을 조성하거나 운용하기 위한 다양한 체계에 영향을 미치기 위해서는 평시에 이들 체계로 접근할 수 있는 다양한 경로를 개척 및 유지하고 있어야 한다.

둘째, 계발단계 핵능력 무력화를 위한 능력이다. 이 능력은 개발단계에 핵무기의 개발이 북한에게 이익이 되지 않는 다는 인식을 심어 줄 수 있는 인지전 능력이 최우선되어야 한다. 그 후에 핵무기를 개발하는 단계에서 다양한 여건이 불비될 수 있는 다양한 능력을 구비해야 한다.

셋째, 발사직전의 핵무기 체계를 무력화하여 발사가 되지 않게 하는 것이다. 이는 핵무기 체계체(핵탄두, 투발 수단, 투발 수단 운용 플랫폼, 핵 지휘통제체계 등)를 발사직전에 무력화시키는 능력이다. 이는 각각의 핵무기 체계를 구성하는 각 플랫폼 및 구성품에 맞춤형 무력화 능력이 필요하다.

6 결론

본 장에서는 한국의 군사적 대응 방향을 중심으로, 북한의 핵위협에 대한 한국의 군사적 대응 전략을 심도 있게 분석하였다. 특히, 한국형 3축체계인 킬체인(Kill Chain), 한국형미사일방어(KAMD), 대량응징보복(KMPR)의 이론적 배경과 구성 요소를 살펴보고, 북한의 SLBM(잠수함 발사 탄도미사일)과 전술핵 위협 등 새로운 도전에 대한 대응방안도 제시하였다. 또한, 발사의 왼편(Left of Launch) 개념을 중심으로 새로운 전략적 접근법을 제시하고, 이를 구현하기 위한 정책적 방향과 기술적 과제를 논의하였다.

한국은 재래식 전력을 통해 핵무기를 억제하려는 노력을 지속적으로 발전시켜 왔다. 이러한 노력의 일환으로, 2024년 10월 1일 전략사령부를 창설하여 핵·재래식 통합작전 개념 및 방안을 발전시키고, 우주·사이버·전자기 작전 능력을 강화하고 있다. 이는 한국이 핵무기 없이도 전략사령부를 운용할 수 있을 정도로 재래식 전력을 고도화하고 있음을 보여준다.

그러나 이러한 노력에도 불구하고 몇 가지 제한사항이 존재한다. 첫째, 북한의 핵·미사일 위협이 지속적으로 고도화됨에 따라, 기존의 재래식 억제 전략만으로는 충분한 억제력을 확보하기 어려운 상황이다. 둘째, 한미동맹 내에서의 역할 분담 변화와 미국의 확장억제에 대한 신뢰성 문제로 인해, 독자적인 억제 능력 확보의 필요성이 대두되고 있다.

앞으로 한국은 다음과 같은 방향으로 군사적 대응능력을 더욱 발전시켜야 한다. 첫째, 사이버전, 전자전 등 비물리 수단을 활용한 발사의 왼편 개념을 적극 도입하여 북한의 미사일 발사 이전 단계에서 위협을 무력화하는 능력을 강화해야 한다. 둘째, 우주·사이버·전자기 작전 능력을 통합적으로 운용할 수 있는 체계를 구축하여, 다차원적인 위협에 대응할 수 있는 능력을 확보해야 한다. 셋째, 한미동맹의 공고화를 통해 확장억제의 신뢰성을 높이고, 독자적인 억제 능력과 동맹 차원의 억제 능력을 조화롭게 발전시켜야 한다.

이러한 노력을 통해 한국은 북한의 핵·미사일 위협에 효과적으로 대응하고, 한반도의 평화와 안정을 유지하는 데 기여할 수 있을 것이다.

참고문헌

국문

고든 토마스, 『기드온의 스파이 2』, 서울: 예스위캔, 2010.

국방부, 『국방백서 2022』, 2022.

김정섭, "핵전략의 내재적 딜레마와 북핵 대응전략의 선택" 『국가전략』 제27권 2호, 2021.

박동휘, 『사이버전의 모든 것』, 서울: 플래닛미디어, 2022.

박용수, "한국의 핵무장 가능성" 『아세아연구』 제65권 제2호(통권 제188호), 2022.

송운수, 조한승, "발사의 왼편작전과 한반도 사이버 억지전략 제언" 『전략연구』 제28권 제3호, 2021.

황일도, "북한의 ICBM 보유 이후 한국의 대응: 1960년대 유럽 사례의 함의" 『주요국제문제분석』 2017.

영문

BBC News. "Iran 'Building Copy of Captured US Drone' RQ-170 Sentinel" April 22, 2012. https://www.bbc.com/news/world-middle-east-17805201.

Gray, Colin S. The Second Nuclear Age. Boulder: Lynne Rienner, 1999.

Morgan, Patrick M. Deterrence Now. Cambridge: Cambridge University Press, 2003.

NBC News. "Iran hijacked US drone, claims Iranian engineer" December 16, 2011. https://www.nbcnews.com/id/wbna45685870.

Oneal, John R. "The Rationality of Decision Making during International Crises" Polity, Vol. 20, No. 4.

Paul, Thazha V., Patrick M. Morgan, and James J. Wirtz. Complex Deterrence

Strategy in the Global Age. Chicago: University of Chicago Press, 2009.

Quackenbush, Stephen L. Understanding General Deterrence: Theory and Application. New York: Palgrave Macmillan, 2011.

The Jerusalem Post. "IDF confirms assassination of Ibrahim Aqil, names 15 Hezbollah commanders killed in strike" September 21, 2024.

The New York Times. "Iran Shows Video It Says is of U.S. Drone" December 8, 2011. https://www.nytimes.com/2011/12/09/world/middleeast/iran-shows-us-drone-on-tv-and-lodges-a-protest.html.

The New York Times. "Trump inherits a secret cyberwar against North Korean missiles" March 4, 2017. https://www.nytimes.com/2017/03/04/world/asia/north-korea-missile-program-sabotage-korean.html.

13. 글로벌 핵질서 변화와 한국 핵정책의 새로운 모색[1]

- 박영준(국방대 전략학부 교수)

목 차

1. 서론
2. 글로벌 핵군비통제질서의 형성과 변화
3. 러시아-우크라이나 전쟁 발발과 글로벌 핵군비통제질서의 균열
4. 한국의 북핵 대응정책 및 핵정책 담론
5. 결론: 한국의 핵정책 방향

1 서론

한반도 안보질서가 불안정성을 보이고 있다. 그 핵심동인은 2017년까지 6차례의 핵실험을 감행한 북한이 핵무력 완성을 선언하고, 극히 공세적인 핵전략과 대남정책 전환을 추구하고 있기 때문이다. 북한은 2006년 10월 이후 6차례 핵실험을 통해 플루토늄 재처리와 우라늄 농축을 통한 핵탄두 개발에 성공하고, 수소폭탄 능력까지 보유했다고 추정되고 있다. 이같은 핵능력 증대를 바탕으로 2022년 9월, 최고인민회의 제14기 7차 회의를 통해 소위 "조선민주주의인민공화국 핵무력정책에 대하여"(이하 핵무력법) 법령을 공표하였다. 이 법안은 기존 북한의 정책을 변경하여, 후술하듯이 5가지 경우에 대해 핵선제공격을 할 수 있다는 조항을 명문으로 밝혔다(이병철 2022). 게다가 북한 김정은 위원장은 2023년

1 본 논문은 이창위 외, 『기로에 선 북핵 위기』(박영사, 2025)에 수록된 필자의 집필 부분인 제2장과 제3장 부분을 요약, 수정한 것임을 밝혀둔다.

12월과 2024년 1월의 연설 등을 통해, 남북한 관계는 더 이상 민족관계가 아닌 분리된 국가관계이며, "교전 상태 하에 있는 적대관계"라는 새로운 규정을 제시하였다.[2]

북한의 증대된 핵능력과 공세적인 핵전략 대두에 대응하기 위해 한국 사회 내에서는 기존 핵정책에 관한 검토와 새로운 핵정책론이 봇물처럼 제기되고 있다. 정부는 2023년 4월의 한미 정상회담에서 설치가 합의된 양국간 핵협의그룹(Nuclear Consultative Group: NCG)의 협의를 통해, 이미 한미 양국이 구축해온 확장억제(extended deterrence) 태세를 강화하는 기조를 견지하고 있다. 그 일환으로 2024년 7월, 나토 정상회의에 참석한 윤석열 대통령은 바이든 미국 대통령과 '한미 한반도 핵억제 핵작전지침'에 새롭게 서명하기도 하였다.[3] 그러나 과연 유사시에 북한의 핵반격 위험성을 무릅쓰고 미국이 한국에 대해 확장억제 태세를 제공해 줄 수 있는가라는 의구심이 한국 사회 일각에서 제기되고 있는 것이 사실이다. 그로 인해 국내에서는 한국 독자적인 핵무장론, 혹은 미국의 전술핵 재배치와 나토식 핵공유론 등이 제기되어 왔다. 이같은 핵정책 담론들은 2024년 7월, 제22대 국회가 개원되자마자 더욱 가속되고 있는 상황이다.[4]

북한의 증대되는 핵능력과 공세적 핵전략 표명이 한국 안보정책에 있어 가장 중대한 현안임은 분명한 사실이다. 다만 한국의 안보를 고려할 때, 보다 구조적인 문제는 탈냉전기 이후 미국과 러시아 등 핵보유 강대국들에 의해 구축되어 온 핵군비통제질서가 붕괴 조짐을 보이고 있다는 점이다. 냉전기에 미국과 당시 소련 등 핵보유 강대국들은 핵무기의 증대가 가져올 위험성을 인식하면서 핵비확산조약(NPT)을 체결한 바 있고, 탈냉전기에 접어들어서 미러 양국은 모스크바 조약이나 New START 조약과 같은 양자간 핵군비통제조약도 체결해 왔다. 또

---

2 2023년12월31일. 조선로동당 중앙위원회 제8기 제9차 전원회의 확대회의에서의 연설.

3 『국방일보』 2024.7.15. 이 지침의 영문명은 "United States and Republic of Korea Guidelines for Nuclear Deterrence and Nuclear Operations on the Korean Peninsula"이다.

4 여당에서는 유용원 의원 등이 핵잠재력 강화를 위한 '무궁화포럼'을 발족시켰고, 나경원 의원 등이 핵정책 문제를 논의하는 세미나를 개최하였다. 야당에서도 김민석 의원 등이 핵정책을 재검토하는 세미나를 개최하였다.

한 글로벌 차원에서는 핵실험의 위험성을 방지하고자 포괄적 핵실험금지조약(CTBT)도 체결된 바 있다. 그런데 2010년대 중반 이후 미국, 중국, 러시아 간 신냉전 혹은 제2차 냉전의 상황이 전개되면서, 강대국 간의 핵군비통제질서가 붕괴되는 조짐을 보이고 있다. 특히 2022년 2월, 러시아에 의한 우크라이나 침공 이후 러시아가 CTBT 비준을 철회하고 미국과 체결한 New START 조약을 갱신하지 않을 것임을 밝히고 있는 점에 주목할 필요가 있다. 또한 탈냉전기를 통해 '최소억제의 핵전략'을 유지해온 중국도 핵전력 증대 방향으로 핵정책을 변화시키고 있는 점도 간과해선 안된다. 요컨대 한국 안보를 생각하는 입장에선 북한발 핵위협뿐만 아니라, 글로벌 핵질서의 구조적 변화를 같이 고려하고, 이에 대응하여 한국의 핵정책 방향을 모색해야 하는 것이다.[5] 이같은 문제의식에서 본고는 탈냉전기 이후 구축된 글로벌 핵질서, 특히 핵군비통제체제가 어떤 동요 양상을 보이고 있는가를 살펴볼 것이다. 그리고 현재 한국 사회에서 제기되고 있는 핵정책 담론들이 북한 핵억제에 중점을 둔 나머지 글로벌 핵질서의 구조적 변화를 반영하고 있지 못하고 있다는 평가를 내릴 것이다. 결론적으로 글로벌 핵질서 동요에 대응하는 한국의 핵정책 방향을 제시하고자 한다.

2 글로벌 핵군비통제질서의 형성과 변화

가 데탕트 시기 이래 미국-러시아 간 핵군비통제 추진

1945년과 1949년 각각 핵실험에 성공한 미국과 소련은 냉전시대의 상호대립 국면에서 경쟁적으로 핵탄두와 그 운반수단을 증강했다. 이 결과 양국은 1960년대 중반 무렵 각각 3만 발 내외에 달하는 핵탄두를 보유한 것으로 평가되었다. 그러나 1962년 양국이 핵전쟁의 문턱에 까지 다다른 쿠바 미사일 위기를 겪고 난 후, 양국은 핵실험의 제한, 그리고 당시까지 핵무기를 보유한 미국,

5 이러한 문제의식을 제기하는 국내 연구로는 김태형, "미·중러 핵트릴레마(nuclear trillemma)를 통해본 글로벌 핵질서의 변화 전망" 『국제정치논총』 제63집 2호(2023) 및 같은 저자의 "핵무기의 국제정치 지형도" 『국제정치논총』 제62집 1호(2022)를 각각 참조.

소련, 영국, 프랑스, 중국을 제외한 여타 국가들의 핵개발을 통제하려는 새로운 핵질서를 수립하기 시작했다. 1963년 8월, 미국, 소련, 영국이 대기권, 수중, 우주 등에서 핵실험을 금지할 것을 합의한 부분적 핵실험금지조약(Partial Test Ban Treaty:PTBT), 그리고 1968년에 체결한 핵비확산조약(NPT) 등이 그것들이다. 미소 양국이 핵군비통제를 추진하게 된 데에는 쿠바 미사일 위기 이외에 1950년대 후반 RAND 연구소의 앨버트 올스테터(Albert Wohlstetter) 등 일련의 미국 연구자들이 상호확증파괴(mutual assured destruction:MAD) 개념을 제시한 것이 중요한 역할을 하였다. 올스테터는 1958년에 발표한 논문 등을 통해 상대 국가의 제1차 핵타격능력에 대해 반격을 가할 수 있는 제2차 핵가격능력을 보유한다면, 핵억제가 달성될 수 있을 것이라는 개념을 제시하였다.[6] 이같은 논리의 연장선상에서 경쟁 당사국들이 상호 제2차 가격능력을 보유하게 된다면 오히려 군비통제협상이 국가적으로 이익이 될 수 있다는 관점이 도출된 것이다.

1970년대에 접어들어 미소 양국이 데탕트 정책을 추진하면서, 양국은 전략핵과 전술핵의 규모를 축소하는 일련의 군비통제 협의를 본격적으로 개시하였다. 1972년 5월, 미국의 닉슨 대통령과 소련의 브레즈네프 서기장은 모스크바에서 정상회담을 갖고 우주에 미사일방어체제를 배치하지 않는다는 ABM 조약을 체결하였고, 동시에 ICBM와 SLBM 등 전략무기의 규모를 일정 삭감하는 전략무기제한협정(Strategic Arms Limit Treaty:SALT)에 합의하였다. 1972년의 SALT 조약에서는 전략무기인 ICBM과 SLBM만을 대상으로 하였으나, 이 시기를 전후하여 미소 양국이 다탄두탄을 개발하고 실전배치함에 따라, 이에 대한 군비통제 필요성이 제기되었다. 1979년 6월, 미국의 카터 대통령과 소련의 브레즈네프 서기장이 서명한 SALT II 조약은 양국이 보유하는 ICBM과 SLBM, 그리고 전략폭격기의 상한을 총 2,250발로 제한하고, 이 가운데 다탄두미사일(MIRV) 보유상한을 1,320발 수준으로 제한하였다(한창식 2010, 230).

---

6 Albert Wohlstetter, "The Delecate Balance of Terror", *Foreign Affairs* (1958.1). 한창식, 「냉전시 미·러의 핵전략」『국가전략』 제16권 2호 (세종연구소, 2010), pp. 222-223에서 재인용. 올스테터의 핵전략론에 대해서는 Lawrence Freedman, "The First Two Generations of Nuclear Strategists", Peter Paret, ed., *Makers of Modern Strategy: from Machiavelli to the Nuclear Age* (Oxford: Clarendon Press, 1986), pp. 751-753도 참조.

미소 간 핵군비통제는 1985년 이후 소련에서 고르바초프 서기장이 개혁개방 정책을 추진하고, 미국 레이건 대통령이 이에 호응함으로써 더욱 적극적으로 추진되게 되었다. 1986년 레이캬비크 회담을 통해 '핵무기 없는 세계의 비전'을 공동 발표한 두 정상은 1987년에는 중거리핵전력폐기조약(INF)을 체결하여, 사정거리 500-5,500킬로미터 범위의 중거리 핵무기를 전폐하는 데 합의하였다. 또한 냉전체제 해체가 선언되고 소련 연방이 해체된 이후인 1991년, 미국과 러시아는 전략무기감축조약(Strategic Arms Reduction Treaty: START 조약)을 체결하여, 각각 핵탄두를 6,000발 이내로 제한하고, 운반수단을 1,600대 상한으로 할 것에 합의하였다. 이같은 미러 핵군축 합의의 연장선상에서 1991년 9월, 미국의 조지 부시 대통령은 글로벌 차원에서 미국이 지상과 해상에 배치한 전술핵을 철수한다는 선언을 발표하였다.[7] 1996년에는 유엔에서 포괄적 핵실험금지조약(Comprehensive Test Ban Treaty:CTBT)이 채택되어, 냉전시기에 체결되었던 PTBT를 보강하여 153개국이 전면적인 핵실험 금지를 공약하는 이 조약을 비준하였다.[8]

2000년대 이후에도 미국과 러시아는 탈냉전의 조류 속에서 협력의 범위를 확대하면서 추가적인 핵군비통제의 합의를 이루어냈다.[9] 2002년 5월, 미국의 부시 대통령과 러시아의 푸틴 대통령은 모스크바 조약을 체결하여, 2012년까지 양국이 보유하고 있는 전략핵탄두를 각각 1,700-2,200발 수준까지 감축하기로 합의하였다. 2009년 취임한 미국 오바마 대통령은 보다 적극적인 핵군축 입장을 밝혔다. 2009년 4월, 체코의 프라하에서 행한 연설을 통해 오바마 대통령은 '핵없는 세계'의 비전을 제시하면서, 러시아와의 추가적인 핵군비통제 협의를 추진하고, 미국의 안보전략에서 핵무기의 비중을 감소시킬 것을 천명하였

---

7 그 일환으로 1958년 이래 한국에 배치된 미국의 전술핵도 모두 철거되었다.

8 다만 미국은 상원의 부정적인 입장으로 인해, CTBT 조약을 비준하지 못하고 있다. Peter Baker, "Senate Delay Stalls Obama's Grand Plans for Arms Control", *The New York times*, August 4, 2010.

9 1990년대 이래 미러 양국은 국제우주스테이션(International Space Station) 공동건설 및 운영, 선진국 경제협력기구 G7의 G8 확대, 북극평의회(Arctic Council) 등에서 상호 협력하였다.

다. 이같은 입장에서 2010년 4월, 오바마 대통령과 러시아의 메드베데프 대통령은 New START 조약(New Strategic Arms Reduction Treaty)을 체결하여 양국이 보유할 수 있는 전략핵탄두를 1,550발로 제한하고, 발사대를 700대 이하로 제한할 것에 합의하였다.[10] 뉴스타트 조약 체결 이후 미국은 핵탄두 운반수단인 대륙간 탄도탄(ICBM) 미니트맨 Ⅲ는 420기, 잠수함 발사 탄도탄(SLBM)은 240기, 전략폭격기는 60대 수준으로 감축을 추진하였다.[11]

미국과 러시아 간에 전술핵과 전략핵 분야에 걸쳐 핵군비통제가 진행되는 기간, 미국의 전략문서들에는 러시아와 중국 등 강대국에 의한 핵위협 관련 서술이 모습을 감추었다. 2002년 9월, 부시 정부가 공표한 국가안보전략서는 미국이 수행하는 대테러 전쟁에 러시아가 동반자로서 협력하고 있고, 중국은 민주주의 발전과 경제적 개방을 추진하고 있음을 기술하면서, 강대국들 간에 항구적 전쟁 대신 평화 속의 경쟁 양상이 나타나고 있다고 진단하였다. 반면 미국을 위협하는 세력은 실패국가들이나 적대적 소수세력이라고 지적하였다.[12] 2005년 3월, 도널드 럼스펠트 국방장관의 명의로 발표된 미국 국방전략서도 21세기 안보위협은 러시아나 중국과 같은 강대국이 아니라, 이라크, 아프간, 북한, 그리고 알 카에다와 같은 테러리스트들에 의해 야기되고 있다고 지적하였다.[13] 오바마 행정부가 2010년 4월에 발표한 핵태세보고서(Nuclear Posture Review)나 5월에 공표한 국가안보전략서도 미국에 핵위협을 가할 수 있는 세력으로서는 알 카에다와 같은 테러조직이나 북한과 이란 등이라고 지적하였다.[14]

---

10 미러 간 New START 조약은 이해 12월 상원에서 71 대 26으로 가결, 비준되었다. Peter Baker, "Senate Set to Give Obama a Victory on Arms Control" *New York Times,* December 22, 2010.

11 Department of Defense, *Quadrennial Defense Review 2014* (Department of Defense, March 4, 2014) 참조. 『朝日新聞』 2014.4.8. 기사도 참조.

12 The White House, *The National Security Strategy of the United States of America* (September 2002).

13 Department of Defense, *The National Defense Strategy of the United States of America* (March 2005), p. 2.

14 Department of Defense, *Nuclear Posture Review Report*(April 2010), p. 3. The White House, *National Security Strategy* (May 2010), p. 4.

그러한 인식하에서 미국은 리비아, 북한, 이란 등 여타 잠재적 핵위협국가들에 대해서도 비핵화 및 비확산 압력을 가했다. 이 결과 2003년 리비아 가다피 정부가 미국 및 영국 등의 압력 하에서 핵무기 제조 기술을 포기하는 결정을 내렸다. 이에 따라 파키스탄을 통해 제공받은 4,000여 개 원심분리기와 우라늄 농축 시설등이 해체되었고, 국제원자력기구의 핵사찰을 수용하기로 하였다.[15] 1990년대의 제1차 북핵 위기, 그리고 2002년 제2차 북핵 위기를 통해 노정된 북한의 핵개발 시도에 대해서도 6자 회담 체제 하에서의 국제적인 비핵화 압력이 가해졌다. 이 결과 2005년 9월 19일, 6자 회담의 합의를 통해 북한이 비핵화에 응하는 단계에 따라 대북 경제지원이나 미국 및 일본과의 외교관계 수립이 추진되도록 되었다(송민순 2016, 125). 이란에 대해서도 미국, 영국, 독일, 프랑스, 중국, 러시아 6개국이 이란과 협상을 가지면서, 이란이 5% 이상의 우라늄 농축 중단 및 중수로 건설 중지 조치를 취하고, 나아가 국제원자력기구의 사찰을 수용하는 조건으로, 이란에 대한 무역금수 제재를 해제하고, 자산 동결을 해제하는 방안을 추진하였다.[16]

여타 국가들도 핵비확산 움직임에 동참하는 양상이 나타났다. 2014년 3월, 헤이그에서 53개국이 참가하여 개최된 핵안보 정상회의에서 일본은 미국에 대해 무기급 플루토늄 1,100파운드와 고농축 우라늄을 양도하는 상징적인 결정을 발표하였다.[17] 이 조치가 실질적인 의미는 약하지만, 핵군축에 동참한다는 상징적인 것이었다. 2014년 5월, 유엔에서 개최된 NPT 재검토회의에서는 2009년 발효되기 시작한 카자흐스탄, 키르기스스탄, 타지키스탄, 투르크메니스탄, 우즈베키스탄 등 중앙아시아 5개국에 의한 비핵지대 조약이 미국, 러시아, 중국, 영국, 프랑스 등 핵보유국에 의해 승인되었다. 이에 따라 이들 국가들에 의한 핵무기 연구나 개발이 금지되는 대신, 핵보유국들은 이 지역에 대해 핵무기 사용이나 핵위협을 가하지 못하도록 되었다.[18] 이로써 비핵지대는 라틴아메리카, 남태평양 도서국가, 동남아시아, 아프리카에 이어 5개 지역으로 확대되었다.

---

15 『동아일보』 2003.12.22. 『조선일보』 2011.3.3.

16 2014년까지 진행된 이란 핵협상 주요 의제에 대해서는 『朝日新聞』(2014.1.22.) 기사 참조.

17 "Editorial: Progress on Nuclear Security", *International New York Times*, March 27, 2014.

18 『朝日新聞』 (2014.5.11.)

나 2010년대 중반 이후 핵군비통제질서 변화

2010년대 전반까지 미국과 러시아 등 핵강국에 의해 주도되고, 그 과정에서 리비아, 이란, 북한 등 잠재적 핵위협국가들에 대해서도 영향력을 발휘했던 핵군비통제 및 비확산질서는 2010년대 중반을 기점으로 동요하는 양상을 보이기 시작했다.

우선 미국, 러시아, 중국 등 핵보유 강대국들 간에 형성된 핵군비통제질서에 균열이 가해지기 시작했다. 이는 급속한 경제성장을 이룩하며 부상하던 중국에 대해 미국이 군사적 위기의식을 가지며 이에 대응하는 태세를 갖추기 시작한 것에 기인한다. 2012년 12월, 미국 국가정보위원회(National Intelligence Council)는 '글로벌 트랜드 2030'보고서를 발간하면서, 중국 경제가 2030년 이전에 미국을 추월하게 될 것이고, 팍스 아메리카나 시대는 저물 것이라는 진단을 내놓았다.[19] 경제규모, 인구, 기술투자, 그리고 군비지출의 거의 모든 지표에서 중국이 미국의 그것보다 커질 것이라고 전망한 것이다. 중국의 부상과 도전이 미국에게 새로운 위협이 될 것이라는 인식은 국방당국이나 학계에서도 공유되고 있었다. 2012년 초 미 국방부는 국가안보전략의 중점을 대테러전쟁을 수행하던 이라크-아프간 지역에서 아시아-태평양 지역으로 이동한다는 계획을 발표하였고, 그 일환으로 파네타 국방장관은 태평양과 대서양 지역 전력배분을 50:50에서 60:40으로 변화시키겠다고 밝혔다.[20] 같은 해 2월, 미 해군 참모총장 그리너트 제독과 공군 참모총장 쉬와츠 대장은 중국의 대함 탄도미사일 DF-21이나 장거리 순항미사일 DH-10, 잠수함이나 폭격기와 같은 전력 증강에 대응하여 해, 공군 전력을 결합한 네트워크화된 종심 공격 전략, 즉 공해전(Air-Sea Battle) 전략을 제안하였다.[21] 미국 하버드대학의 그레이엄 엘리슨 교수가 현대 중국의 부상이 역사상 펠로폰네소스 전쟁 이래 기존 패권국가에 도전했던 16개 사례와 마찬가

19 미 국가정보위원회(NIC)는 CIA, 국방정보국(DIA) 등 16개 정보기관을 총괄하는 기구이다. 『동아일보』(2012.12.12.)

20 다음 기사에서 재인용. Thom Shanker, "Assessment criticizes Pentagon plan for Asia shift" *International Herald Tribune*, August 2, 2012.

21 General Norton A.Schwartz, USAF & Admiral Jonathan W.Greenert, USN, "Air-Sea Battle" *The American Interest* (February 20, 2012).

지로 '투키디데스 함정'이 될 것이라는 통찰을 제시했던 것이 바로 이 시기이기도 하다.[22]

미국과 중국과의 경쟁 국면이 본격화되면서, 미국 측에서는 1964년 핵개발 이래 소위 '최소억제전략' 개념 하에서 최소한의 핵능력 보유를 추구해온 중국이 점차 핵능력의 증강을 도모하고 있다는 인식을 갖게 되었다. 2015년 공표된 중국의 공식 군사전략문서는 중국이 비핵국가들에 대해 선제 핵사용을 금지하겠다는 원칙을 재확인하면서도, '핵능력과 재래식 능력의 결합을 통한 전력구조 개선'의 정책방침을 밝혔다.[23] 또한 2015년 중국이 장거리 미사일 DF-5를 다탄두화(Multiple Independently Targetable Re-entry Vehicle: MIRV)한다는 결정을 내린 것도 미국의 대중 경계감을 고조시켰다. 미국은 1979년 당시 소련과 체결한 SALT Ⅱ 조약에 따라 지상배치 전략미사일의 다탄두화를 규제해 왔기 때문이었다.[24]

같은 시기 러시아의 핵정책도 미국의 우려를 낳았다. 미러 양국은 1987년 체결한 중거리핵전력폐기조약(INF)에 따라 중거리 탄도 및 순항미사일 폐기의 의무를 공동으로 갖고 있었다. 그럼에도 불구하고 러시아는 2014년부터 중거리 지상발사형 순항미사일 9M729를 개발하기 시작하였고, 핵탄두를 탑재할 수 있는 이스칸데르 미사일이나 칼리버(Kaliber) 크루즈 미사일도 개발하였다.[25] 이같은 중거리 미사일에 미국에 비해 10배 이상의 수적 우위를 점하고 있던 전술핵을 탑재할 경우를 미국으로서는 우려하지 않을 수 없었다. 러시아는 2010년과 2014년의 군사교리 공표를 통해 자신들이 핵무기를 사용하는 경우는 전면 핵전쟁 발발이나 국가 존망의 위기와 관련되는 재래식 전쟁의 경우 2가지라고 제한을 가한 바 있다. 그러나 푸틴 대통령은 2018년의 의회연설을 통해 러시아의 최신 전략무기들이 미국의 미사일 방어망을 돌파할 수 있다고 설명하면서, 핵전력의 현대화 필요성을 강조하기도 했다(Olga Oliker 2018, 54). 이같은 러시아의

22 Graham Allison, "Avoiding Thucydides's Trap", *Financial Times* (August 22, 2012).

23 The State Council Information Office, *China's Military Strategy* (May 2015), p. 12.

24 다만 미국의 잠수함발사 미사일은 다탄두 규제의 적용을 받지 않았다. "Editorial:China buys into multiple warheads" *International New York Times*, May 21, 2015.

25 『朝日新聞』 2018.11.19.

핵전략 관련 정책 변화 조짐은 미국으로서도 경계하지 않을 수 없는 것이기도 했다.

이 시기 이란은 여타 6개국과의 합의를 통해 핵개발이 동결되었지만, 북한과 파키스탄 등 잠재적 핵위협국가들의 동향도 국제 핵질서에 불안을 야기시켰다. 북한은 2005년과 2007년의 6자 회담 합의에도 불구하고, 후술하듯이 2012년 김정은 집권 이후 연속적으로 핵실험을 감행하면서, 핵능력의 강화를 도모하였다. 1998년에 핵실험을 실시하고 핵보유국가를 선언한 파키스탄은 인도와의 핵경쟁을 벌이면서 핵능력 강화를 추진하였다. 인도는 문민통제 하에서 핵선제 불사용 원칙을 명언하였으나, 파키스탄은 군부가 핵개발 및 그 운용을 관리하면서, 120여 발 수준의 핵탄두를 10여 년 내에 300발 수준까지 증강할 것으로 전망되었다.[26]

2017년 취임한 미국 트럼프 대통령은 이같은 국제 핵질서의 동요에 직면하여, 전임자들이 견지해온 핵정책의 변화를 추진하였다. 당선인 시기부터 트럼프 대통령은 미국이 핵능력을 재건해야 한다고 주장해 왔다. 이같은 입장을 반영하여 2017년 12월에 공표된 국가안보전략서는, 미국이 중국과 러시아와 같은 수정주의적 세력(revisionist power), 이란과 북한 등의 불량국가들(rogue states)에 의해 도전받고 있다고 명언하였다.[27] 그리고 이러한 도전에 대응하기 위해 미국이 핵운반 3원체제의 신뢰성을 유지해야 하고, 핵전력 유지에 방대한 투자를 할 것이라는 방침을 밝혔다.

트럼프 행정부의 핵전력 증강 기조는 미 국방부가 2018년 2월에 공표한 핵태세보고서(Nuclear Posture Review: NPR)에서 보다 구체적으로 표명되었다. 제임스 매티스 국방장관이 서명한 NPR은 러시아와 중국이 새로운 핵능력을 추가하

---

26 이 시기 파키스탄의 핵전력 증강 추세에 대해서는 다음 글들을 참조. Michael Krepon, "Nuclear race on the subcontinent" *International Herald Tribune*, (April 5, 2013), Tim Craig, "Report: Pakistan adding nuclear arms" *The Washington Post* (August 27, 2015), "Editorial: Nuclear Fears in South China Asia" *International New York Times* (April 7, 2015).

27 The White House, *National Security Strategy of the United States of America* (December 2017), p. 25.

고 있고, 북한은 불법적인 핵무기와 미사일 능력을 증강하고, 이란은 여타 6개국과의 핵포기 합의(Joint Comprehensive Plan of Action)에도 불구하고, 핵개발 기술을 보유하고 있다고 지적하였다. 이같은 핵위협에 대응하기 위해 2018 NPR은 미국이 유지해온 ICBM, SLBM 전략폭격기 등 전략핵 3원체제를 보다 현대화한다는 방침을 밝혔다.[28] 이외에 비전략 핵전력 B61 탄두의 운반수단이었던 F-15E를 대체하여 스텔스 성능을 가진 F-35을 새로운 핵탑재 운반수단으로 활용한다는 계획도 포함하였다.

트럼프 행정부는 핵전략 변화를 추진하면서, 여타 국가들과 이미 체결된 핵합의들을 폐기하거나 이탈하는 정책을 실행하였다. 2018년 트럼프 행정부는 이란과 체결한 핵합의에서 이탈한다는 결정을 공표하였다. 그리고 이해 10월에는 1987년에 당시 소련과 체결했던 중거리핵전력조약(INF)에서의 탈퇴도 표명하였다.[29] 또한 2020년 5월에는 탈냉전기였던 1992년, 34개국과 체결했던 오픈스카이(Treaty of Open Skies) 조약에서의 탈퇴도 선언하고 11월에 탈퇴하였다.[30] 이로써 탈냉전기 이후 미국과 러시아가 구축했던 핵군비통제체제의 일각이 붕괴되는 결과가 나타났다.[31]

---

28 보다 구체적으로 기존 ICBM 미니트맨-Ⅲ를 2029년까지 Ground Based Strategic Deterrent로 대체하고, 기존 오하이오급 전략핵잠수함을 컬럼비아급으로 대체하고, B-52H와 B-2A 전략폭격기에 더해 B-21 Raider를 차세대 전략폭격기로 개발한다는 것이다. Office of the Secretary of Defense, *Nuclear Posture Review* (February 2018), p. 6.

29 David E. Sanger and William J. Broad, "Fraying of Cold war pact reveals new problem", *New York Times International Edition* (2018.12.12.).

30 Tim Morrison, "Abandon the open skies treaty", *New York Times International Edition* (2020.5.23.). 오픈스카이 조약은 미국을 포함한 나토 멤버 국가들과 러시아를 포함한 구바르샤바 조약기구 멤버 국가들 간 상호 군비통제의 이행상황을 검증하기 위한 목적으로 영공을 개방하기 위해 체결된 것이다. 미국이 이 조약을 탈퇴함으로 군비통제의 일각이 무너진 의미를 갖는다.

31 트럼프 정부의 이러한 결정에는 국가안보보좌관 존 볼턴의 역할이 컸던 것으로 판단된다. 볼턴은 그의 회고록에서 자신이 트럼프 대통령에게 러시아 및 중국의 중거리 미사일 증강, 북한과 이란 등의 미사일 능력 증강에 대응하여 미국이 INF에서 탈퇴해야 하고, 미국의 국익에 무용한 오픈스카이 조약에서도 탈퇴할 것을 건의했다고 밝히고 있다. 또한 그는 러시아와 체결한 New START 조약이나 포괄적 핵실험금지조약(CTBT)에서도 탈퇴해야 한다고 주장하였다. 존 볼턴, 『그 일이 일어난 방: 존 볼턴의 백악관 회고록』

트럼프 행정부의 핵전략 변화에 따라 미국 내에서 핵무기 생산이 가능한 시설들이 재건되거나 신설되기 시작했다. 연간 30개의 소형 핵무기를 생산할 수 있는 뉴멕시코의 로스 알라모스 외에 미 국방성과 에너지성은 사우스 캐롤라이나의 사반나(Savannah) 지역에 연간 50개의 소형 핵무기 생산이 가능한 차세대 핵무기 생산시설을 건설하기 시작했다.[32] 트럼프 대통령의 결정에 따른 INF 조약 탈퇴에 따라 미국의 방산업체 로키드 마틴과 레이시온 등은 새롭게 중거리 미사일 생산을 위한 시설의 정비에 착수하게 되었다.[33] 트럼프 정부의 핵정책 변화는, 러시아 및 중국의 중장거리 미사일 개발, 북한과 이란 등의 핵능력 증강 등에 대응하기 위한 성격을 갖고 있었지만, 그 자체로 국제 핵군비통제질서에 동요를 일으키는 요인이 되었다.

3 러시아-우크라이나 전쟁 발발과 글로벌 핵군비통제질서의 동요

가 러시아의 핵군비통제질서 이탈 조짐

트럼프 행정부가 추진하던 핵능력 재건 정책은 2021년 민주당의 바이든 대통령 당선에 의해 제동이 걸리게 되었다. 바이든 대통령은 2022년 10월에 공표한 핵태세보고서를 통해 "핵 비사용을 확대하고 핵전쟁 위험을 감소하는 것"이 미국 핵전략의 목표라고 천명하였다.[34] 이같은 관점에서 그는 글로벌 질서 차원에서는 핵군축과 비확산을 추구하고, 미국 국내적으로는 트럼프 정부 시기에 추진되었던 핵전력 증강 방침을 철회하였다. 이 결과 2022 NPR은 B83-1 중력탄을 퇴역시키고, 핵탑재 해상발사 크루즈 미사일(Sea-Launched Cruise Missile) 개발

(시사저널, 2020), pp. 237, 239, 256.

32 David E.Sanger and William J.Broad, "U.S.pushes others to disarm as it bulks up", *New York Times International Edition* (2018.5.17.).

33 David E. Sanger and William J. Broad, "Fraying of Cold war pact reveals new problem", *New York Times International Edition* (2018.12.12.).

34 U.S. Department of Defense, *2022 Nuclear Posture Review* (2022.10.27.)

프로그램이 중단되기에 이르렀다.[35]

그러나 바이든 행정부의 글로벌 핵비확산 및 핵군축의 방침에도 불구하고, 러시아와 중국의 핵정책은 이와 반하는 방향으로 전개되었다. 2022년 2월, 우크라이나를 전격적으로 침공한 러시아는 전술핵 사용 가능성을 시사하기 시작했다. 전쟁 개시 직전 푸틴 대통령은 러시아가 가장 강력한 핵보유국가 가운데 하나이며, 만일 타국이 자신들을 공격한다면 어떠한 침략자라도 패퇴를 경험하게 될 것이라고 호언하였다.[36] 또한 푸틴은 나토가 우크라이나를 전폭적으로 지원하고, 우크라이나의 저항이 예상보다 완강하게 전개되자, 나토가 우크라이나에 깊숙히 개입할 경우, 핵전쟁이 발생할 수 있다고 위협하기도 하였다.[37]

우크라이나와의 전쟁 과정에서 전술핵 사용 가능성을 위협한 푸틴 대통령은, 기존 핵정책에 실질적인 변경을 가하기 시작했다. 푸틴 대통령은 2023년 2월, 러시아 상하 양원에서의 연설을 통해 미국과 2010년에 체결하였던 New START 조약, 즉 양국의 전략핵 배치 상한을 1,550발 수준으로 제한하기로 하였던 조약의 만료 기한인 2026년 이후, 갱신하지 않을 것임을 밝혔다.[38] 이 연설 직후 러시아 외무성은 New START 조약 탈퇴 이후에도 러시아가 조약 상한을 넘어서는 핵탄두를 개발하지 않을 것이라고 부연 설명을 하였지만, 조약 이탈의 경우 러시아가 전략핵탄두 추가 개발의 규제에서 벗어나게 되는 것은 분명하다. 이 경우 이미 사정거리 500-5,500킬리미터의 전술핵탄두 분야에서 미국에 비해 2,000 대 200의 숫적 우위를 보이고 있는 러시아가 전략핵탄두 분야에서도 미국과의 격차를 벌릴 수 있게 될 것이다. 더 나아가 러시아 의회는 2023년 10월, 포괄적 핵실험금지조약(CTBT)의 비준을 철회한다는 법안을 채택하였고, 푸

---

35 U.S. Department of Defense, *2022 Nuclear Posture Review* (2022.10.27.), p. 20.

36 다음 기사에서 재인용. Roger Cohen, "Putin makes Europe feel vulnerable once more", *The New York Times International Edition* (2022.2.26.)

37 W. J. Hennigan, "How we returned to the brink", *The New York Times* (2024.3.12.) 기사에서 재인용. 이 기사에 의하면 미국 바이든 행정부가 러시아가 크리미아 방면이나 동부 전선 방면에서 우크라이나의 반격에 밀릴 경우, 전술핵을 사용할 가능성이 커질 것이라고 전망하고, 그에 대한 대응 방안을 강구하였다고 한다.

38 David E.Sanger, "Putin's shift may signal the end of nuclear arms control", *The New York Times* (2023.2.23.)

틴 대통령은 11월 초에 이 법안을 승인하였다.[39] 물론 미국도 상원의 반대로 이 법안이 비준되지 않은 상태였지만, CTBT의 비준 철회로 러시아가 언제라도 핵 실험을 할 수 있는 국제법적 제약에서 벗어난 것은 확실하다.

또한 전쟁 와중에 푸틴 대통령은 자신들의 보유 전술핵을 우크라이나와의 전쟁 수행에 협력을 아끼지 않은 벨라루스에 재배치한다는 결정도 내렸다. 즉 2023년 3월, 푸틴 대통령은 러시아 국영 TV와의 회견에서 벨라루스의 요청에 따라 전술핵 및 이스탄데르 중거리 미사일을 배치하기로 결정했음을 밝힌 것이다. 벨라루스에 대한 전술핵 재배치는 유엔 제네바 군축회의에서 한국을 비롯한 44개국이 그 취소를 촉구했음에도 불구하고, 7월까지 완료되었다.[40]

러시아의 New START 조약 이탈 및 CTBT 비준 철회 결정에 따라, 트럼프 대통령 시기에 결정된 오픈스카이 조약 탈퇴와 더불어 탈냉전 시기에 미국과 체결하였던 중요 핵군비통제체제는 거의 붕괴된 상황을 맞게 되었다.

나 중국 핵전력의 급증 전망

러시아의 우크라이나 침공을 전후로 하여, 미국 내에서는 중국 핵전력 및 전략에 대해서도 종전과 다른 전망이 제출되기 시작했다. 트럼프 정부 시기였던 2021년에 미 국방부에서 공표한 중국의 군사력 관련 보고서는, 중국이 기존 200여 개 수준의 핵탄두를 2027년까지는 700개, 2030년까지는 최대 1,000개까지 늘릴 것으로 전망하였다. 핵탄두의 양적 증대와 더불어 중국이 그 운반수단도 현대화하면서 DF-5, DF-31 등 지상 배치된 ICBM 전력도 늘릴 것이고, 해상 운반수단으로서 진급(晉級) 원자력 잠수함에 배치된 JL-2 SLBM 미사일을 대체하여 차세대 096급 핵추진 잠수함을 개발하고 JL-3를 탑재하게 될 것이라고 분석하였다. 전략폭격기도 기존의 H-6K를 대체한 H-6N을 실전배치하고 있다고 설명하였다. 이에 따라 중국의 핵전략이 기존의 최소억제 전략에서 제한적

---

39 『朝日新聞』 2023.10.19., 11.4. 기사 각각 참조.

40 『朝日新聞』 2023.3.27., 『국방일보』 2023.6.15. 러시아 핵무기가 해외에 배치되는 것은 1996년 소련방의 국가들이 자국 보유 핵무기를 러시아에 반환한 이래 처음 사례가 되었다.

억제(limited deterrence) 전략으로 변화되고 있다고 분석하였다.[41]

이같은 분석과 전망은 바이든 정부 등장 이후에도 유지되었다. 2022년 10월, 바이든 행정부의 국방부에서 공표한 핵태세보고서는 중국이 야심적인 핵전력 팽창 계획을 진행하고 있다고 전제하면서, 중국이 10년 내로 핵탄두 1,000발 수준으로, 그리고 2030년대 중반에는 1,500발 수준의 핵탄두를 보유하게 될 것이라고 전망하였다. 그리고 이 시점에서 미국은 전략적 경쟁자 및 잠재적 적대국으로서 러시아와 중국이라는 두개의 주요 핵강국과 직면하게 될 것이라고 전망하였다.[42] 이 보고서는 결론적으로 미국이 러시아와 그러했던 것처럼, 중국과도 핵군비통제 협의를 추진할 필요성을 제기하였다.

핵전력을 증강하고 있는 중국은 러시아와의 핵협력도 증진하는 모습을 보였다. 중국이 타이완과 면하고 있는 해상에 고속증식로(fast breeder)를 신규 건설하는 프로젝트를 추진하고 있었다. 이 과정에서, 2023년 3월, 중국 시진핑 국가주석과 러시아 푸틴 대통령은 정상회담을 갖고, 러시아의 국영원자력기업 로사톰(Rosatom)이 중국 핵발전소에 필요한 고농축 우라늄 25톤을 제공하기로 하는 협력 협정을 체결한 것이다.[43]

중국 핵전력 증강 전망이 확산됨에 따라 미국 내에서는 미국, 러시아, 중국을 포함하는 핵 3원 질서(tripolar nuclear system)가 대두한다는 전망이 힘을 얻기 시작했다. 이같은 전망 하에서 미국이 탈냉전기에 러시아와 그러했듯이 중국과 핵군비통제 협상을 추진하거나, 러시아 및 중국의 핵전력 증강에 대응하기 위해서 미국이 확증파괴 능력을 증강해야 한다는 핵전략론이 대두하였다. 허드슨 연구소의 앤드류 크레피네비치(Andrew F.Krepinevich) 선임연구원은 러시아 및 중국의 핵전력 증강으로 유럽의 독일, 아시아의 일본과 한국이 취약성을 드러낼 것이기 때문에, 미국으로서는 러시아와 중국에 대한 현재 수준 대비 2배 이상의

41 Secretary of Defense, *Military and Security Development Involving the People's Republic of China 2021: Annual Report to Congress* (Department of Defense, 2021), pp. 90-92.

42 U.S. Department of Defense, *2022 Nuclear Posture Review* (2022.10.27.), p. 4.

43 David E.Sanger, William J.Broad and Chris Buckley, "3-way nuclear rivalry upends U.S. strategy", *The New York Times* (2023.4.24.)

동시적인 확증파괴 능력 확보가 필요하다고 주장하였다.[44] 뉴욕타임스는 사설을 통해 미국과 중국 간의 핵군비통제 대화가 실시되어야 한다고 제언하였다.[45] 이같은 정책제언들에 대해 바이든 행정부의 제이크 설리번 국가안보보좌관은 미국의 현존 핵전력으로 중국과 러시아에 대한 대응은 충분한 수준이라는 반응을 보였다.[46] 그러면서도 2023년 6월, 중국 및 러시아에 대해 핵군비통제 협의를 제안하였고, 중국 측과는 예비 회담을 가지기에 이르렀다. 그러나 회담의 성과는 미미하였고, 러시아는 아예 회담 제안에 대해 응하지 않은 것으로 전해진다.

요컨대 탈냉전 시기에 미국과 러시아 등 핵보유 강국들에 의해 구축된 국제 핵군비통제질서는, 러시아의 우크라이나 침공 이후 러시아가 New START 조약 탈퇴를 결정하고, 미국이 트럼프 정부 하에서 INF 조약이나 오픈스카이 조약에서 이탈하면서 거의 붕괴되기에 이르렀다. 게다가 최소억제전략에 따라 핵전력의 증강에 소극적이었던 중국이 시진핑 체제 하에서 러시아와 원자력발전소 협력을 추진하면서, 핵탄두를 증강하고 그 운반수단을 현대화하면서, 핵전력의 규모 면에서 미국 및 러시아와 필적하는 수준에까지 변화하는 양상이 동시에 나타나고 있다. 그러한 측면에서 글로벌 핵질서는 탈냉전기에 구축된 미러 간 핵군비통제질서의 양상, 미중러 3개 핵강국의 병립 질서가 새롭게 구축되고 있다고 볼 수 있다.

---

44 Andrew F. Krepinevich, Jr., "The New Nuclear Age: How China's Growing Nuclear Arsenal Threatens Deterrence", *Foreign Affairs*, (May/June 2022), p. 98.

45 The Editorial Board, "Nuclear talks with China are essential and long overdue", *The New York Times* (2023.11.7.)

46 The Editorial Board, "Nuclear talks with China are essential and long overdue", *The New York Times* (2023.11.7.)

4 한국의 북핵 대응정책 및 핵정책 담론

미국, 러시아, 중국 등 강대국 간의 핵질서가 급격하게 변화될 조짐을 보이고 있는 가운데, 2006년부터 핵실험을 감행한 북한이 지속적으로 핵능력을 강화하고, 이를 바탕으로 공세적 핵전략을 추구하고 있다. 특히 2019년 북미 간의 하노이 회담이 결렬된 이후 북한이 공세적인 핵전략을 표명하고, 한국과의 관계를 "교전상태 하에 있는 적대관계"로 재규정하면서, 우크라이나와 전쟁 중에 있는 러시아와 군사동맹을 부활시키고 있는 점은 한국의 국가안보를 생각할 때, 가장 우선적으로 고려하고 대응하지 않으면 안되는 사항이다.

이같은 상황에 직면하여 국내에서는 주로 북한의 핵위협에 대응할 수 있는 정책옵션들이 집중적으로 제기되어 왔다. 정부는 핵정책과 관련하여 2010년대 이후 한미 간 확장억제 태세 강화를 일관되게 추진해 왔다. 이미 1975년에 비확산조약(NPT)에 가입했고, 한미 원자력협정에 의해 원자력의 평화적 이용을 전제로 미국으로부터 원자력발전소 연료를 공급받고 있는 현실 하에서 독자적 핵무장의 옵션을 포기하고, 미국에 의한 확장억제 제공 태세를 강화해 온 것이다. 다만 최근 들어 국내 일각에서는 미국의 확장억제 제공에 대한 신뢰성의 문제를 제기하면서 독자적 핵무장론이나 나토식 핵공유와 전술핵 재배치론 등이 제기되고 있는 것이 현실이다. 이하에서는 한국이 미국과 더불어 추진해온 확장억제 태세 강화의 현황을 소개하고, 이에 대한 비판적 대안으로 제기되고 있는 단독 핵무장론, 그리고 나토식 핵공유 및 전술핵 재배치론 등에 대해 각각 설명하기로 한다.

가 한미 확장억제(extended deterrence) 체제의 전개

1970년대 한국은 당시 닉슨 행정부의 주한미군 철수 동향에 대한 대응으로 박정희 대통령의 주도로 독자적 핵무장을 추진한 바도 있다. 박정희 대통령은 청와대 경제2수석비서관의 조사 결과를 바탕으로 플루토늄 기반 원자탄 제조를 결심하고, 캐나다 및 프랑스의 지원을 받아 원자로를 건설하고, 플루토늄 재처리를 할 수 있는 시설들의 건설을 서둘렀다.[47] 그러나 한국의 독자 핵무장 시도는 1974년 인도의 핵실험 이후 미국이 핵비확산의 정책을 동맹국들에게 요구하고, 특히 한국의 핵개발 시도를 중단하려는 압박을 가해옴에 따라 1970년대 중반 이후 성사될 수 없었다.

한국 핵개발 시도가 저지된 시점에서 한국은 1975년 NPT 조약을 비준하면서 국제적 핵비확산의 조류에 동참하였고, 미국은 1978년 한미 국방장관 간의 연례회담인 SCM(Security Consultative Meeting) 공동성명을 통해 한국에 대해 핵우산(nuclear umbrella)을 제공한다는 점을 명문화하였다.[48] 이후 미국은 한미 정상이나 국방장관 간 회담을 통해, 줄곧 한국에 대해 핵우산을 제공한다는 점을 표명해 왔다.[49]

그런데 2006년 9월, 북한이 제1차 핵실험을 감행하면서, 한국은 2006년 10월 19일에 개최된 제28차 한미 군사위원회(Military Consultative Meeting: MCM)를 통해, 북한 핵에 대응하는 핵우산의 구체적 보장책을 요청하였다. 이에 대해 미국 측은 다음 날 개최된 윤광웅 국방장관과 럼스펠트 미 국방장관 간의 SCM 회의에서 발표된 14개 항의 공동성명 가운데, 한국에 대한 핵우산 제공과 관련해 확장억제 능력의 지속을 포함한다고 밝힌 것이다.[50] 이같은 확장억제의 개념은 다음 해인 2007년 11월에 한국 김장수 국방장관과 미국 게이츠 국방장관 간의 제39차 한미 안보협의회(SCM) 공동성명에서도 재확인되었다. 즉 한미 양국은

---

47 박정희 대통령은 1975년 6월, 미국 언론과 가진 인터뷰에서도 미국이 핵우산을 제거한다면 한국이 독자적으로 자신을 방어하기 위한 핵능력 개발을 추구할 것이라고 밝혔다. "If the U.S. nuclear umbrella were to be removed, we have to start developing our nuclear capability to save ourselves."Don Oberdorfer, *The Two Koreas: A Contemporary History* (Basic Books, 1997,2001), p. 71. 이호재, 「동북아 국제질서, 핵무기, 그리고 한반도」, 『국제정치논총』제17집 (1977), p. 152도 참조.

48 2011년 5월 23일, 외교통상부 한미안보협력과 김태진 과장 등의 한미동맹 관련 브리핑 자료.

49 2002년 9월, 미국의 싱크탱크 CSIS가 작성한 〈통일 한국에 대한 미국 정책의 청사진〉 보고서에서도 미국이 한국에 의한 한반도 통일이 이루어진 후에도 통일 한국에 대해 핵우산을 제공해야 한다는 방안이 제안되기도 하였다. 『동아일보』 2002.9.19.

50 『중앙일보』 2006.10.23. 기사 참조.

북한의 대량살상무기 및 장거리 미사일의 지속적 개발과 확산 위협이 한미동맹에 대한 도전이 되고 있음을 확인하면서, 미국이 핵우산 제공을 통한 확장억제의 지속으로 한국에 대한 방위공약을 이행할 것임을 재천명한 것이다.[51] 이후 한미 양국은 2009년 SCM의 공동성명에서는 미국이 핵 및 재래식 전력, 미사일 방어체제 등을 통해 확장억제를 제공한다는 내용을 추가하여, 확장억제의 수단을 보다 구체화하였다. 그리고 2011년 3월에는 한미 양국 간 확장억제의 수단과 실행에 대한 구체적 협의를 담당하는 확장억제정책위원회(Extended Deterrence Policy Committee:EDPC)의 제1차 회의를 개최하였다. 이 회의체는 2015년 한미 양국의 미사일 대응능력위원회와 통합하여 억제전략위원회(Deterrence Strategy Committee:DSC)로 확대되었다가, 다시 2016년에는 한미 양국의 외교 및 국방차관보급이 참가하는 확장억제전략협의체(EDSCG: Extended Deterrence Strategy and Consultation Group)으로 격상되게 되었다.[52] 요컨대 확장억제란 북한의 핵위협에 대응하여, 미국이 한국에 대해 핵전력은 물론, 재래식 전력 및 미사일 방어체제 등을 동원하여 핵우산을 제공한다는 방어공약이다.

다만 북한의 핵능력 고도화, 특히 미국 본토를 타격할 수 있는 ICBM 능력의 발전에 따라 미국 본토가 핵공격을 당한다고 하더라도, 한국에 대해 확장억제 능력을 제공할 수 있을 것인가에 대한 문제가 한국 측에서 제기되었다.[53] 그리고 이러한 논자들에 의해, 후술하듯이 한국의 독자적 핵무장론이나 나토식 핵공유체제와 같이 한국에 전술핵을 재배치해야 한다는 주장 등이 이어졌다. 이에 대해 한미 양국은 미국이 제공하게 될 확장억제의 신뢰성을 높이기 위한 추가적인 조치를 강구하게 되었다.

2023년 4월 26일, 윤석열 대통령은 워싱턴에서 미국 바이든 대통령과 정상

51 송대성, "제39차 한미안보협의회 합의내용 및 평가" 『세종논평』 제95호(2007.11.8.).

52 박휘락, 「한반도 핵균형(nuclear balance)과 한일 안보협력」 『한일군사문화연구』 제30집 (2020년), p. 71. 김광진, "북핵 위협 대응의 과정과 전망" 국방대 미래안보아카데미 강의자료(2023.9.22)도 참조.

53 김재천, "미국의 확장억지는 신뢰할 만한 것인가", 『서울경제』 (2022.6.13.). 김재천 교수는 자신이 2013년 한미 양국 정부 간 확장억제 전략대화에 참가한 경험을 바탕으로, 현재 확장억제 태세로는 북한의 핵 및 미사일 도발을 억제하지 못한다고 주장했다.

회담을 갖고, 워싱턴선언 공표를 통해 미국 측이 제공하게 될 확장억제의 신뢰성을 높이기 위한 추가적 조치들을 합의하였다.[54] 이 문서에서 윤 대통령은 한국이 핵확산금지조약(NPT)과 한미 원자력평화적 협력협정을 준수한다는 점을 확인하면서, 한국 사회 일각에서 거론되던 독자적 핵무장 가능성을 배제하였다. 그러한 전제 하에서 양국은 "확장억제를 강화하고, 핵 및 전략 기획을 토의하며, 비확산체제에 대한 북한의 위협을 관리"하기 위한 새로운 핵협의그룹(Nuclear Consultative Group:NCG) 설치를 선언하였다. 이를 통해 한미 양국은 유사시 미국이 수행하는 핵작전에 대해 한국이 재래식 전력을 지원하는, 재래식-핵전력 통합(CNI) 체제를 구축하면서 공동 실행 및 기획을 추진하고, 이와 관련한 연합교육과 훈련을 확대하기로 하였다. 또한 전략핵잠수함을 포함한 미국 전략자산의 한반도에 대한 정례적 전개를 증대시키고, 신설되는 한국 전략사령부와 한미연합사, 그리고 미국 전략사령부 간의 연합 기획과 훈련 등을 확대하기로 하였다.

이후 미국의 핵잠수함 등이 한국에 기항하고, 한미 양국, 혹은 한미일 3국 간에 미사일 방어훈련이나 프리덤 엣지와 같은 다영역 작전 훈련이 실시되는 등 한미 간의 확장억제 태세가 강화되는 양상이 증대되었다. 특히 한미 양국 간에 설치된 핵협의그룹(NCG)은 2024년 7월까지 3차례의 회의를 개최하였고, 그 논의 결과를 담은 "한미 한반도 핵억제 및 핵작전 지침(United States and Republic of Korea Guidelines for Nuclear Deterrence and Nuclear Operations on the Korean Peninsula)"을 2024년 7월 11일, 한국 조창래 국방정책실장과 미국 비핀 나랑 차관보가 서명하고, 이를 윤석열 대통령과 미국 바이든 대통령이 승인하기에 이르렀다. '한미 핵억제 및 핵작전 지침'에 따르면 북핵 위기 발생 시 한미 양국은 다음과 같은 4가지 단계에 걸쳐 핵억제 및 핵작전의 태세를 갖추게 된다.[55] 즉 제1단계에서 한미 양국은 북핵 관련 정보를 공유하게 되며, 2단계에서는 한미 정상 간 즉각적 협의를 수행할 수 있는 절차를 수립하게 된다. 제3단계에서는 한

---

54 "Washington Declaration"(2023.4.26.) , "Leaders' Joint Statement in Commemoration of the 70th Anniversary of the Alliance between the United States of America and the Republic of Korea"(2023. 4.26) (White House, Homepage) 등 종합.

55 『국방일보』 2024.7.15. 기사 참조.

미 간 핵 및 재래식 전력을 통합하여 기획하고 억제할 수 있는 태세를 갖추게 되며, 제4단계에서는 핵 및 재래식 전력을 통합한 연습 및 훈련을 실행하게 된다. 보다 중요한 점은 미국의 ICBM, SLBM, 전략폭격기 등 전략자산들에 대해 한반도의 확장억제를 수행하는 임무를 배정하게 되며, 미국이 핵운용을 하는 과정에서 한국 측이 기획 과정에 참여하게 된다는 것이다. 이같은 핵작전 지침은 나토가 운용하고 있는 NPG(Nuclear Planning Group)에 필적하는 동맹 간 핵억제 및 핵운용 태세를 구현하고 있다고 볼 수 있을 것이다.[56]

나 한국 독자적 핵무장론

그러나 거듭된 미국의 확장억제 제공 공약, 그리고 NCG의 창설과 "핵억제 핵작전 지침" 공표에도 불구하고, 국내 일각에서는 독자적 핵무장론을 지지하는 여론이 응답자의 60-70%를 상회하는 현상이 지속되고 있다. 한국에서 독자적 핵무장을 주장하는 대표적 논자인 정성장은 2016년 1월, 북한이 수소탄을 사용한 제4차 핵실험을 실시했다고 주장한 이래 한국의 독자적 핵무장론을 제기하기 시작했고, 핵자강그룹을 조직하여 이 주장을 확산시키고 있다. 정성장은 자신의 핵자강론이 남북한 핵균형을 달성해야만, 북한의 핵전쟁 가능성과 한반도 핵 전면전 위협을 제거할 수 있으며, 이를 통해 남북 협력이 재개될 수 있는 조건이 된다고 주장한다.[57]

정성장은 한국이 4단계에 걸쳐 핵무장을 추진해야 한다고 주장한다. 제1단계에서는 국가안보실에 북핵 대응문제를 다루는 제3차장실을 신설하고, 일본 수준의 핵잠재력을 갖춰야 한다고 주장한다. 특히 1988년에 개정된 미일 원자력협정과 2015년 개정된 한미 원자력협정을 비교하면, 우라늄 20% 미만 저농축 허용이라는 점에서는 동일하지만, 그 절차에 있어 한일 간에 불균형이 존재하고, 사용 후 핵연료 재처리에 관해서도 일본에 대해서는 자유로운 재처리가 허

56 NPG란 1966년부터 미국이 나토 5개 회원국들과 운용하고 있는 핵공유체제를 가리킨다. 벨기에, 독일, 이탈리아, 네덜란드, 터키 등 5개국에 전술핵탄두를 배치하고, 유사시에 이들 국가들과의 협의를 거쳐 미국의 최종 판단에 의해 핵전력을 운용하게 된다.

57 정성장, 『우리는 왜 핵보유국이 되어야 하는가』(메디치, 2023), p. 5.

용되고 있지만, 한국에 대해서는 파이로프로세싱의 전반부 공정에 한해서만 포괄 동의가 부여되는 격차가 존재한다고 분석한다. 따라서 1단계에서는 미일 원자력협정 수준으로 한미 원자력협정을 개정해, 일본 수준의 핵잠재력을 갖춰야 한다고 주장한다. 제2단계에서는 북한 핵위협 고도화에 따라 국가 비상사태 발생 시 NPT 탈퇴를 추진하고, 제3단계에서 미국을 설득하여 미국 묵인 하에 핵무장을 추진하며, 제4단계에서 남북 핵균형 실현을 이룩하고 이후 북한과 핵군축 협정을 추진할 것을 제안한다.[58]

한국의 독자적 핵무장론에 대해서는 대릴 프레스(Daryl G.Press)와 제니퍼 린드(Jennifer Lind)도 같은 주장을 전개한 바 있다. 이들은 2021년 10월, 워싱턴 포스트에 기고한 칼럼을 통해, 북한의 핵능력 정교화에 비교하여 한국은 미국의 확장억제 제공에 대한 신뢰성 문제에 직면하고 있다고 지적하고 있다.[59] 이들은 미국이 나토 국가들과 달리 한국에 대해 핵공유하는 것에 관심을 보이지 않다고도 지적하면서, 멤버 국가가 그 국가의 최고이익이 위협받는 비상한 상황에서 탈퇴할 수 있다고 규정한 NPT 조약 제10조에 따라, 한국의 핵개발 선택이 합법적이고 정당화될 수 있다고 주장한다. 한미동맹의 취약한 기반을 고려할 때, 한국의 독자적 핵무기 개발은 하나의 옵션이 될 수 있을 것이며, 그 운반수단으로 탄도미사일 탑재 잠수함 전력이 이상적인 플랫폼이 될 수 있다고 제안한다.

한국 핵전략포럼의 사무총장인 율곡 김(Yulgok Kim)도 영문 기고문을 통해 북한의 6차례 핵실험을 통해 남북한 간 비핵화 공동선언이 무효화되었다고 진단하면서, 한국은 미국이 제공하는 확장억제에 대해 신뢰성을 갖기보다, 독자적으로 핵무장을 추구할 필요가 있다고 주장한다. 그는 한국이 핵능력을 갖는다고 해서, 일부에서 우려하듯, 한미동맹이 와해되지는 않을 것이며, 오히려 한미동맹은 핵무기 기반 동맹으로 발전할 수 있을 것이라고 낙관한다.[60]

이상과 같은 한국의 독자적 핵무장론은 다수 국민 여론이 지지를 보내고 있

---

58 정성장, 앞의 책, p. 121 참조.

59 Jennifer Lind and Daryl G.Press, "Should South Korea build its own nuclear bomb?", *The Washington Post*, 2021.10.7.

60 Yulgok Kim, "South Korea needs a new nuclear strategy", *The National Interest*, March 14, 2024.

어, 국민 감정에 부응하는 핵정책론이라고 평가된다. 또한 군사적 견지에서는 북한 핵능력 강화에 군사적으로나 심리적으로 대응하기 위한 유효한 핵대응 정책론이라고 생각된다. 다만 핵개발의 정책적 대응을 추진하기 위해서는 몇가지의 중요한 장애물이 존재하는 것이 사실이다. 국제적으로 1975년에 가입한 NPT 조약 제10조의 적용 대상이라는 점을 들어 탈퇴를 결행해야 하고, 한미 간에 평화적 원자력 개발을 목적으로 개정한 2015년의 한미 원자력협정을 파기해야 한다. 이 경우 20여 기 이상에 달하는 한국 원자력발전소의 연료 공급에 당장 차질이 발생한다. 그 밖에 국내적으로도 평화적 목적에 한해 원자력을 이용한다는 원칙을 천명한 1958년 제정의 원자력기본법 등을 변경해야 한다.[61] 국제규범 및 국내 관련 법규 개정을 추진하는 과정에서 극도로 양극화된 한국 정치 구조 속에서 초당파적인 합의가 이루어질지 의문이고, 이를 돌파할 국내 정치세력의 정치력 여부도 의문이다.

설령 정치적 결정이 이루어진다고 하더라도, 플루토늄을 재처리하거나 우라늄을 농축하여 무기급 물질을 만들어 낼 수 있는 시설이나 과학기술적 기반의 여부도 고려해야 하고, 이런 과정을 관리해 낼 전문가들의 확보 여부도 생각해 봐야 한다. [62]

다 나토식 핵공유와 전술핵 재배치론

한국의 핵대응 정책의 일환으로 꾸준히 제기되고 있는 것이 나토식 핵공유 체제와 전술핵 재배치론이다. 냉전기 유럽 내 나토 국가들은 1957년 시점에서 소련의 핵위협에 대응하여 미국이 나토에 배치한 전술핵을 토대로 핵공유에 합

---

61 한용섭, 『핵비확산의 국제정치와 한국의 핵정책』(박영사, 2022), p. 246.

62 북한은 김일성종합대학, 김책공업대학 등지에서 핵물리학 등 관련 학문 연구자 층이 상당히 양성되고 있고, 이들을 활용할 수 있는 과학기술 시설과 단지도 영변 등에 체계적으로 정비되고 있는 것으로 보인다. 이춘근, 『북한의 핵패권』(인문공간, 2023) 등 참조. 반면 한국 대학의 원자력공학과에서는 핵무기 관련 교과목이 전연 개설되어 있지 않으면 한국원자력연구원 등의 연구시설에서도 관련 연구는 엄격한 규제 대상이 되고 있는 것으로 안다. 2024년 6월15일, 플라자프로젝트 주관 〈한국의 안보상황과 북한 핵위협: 한국 핵무장은 필요하고 가능한가〉 주제 국회세미나, 경희대 원자력공학과 우승민 교수 토론 자료 참조.

의하였다. 이후 미국과 나토 국가 간에 핵공유그룹(Nuclear Planning Group)의 협의체가 창설되었고, 상호 협의를 통해 현재는 나토 회원국 가운데, 벨기에, 독일, 이탈리아, 네덜란드, 터키 등 5개국에 미국이 총 100여 기의 전술핵탄두를 배치하고, 유사시에는 이를 각국 공군기에 탑재하여 목표물에 핵투하의 임무를 달성할 수 있는 체제를 구축하고 있다.[63]

이같은 나토식 핵공유 체제, 즉 전술핵 재배치를 한국도 추진하자는 핵정책론이 전성훈이나, 아산정책연구원 등의 연구기관, 그리고 홍준표 등의 정치인들에 의해 꾸준히 제기되고 있다. 전성훈 등은 미국의 전술핵을 재반입하여 나토와 같은 핵공유협정을 한국과 체결하면, 미국의 확장억제 공약에 대한 불신은 근원적으로 해소될 수 있을 것이라고 낙관한다.[64]

아산정책연구원의 최강 등도 미국 랜드연구소의 브루스 베넷 등과의 공동연구를 통해 미국이 현재 보유 중인 200여 개의 전술핵무기 일부를 한국에 재배치할 것을 주장한다.[65] 현재 미국이 보유 중인 전술핵무기 총 200여 기 가운데 100여 기는 나토에 배치되어 있고, 나머지 100여 기는 예비전력으로 미국 본토에 배치되어 있기 때문에, 한국에 배치할 미국의 전술핵무기 여력이 충분치 않은 것이 현실이다. 이러한 점을 감안하여 아산정책연구원과 랜드연구소는 다음과 같이 단계적으로 북한 핵전력 증강에 대응하는 전술핵 재배치 또는 핵보장 강화방안을 제안하고 있다. 즉 제1단계로는 군산 및 오산기지에 미국 핵무기 저장시설을 현대화하고, 제2단계로는 태평양에 전개된 미국 핵잠수함에 탑재된 핵무기 전부 또는 일부를 북한 표적 용도에 투입한다. 제3단계로는 미국이 해체를 계획하고 있는 100여 기 전술핵무기를 한국 비용으로 현대화하고, 미국에

---

63 2014년 시점에서 벨기에 11개 저장고에 B61 전술핵탄두 20개, 독일 11개 저장고에 B61 핵탄두 20개, 이탈리아 18개 저장고에 50개, 네덜란드 11개 저장고에 20개, 터키 25개 저장고에 B61 전술핵탄두 50개가 배치되어 있다. 전성훈, 「핵공유와 전술핵 재배치」, 『Deep Dive Ⅶ 세미나 자료집: 확장억제와 한국의 선택』(최종현학술원, 2021.11.26.)에서 재인용.

64 전성훈, 「핵공유와 전술핵 재배치」, 『Deep Dive Ⅶ 세미나 자료집: 확장억제와 한국의 선택』(최종현학술원, 2021.11.26.).

65 브루스 베넷, 최강, 코르테즈 쿠퍼, 브루스 벡톨, 고명현, 그레고리 존스, 차두현, 양욱 , 『한국에 대한 핵보장 강화 방안』 (아산정책연구원, RAND Cooperation, 2023.8).

보관하되 한국 지원에 사용하기로 공약한다. 제4단계로는 제한된 수의 미국 전술 핵무기를 한국에 배치하고, 준비된 저장시설에 보관한다는 것이다.[66] 보다 구체적으로 아산정책연구원과 미국 랜드연구소의 공동보고서는 미국의 B61-12 전술핵탄두 현대화 계획에 대해 한국이 20-30억 달러의 비용을 지원하고, 이 가운데 8-12개의 핵탄두를 한국에 배치할 것, 그리고 미국 보유 탄도미사일 잠수함 1척을 한국 지원용으로 용도를 지정하여 주변 해역에 배치할 것 등을 제안하고 있다.[67]

전술핵 재배치 연구를 주도하고 있는 최강은 다른 기고문을 통해, 미국이 유럽에서는 나토식 핵공유 체제를 통해 전술핵을 재배치하고 있는데, 북한 핵위협이 증가되고 있는 한국에 대해서 이 구상에 소극적인 것은 논리적으로 맞지 않는 것이라고 주장한다. 그는 미국의 전술핵무기는 군사적 대응 시간을 고려해 미 본토보다는 한국에 배치되어야 하며, 이럴 경우에만 북한에 대한 선제타격이 가능하다는 시그널을 보내게 되어, 북한의 도발을 억제할 수 있는 "공포의 균형"이 가능해 진다고 설명하고 있다.[68]

미국의 전술핵 재배치, 혹은 나토식 핵공유체제론은, 독자적 핵무장론에 비해 한국이 NPT를 탈퇴하거나, 한미 원자력협정을 파기할 부담이 없이, 북핵 대응 능력을 갖출 수 있다는 점에서 보다 적절한 대안이라고 생각된다. 다만 후술하듯이 미국 보유 전술핵이 200여 기에 불과하고, 이 가운데 100여 기는 나토 국가들에 할당되어 있는 것이 현실이다. 미국 본토 배치 전술핵 100여 기에 대해 우리가 비용을 들여 현대화 작업에 참가하는 것을 미국이 용인할지도 의문이다. 기본적으로 미국 배치 전술핵의 숫적인 증강 결정이 없는 한 현실성을 갖기가 쉽지 않다. 또한 미국 전술핵을 군산이나 오산기지를 현대화하여 재배치할 경우, 중국의 집중적인 표적이 될 수 있다는 우려가 제기되기도 한다.[69]

66 브루스 베넷, 최강, 코르테즈 쿠퍼, 브루스 벡톨, 고명현, 그레고리 존스, 차두현, 양욱 , 『한국에 대한 핵보장 강화 방안』(아산정책연구원, RAND Cooperation, 2023.8), p. 93.

67 브루스 베넷, 최강, 코르테즈 쿠퍼, 브루스 벡톨, 고명현, 그레고리 존스, 차두현, 양욱 , 『한국에 대한 핵보장 강화 방안』(아산정책연구원, RAND Cooperation, 2023.8), p. 97-98, 109-112.

68 최강, "'공포의 균형'이 대북 억제의 핵심" 『조선일보』(2022.6.21.)

69 한용섭, "한국형 핵공유'체제 상설화 필요성" 『문화일보』(2023.4.26.)

라 한국-일본-호주 확장억제 연대론

다른 논자들은 북한의 핵능력 개발에 따라 위협에 처하게 된 국가들로서 미국의 확장억제에 의존해 온 국가들이 한국뿐 아니라, 일본과 호주 등도 있음에 착안하면서, 한국과 일본, 나아가 한국-일본-호주 간의 확장억제 연대론을 주장한다. 박휘락의 경우 일본도 한국과 유사하게 북한의 핵위협에 노출되어 있어, 미국의 확장억제에 의존하고 있다고 관찰하면서, 북핵 위협 대응에 관한 한 '운명공동체'라고 할 수 있는 한국과 일본이 협력해야 할 필요가 있다고 주장한다. 구체적으로 한국과 일본이 미국의 잠수함에 탑재된 핵무기를 괌에 위치시키면서, 한미일이 사용계획을 공유할 수 있을 것이고, 나아가 한국과 일본이 공동으로 핵개발을 추진할 경우에도 국제사회의 압력을 극복하는 것이 한국 단독으로 핵개발 추진하는 것보다 용이할 것으로 전망한다. 이러한 한미일 핵공유, 혹은 한일 핵협력을 위해 한일 양국은 서로의 영공을 개방하여 공군기와 항공자위대 기종들이 자유롭게 사용할 수 있어야 하고, 필요한 정보와 군수지원을 공유할 수 있어야 한다는 대담한 제안도 하고 있다.[70]

5 결론: 한국의 핵정책 방향

이상에서 러시아의 New START 조약 탈퇴 표명과 중국 핵전력 증강에 기인하는 글로벌 핵질서의 변화, 그리고 북한 핵능력의 증강과 공세적 핵전략에 대응하기 위한 한국 핵정책에 관한 현황을 개관해 보았다. 이를 통해 알 수 있는 것은 한국 내 핵정책 관련 담론들이 주로 북한의 핵능력 고도화와 공세적 핵전략에 대응하는 데에 중점을 둔 나머지, 글로벌 차원에서 전개되는 핵질서의 동요에 대해서는 충분히 고려하고 있지 않다는 점이다.

70 박휘락, 「한반도 핵균형(nuclear balance)과 한일 안보협력」 『한일군사문화연구』 제30집 (2020년), pp. 77-82.

북한의 핵능력 고도화와 공세적 핵전략에 대응하는 과제가 한국 국가안보에 가장 절박한 과제임은 부인하기 어렵다. 그러나 러시아와 중국의 핵능력 증강 및 New START 조약 갱신 거부와 CTBT 비준 철회와 같은 글로벌 핵질서의 동요 속에서 미국의 핵태세가 전례없는 도전에 직면하고 있는 구조적 변화도 한국의 국가안보에 고려해야 할 요소라는 점도 명확하다. 만일 미국의 핵태세가 러시아 및 중국의 그것에 비해 열세에 처하는 상태가 된다면, 미국에 확장억제를 의존하고 있는 한국의 핵억제 정책 자체에 근본적인 불안이 초래되기 때문이다.

때문에 한국으로서는 우선 북한의 핵능력 고도화와 공세적 핵전략에 대응하면서도, 글로벌 범위에서 러시아와 중국의 핵전력 증강 및 국제 핵군비통제 이탈 동향을 반영하는 핵정책을 강구할 필요가 있다. 이를 위해서는 다음과 같은 핵정책 추진이 필요할 것으로 보인다.

첫째, 미국 정부에 대해 기존의 핵태세 유지 정책을 지속하는 것은 러시아 및 중국의 핵능력 증강 및 핵전략 변화 추세에 대응할 수 없고, 오히려 미국이 러시아 및 중국의 합계 핵전력에 열세에 처할 수 있는 위험성이 있음을 주지시켜야 한다. 미국의 핵능력 증강 및 적극적 핵태세가 확장억제에 의존하고 있는 한국 등의 국가안보에도 중요한 요소임을 설득할 필요가 있다.

둘째, 이 과정에서 미국에 대한 확장억제에 같이 의존하고 있는 한국, 일본, 그리고 호주 간에 확장억제 강화를 위한 공동의 연대를 구성할 필요가 있다.[71] 이들 국가들과 공동으로 중국의 핵전력 증강, 러시아의 New START 조약 비준 철회 결정 등에 따라 미국의 핵전력 규모와 태세가 중국 및 러시아의 합계 핵전력 및 태세에 비추어 열세를 보일 수 있다는 우려를 전달할 필요가 있다. 미국의 핵전력 및 핵태세가 중국과 러시아, 나아가 북한도 포함한 전체주의 진영의 그것에 비해 열세를 보인다면, 미국이 제공을 약속한 확장억제의 신뢰성도 저하될 수 있음을 미국 측에 주지시켜야 한다. 요컨대 미국 핵우산에 의존하는 국가들 간에 국제적 확장억제의 연대(International Coalition of Extended Deterrence)를 구축할 필요가 있다.

---

71 박영준, 「인도-태평양 지역 비핵국가들의 확장억제 연대 구상: 한국과 일본의 핵억제정책 유사성과 연대 가능성을 중심으로」 『국가전략』 제29권 2호 (세종연구소, 2023년 여름호).

셋째, 향후 예상되는 미국 재래식 및 핵전력 증강에 한국이 동맹국으로서 기여하는 방법을 모색해야 한다. 현재 미국 내에서도 중국 및 러시아의 핵전력 증강 및 국제 핵군비통제질서 이탈에 대비하여, 육해공 재래식 전력이나 핵전력을 증강해야 한다는 정책론이 활발하게 대두하고 있다. 한국은 세계 수준의 첨단 방위산업 능력을 살려 미국의 재래식 전력 증강을 지원하고, 나아가 미국의 핵전력 증강 방침이 가시화될 경우, 한국의 핵잠재력도 강화해 나가는 선제적인 조치를 실시해야 한다. 예컨대 미국 해군 능력의 증강을 위해 한국이 세계적 수준의 조선산업 능력을 살려, 미국 본토에 조선소를 건설하고, 미국 해군이 운용할 함선을 건조하는 사업을 적극 추진할 수 있을 것이다. 또한 한국의 방위산업 능력을 살려 미국의 155mm 포탄 생산 능력을 강화하는 데 기여할 수 있을 것이다.

나아가 한국은 일본 등과 더불어 미국 원자력발전소의 핵연료 생산을 공동생산하는 협력을 추진할 수 있다. 한국과 미국, 그리고 일본은 각기 원자력 발전소 20여 기, 100여 기, 50여 기를 운용하면서, 전력생산량의 상당 부분을 원자력 발전소에 의존하고 있다. 다만 원자력발전소의 핵연료에 대해서는 미국도 탈냉전기 이후 러시아와의 협력 기조에 따라 러시아 국영기업 Rosatom에 의존해왔고, 이점은 한국과 일본도 마찬가지이다.

다만 러시아-우크라이나 전쟁이 장기화되는 가운데, 미국 국내에서는 러시아에 원자력발전소의 연료를 의존하는 현황에 대한 재검토가 이루어지면서, 러시아에 대한 농축 우라늄 의존도를 줄이고, 미국의 독자적인 우라늄 농축 시설 및 원자력발전소 연료 생산을 추진하고 있다.[72] 때문에 한국이 미국과 공동으로 원자력발전소 연료를 생산, 연구하는 컨소시엄을 구성해, 러시아 Rosatom에 대한 의존도를 줄이는 노력을 경주할 필요가 있다. 이같은 컨소시엄에는 일본 및 호주도 참가할 수 있을 것이다. 즉 한미동맹 차원에서는 국제 핵질서의 동요에 대응하여 재래식 전력 증강 및 원자력 협력 분야에서 새로운 협력을 확대해야 하며, 이 과정에서 일본이나 호주 등도 참여할 수 있을 것이다.

---

72 웨스트 버지니아 주의 상원의원 Joe Manchin이 미국 우라늄 농축 시설 재건 위한 법률안을 준비하고 있다. Max Bearak, "Despite war, U.S. still pays Russia for uranium", The New York Times (2023.6.16.)

한국은 그동안 국내적으로는 3축체계의 강화, 대외적으로는 한미동맹 하에서의 확장억제 태세 강화로 북한 핵위협에 대응해 왔다. 그러나 중국과 러시아의 핵전략 변화 및 핵능력 증대도 한국의 국가안보를 위해 도외시해선 안될 상황이 되었다. 한국은 북핵 대응뿐만 아니라 글로벌 핵질서 안정을 위해 기존 핵정책의 영역과 적용 범위를 확대할 필요가 있다. 국제적 확장억제 연대의 구축, 그리고 한미 간 재래식 전력 강화 및 원자력 협력 확대 등이 향후 추진되어야 할 정책방향이 아닐까 한다.

참고문헌

국문

김광진 2023, "북핵 위협 대응의 과정과 전망" 국방대 미래안보아카데미 강의자료 (2023.9.22.)

김재천 2022, "미국의 확장억지는 신뢰할 만한 것인가", 『서울경제』 (2022.6.13.)

김태형, "미·중·러 핵트릴레마(nuclear trillemma)를 통해본 글로벌 핵질서의 변화 전망", 『국제정치논총』 제63집 2호(2023)

김태형, "핵무기의 국제정치 지형도", 『국제정치논총』 제62집 1호(2022)

노태우, 2011, 『노태우 회고록(하권)』(조선뉴스프레스 2011)

박휘락, 2020, 「한반도 핵균형(nuclear balance)과 한일 안보협력」 『한일군사문화연구』 제30집 (2020)

브루스 베넷, 최강, 코르테즈 쿠퍼, 브루스 벡톨, 고명현, 그레고리 존스, 차두현, 양욱 2023, 『한국에 대한 핵보장 강화 방안』 (아산정책연구원, RAND Cooperation, 2023.8)

송대성, 2007, "제39차 한미안보협의회 합의내용 및 평가" 『세종논평』 제95호 (2007.11.8.)

송민순, 2016, 『빙하는 움직인다:비핵화와 통일외교의 현장』(창비, 2016),

이병철, 2022, "북한 핵무기 사용 법제화 분석 및 대응", 『IFES 브리프』2022-19 (경남대 극동문제연구소, 2022.9.14.)

이춘근, 2023, 『북한의 핵패권』(인문공간, 2023)

이호재, 1977, 「동북아 국제질서, 핵무기, 그리고 한반도」 『국제정치논총』 제17집 (1977)

임동원, 2008, 『피스 메이커: 남북관계와 북핵문제 20년』(중앙books, 2008),

전봉근, 2020, 『비핵화의 정치』(명인문화사, 2020)

전성훈, 2021, 「핵공유와 전술핵 재배치」, 『Deep Dive Ⅶ 세미나 자료집: 확장억제와 한국의 선택』(최종현학술원, 2021.11.26.)
정성장, 2023, 『우리는 왜 핵보유국이 되어야 하는가』(메디치, 2023)
최강, 2022, "'공포의 균형'이 대북 억제의 핵심" 『조선일보』 2022.06.21.
한용섭, 2022, 『핵비확산의 국제정치와 한국의 핵정책』(박영사, 2022)
한용섭, 2023, "'한국형 핵공유'체제 상설화 필요성" 『문화일보』 2023.4.26.
한창식, 2010, 「냉전시 미·러의 핵전략」 『국가전략』 제16권 2호 (세종연구소, 2010)

영문

Graham Allison, "Avoiding Thucydides's Trap", Financial Times (August 22, 2012).
:Bob Woodward, Fear: Trump in the White House (2018): 밥 우드워드, 장경덕 옮김, 『공포: 백악관의 트럼프』 (Deep Inside, 2019)
Don Oberdorfer, The Two Koreas: A Contemporary History (Basic Books, 1997,2001)
Department of Defense, The National Defense Strategy of the United States of America (March 2005)
Department of Defense, Nuclear Posture Review Report(April 2010), p. 3.
Department of Defense, Quadrennial Defense Review 2014 (Department of Defense, March 4, 2014)
Office of the Secretary of Defense, Nuclear Posture Review (February 2018)
Secretary of Defense, Military and Security Development Involving the People's Republic of China 2021: Annual Report to Congress (Department of Defense, 2021)
U.S. Department of Defense, 2022 Nuclear Posture Review (2022.10.27.)
General Norton A.Schwartz, USAF & Admiral Jonathan W.Greenert, USN, "Air-Sea Battle" The American Interest (February 20, 2012).
Andrew F. Krepinevich, Jr., "The New Nuclear Age: How China's Growing Nuclear Arsenal Threatens Deterrence", Foreign Affairs, (May/June 2022).,
Jennifer Lind and Daryl G.Press, "Should South Korea build its own nuclear

bomb?", The Washington Post, 2021.10.7.

존 볼턴, 『그 일이 일어난 방: 존 볼턴의 백악관 회고록』(시사저널, 2020)

Olga Oliker, "Moscow's Nuclear Enigma: What is Russia's Arsenal Really For?", Foreign Affairs, (November/December, 2018)

Yulgok Kim, "South Korea needs a new nuclear strategy", The National Interest, March 14, 2024.

Robert Collins, Slaves to the Bomb: The Role and Fate of North Korea's Nuclear Scientist (The Committee for Human Rights in North Korea, 2024)

Lawrence Freedman, "The First Two Generations of Nuclear Strategists", Peter Paret, ed., Makers of Modern Strategy: from Machiavelli to the Nuclear Age (Oxford: Clarendon Press, 1986),

The State Council Information Office, China's Military Strategy (May 2015),

The White House, The National Security Strategy of the United States of America (September 2002).

The White House, National Security Strategy (May 2010),

The White House, National Security Strategy of the United States of America (December 2017)

일본어

下斗米伸夫,『アジア冷戰史』(中公新書,2004)

색인

4D체계 384
6자 회담 277

[C]
CVID(Complete, Verfiable, Irreversible Dismantlement) 278

[G]
Gen 75 위원회 77

[N]
NC3의 구성 요소 40
NPT 가입 이후 핵개발 주요 일지 249

[O]
OODA 루프 186

[T]
The Los Alamos Primer 4

[Y]
Y-12 공장(Y-12 Plant) 46

[ㄱ]
감속재 8
거부적 억제(deterrence by denial) 378
경쟁전략 179
과학적연구개발기구(Office of Scientific Research and Development, OSRD) 62
교전규칙 182
교차영역억제 191
국방전략서 179
군비경쟁 173
군비경쟁안정성 168
군사적 우라늄 폭발응용위원회(Military Application of Uranium Detonation, MAUD) 62
군사캠페인 179
극초음속 순항미사일(HCM, Hypersonic Cruise Missile) 321
극초음속 활강비행체(HGV: Hypersonic Glide Vehicle) 321
기술통제 197

[ㄴ]
나토 81, 112, 116, 117, 121, 209, 320, 327, 343, 363, 414, 425, 433, 434, 435, 436

나토식 핵공유와 전술핵 재배치론 435
남북한 핵 협상과 제네바 합의 272
네바다 국가안보시설(NNSS) 46
뉴룩 정책 111, 112, 113, 114, 115, 116, 119, 133

[ㄷ]
다극성 178
다탄두미사일 169
다탄두화(Multiple Independently Targetable Re-entry Vehicle: MIRV) 421
대가치 181
대군 타격 181
대량보복전략 102, 109, 110, 111, 112, 113, 115, 116, 117, 118, 125, 132, 133, 207, 212, 213, 341
대량보복전략의 형성 102
대량응징보복(KMPR) 378
덜레스(John F. Dulles) 82, 107, 109, 110, 111
동기이론 56
동위원소 10

[ㄹ]
라브와지에(Antoine Lavoiser) 79
로렌스 리버모어 국립연구소(LLNL) 45
로스앨러모스 국립연구소(LANL) 45
리틀보이(Little Boy) 8

[ㅁ]
만족성 188
맞춤형 억제 전략 347
맞춤형 억제전략 127
맥나마라(Robert S. Mcnamara) 119, 120, 121, 122, 123, 124, 208
맥아더(Douglas MacArthur) 82, 105, 106
맨해튼 프로젝트 7
미국의 발사의 왼편 전략 사례(무수단 미사일) 406
미국의 핵전략 338
미국 핵무기 전력 및 현대화 계획 38
미북 정상 회담 280
미사일 방어 184

[ㅂ]
바이든(Joe Biden) 129, 131, 132, 134, 135, 209, 362, 363, 364, 368, 414, 424, 425, 427, 428, 431, 432
발사의 왼편 183, 378
복합억제 191
부시(Goorge W. Bush) 61, 62, 63, 75, 127, 128, 129, 130, 134, 144, 145, 273, 276, 288, 417, 418
북한의 이격능력(SSBN) 390
북한의 핵시설 현황 244
북한 핵 관련 교육기관 245
북한 핵실험 현황 240
북한 SSBN 작전 노드 391
비물리(Non-Kinetic) 무기체계 398
비핵화 사례 148

[ㅅ]
사바나 리버 공장(Savannah River Plant) 46
사실상 핵보유국(De facto Nuclear Weapon State) 298
사용후핵연료 재처리 17
상호확증파괴(MAD: Mutually Assured Destruction) 175, 208

샌디아 국립연구소(Sandia National Laboratory) 46
세계 핵분열성 물질 현황 255
세계 핵질서 338
슬로이카(Sloika, Layer Cake) 73
신뢰성 188
신전략무기감축조약(New Strategic Arms Reduction Treaty, New START) 144

[ㅇ]
아이젠하워(Dwight D. Eisenhow) 82, 87, 89, 102, 106, 107, 108, 109, 110, 111, 112, 113, 114, 115, 116, 117, 118, 119, 124, 132, 133, 141, 323
억제안정성 168
억제전략위원회(DSC, Deterrence Strategy Committee) 357
연결성 180
연쇄 반응 12
오바마(Barack Obama) 129, 130, 131, 134, 145, 146, 152, 154, 172, 280, 343, 350, 363, 405, 417, 418
욤키푸르 전쟁 322
우라늄 농축 21
우라늄 연쇄반응 6
원심분리 및 가스 확산 공정(농축방법) 7
원자 10
웜홀 확전 173
위기안정성 168
위성시험품 탑재 발사체 258
유연반응전략 117, 118, 119, 121, 122, 124, 133, 207, 212, 213, 216, 341
응징적 억제(deterrence by punishment) 378
이란의 RQ-170 센티넬 나포 사건 405
이스라엘 원자력위원회(Israel Atomic Energy Commission, IAEC) 86
이스라엘의 오차드 작전(Operation Orchard) 403
임계 질량 12

[ㅈ]
전략공격무기감축조약(Strategic Offensive Reduction Treaty, SORT) 144
전략무기감축조약(Strategic Arms Reduction Treaty, START) 144
전략무기제한협정(Strategic Arms Limitation Talks, SALT) 144
전략적 안정성(strategic stability) 168
전술핵무기 169
제1격 능력(furst strike capability) 338
제2격 능력(second strike capability) 338
제2차 전략무기감축조약(START Ⅱ) 144
제3차 상쇄전략 189
제3차 핵시대 169
제네바 군축회의(Conference on Disarmament, CD) 143
제네바 합의문 239
조선민주주의인민공화국 핵무력정책에 대하여 413
조지 마샬(George Marshall) 103
중거리핵전력조약(Intermediate Range Nuclear Forces Treaty, INF) 144
증폭핵분열탄 27

[ㅊ]
충분성 188

[ㅋ]
카길전쟁 325
케네디(John F. Kennedy) 87, 118, 119, 120, 121, 122, 123, 125, 133, 141, 142
클린턴(Bill Clinton) 127, 128, 134, 276, 288
킬체인(Kill Chain) 378

[ㅌ]
탄도미사일방어 시스템 169
탄도요격미사일 제한협정(Anti-Ballistic Missile, ABM) 144
테일러(Maxwell D. Taylor) 115, 118, 119, 121, 210, 212
통합성 179
통합억제 179
통합혁신 197
튜브 알로이(Tube Alloys) 75
트럼프(Donald Trump) 130, 131, 132, 134, 135, 145, 152, 153, 159, 160, 162, 163, 172, 269, 271, 282, 283, 284, 285, 290, 295, 297, 302, 304, 308, 364, 422, 423, 424, 426, 428
트루먼(Harry Truman) 28, 71, 82, 102, 104, 105, 106, 107, 108, 110, 132

[ㅍ]
파괴적 기술 172
팬텍스 공장(Pantex Plant) 46
팻맨(Fat Man) 8
포괄억제 191
포괄적 핵실험 금지조약(Comprehensive Nuclear Test Ban Treaty, CTBT) 143
프로젝트 애틀라스 34
피해제한 182

[ㅎ]
한국 독자적 핵무장론 433
한국-일본-호주 확장억제 연대론 438
한국전쟁 105, 106, 241, 325
한국형 3축 체계 378
한국형 미사일 방어(KAMD) 378
한국형 북핵 대응체계 379
한 · 미 맞춤형 억제 전략 384
한미 확장억제전략협의체(EDSCG, Extended Deterrence Strategy Consultation Group) 357
핵 3원 질서(tripolar nuclear system) 427
핵 3축 체계 33
핵군축환경조성(Creating an Environment for Nuclear Disarmament, CEND) 145
핵다극체제 178
핵무기의 수평적 확산 56
핵무기-재래식 무기 통합(Conventional Nuclear Integration: CNI) 205
핵무력정책법과 핵보유국법 비교 261
핵무력정책법 제정 260
핵물리학과 핵에너지의 평화적 이용을 위한 연구지원협정 83
핵분열탄 23
핵삼원체계 180
핵억제 169
핵없는 세상 172
핵연료 주기 14
핵융합 14
핵융합탄(열핵무기) 28
핵지휘통제 169
핵 지휘통제통신(NC3) 40
핵태세검토 172
핵학습 187

핵협의그룹(Nuclear Consultative Group, NCG) 356
확장억제의 딜레마 336
확장억제정책위원회(EDPC, Extended Deterrence Policy Committee) 357
확전사다리 179

저자 소개

 강창우 교수	• Texas A&M University 핵공학 박사 • 육군사관학교 공학 학사 • 現 국방대학교 전략학부 조교수
 손경호 교수	• Ohio State University 역사학 박사 • 일본 방위대학교 국제관계학 석사 • 육군사관학교 학사 • 現 국방대학교 전략학부 교수 • 저서 "군사사의 관점에서 본 펠로폰네소스전쟁"(2020), "동북아 국가들의 6·25전쟁 정책과 전략"(2015), "The Establishment and the Role of the State-Joint Chiefs of Staff Meeting during the Korean War" *War In History* (2018)
 기세찬 교수	• 고려대학교 문학 박사(역사학) • 국방대학교 군사전략학 석사 • 육군사관학교 • 現 국방대학교 전략학부 교수 • 저서/논문 "고대중국의 전쟁수행방식과 군사사상"(2022), "중일전쟁과 중국의 대일군사전략"(2013), "전쟁의 역사"(공저, 2023), "현대의 전쟁과 전략"(공저, 2020) 등

<table>
<tr><td>
김영준 교수</td><td>• University of Kansas 국제정치사 박사
• King's College London 정책학 석사
• 現 국방대학교 전략학부 교수
• 現 국방대학교 안전보장대학원 교학처장
• 저서
"Origins of the North Korean Garrison State: People's Army and the Korean War"(Routledge, 2017), "The Future of the Korean Peninsula"(Routledge, 2021), "Canada and the Korean War"(UBC Press, 2024) 등</td></tr>
<tr><td>
손한별 교수</td><td>• 국방대학교 군사학(안보정책) 박사
• 서울대학교 정치학 석사
• 서울대학교 독어교육학 학사
• 現 국방대학교 전략학부 교수
• 現 국방대학교 국가안전보장문제연구소 핵WMD대응연구센터장
• 저서/논문
"미래국방의 국제정치학과 한국"(공저, 2023), "현대의 전쟁과 전략"(공저, 2020), "핵-재래식 통합의 개념과 구조"(2025) 등</td></tr>
<tr><td>
이수훈 교수</td><td>• 고려대학교 정치학 박사
• 고려대학교 정치학 석사
• 공군사관학교 국제관계학 학사
• 現 국방대학교 전략학부 교수
• 연구
"핵심기술 분석기반 6세대 전투기 운용개념 및 확보전략 연구"(2024). "공군 AI 추진현황 및 발전방향"(2020), "4차 산업혁명과 항공무인체계 발전 전망"(2017) 등</td></tr>
</table>

<table>
<tr>
<td>
정영진 교수</td>
<td>• Université Paris-Sud(Paris XI) 우주법 박사
• 現 국방대학교 전략학부 교수
• 現 네덜란드 헤이그 상설중재재판소(Permanent Court of Arbitration) 우주분쟁 중재전문가
• 現 외교부 군축비확산 외교자문위원 및 과학기술외교자문위원회 우주분과 자문위원
• 現 우주항공청 천리안위성 운영위원회 위원
• 前 한국항공우주연구원 선임연구원
• 저서
“세계우주개발사”(2024), “항공우주법개론”(2016), “우주법”(2013), “세계우주개발사”(2024), “Space ploicy and space technology: Prospect for EU-Korea cooperation”(2021) 등</td>
</tr>
<tr>
<td>
김태현 교수</td>
<td>• 국방대학교 군사학 박사
• 독일 Helmut-Schmidt 대학교 정치학 석사
• 독일 육사(OSH & OAL)
• 육군사관학교
• 現 국방대학교 전략학부 교수
• 저서
“북한의 사실상 핵보유국(de facto NWS) 추구를 위한 경로 검토”(2025), “북한 김정은의 기회주의적 군사전략”(2024), “북러 군사협력이 북한군 전력증강에 미치는 영향”(2024), “북한의 공세적 핵전략과 일반 핵강제”(2024) 등</td>
</tr>
<tr>
<td>
노영구 교수</td>
<td>• 서울대학교 국사학과(문학박사)
• 서울대학교 국사학과(문학석사)
• 서울대학교 국사학과(문학사)
• 現 국방대학교 전략학부 교수
• 저서/논문
“한국의 전쟁과 과학기술문명”(2022), “조선후기의 전술: 병학통을 중심으로”(2016), “한국군사사 7(조선후기)”(2012), “16~17세기 조총의 도입과 조선의 군사적 변화”(2012), “16~17세기 근세 일본의 전술과 조선과의 비교”(2012) 등</td>
</tr>
</table>

 설인효 교수	• 서울대학교 정치외교학부 외교학과(외교학 박사) • 서울대학교 외교학(외교학 학사) • 미 University of Maryland CIDCM, Visiting Researcher • 서울대학교 국제문제연구소 객원연구원 • 한국국방연구원 연구위원 • 現 국방대학교 전략학부 교수 • 저서/논문 "바이든 행정부 하 인태 군사전략 및 동맹/주둔전략 변화 전망"(2022), "비전통 안보위협의 부상과 한미일 안보협력 방안"(2021), "미중 군사혁신 경쟁과 미래전: 미국의 미래전 구상을 중심으로"(2021)
 배학영 교수	• Florida State University 정치학 박사 • 국방대학교 국제관계학 석사 • 해군사관학교 공학 학사 • 現 국방대학교 전략학부 교수 • 現 국방대학교 국가안전보장문제연구소 군사전략연구센터장 • 저서 "우주전장시대 해양 우주력: 해양영역인식(MDA)과 우주력"(2024), "21세기 해양안보와 국제관계"(2017), "WAR AND CONFLICT MANAGEMENT BETWEEN THE TWO KOREAS"(2015) 등
 박영준 교수	• 일본 도쿄대학 국제관계전공 박사 • 국방대학교 전략학부 교수/국가안보문제연구소장 • 미국 하버드대학 Program on US-Japan Relations 방문학자 • 현대일본학회장, 한국정치외교사학회장, 한국평화학회장 역임 • 저서 "한국 국가안보전략의 전개와 과제"(2018), "제국 일본의 전쟁, 1868-1945"(2021), "해군의 탄생과 근대 일본"(2014) 등

핵무기와 핵전략

초판발행 2025년 6월 30일

지은이 강창우·손경호·기세찬·김영준·손한별·이수훈·정영진·김태현·노영구·설인효·배학영·박영준
펴낸이 안종만·안상준

편 집 이수연
기획/마케팅 최동인
표지디자인 BEN STORY
제 작 고철민·김원표

펴낸곳 (주) 박영사
서울특별시 금천구 가산디지털2로 53, 210호(가산동, 한라시그마밸리)
등록 1959.3.11. 제300-1959-1호(倫)
전 화 02)733-6771
f a x 02)736-4818
e-mail pys@pybook.co.kr
homepage www.pybook.co.kr
ISBN 979-11-303-2294-0 93390

정 가 29,000원